高科技廠務

顏登通　編著

全華圖書股份有限公司

推薦序

登通兄的這本書談TFT LCD潔淨室工程，眞可謂鉅細靡遺，它可以是進入這一行的教科書，也可以是從業人員的參考書。把登通兄上一本IC潔淨室工程的書和這本以TFT LCD為主的書放在一起，我有兩個感想。

一、當年工研院電子所年引進RCA的積體電路技術時，我們經驗甚少的年輕技術團隊有機會向RCA的講師群全面學習，從建廠到生產，從技術到管理，無所不包。團隊的努力固然可敬，他們也可以說是很幸運的，因為從無到有是有人牽引著的。環顧現有許多的新科技產品往往是靠一群工程師自我摸索出來的，這對工程師言，壓力是很大的。技術發展期間固然可能有一些海外學人或國際公司的指點，但就規模與全面性而言，很少可以與積體電路的技術移轉相提並論的。我一方面佩服這群默默為台灣高科技產業紮根的年輕工程師們，同時也為從事潔淨室工程師們慶幸，因為現在有了這本書。

二、潔淨室工程是一門高度跨領域的學問，工程固然可分為電機、機械、建築、化工，甚至生物細菌等等細項，可由不同學科背景的人擔當，但潔淨室工程的複雜就像人體一樣，各部分是相牽連的。每一從業工程人員要做好他份內的事就得瞭解與他相關其他領域的工作。除了向資深人員請教外，這本書提供了另一個選擇。

台灣自從七八年前大舉進入TFT LCD產業以來，成長十分迅速，除了大量資金的需求之外，人才的質與量也是產業關注的焦點。眞的很高興有這本書的出版，登通兄以前為許多公司領軍建IC廠和LCD廠，現在更進一步將他寶貴的經驗與所有建廠的人分享。祝福這本書的讀者，也祝福我們的產業。

邢智田

廠務大師顏登通先生繼之前出版「潔淨室設計與運轉管理」一書以來，廣受高科技公司依賴爲建廠必備之寶典，這些年來光電、光通訊、生物科技的迅速掘起加速更新，半導產品也推陳出新挑戰極限，大部分應用以短小輕薄爲能事，對於顯示器行業，則要求大面積的潔淨無塵，高解析度爲必要條件，這些改變愈來愈需要嚴格的生產廠房及研發環境，然而在市場並無有系統介紹建立高科技廠房的專業案頭參考書，有鑑于此，顏先生將二十多年來在高科技產業的執行及顧問經驗，歷時一年有餘將所有的廠務系統作全面有秩序的整理編寫，其中包括潔淨空調系統、超純水製造處理、化學藥品供應、中央供氣系統、廢水回收處理、供電計劃、廠務設施計劃、環保工安、管路設計佈置……等等，此外對於建廠規劃、風險評估及成本分析也有詳盡的解說。

本書特別注重高科技工廠的實務需求，對於設計、計算、規範、圖表都能詳盡提供。所適用的對象不止於廠務、工務、設計等相關人員，對於製造工程人員、製程工程人員，甚至經理人員都是不可或缺的參考文獻。

顏先生在親身規劃設計、執行、顧問多年之後，將廠務精華傳承於後輩精英，其精神可敬可佩，其價值也非金錢可以衡量。本人在光電、光通訊行業二十餘年，新建、使用過的高科技工廠不下二十座，若早有此書相伴，成就將更有所提升……對於此書我很榮幸的可以先睹爲快，更由衷推薦給高科技產業相關人士，願大家生產順利事業成功！

訊石諮詢公司董事長　石明

相關叢書介紹

書號：04839046
書名：丙級冷凍空調技能檢定學術科題庫解析(2017 最新版)(附學科測驗卷)
編著：亞瓦特工作室.顧哲綸.鍾育昇
菊 8K/272 頁/300 元

書號：0346907
書名：冷凍空調概論(含丙級學術科解析)(第八版)
編著：李居芳
20K/456 頁/420 元

書號：0381205
書名：冷凍空調實務(含乙級學術科解析)(2015 最新版)
編著：李居芳
16K/528 頁/600 元

書號：0538801
書名：工業通風設計概要(第二版)
編著：鍾基強
20K/272 頁/350 元

書號：0378204
書名：家庭水電安裝修護 DIY(第五版)
編著：簡詔群.呂文生.楊文明
20K/248 頁/360 元

書號：0016004
書名：實用家庭電器修護(上)(第五版)
編著：蔡朝洋.陳嘉良
16K/288 頁/340 元

書號：0018303
書名：實用家庭電器修護(下)(第四版)
編著：蔡朝洋.陳嘉良
16K/288 頁/320 元

書號：0600901
書名：輕鬆進入家電世界(第二版)
編著：張文化
16K/304 頁/430 元

◎上列書價若有變動，請以最新定價為準。

流程圖

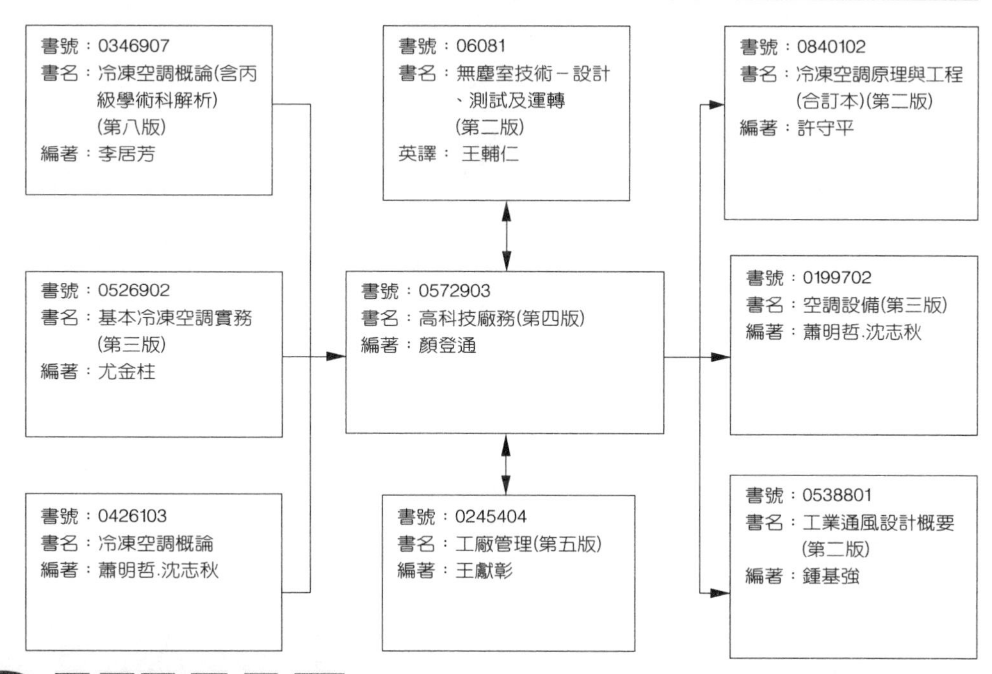

CONTENTS

Chapter 1

潔淨室與空調

1-1 前　言

由於高科技產品均有朝小型化、多功能化之趨勢發展，電子元件功能日趨複雜且體積不斷縮小，而精密度要求則在需求提高之下，使得製造環境之潔淨度高低和產品製造良率高低有著息息相關之關係。目前潔淨室之應用無論在實驗室研發或產品生產都是不可或缺之重要設施。表1-1爲半導體技術之演進，圖1-1則爲其製造流程。

半導體製造、光電產品、生化醫療、印刷電路板、食品業以及各項精密機械設備之製造等都需要各種等級之潔淨室來提供良好之製造環境。造價貴、工期短、品質要求高、高複雜度與高整合度是潔淨室工程之特性。良好之潔淨室工程，必須同時達到施工快速、高品質、低成本、安全、可靠性能良好，省能源及操作維修容易和易擴充性等條件。

表 1-1 半導體技術之演進史

年代	2005	2010	2012	2014	2017	2019	2021
DRAM 產品	4G	16G	64G	128G	256G	512G	1TB
設計線徑 (μm)	0.11 ~ 0.065	0.065 ~ 0.028	0.028 ~ 0.02	0.02 ~ 0.014	0.014 ~ 0.01	0.01 ~ 0.007	0.007 ~ 0.005
晶圓尺寸 (mm)	300	300	300	300	300	300	300
污染源	微粒子(人、機台)金屬污染(鹼、重金屬)，化學分子汙染	同左	同左	同左	同左	同左	同左

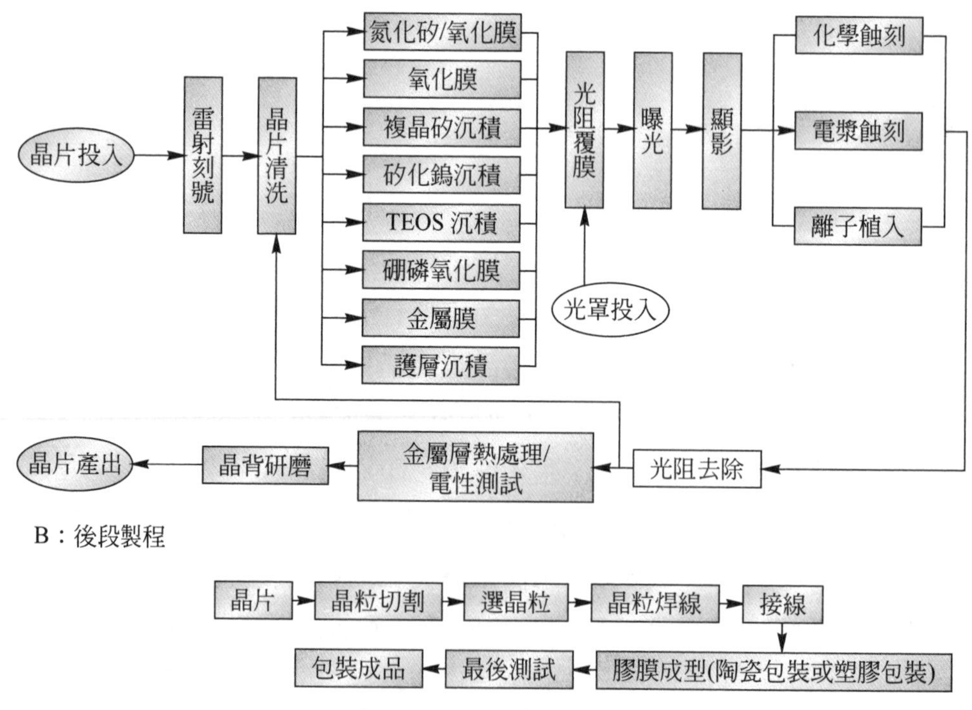

圖 1-1 半導體製造流程

半導體產品是日趨小型但容量則日為增加，而現另一科技主流產品的薄膜液晶顯示器(TFT-LCD：Thin Film Transitor Liquid Crystal Display)則恰為相反，玻璃基板尺寸是朝大尺寸化發展，其主要目的是在於產品切割數的最經濟取捨，亦即是站在生產成本和經濟規模因素做為考量。雖然其設計線徑比半導體來得大，然而其前段製程在與半導體相同的狀況下，由於玻璃基板面積大，相對地其與環境中接觸的微粒子機會和數量均大得多，故潔淨室的品質控制要求嚴密性是與半導體不相上下，而控制的難易度則較難，所幸全面性的自動化生產管理解決了此一問題。表 1-2 為TFT-LCD各世代之玻璃基板尺寸參考表，圖 1-2 則為TFT-LCD 之製造流程，圖 1-3 為 PDP(Plasma Display Panel 電漿顯示面板)製造流程。

表 1-2　TFT-LCD 各世代玻璃基板尺寸參考表

項次	世代	玻璃尺寸長×寬 mm	備註
1	1	300×400 mm	
		320×400 mm	
2	2	360×465 mm	
		370×470 mm	
3	2.5	400×500 mm	
		400×515 mm	
		410×520 mm	
4	3	550×650 mm	
		550×660 mm	
		550×670 mm	
		590×670 mm	
5	3.5	600×720 mm	
		610×720 mm	
		620×720 mm	
		620×750 mm	

表 1-2 TFT-LCD 各世代玻璃基板尺寸參考表(續)

項次	世代	玻璃尺寸長×寬 mm	備註
6	4	650×830 mm	
		680×880 mm	
7	4.5	730×920 mm	
8	5	1000×1200 mm	
		1100×1250 mm	
		1100×1300 mm	
9	5.5	1300×1500 mm	
10	6	1500×1800 mm	
		1500×1850 mm	
11	7	1870×2200 mm	
		1870×2300 mm	
12	7.5	1930×2230 mm	
		1950×2250 mm	
		2000×2400 mm	
		2120×2320 mm	
13	8	2160×2400 mm	
		2300×2600 mm	
14	8.5	2200×2500 mm	
15	9	2400×2800 mm	
16	10	2850×3050 mm	
		2880×3130 mm	
		2880×3080 mm	
		3000×3200 mm	
17	10.5	2940×3370 mm	
18	11	3000×3320 mm	

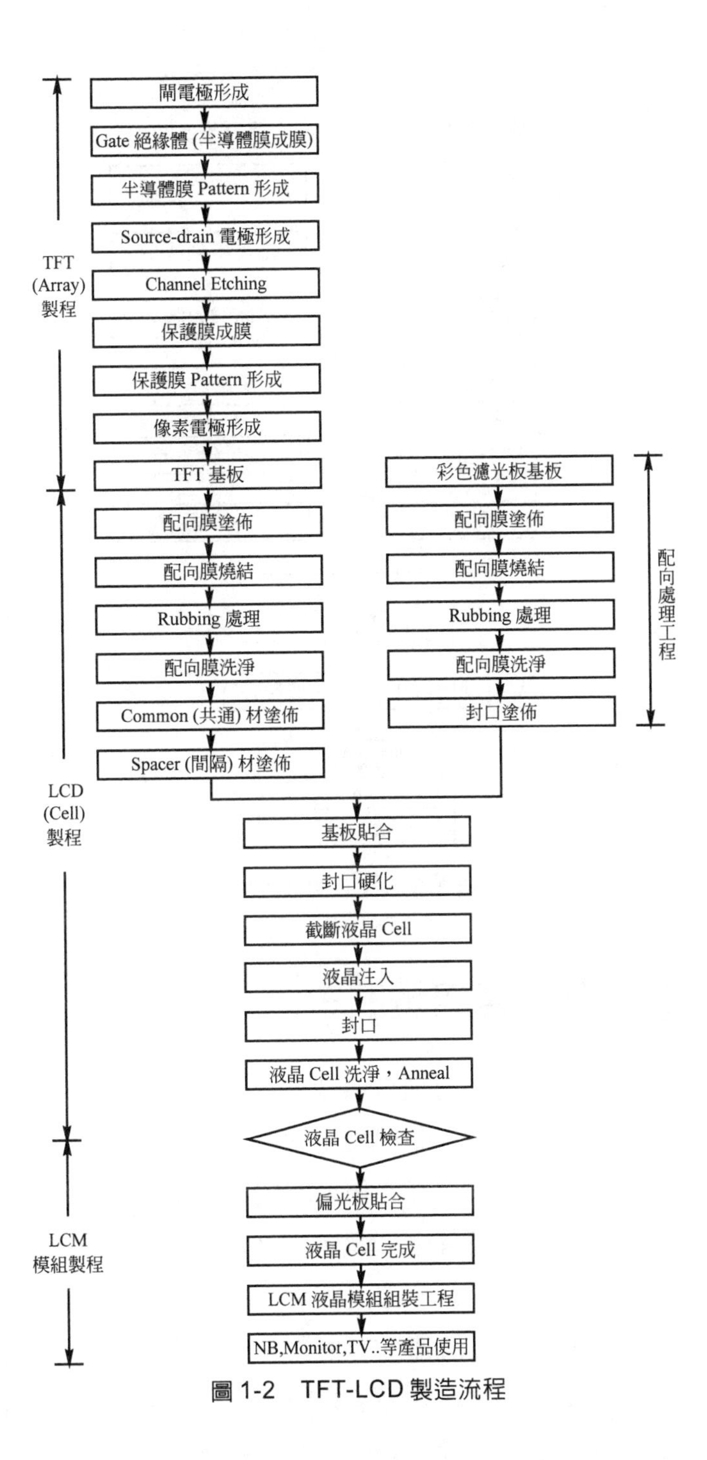

圖 1-2　TFT-LCD 製造流程

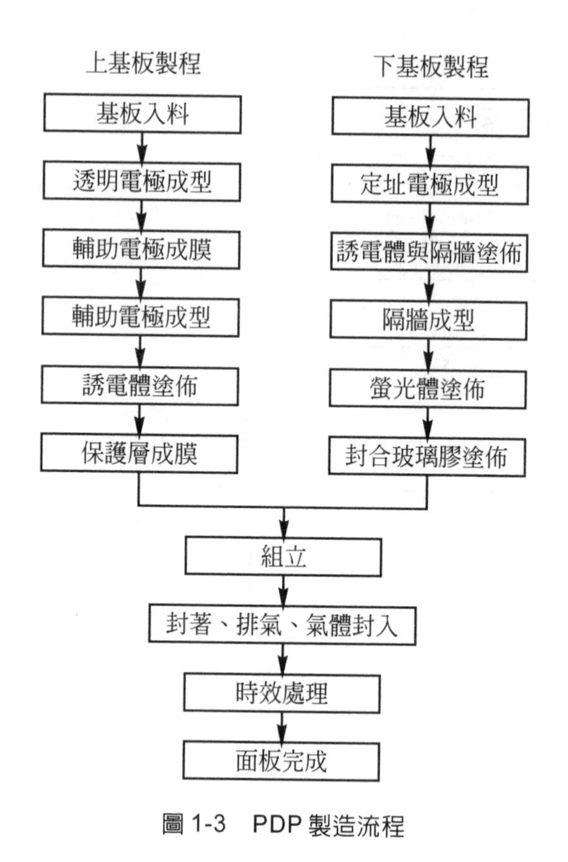

圖 1-3　PDP 製造流程

1-2 潔淨室定義與發展史

潔淨室(Clean Room)，另稱為清淨室或無塵室，其最主要之作用在於控制產品或醫療所接觸之空間環境中的溫濕度、微塵粒子、細菌等，使產品和醫療行為能在一個良好之環境空間中生產製造和進行，此空間環境我們稱之為潔淨室。換言之，潔淨室之定義為將一定空間範圍內之空氣中的微塵粒子、有害空氣、細菌等之污染物排除，並將室內之溫濕度、潔淨度、室內壓力、氣流速度與氣流分佈、噪音和振動、照明度、靜電防制、電磁干擾等控制在某一需求範圍內，而所給于特別設計之空間，亦即是不論外在之天氣及空氣條件如何變化，其室內均能俱有維持原先所設定要求之潔淨度，溫濕度及氣流等性能規範之特性。潔淨室另一含意亦可依潔淨度等級之不同而加以定義：即潔淨度一級(Class 1)意表每立方英呎室內之空氣中所含有大於或等於 0.5μm(10^{-6}m)之微塵子不超過 1 顆(依美國聯邦標準 209B 爲準)；潔淨度 10 級則爲不超過 10 顆，100 級，1000 級……依此推，現以簡示表示之，即Class 1：≤1pc/ft^3(@≥0.5μm)；Class 10：≤10pcs/ft^3(@≥0.5μm)……。

由上述所言，可知構成潔淨室須俱備之要素如下：

1. 可去除飄浮於空氣中的微粒子
2. 可以防止及避免微粒子之產生
3. 室內溫濕度的控制調整
4. 室內壓力之調節
5. 化學品、廢氣及有害氣體物質之排除
6. 建物結構與室內內裝隔間之氣密性
7. 電磁干擾之預防
8. 靜電之防制排除
9. 工業安全因素之考慮
10. 節約能源之考量

潔淨室規範之發展史，緣於二次世界大戰時美國空軍發現大部份飛機零件故障之原因，是來自於零件受粉屑、灰塵等之污染所導致，因此開始將這些軸承、齒輪等之精密零組件放置於空氣中灰塵較少之處進行加工和組合，故而使飛機之故障率得以大幅降低，此即爲潔淨室觀念之起源。在 1958 年美國了開始太空科學之研究，並於 1961 年完成有關美國空軍之潔淨室規格，而後於 1963 年經由美國原子能協會、太空總署(NASA)、公眾衛生局等之合作而完成美國聯邦潔淨室之規格 Federal Standard NO.209。表 1-3 所示爲美國空軍規格(T.O.00-25-203)；表 1-4 是爲 FS-209 整個開發過程。

表 1-3　美國空軍(T.O.00-25-203)潔淨室規範

基準＼分類	0.5μm 以上粒子之最大數目 個／ft³(個／l)	1μm 以上粒子之最大數目 個／ft³(個／l)	溫度 ℃	相對濕度 %	壓力 mmHg	照度 LUX	壓差(InAq)		
							A	B	C
設計基準	20,000 (710 以下)	4,000 (140 以下)	22.2 ± 2.8	最大 40	0.25 ~ 1.25	1076	0.1	0.05	0.01
運轉基準	100,000 (3,500)	20,000 (710)	22.2 ± 2.8	30 ~ 45	0.25 ~ 1.25	1076	0.1	0.05	0.01

A：潔淨室與非污染室　*B*：非污染室與準污染室　*C*：準污染室與外部

表 1-4　美國聯邦 FS209 開發過程

年代	1961	1962	1963
過程	‧產業界認為潔淨室有規格化之必要。 ‧Sandia Corp New Mexico最初開發「層流型潔淨室」。 ‧軍事規格之開發。陸軍規格訂定：No.246。 ‧伊利諾技術研究院(Ilinois Institute of Technology Research)之 Mr.AL. Lieberman 發展出實用之光散亂式微粒子計數器OPC(Optical Particle Counter)並將之商品化。	對核武器污染控制，Sansia Corp 促成美國陸海空軍規定之統一。 透過AEC(核能部)向GSA(規格協會)申請規格化。	於 1963 年 2 月，150 位相關技術人員參加 3 天之討論會擬訂出規格。 1963 年 8 月中向 GSA (規格協會)提出規格案。 1963 年 12 月出版 F.S 209 規格。

唯從 1963 年 12 月，美國發表潔淨室規格後，隨著科學發展之日新月異及現實環境之需求和配合半導體工業與液晶顯示器等光電產業之發展，從 1980 年代之 64K DRAM(Dynamic Random Access Memory 動態隨機存取記憶體)至 1987 年代之 1M(百萬位元)，和隨後之 4G、16G、64G、256G 以迄正發展中之 4G…和 TFT-LCD 從第三代、四代以迄目

前之10代、11代，均依實際的需求而做了不斷的修正，表1-5為FS209之修正過程。從最初的209以及目前普遍使手的209D及209E和新發展的ISO TC-209，其過程修正之內容變化如表1-6所示。

表1-5 FS209之修正過程

歷時	3年	7年	3年	11年	1年	4年	6年	使用中
年代	1963年	1966年	1973年	1976年	1987年	1988年	1992年	1998年
月份	12月	8月	4月	5月	10月	6月	9月	9月
內容	209	209A	209B	209B之補充	209C	209D	209E	ISO/TC209

表1-6 FS209內容修正變化

啓用日期	標準代號	修正之內容
1963.12	209	潔淨室運轉原則
1966.8	209A	‧潔淨室設計和測試方法。 ‧氣流方式：層流和亂流。 ‧氣流速度：90±20fpm。 ‧壓力。 ‧溫度。 ‧相對濕度45％。 ‧震動。 ‧噪音。 ‧空氣交換次數。 ‧潔淨室等級分類：@0.5μm Class 100，10,000，100,000。
1973.4	209B	‧氣流修正為90±20％ fpm。 ‧相對濕度修正為40±5％。
1977.5	209B修正	潔淨室等級加Class 1000。

表 1-6 FS209 內容修正變化(續)

啓用日期	標準代號	修正之內容
1987.10	209C	・修正潔淨室等級和測試方法。 ・增加 Class 1 和 10。 ・ Class 100 Particle 之量測由 5μm 和 0.5μm 增加 0.3μm，0.2μm。 ・明確定義量測 Particle 位置、樣品數和時間。 ・ Class 10 和 1 Particle 之量測增加 0.3、0.2 及 0.1μm。
1988.6	209D	・改正在 209C 上之一些印刷上錯誤。
1992.12	209E	・採取公制單位。 ・爲明確表示公制法，於等級之前加“M”字母示之。 ・追加比 Class 1 還高之潔淨度 Class M1 及比 Class 100.000 還低水準之 Class M7。
1998.9	ISO/TC209	・十大項目內容。 ・ 9 個等級，從 ISO1 到 ISO9。 ・採公制單位。

1-3 潔淨室標準與規格

目前世界上有多個國家自訂有自己所屬的潔淨室規格，但普遍仍以使用美國聯邦標準者爲多，而整個潔淨室之發展史已在前節中提及，現就 209D 及 209E 和 ISO TC209 以及世界上其他各國之所訂標準做進一步之介紹與相互間規格內容之比較。表 1-7 爲美國聯邦標準 209D 之潔淨室規格。圖 1-4 是將 209D 以圖表之方式呈現。而圖 1-5 則爲 FS209B 及 FS209D 潔淨室等級圖之關係。至於 209E 和 209D 最大之不同點在於 209E 是採用了公制單位，潔淨室等級以“M”字頭表示，如 M1、M1.5、M2、M2.5、M3……依此類推，其目的乃在於配合國際公制單位之標準化。M 字母後之阿拉伯數目字是以每立方公尺中≥0.5μm 之微塵粒子數目字以 10 的冪次方表示，而取其指數；若微塵粒子數介於前後二者完全冪次方之間(亦即非整數)，則以 1.5、2.5、3.5……等表示之。表 1-8 即爲 FS209E 標準規範之內容。前述 M 字母後之數字，可從表中 0.5μm 欄中 M^3 列之數値中求出，讀者可試加以計算之。圖 1-6 則爲 FS209D 及 FS209E 之關係對照圖。

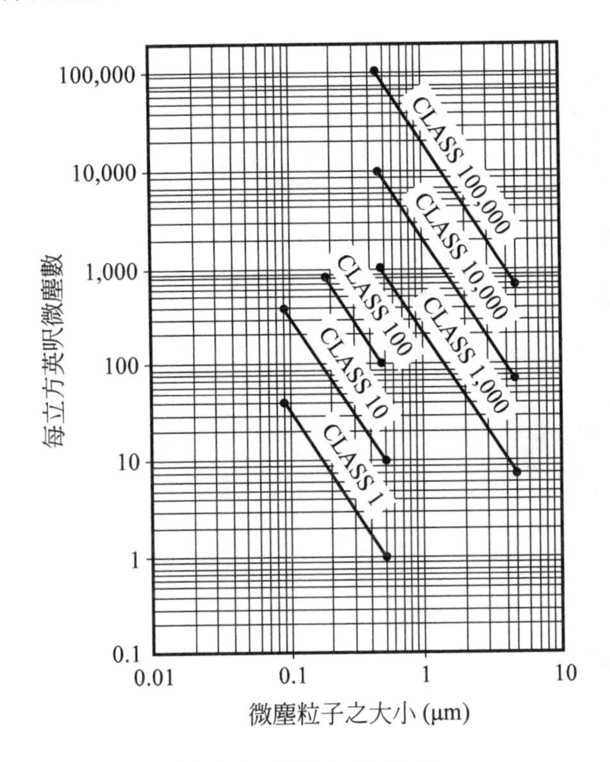

圖 1-4　FS209D 之圖示

表 1-7　美國聯邦標準 FS209D 規格

潔淨室級數 (Class)	微塵粒子		壓力	溫度			相對濕度			風度與換氣率 (次／hr)	照度 (lux)
	粒子大小 (μm)	粒子數目 (Particles/ft³)	mmAg	值域 ℃	推薦值 ℃	誤差值 ℃	最大 Max %	最小 min %	誤差 %		
1	≧0.5	≦1	＞1.3	19.4 ~ 25	22.2	±2.8(特殊需求±1.4)	45	30	±10(特殊需求±5)	層流方式 0.35m/s ~ 0.55m/s	1,080 ~ 1,620
	≧5.0	0									
10	≧0.5	≦10									
	≧5.0	0									
100	≧0.5	≦100									
	≧5.0	≦1									
1,000	≧0.5	≦1,000								亂流方式 ≧20 次／小時	
	≧5.0	≦10									
10,000	≧0.5	≦10,000									
	≧5.0	≦65									
100,000	≧0.5	≦100,000									
	≧5.0	≦700									

表 1-8 美國聯邦 FS209E 潔淨室規格

潔淨度等級		微塵粒子									
		0.1μm		0.2μm		0.3μm		0.5μm		5μm	
		單位		單位		單位		單位		單位	
公制	英制	(m^3)	(ft^3)	(m^3)	(ft^3)	(m^3)	(ft^3)	(m^3)	(ft^3)	(m^3)	(ft^3)
M1		350	9.90	75.7	2.14	30.9	0.875	10.0	0.283	—	—
M1.5	1	1,240	35.0	265	7.50	106	3.00	35.3	1.00	—	—
M2		3,500	99.1	757	21.4	309	8.75	100	2.83	—	—
M2.5	10	12,400	350	2650	75.0	1060	30.0	353	10.0	—	—
M3		35,000	991	7570	214	3090	87.5	1,000	28.3	—	—
M3.5	100	—	—	26,500	750	10,600	300	3,530	100	—	—
M4		—	—	75,700	2,140	30,900	875	10,000	283	—	—
M4.5	1,000	—	—	—	—	—	—	35,300	1,000	247	7.00
M5		—	—	—	—	—	—	100,000	2,830	618	17.5
M5.5	10,000	—	—	—	—	—	—	353,000	10,000	2,470	70.0
M6		—	—	—	—	—	—	1,000,000	28,300	6,180	175
M6.5	100,000	—	—	—	—	—	—	3,530,000	100,000	24,700	700
M7		—	—	—	—	—	—	10,000,000	283,000	61,800	1750

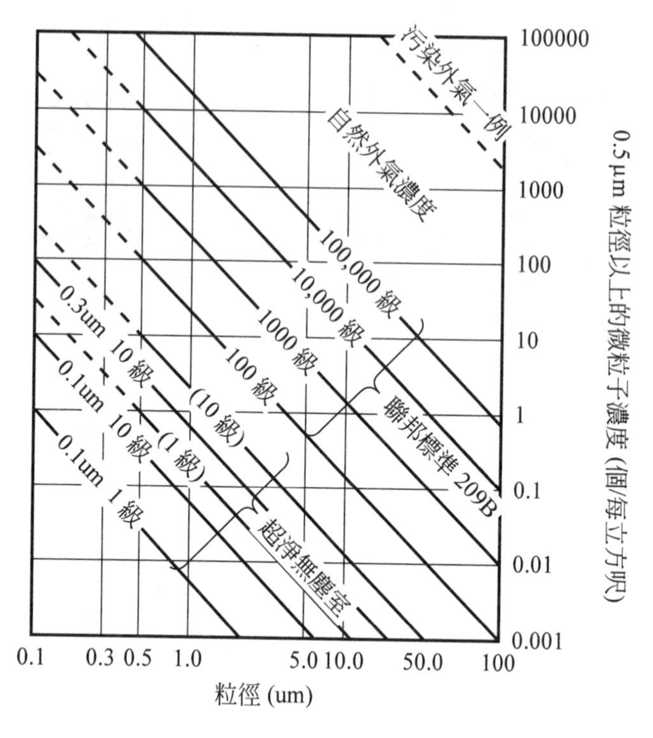

圖 1-5 FS209B 及 FS209D 之關係圖

美國聯FS209D是以英制每立方英呎爲單位且以0.5µm之粒徑爲計數基準，而日本之規範則是採用公制單位，亦即是以每立方公尺爲單位，且以0.1µm粒徑之微粒子計數標準，其表示方法爲Class 1、Class 2、Class 3……至Class 8，亦即最好之等級爲Class 1，最差則爲Class 8，表1-9所示爲日本JIS(B9920-1989)之規格。由表中可知，其Class 1、2……8之數目字是以0.1µm粒子基準，而將每立方公尺中微塵粒總數以10之冪次方表示，取其指數而得。圖1-7爲日本JISB9920之表示圖。

表 1-9　日本 JIS(B9920-1989)潔淨室標準

級數 / 粒徑	Class 1	Class 2	Class 3	Class 4	Class 5	Class 6	Class 7	Class 8
0.1	10^1	10^2	10^3	10^4	10^5	10^6	10^7	10^8
0.2	2	24	236	2,360	23,600	—	—	—
0.3	1	10	101	1,010	10,100	101,000	1,010,000	10,100,000
0.5	—	—	35	350	3,500	35,000	350,000	3,500,000
5.0	—	—	—	—	29	290	2,900	29,000

(以 0.1μ粒子爲基準)

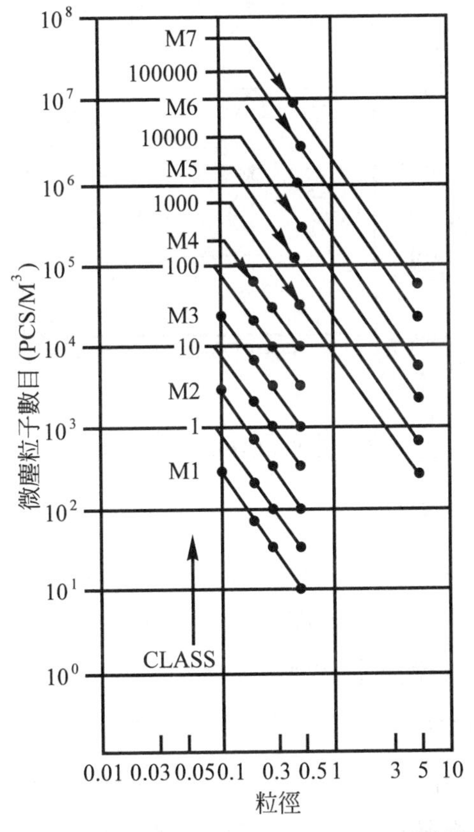

圖 1-6　美國 FS209D 及 FS209E 之關係對照圖

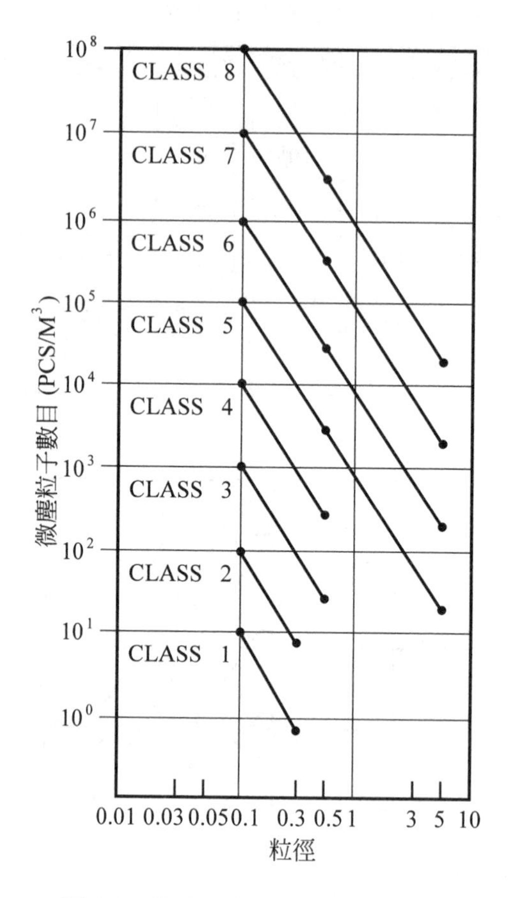

圖 1-7 日本 JISB9920 規格表示圖

至於德國其潔淨室技術是世界上有名的，如現今在半導體和光電產業建廠設計規劃領域之潔淨室技術居於領先地位的 M + W(Messiner + Wurst)公司即是其中之代表，加上德國工業和相關醫學領域亦是屬於領先地位國家之一，故潔淨室之發展自不在話下，因此在 1967 年德國即制定完成其潔淨室規格，唯其等級之表示法與美國規格不同，是以 4×10^n 之形式表示粒徑 0.5μm 以上之粒子數，1×10^n 表示粒徑 1μm 以上之粒子數，表示式中之指數 n 即其規定等級，如 4×10^3 即爲 3 級，此等級與 FS209 Class 100 相近似。表 1-10 爲德國潔淨室規格及其與美國、法國近似等級之表示。圖 1-8 則為日本、美國、德國其潔淨室潔淨度標準之比較圖，由圖中可看出日本規格中之等級 5 和德國規格等級 3 美國聯邦標準等級 100 相近似。表 1-11 為美國FS209D在各不同等級時，其不同粒徑粒子數目之上限值(個／ft^3)——以 0.5μm 之粒子為基準時，而括

表 1-10　德國潔淨室規格表

等級	微塵粒徑(μm)			與別國等級比較	
	0.5	1	5	美國	法國
3	4×10^3	1×10^3	—	100	4,000
4	4×10^4	1×10^4	0.03×10^4	—	—
5	4×10^5	1×10^5	0.03×10^5	10,000	400,000
6	4×10^6	1×10^6	0.03×10^6	100,000	4,000,000

表 1-11　美國 FS209D 粒子數上限值

等級	Class 1	Class 10	Class 100	Class 1000	Class 10,000	Class 100,000
0.1	35 (1,225)	350 (12,250)	—	—	—	—
0.2	7.5 (263)	75 (2,630)	750 (26,300)	—	—	—
0.3	3 (105)	30 (1,050)	300 (10,500)	—	—	—
0.5	1 (35)	10 (350)	100 (3,500)	1000 (35,000)	10,000 (350,000)	100,000 (3,500,000)
5.0	—	—	—	7	70	700

※(　)內之數值單位：個／M^3。

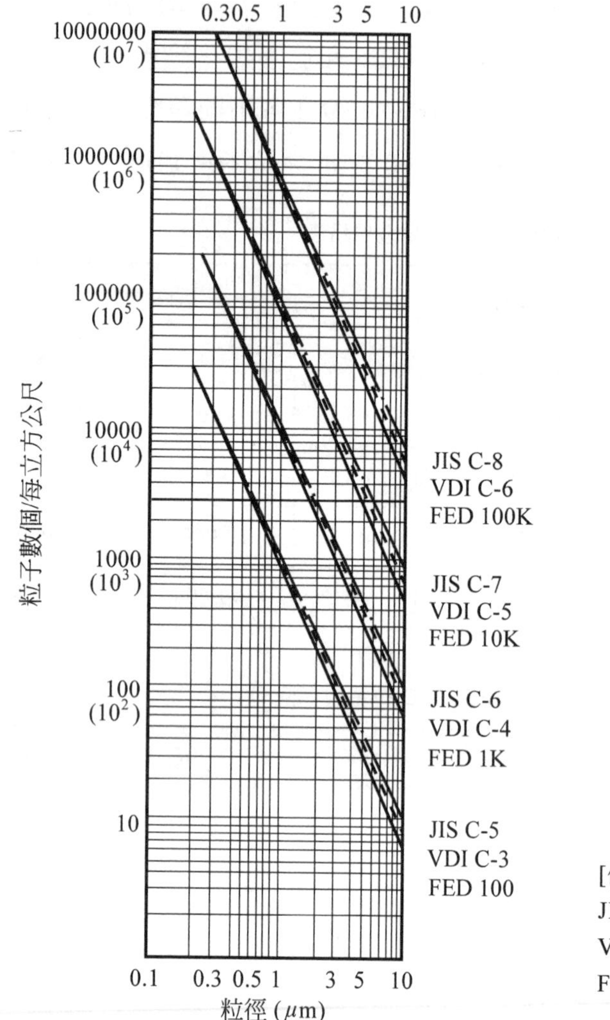

圖 1-8 日本、美國、德國潔淨室等級規格比較圖

弧中之數值是以個／M^3爲單位之數量。由於美國與日本之規格中所表示之單位分類不同，爲使工程人員能快速獲知二者之間之相近等級標準，以期於工作中能相互參考並避免混淆，故有必要美國和日本之間標準規範做一對照比較，如表 1-12 所示。

表 1-12　美、日潔淨度級別對照表

日本	美國
級別 3	Class 1
級別 4	Class 10
級別 5	Class 100
級別 6	Class 1,000
級別 7	Class 10,000
級別 8	Class 100,000

除了美國、日本、德國之潔淨室標準外，世界上尚有英國、法國、澳洲及韓國、中國大陸之規格，表 1-13 即世界各國潔淨度等級規格之比較。

除以上所談之各國所訂標準規格之外，在 1993 年國際標準化技術委員會(International Standardization Organization Technical Committee－ISO/TC)亦擬定潔淨室之新標準規範，代號ISO/TC209(亦稱ISO14644及ISO14698)，並自 1998 年開始實施推廣使用。ISO潔淨室之標準稱爲潔淨室與相關控制環境(Cleanrooms and Associated Controlled Environments)，共有二個系列之標準文件，一爲 14644 系列，另一爲 14698系列，14644規範分別爲潔淨室等級(14644-1)、符合 14644-1 等級之測試與監測規格(14644-2)、量測與測試方法(14644-3)、設計與監造(14644-4)、潔淨室運轉(14644-5)、名詞、定義與單位(14644-6)、圍隔之空間(如潔淨氣罩、手套箱、隔離裝置與微環境(14644-7)、空氣中分子污染等級(14644-8)，而 14698 則規範生物污染(Biocontamination)之處理。ISO14644-1 中空氣潔淨室等級共分九個等級，採公制單位(SI Unit)以 0.1μm 爲粒子計數標準，並以每立方公尺中所俱有之粒子數目

表 1-13　世界各國潔淨度等級規格表

國名	美國	美國	日本	英國	德國	法國	澳洲	韓國	中國大陸
規格	FS 209D	FS 209E	JIS B 9920	BS 5295	VDI 2083	AFN 4410	AS 1386	KS	QJ 2214
年度	1988	1992	1989	1989	1990	1981	1989	1991	1991
基準粒子 (μm)	0.5	0.5	0.1	0.5	1	0.5	0.5	0.3	0.1～0.5
單位	pcs/ft^3	pcs/M^3	pcs/M^3	pcs/M^3	pcs/M^3	pcs/M^3	pcs/M^3	pcs/M^3	pcs/M^3
Class	—	—	1	—	—	—	—	M1	0.1μm～1
	—	M1	2	—	0	—	—	M10	0.1μm～5
	1	M1.5	3	C	1	—	0.035	M100	0.1μm～10
	10	M2.5	4	D	2	—	0.35	M1000	1(0.5μm)
	100	M3.5	5	E or F	3	4,000	3.5	M10000	100(0.5μm)
	100	M4.5	6	G or H	4	—	35	M100,000	1,000(0.5μm)
	10,000	M5.5	7	1	5	400,000	350	M1,000,000	10,000(0.5μm)
	100,000	M6.5	8	J	6	4,000,000	3500	M10,000,000	100,000(0.5μm)
	—	M7	—	K	7	—	—	—	—
	—	—	—	L	—	—	—	—	—

※以 0.5μm 爲區別。

取 10 之冪次方爲表示式，取其指數，以代號 ISO-1、ISO-2……ISO-9 式之，此與 JIS 標準接近。表 1-14 爲其標準內容；而表 1-15 則爲 ISO/TC 209 和美國聯邦標準 FS209D、FS209E 之規格比較，其中 ISO 容許較 5.0μm 大或比 0.1μm 小之微塵作等級之分別。

表 1-14　ISO/TC209 標準內容　(單位：個／M^3)

等級＼粒徑	0.1μm	0.2μm	0.3μm	0.5μm	1μm	5μm
ISO 1	10	2	—	—	—	—
ISO 2	100	24	10	4	—	—
ISO 3	1,000	237	102	35	8	—
ISO 4	10,000	2,370	1,020	352	83	—
ISO 5	100,000	23,700	10,200	3,520	832	29
ISO 6	1,000,000	237,000	102,000	35,200	8,320	293
ISO 7	—	—	—	352,000	83,200	2,930
ISO 8	—	—	—	3,520,000	832,000	29,300
ISO 9	—	—	—	35,200,000	8,320,000	293,000

表 1-15　ISO/TC209 和 FS209D/FS209E 規格之比較

ISO/TC209	FS 209D	FS 209E
ISO 等級	英制	公制
1	—	—
2	—	—
3	1	M1.5
4	10	M2.5

表 1-15　ISO/TC209 和 FS209D/FS209E 規格之比較(續)

ISO/TC209	FS 209D	FS 209E
ISO 等級	英制	公制
5	100	M3.5
6	1000	M4.5
7	10,000	M5.5
8	100,000	M6.5
9	—	—

在 ISO/TC 209 14644-2 潔淨室測試程序內容中，其所含蓋之測試包括了：①微粒子測試，②氣壓差測試，③風量風速量測，以上需每 12 個月執行一次。④過濾器洩漏量測，⑤氣流動線觀測(流場可視化)，⑥潔淨度恢復性能測試，⑦密封結構之洩漏測試共 7 項，而在 14644-3 中潔淨室之量測與方法，共有 14 種測試，如下：

1. 粉塵數計量以區別潔淨等級
2. 特小粒子粉塵(<0.1μm)之測試
3. 大粒子粉塵(>5.0μm)之測試
4. 風量
5. 氣壓差
6. 已裝置過濾器之測漏
7. 氣流可視化
8. 氣流方向
9. 溫度
10. 濕度
11. 靜電與離子產生器測試
12. 粉塵之沈積

13. 潔淨度恢復測試

在潔淨室停止運轉後，在啓動時於一定時間內(一般爲 20～30 分鐘)恢復至原設計潔淨室規範之潔淨度等級之測試，時間限制一般是限制在 30 分鐘以內。

14. 密封結構之洩漏測試(containment leak test)

以上之測試項目部份爲 14644-1 及 14644-2 所規定，其餘爲非強制性之測試，使用者對品質之要求作測試項目之選擇。ISO 14644-3 規範潔淨室之品質，而非潔淨室內製程之品質，供應潔淨室之廠商需與使用者協商潔淨室品質之要求。

ISO 14644-4 規範了潔淨室之設計與建造，包含設計與建造各方面問題。ISO 14644-4 是潔淨室設計與建造之重要入門，其首先對各參與部門之定位與職責做了說明，其中包括業主、供應商、顧問公司、法規單位及承包商。在測試驗收方面共有三個不同階段，一爲建造安裝規格驗收，二爲功能驗收(as built, as rest)，三爲操作驗收(operation)。其設計建造之需求規範應含以下兩方面之要求：

1. 潔淨室之用途

2. 潔淨室內之操作

設計參數應包括：

1. 公用系統之需求

2. 製程之支援

3. 面積與各部位尺寸

4. 全廠佈置

5. 物料與人員進出口

6. 量測、監測與控制

7. 外在環境之影響

ISO 14644-4 共有八個附冊，詳細建議了設計準則、材料、驗收階段、安裝佈置、建造程序、環境控制與潔淨控制等。

ISO 14644-5規範潔淨室之操作，共有六方面之規範，說明如下：

1. 操作系統，包括污染風險評估、訓練程序、機械設備操作保養、安全與文件管控。
2. 無塵衣之管理，包括使用適當之無塵衣，正確之布料、更換與清洗時程。
3. 人員管理，如一般衛生、化妝問題，可進入潔淨室人員之管理，及緊急狀況之因應。
4. 固定設備(stationary equipment)對污染可能之影響管理。
5. 設備與材料之搬移，需控制污染之程序。
6. 潔淨室之清潔，如清潔方法、人員職責訓練、清潔工作週期。

ISO 14644-6對一些潔淨室之用詞作出定義與說明，用於所有ISO 14644與ISO 14698之文件，潔淨室之專業用詞與一般辭典有所不同，目前ISO 14644-6共有162項定義與說明。

ISO 14644-7提出各種圍隔潔淨空間(separative enclosure)在設計、建造、安裝與測試之最低需求規範，主要在其有異於一般潔淨室之處。ISO 14644-7針對影響圍隔潔淨空間潔淨品質各項因子，提供使用者與建造者在設計等方面之參考。

ISO 14644-8將分子污染分等級，並提供測試與分析污染濃度至$10^{-12}g/m^3$之方法。在本文件中AMC(Airborne Molecular Contamination)空氣中之分子污染，可為氣態或液態，對產品、製程或儀器有害化學成份，SMC(Surface Molecular Contamination)為附著在產品或儀器表面之分子污染。

ISO 14644-8分子污染等級之辨識系統如下：

AMC.ISO Class N:a;b;(c);(d)

N＝濃度(g/m^3)之對數指標

a＝化學種類，如acid，base，organic(condensable)，inorganic (dopant)

b＝量測方法(取樣與分析)

c＝化學分類(延伸選項)

d＝時間(延伸選項)

例子如下：

AMC: ISO Class-6:A:IMP-IC; (HCI); (-)	AMC類，HCl濃度爲10^{-6}g/m^3，acid，取樣用impinger (IMP)，分析用 ion chromatography (IC)，無時差(-)
AMC: ISO Class-5:0:SOR-GC-MS; (DOP); (2016 post operational)	AMC 類，DOP 濃度爲10^{-5}g/m^3，organic (o)，取樣用 sorbent mbe (SOR)，分析用 gas chromatography mass spectroscopy (GC-MS)，在操作後 12 星期(2016 小時)分析
SMC: ISO Class-8:0:DIFF-GC-MS; (DOP); (24)	SMC類，DOP濃度爲10^{-8}g/m^3，organic (o)，取樣用 passive diffusive sampling (DIFF)，分析用 gas chromatograpby mass spectroscopy (GC-MS)，曝露 24 小時後取樣分析

ISO 14698 共有三個文件，分別爲 14698-1、14698-2 及 14698-3 分述如下：

ISO 14698-1 說明了評估與控制潔淨室生物污染之原理與基本科技，針對潔淨室與相關控制環境提供指導方針。ISO 14698-1 提供正式之評估系統，用於評估潔淨室內微生物之危害，要求指出潛在危害、發生機率、風險區域、防患措施、控制之極限、監測時程、動作修正、訓練與正確之文件管控。生物污染可存在於空氣中、物體表面、衣著，也可爲液態狀態。故生物污染之取樣計畫應包括潔淨室之空氣、牆面、地板、天花板、製程設備、材料、製程氣、液體、傢俱、儲存物及無塵衣。

ISO 14698-2 提供微生物分析之基本原理與方法，用於分析與評估自潔淨室風險區取樣之微生物資料，提供取樣技術、時間因素、培養菌技術、及分析方法。

ISO 14698-3 提供量測清洗非活性表面效率之實驗方法。

1-4 潔淨室適用範圍

潔淨室之應用，大致上可分爲二大類，即工業用潔淨室(Industrial Clean Room)簡稱 ICR 和生化、醫療及食品用無菌潔淨室(Biological Clean Room)簡稱BCR。ICR主要以半導體、光電產業、電子工業、光學零組件、精密機械、精緻塗裝、新材料開發及航太產業等爲使用範圍，其主要重點在控制塵埃粒子之數目；而 BCR 除了 ICR 所俱備之要求外，尙含以過濾或滅菌之方式對細菌及微生物等加以控制處理，如製藥、醫學、遺傳基因產業、生命科學、醫療手術設施空間、食品及生物實驗等，亦即 BCR 其主要之控制對象爲微生物，表 1-16 爲工業用潔淨室之適用內容；表 1-17 則爲生化用潔淨室之使用場所及等級要求表。工業與生化用潔淨室之不同點，在於ICR之要求重點爲：①提高產品之品質及良率，②節省產品工時及成本，③降低維修費用；而 BCR 則爲在保護及防止作業人員與高濃度細菌、微生物之接觸而生危險，並防止有害細菌、微生物或廢空氣擴散至外界，影響大眾之健康，故其要求重點爲：①防止細菌之感染傳播，②提昇食品及藥物之品質，③延長食品及藥物之儲存期限。ICR 和 BCR 雖二者之目的不同，但潔淨室標準則可套用，唯在實際設計時仍有部份差異處，須妥爲處理。如大部份之潔淨室必須採正壓設計之環境，但在有害細菌之實驗室或基因培養室則必須是負壓式之設計，此爲設計生化用潔淨室時須特別考慮之處。

表 1-16　工業用潔淨室適用場所

分類	區分	對稱	內容
半導體	IC、LSI 製作	結晶精製、擴散、蝕刻、對準、表面處理、金屬附著、研磨、組裝、檢查、半成品保管、包裝。	超精密加工、防止塵埃附著，防止黴菌的產生，以提升及確保產品的品質。
電子產業	電子計算機	磁鼓、磁帶。	加工、組裝、防止塵埃附著，防止黴菌的產生，以提升及確保產品的品質。
	電子機器	光導映像管、布朗管、印刷板、小型繼電器。	
	電器計測氣	精密電器計器。	
其他產業領域	航空、宇宙產業	人工衛生、迴轉儀(qyroscope)	防止塵埃、菌、霉引起的事故。防止地球宇宙相互間污染。
	精密機器	微行軸承(miniature bearing)、普通軸承、高可靠度零件、裝置。	防止因塵埃混入附著造成的品質劣化。
	光學機器	鏡片研磨、醫學用照相機、軟片製造、微縮片、顯像、乾燥。	
	精密機械	測定、控制用機器製造。	防止塵埃、菌、霉，以確保及提升品質。
	控制檢查	環境控制、實驗室、研究室	防止發生事故。(產品檢查開發)
	印刷	超精密印刷	防止塵埃、菌、霉，以確保及提升品質。
	塗裝		塗裝booth(噴塗排氣機)內容氣的環境控制。防止異物附著。

表 1-17　生化用潔淨室使用點及等級

產業分類	用途＼潔淨度	等級			
		100	1,000	10,000	100,000
藥品、醫學、醫院	製藥製程	—	—	—	—
	注射液及其封瓶	—			
	血液、林嘉氏液、疫苗之保存	—	—		
	無菌手術室	—			
	一般手術室			—	—
	恢復室、外科加護病房、內科加護病房			—	—
	無菌病房	—	—	—	
	新生兒、早產兒室			—	—
	無菌室	—			
	手術用器具保管	—			
	無菌動物實驗	—			
	細菌實驗	—			
	藥劑室	—	—	—	
	一般病房			—	—
	診療室			—	—
食品、釀造	牛乳、酒、乳酸菌飲料	—			
	冷飲飲料的裝瓶及封蓋製程	—	—	—	
	乳製品帶點心之包裝製程				—
	切片火腿之製造	—	—		
	蘑菇種植	—	—		
	食用肉加工		—	—	—

(粒徑：0.5μm 以上)

現就生化潔淨室之架構再作進一步之說明，生化潔淨室乃是將微生物造成污染之空間於于積極控制，使達一定要求程度需求，此將空氣無塵無菌化之開始始於 1950 年代高效率過濾網之開發，而美國航空太空總署(NASA)之太空計劃更導引了Biological Clean技術之發展，表1-18爲美國航空太空總署NHB-5340-2對無菌室內細菌數量之規定；而表1-19則爲歐盟對無菌藥品的生產環境之規範。生化潔淨室之應用範圍句含了醫院、製藥品工廠、食品工廠等。其中在醫院使用者如手術室、無菌病至及加護病房等；製藥工廠則有注射藥裝塡室、製劑室和抗生素物質培養室等；而食品工廠則爲裝塡室和包裝室使用點。

表 1-18　美國 NASA NHB-5340-2 規格

等級英制(公制)	微塵數目最大允許量(個／M^3)		微生物最大允許數		
	≥ 0.5μ以上粒子	≥ 5μ以上粒子最大數目	浮游菌(個／M^3)	一週內落下微生物之最大數(個／M^3)	落菌量／器皿
100 (M3.5)	3,500	0	5	12,900	1
10,000 (M5.5)	350,000	2,000	100	64,600	3
100,000 (M6.5)	3,500,000	20,000	500	323,000	10

表 1-19　歐盟藥品生產潔淨室規範

等級	靜止狀況(At Rest)		運轉狀況(In Operation)		備註
	0.5μm	5μm	0.5μm	5μm	
A	3,500	20	3,500	20	1. 對*A*及*B*級之檢測樣本不得少於1M^3，*C*級區建議採同樣標準。 2. 在進行 15～20 分鐘之整理後須達靜止狀態，此時在*A*級和靜止狀態之*B*級，其大於等於 5μm 之微粒須完全消失。
B	3,500	20	350,000	2,000	
C	350,000	2,000	3,500,000	20,000	
D	3,500,000	20,000	未定義	未定義	

表 1-19a　大陸醫藥工業及幹細胞用潔淨室規範表

級別	懸浮粒子最大允許數(PCS/M³)					
	靜態			動態		
	≥ 0.5μm	≥ 5μm	潔淨度級別	≥ 0.5μm	≥ 5μm	潔淨度級別
A	3,520	20	100	3,520	20	100
B	3,520	29	100	352,000	2,900	10,000
C	352,000	2,900	10,000	3,520,000	29,000	100,000
D	3,520,000	29,000	100,000	不作規定	不作規定	不作規定

單位：PCS / M³。靜態定義：**設備搬入，且啓動運轉，無人員在內。**動態定義：**設備搬入，且啓動運轉，人員在內操作生產。一般規範稱須符合 A 或 B 級，是指動態及靜態均需須符合。**A 級：**高風險操作區：如罐裝區、放置膠塞桶區、無菌操作或連接操作區，潔淨度相當於 ISO 4.8。**B 級：**無菌配置和罐裝等高風險操作 A 級區所處的背景區域(外圍空間區)，潔淨度相當於 ISO 5。**C 級及 D 級：**生產無菌藥品過程中重要性程度較低的潔淨度操作區，C 級潔淨度相當於 ISO 7.8。

表 1-19b　大陸地區醫藥潔淨室微生物監測動態標準

級別	浮游菌 (cfu/m³)	沉降菌 (90m/mϕ, cfu/4 小時)	表面微生物	
			接觸碟 (55m/mϕ, cfu/碟)	5 指手套 (cfu/套)
A	<1	<1	<1	<1
B	10	5	5	5
C	100	50	25	--
D	200	100	50	--

表 1-20　醫院用潔淨室等級及功能

等級	使用區
Class 100	無菌手術室：人工關節手術、內臟器官移植手術(手、腎、肝等)、腦神經手術、眼科手術(眼角膜移植)、剖腹生產手術。
Class 1,000	一般手術室：泌尿科手術、婦產科手術、胸部外科手術、整形外科手術。
Class 10,000	感染手術室：胸部外科、感染患者手術(梅毒、肝炎……)。

一般醫院手術室用潔淨室潔淨度等級，依其手術種類不同而有不同之等級，其分類如表 1-20 所示。至於手術室之潔淨空調規劃則注意如下之幾個要項：①手術室之功能及等級決定(依功能決定等級)，②高效率過濾網之配置，③溫度需可在 17～27℃間調整，④相對濕度控制在45～55％之間，⑤室壓保持正壓，且送風機保有超過15％之送風能力，⑥入口需有室壓，溫濕度的指示，⑦須設有符合當地消防法規定的消防裝置，⑧空調一律由天花板送風，排氣或回風至少有兩處以上，風口位置要離地75mm以上，⑨風管不得使用內襯消音材，內保溫需使用密封型或不發塵之保溫材，⑩保溫材及防火所需之裝置需考慮不會長菌之材質，⑪需避免加濕設備影響到室內，尤其是結露問題。至於隔離病房的設置則須考慮以下各注意事項：①室壓的需求及建立，入口設可供正負室壓切換之開關，②溫度控制在 24℃～27℃之範圍，③濕度控制在30～60％之範圍，④入口處設置室壓及溫濕度表示，⑤以HEPA處理排氣。由於醫院是細菌及病菌等微生物生長的溫床，也是最大的感染區，若在潔淨室設置及空調處理時疏於注意，其所造成的環境影響是大而廣泛，故不可不慎。醫藥潔淨室規劃時的一些基本要求：

1. 廠房規劃：分生產、行政、生活(宿舍及休閒)、輔助(機房)等區域。
2. 原料藥生產區位於最下風側。
3. 應防止人流／物流之交叉感染(汙染)，人員物料分設出入口和淨化清洗室。
4. 進出程序

   進：換鞋→更換外衣→洗手→換穿潔淨服→手消毒→進入潔淨室(在醫藥或幹細胞實驗室的潔淨室一般不用噴淋(Air Shower；空氣吹滌)系統。

   出：潔淨室→換下潔淨服→換穿外衣→換鞋。

表 1-21 醫院用潔淨室空調設計之室壓、換氣次數及送回風方式需求參考表。

爲確保藥品生產品質的萬無一失，藥品GMP(Good Manufacturing Practice，優良製造法則)制度的實施，無疑的給藥品之生產做了一個最佳約束。GMP 的理念是要求生產和管理的藥品、每一支針、每一顆藥都應是質量均一，安全和有效的。其作業規範包含廠房設施、組織、人員、原材料、製程和品質管制。因此自 GMP 實施以來，不但給藥品工業界來相當突飛躍進之發展，也替世人的健康安全把了關。基於藥品GMP之顯著成效，食品之GMP制度亦跟隨實施，無形中提高了食品之品質及衛生安全。在食品加工業方面之乳品業、肉或魚類加工廠、醱酵食品、醃漬等爲防止因細菌或微生物之污染、侵入而致腐敗及變質，目前均已廣泛採用了Biological Clean之技術。對容易腐敗及變質之食品在滅菌、消毒工程後之冷卻、包裝、充填、保存等過程在生化潔淨室之環境中執行，使菌之附著減至最少，表1-22爲需要Biological Celan之食品業。同時爲使食品本身所遭微生物污染降至最低，故需在高潔淨度之作業環境進行生產，表 1-23 爲各種食品製造工程無菌化需要的潔淨度，惟是否百分之百採取表中之潔淨度並不能一概而定，需視食品之加工特性和整個工程預算互爲配合而做規劃決定，例如比較不易變質或腐敗之食品可在潔淨度等級較低的100,000級之範圍進行生產，表1-24是爲食品加工製造過程中各程序所需求之潔淨度等級，而表 1-25 則爲FDA、NASA、WHO、GMP潔淨室中菌濃度之比較表，表1-26爲醫藥用潔淨室綜合性能評定檢測內容。

不管醫院或生化實驗室的潔淨室，其考慮的重點是各房間或區域的壓差問題和細菌滅菌和避免人員物件交叉感染問題的發生，一般滅菌方法是以臭氧殺菌、紫外線和過氧化氫溶液爲主。

表 1-21　醫院用潔淨室空調設計資料參考表

(a)手術及緊急處理區域

區域名稱	室壓	最少外氣換氣次數	室內最少換氣次數	全部排放到大氣
全外氣手術房	正壓	15	15	是
循環空氣手術房	正壓	5	25	無建議
全外氣產房	正壓	15	15	無建議
循環空氣產房	正壓	5	25	無建議
恢復室	等壓	2	6	無建議
育兒室	正壓	5	12	無建議
外傷處理	正壓	5	12	無建議

(b)療養中心

區域名稱	室壓	最少外氣換氣次數	室內最少換氣次數	全部排放到大氣
病房及病房走廊	±	2	4	無建議
廁所	負壓	無建議	10	無建議
深層治療	正壓	2	6	無建議
正壓隔離室	正壓	2	15	是
感染隔離	±	2	6	是
隔離室前室	±	2	10	是
分娩／恢復／產後	等壓	2	4	無建議

表 1-21　醫院用潔淨室空調設計資料參考表(續)

(c)附屬中心

區域名稱	室壓	最少外氣換氣次數	室內最少換氣次數	全部排放到大氣
放射科-外科 X 光	正壓	3	15	無建議
放射科-診療 X 光	±	2	6	無建議
放射科-暗房	負壓	2	10	是
一般實驗室	負壓	2	6	是
細菌／細胞核實驗	負壓	2	6	是
生物化學實驗室	正壓	2	6	無建議
組織／病理實驗室	負壓	2	6	是

(d)診療與處理

區域名稱	室壓	最少外氣換氣次數	室內最少換氣次數	全部排放到大氣
支氣管窺鏡	負壓	2	10	是
檢查室	±	2	6	無建議
藥物治療室	正壓	2	4	無建議
一般治療室	±	2	6	無建議
物理治療或水療	負壓	2	6	無建議
污物間或暫存間	負壓	2	10	是
清潔間或潔潔暫存	正壓	2	6	無建議

※ X 光室：Wall 包覆鉛板
核磁共震：Wall 包覆銅板

表 1-21　醫院用潔淨室空調設計資料參考表(續)

(e)氣流送／回風方式

項次	潔淨室等級	氣流型態	送／回風方式	回風方式
1	100	層流(單向流)	垂直、水平	下側回側面或對面回
2	10000	亂流(非單向流)	頂送、側送	下側回或對面回
3	100000 級以上	亂流(非單向流)	頂送、側送	下側回或頂回

表 1-22　需要 BCR 之食品業

產品種類	產品內容
奶製品	全脂奶粉、脫脂奶粉、奶油、乳酪等
奶加工品	水果牛奶、咖啡牛奶等
新鮮果汁	蕃茄、橘子、芭樂、水蜜桃等清涼飲料
布丁	咖啡、水果、雞蛋等布丁
麵糊	花生奶油、巧克力、乳脂
調味料	蕃茄醬、濃漿
湯料	各種菜汁、肉汁等
食肉	香腸、肉乾、漢堡等
魚肉	魚漿製品等
豆腐	各種豆腐等
糖果、餅乾	果凍、蛋糕等
麵類	速食麵等
酒	啤酒等
麵包	各種麵包

表 1-23 各種食品製造工程所需潔淨度

種類	內容	CLASS
魚肉加工	魚漿冷卻室	1,000
魚肉加工	魚漿包裝室	10,000
食肉加工	漢堡加工室	10,000
食肉加工	漢堡冷卻室	1,000～10,000
食肉加工	漢堡包裝室	10,000
食肉加工	香腸包裝室	10,000
食肉加工	香腸前置室	100,000
餅乾工廠	蛋糕包裝室	1,000～10,000
餅乾工廠	蛋糕包裝室	10,000
香菇工廠	菌室	1,000
香菇工廠	植苗室	100
飲料工廠	果汁、鮮奶充填室	1,000
果漿工廠	PASTE、充填室	10,000
糕餅工廠	包裝室	1,000～10,000
製麵工廠	冷卻包裝室	1,000～10,000
速食品工廠	包裝室	10,000～100,000
便當工廠	包裝室	10,000～100,000

表 1-24 食品加工各程序所需潔淨度

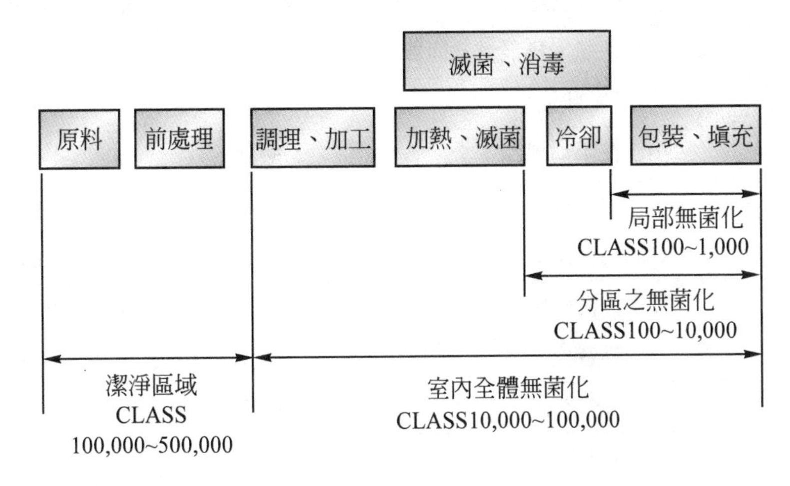

表 1-25 FDA、NASA、WHO、GMP 菌濃度比較表

潔淨度等級		FDA 個／M^3 (個／ft^3)	NASA 個／M^3 (個／ft^3)	WHO、GMP 個／M^3
Grade A	100	—	—	＞1
Grade B	100	3.5 (0.1)	3.5 (0.1)	5
Grade C	10,000	—	15 (0.5)	100
Grade D	100,000	88 (2.5)	88 (2.5)	500

FDA：美國食品藥物管制局

表 1-26　醫藥用潔淨室綜合性能檢測內容

項次	檢測內容	層流(或單向流)	亂流(或非單向流)
1	新鮮空氣、系統送風、排氣量及回風量	檢測	檢測
2	靜壓狀態	檢測	檢測
3	出風口平均風速	檢測	不檢
4	潔淨度等級	檢測	檢測
5	細菌浮游數	檢測	檢測
6	細菌沈降數	檢測	檢測
7	噪音度	檢測	檢測
8	室內溫度	檢測	檢測
9	室內相對濕度	檢測	檢測
10	室內照度	檢測	檢測
11	潔淨度恢復時間	必要時檢測	必要時檢測

1-5　潔淨室分類

一般潔淨室我們可依其空氣流動方式和潔淨室使用環境、場所或目的之不同，而有如下之分類：

1. 亂流式(Turbulent Flow)潔淨室：空氣經由空調箱經風管及空氣過濾器或經風扇過濾組(Fan Filter Unit：FFU)進入潔淨室，並由潔淨室兩側隔間牆板(Partitional Wall)或高架地板或天花板上之回風口回風複合循環使用，其氣流運動狀態爲非直線型運動而是爲不規則之亂流或渦流狀態，如圖 1-9 所示。此型式之潔淨室等級一般爲 1,000～100,000 級，其優點爲構造簡單，系統之建造成本較低，而潔淨室之擴充也比較容易，同時在一些特殊場所，可與潔淨工作檯併用，而得較高之潔淨室等級需求；而缺點則爲因氣流爲亂流故飄浮於室內空氣中之微塵粒子不易排出，對製程上之產品易造成污染，同時若系統停止運轉再啓動時，若欲達需求之潔淨度，所需之時間較長。

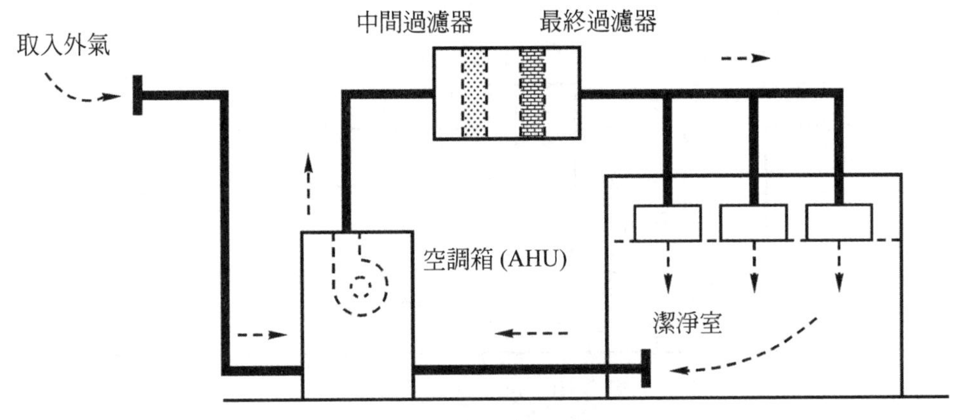

圖 1-9　亂流式潔淨室

2. 層流式(Laminar Flow)潔淨室：層流式之空氣氣流形狀爲一均勻之直線形，其爲空氣經前述之管道進入潔淨室內，並由高架地板或兩側隔牆板回風，其過濾器或空調風扇過濾器組一般之覆蓋率均大於 80 %以上。此型式適用於潔淨室等級需求較高之產品環境使用，潔淨室等級爲 1～100 級，有二種型式爲水平層流式和垂直層流式，如圖 1-10 及 1-11 所示。水平式是空氣自過濾器單方向向對邊流出，由對面之回風系統回風，微塵粒子隨風向而排於室外，爲在下游側之污染會較嚴重，其優點是構造簡單，運轉後短時間內即可達穩定狀態。缺點是爲建造成本較亂流式來得高，室內空間也較不易擴充。而垂直層流式其房間內天花板則 80 %以上(100 級)或 100 %(10 級以上)完全以過濾器(HEPA)或風扇過濾器組覆蓋，空氣由上往下吹，此系統可得較高之潔淨度，在製程中或工作人員所產生之塵埃可快速移出室外而不會影響其他工作區域，其優點爲管理容易，啓動運轉時在短時間內即可達穩定狀態，不易受作業狀態或作業人員所影響，而缺點是構造費用較高，彈性運用空間較困難，天花板上之吊架佔了相當大之空間，維修更換過濾器時較麻煩，同時運轉成本也較亂流式來得高。

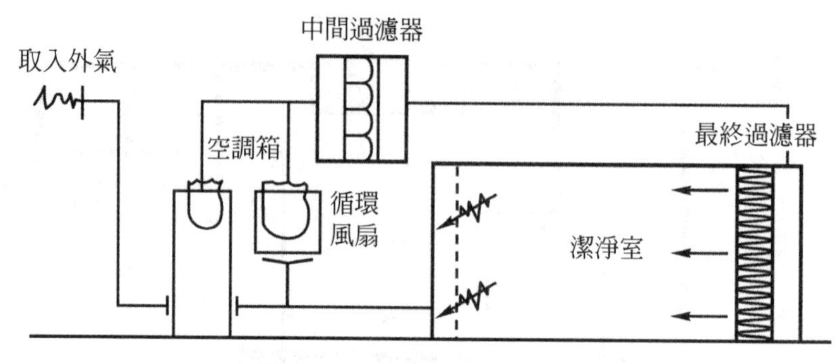

圖 1-10 水平層流式潔淨室

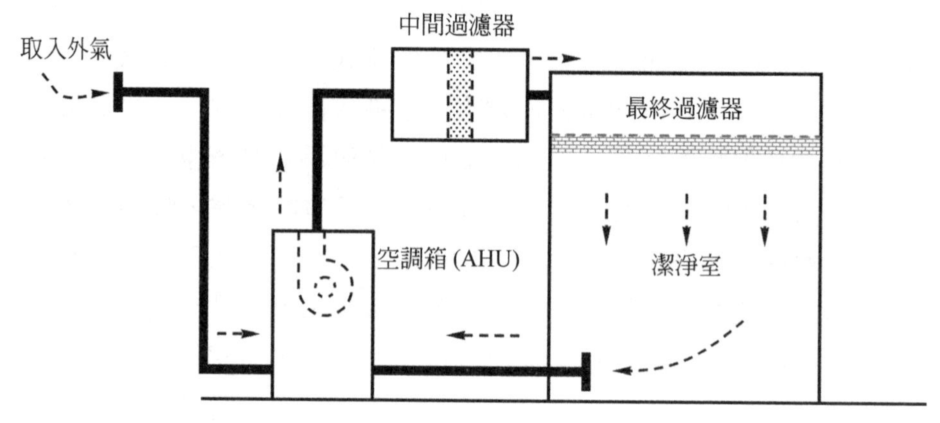

圖 1-11 垂直層流式潔淨室

3. 複合式(Mixed Type)潔淨室：複合式潔淨室是將亂流式及層流式予以複合或併用，可提供局部超潔淨之空氣，可分爲下列幾種型式：⑴潔淨隧道(Clean Tunnel)，⑵潔淨管道(Clean Tube)，⑶併裝局部潔淨室(Clean Spot)。

⑴ 潔淨隧道(Clean Tunnel)：以 HEPA 或 ULPA、FFU 等將製程區域或工作區域 100％覆蓋，使潔淨度等級提高至 10 級以上，而其他區域如工作人員動線區，其等級可在 100～1000 級左右，如此可節省安裝建造及運轉費用。此型式將作業人員之工

作區與產品和設備及維修區予以隔離，以避免機器維修時影響了工作及產品，如圖 1-12 所示。潔淨隧道型另有二項優點：①彈性擴充容易，②維修設備時可在維修區輕易執行。

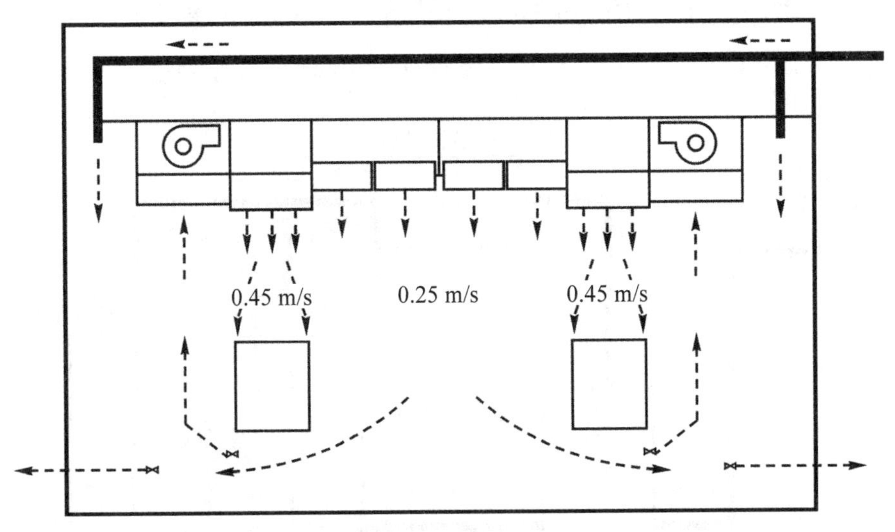

圖 1-12　潔淨隧道

(2) 潔淨管道(Clean Tube)：將產品流程所經過的自動化生產線包圍並給于淨化處理，此可將潔淨度等級提至100級以上。產品和作業人員和發塵環境均隔離，其只需少量之送風即可得到良好之潔淨度，可節省能源，用於需人工較少自動化生產線最適宜，如藥品及食品業等，圖 1-13 即爲其例。

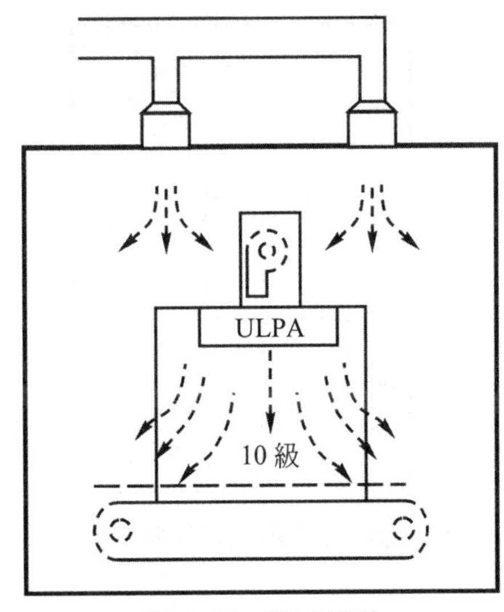

圖 1-13　潔淨管道

(3) 併裝局部潔淨室(Clean Spot)：將潔淨室等級 10,000～100,000 級之亂流潔淨室之產品生產區的潔淨度等級提升至 10～1000 級，以為生產之用，如圖 1-14 所示。一般在潔淨室所常見之潔淨工作台(Clean Bench)，圖 1-15、1-16 潔淨工作棚(Clean Booth)，圖 1-17；潔淨風罩(Clean Hood)等均屬此類。

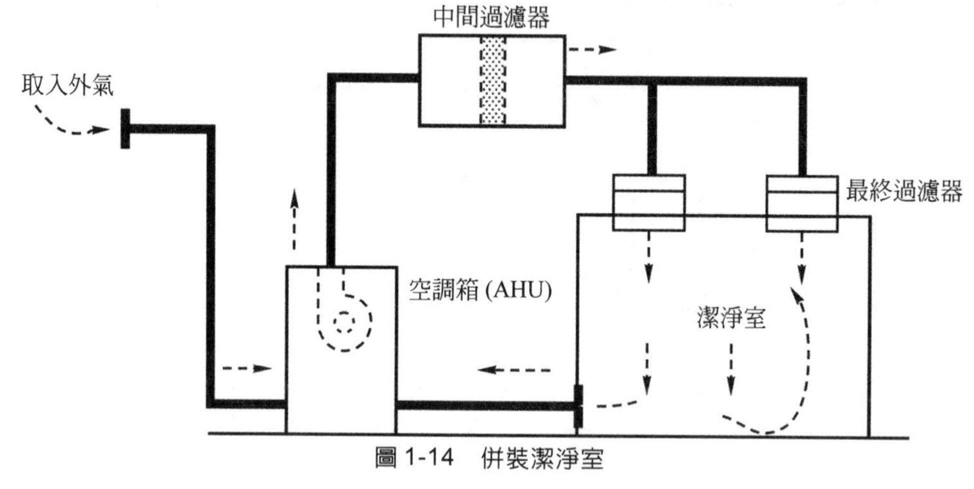

圖 1-14 併裝潔淨室

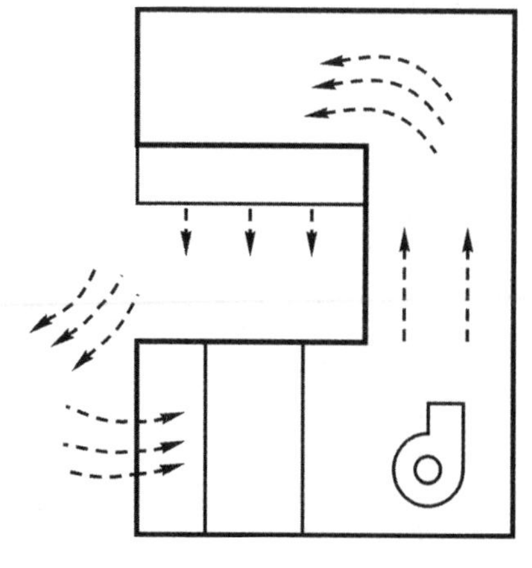

圖 1-15 垂直氣流式潔淨工作台

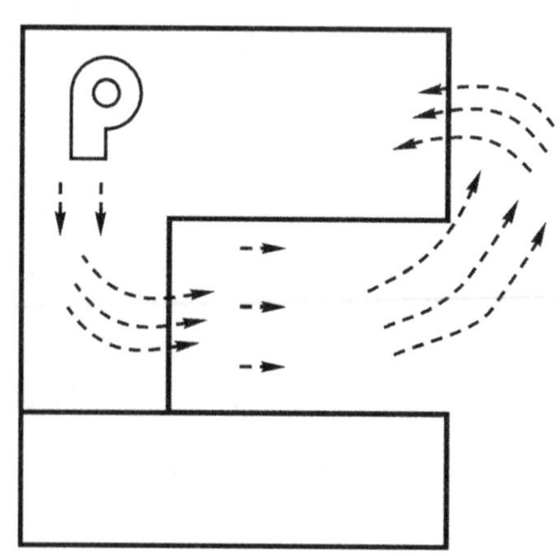

圖 1-16 水平氣流式潔淨工作台

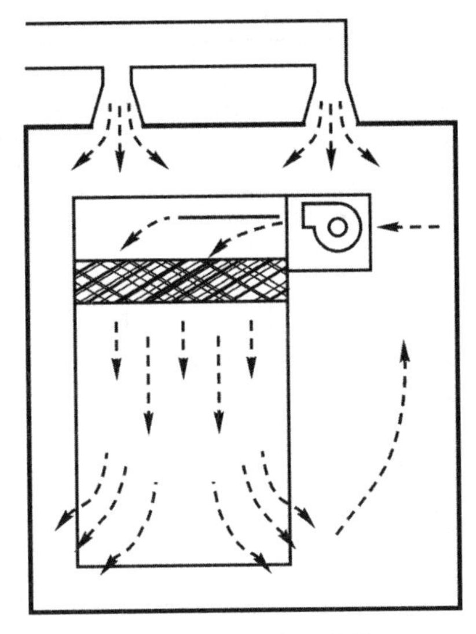

圖 1-17　潔淨工作棚

潔淨工作台，其潔淨等級可達 1～100 級，有垂直氣流和水平氣流二種形式；潔淨工作棚，則為在亂流式之潔淨室空間內以防靜電之透明塑膠布圍成一小空間，並採用獨立之 HEPA 或 ULPA 及空調送風機組或 FFU，而成為一較高級之潔淨空間，一般其等級可達 1～100 級，高度一般在 2.5 公尺左右，覆蓋面積在 $10M^2$ 以下，四支支柱並加裝活動滾輪，可為彈性運用，此形式在一大空間之潔淨等級較低之下，因製程需求一較小空間但潔淨室等級較高之狀況下，應用此形式最省成本和彈性及經濟化。現就以上所談之各方式之潔淨室之部份規格、成本、維修等優缺點做一比較，如表 1-27 所示。

表 1-27　各種型式潔淨室之比較

項目	亂流方式	水平層流方式	垂直層流方式	潔淨隧道方式	潔淨管道方式	局部潔淨方式
潔淨度	1000～100,000	10～1,000	1～100	1～100	1～100	10～1,000
換氣次數 (次／小時)	15～60	100～300	300～500	300～500	100～400	100～300
送風速度 (m/s)	0.1～0.3	0.25～0.5	0.25～0.45	0.3～0.5	0.35～0.5	0.25～0.45
差壓值 (mmH_2O)	0.5～1.0	1.0～2.0	1.0～2.5	0.5～1.0	1.0～2.5	0.5～1.5
建造成本	小	大	最大	大	中	最小
維護費用	小	大	最大	大	中	最小
彈性能力	難	容易	難	容易	難	稍難
維修難易	中	中	容易	容易	難	中
噪音度	小	大	最大	大	中	中

於目前高科技廠所採用的潔淨室架構中，半導體所使用者依建築結構方式有二層或三層式，另依其循環風扇所擺放之位置則有三種型式，如圖 1-18、1-19、1-20 所示。

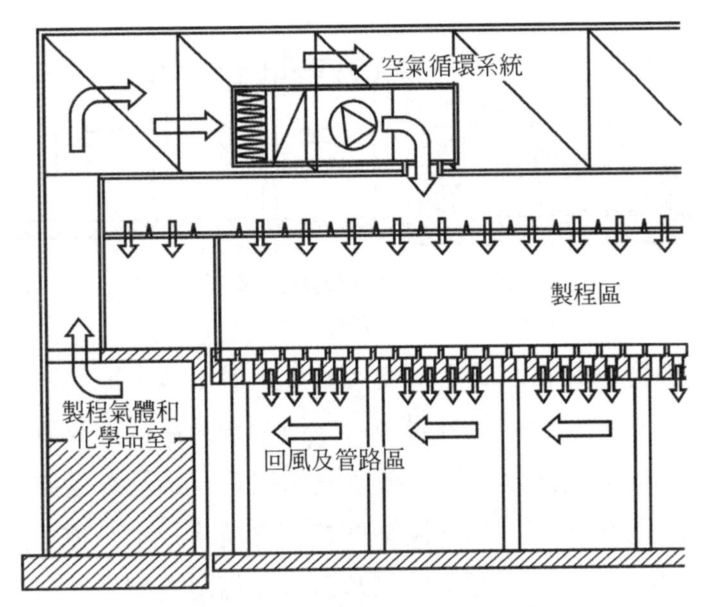

圖 1-18　潔淨室剖面架構之一

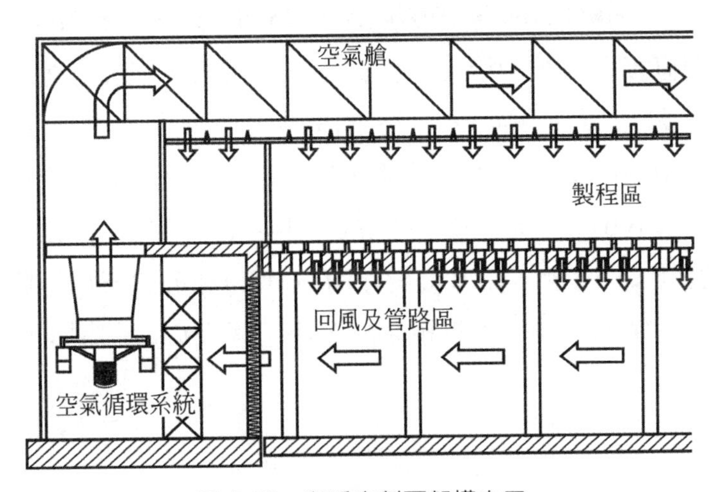

圖 1-19　潔淨室剖面架構之二

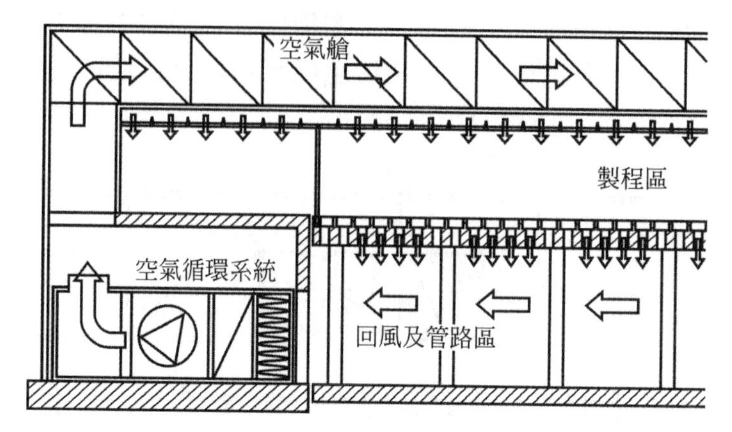

圖 1-20　潔淨室剖面架構之三

圖 1-18 爲空調箱回風系統安裝於最上層之鋼架區域內，外氣新鮮空氣，則送至一樓與之混合；圖 1-19 循環空氣系統則放置於回風道二側；而圖 1-20 則裝置於一樓，各空氣循環系統均設有過濾器、冰水管排、消音箱、導流板等，以作溫濕度控制之用。以上三種樣式底層均作回風區和管路系統，二次配電盤以及製程設備附屬配備置放區此區另稱次生產區(Sub Fab 或 Sub Clean Area)；第二層(中間層)則爲生產製造區；而最三層(鋼構區)則爲空氣艙(Air Chamber 或 Air Plenum)，外界新鮮空氣則直接引入第一層樓並與循環空氣混合，以爲室壓調整和溫濕度之控制。除了以上所述之三種型式外，以標準機械介面(Standard Mechanical Interface，SMIF)爲傳送架構做基礎而設計建造的微環境型潔淨室(Minienvironment C/R)，已成爲半導體 8 吋廠以上之標準架構潔淨室，如圖 1-21 所示。標準機械介面(SMIF)之形式架構是將製程設備區分成多數區域，每區域予以組裝成潔淨室等級 Class 1 或 Class 0.1(0.1

μm)的獨立潔淨區，各階製程即在各區域內進行，而人員工作區則爲潔淨室等級較差之潔淨室，一般爲Class 100或Class 1000(0.3μm)，各區晶片之傳遞是將晶片放入潔淨室等級1級的密閉式盒中，以人員手提或使用自動傳送系統送至系統之連接臂內再自動送入製程設備中，因晶片之傳遞和產品製造均與外界隔絕且在潔淨內進行，故不易受到微塵之污染，如圖1-22所示爲SMIF系統之配置。SMIF系統之使用，其優缺點爲如表1-28所示。至於SMIF所搭配製程設備所使用之微環境，其架構有四種：⑴爲隔牆板與天花板接觸密閉如圖 1-23 所示，其空調直接由天花板上方之空氣艙經HEPA或ULPA供應。⑵爲隔牆板延伸與天花板接觸，空調則由本身所設之風扇吸取自空氣艙中之循環空氣供本身內部使用。⑶隔牆板固定於地板上，空調則由潔淨室內之循環空氣供給，經隔屏內之設備至地板回風。⑷隔牆板固定在地板上，空調則由本身所裝之風扇吸入經內部設備至地板回風。

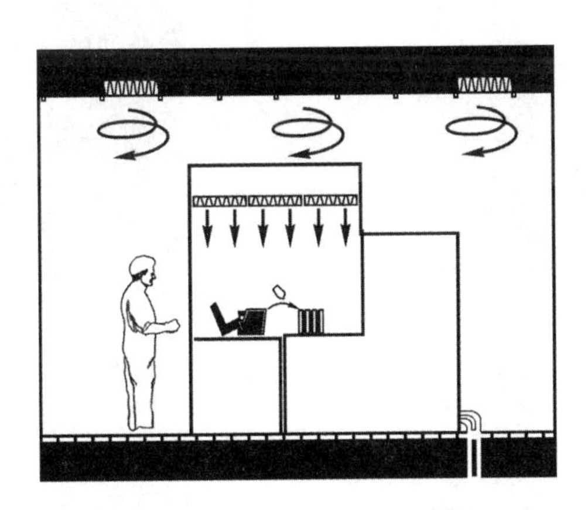

圖 1-21　微環境型潔淨室架構

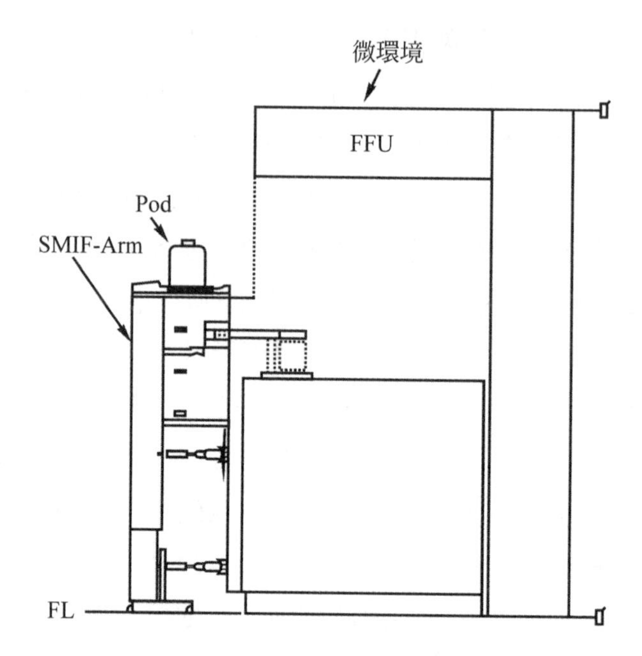

圖 1-22　SMIF 系統之配置

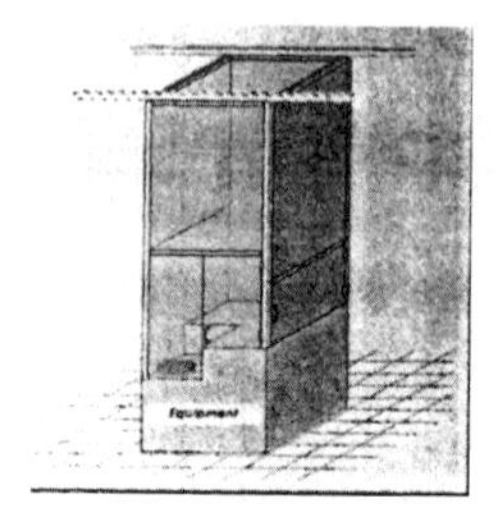

(a) 天花板懸掛全供氣式

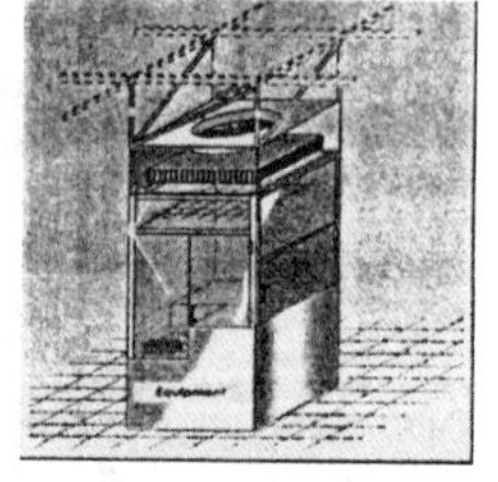

(b) 天花板懸掛風扇供氣式

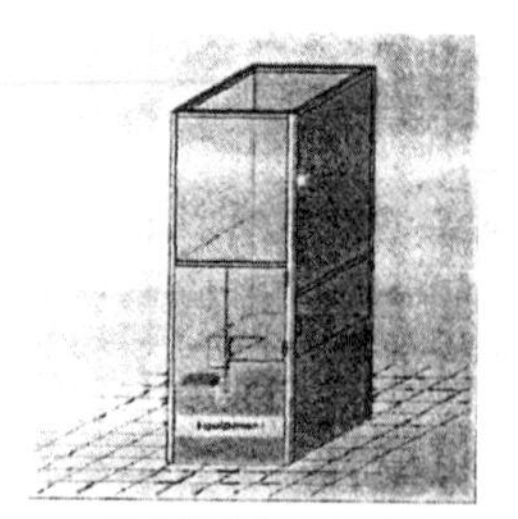

(c) 地板固定全供氣式

(d) 地板固定風扇供氣式

圖 1-23　微環境隔屏架構

表 1-28　SMIF 系統之效益

項次	項目	優點	缺點
1	資本	1. 潔淨室面積減少約 30 %。 2. 建築結構費用降低。	1. SMIF 系統費用高，初期成本增加 30 %。
2	系統	1. 潔淨度佳，不受環境或人為污染。	1. 系統故障會影響生產。
3	保養維修	1. 可有效防止機台維修時互相影響，鄰近機台可正常作業。 2. 保養及維修時間統計眞實。	1. 須有專人維修 SMIF 系統，增加人事成本。 2. SMIF 維修費高，須庫存零配件。
4	使用與管理	1. 晶圓均保持於密閉盒內不受作業員之不良習慣影響。 2. Class 1,000 作業環境較舒適，限制較少。 3. 作業簡化、單純，提昇工作效率。	1. 設備當機時，產品處理困難。
5	安全性	1. 環境異常時，可保護產品。 2. 避免人員接觸到化學性氣體及酸液和污染環境。	
6	產品良率	1. 製程良率可穩定或提升。 2. 可降低因生產錯誤所造成的再製率。	1. 若製程不穩定或設備本身潔淨度無法維持，則 SMIF 效果無法顯現。 2. 微環境和密閉式盒內部潔淨度須有監控作業流程，否則晶片將處於污染環境中。
7	運轉成本	1. 空調運轉成本可減少約 20～25 % 電能。 2. 減少更衣成本如潔淨衣、口罩、手套等。 3. 降低潔淨衣清洗週期。 4. 降低潔淨室清潔週期。	

表 1-28　SMIF 系統之效益(續)

項次	項目	優點	缺點
8	工程進度	1. 可提早設備驗收工作及產品生產。 2. 環境微粒子排除容易，可明顯縮短製程建立時間。 3. 潔淨室施工時程易掌握。	1. 潔淨室之隔牆施工，須配合SMIF system 架構之安裝無法一氣呵成，須等設備定位完成才能施工，無法事先施工。
9	彈性	1. 設備擴充性佳、安裝容易。 2. 設備 Re-Layout 容易。	

至於在液晶顯示器等光電廠，由於其需求之潔淨空間比半導體廠要大得多，加上設備和玻璃、面板產品之尺寸愈來愈大，故其自動化之要求程度相對增加，而潔淨度之等級要求也因線徑較半導體大而可較低，如圖 1-24 及 1-25 所示分別液晶顯示器廠 Array 和 Cell 二製程工序潔淨架構。由圖面上可看出其潔淨室是以局部淨化爲要點，如：①玻璃底座露出部份之高潔淨化，②儲藏部之高潔淨化，③僅在裝填和卸貨部位淨化空氣，④使用較大量的靜電消除設備。無論是半導體或光電廠之潔淨室，早期均是以HEPA或ULPA之過濾，輔以循環送風扇送風方式而構成一潔淨室系統，唯目前已大部使用風扇過濾器組(Fan Filter Unit，FFU)來取代之，尤其是在高等級潔淨室更是百分之百使用。FFU 型和傳統之ULPA型之最大區別在：①空氣艙室ULPA型爲正壓；而FFU型則爲負壓，② Ceiling Grid ULPA須灌注液體密封劑；而FFU則只要使用一般之防洩墊片即可。FFU之使用除了可得較高之潔淨度外，尙有：①可得穩定之氣流，②壓力和溫控制較佳，③擴充性較優，④部份數量FFU$\left(\frac{1}{10}\right)$當機，尙不致於影響該區之潔淨度，⑤可獨立運轉亦可整合控制，⑥運轉成本較低，耗電量少等優點特性；而初期投資成本較高、天

花板架(Ceiling Grid)之結構須加強；以及噪音和震動較大；維修較不方便等爲其缺失。圖 1-26 爲FFU之架構；1-27 則置放於天花板上方(空氣艙)內之 FFU 模組式樣。

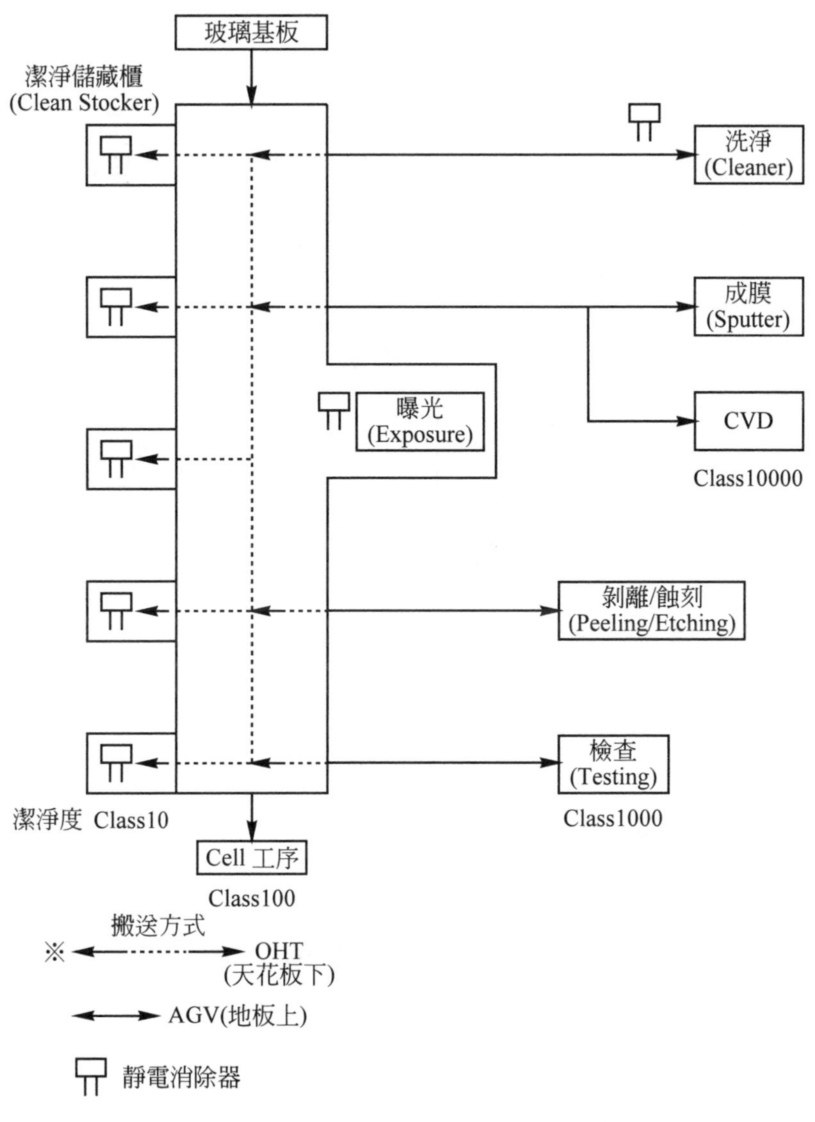

圖 1-24 TFT-LCD Array 工序潔淨架構

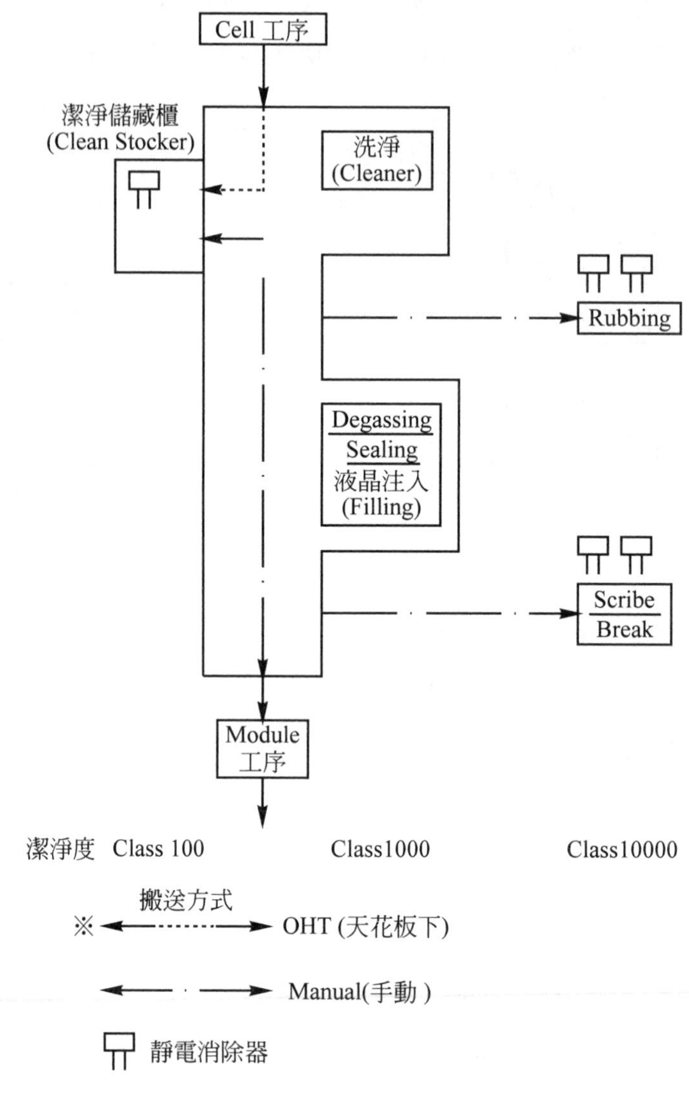

圖 1-25 TFT-LCD Cell 工序潔淨架構

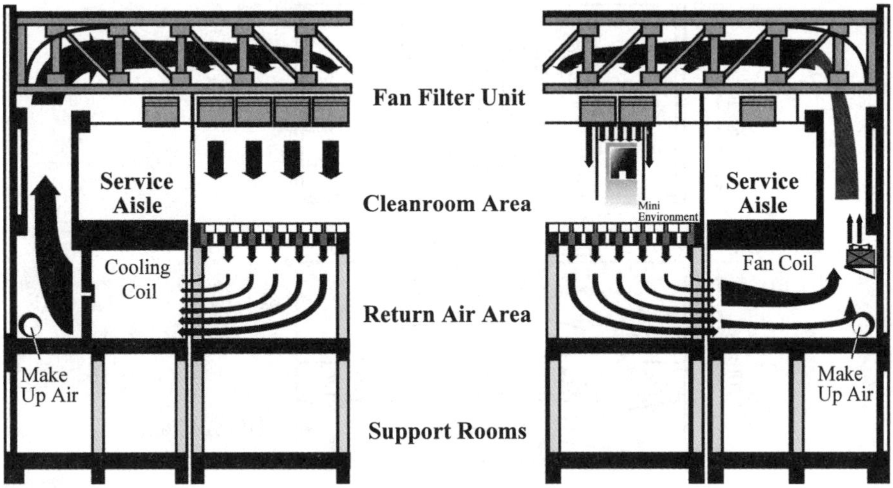

Fan Filter Unit
Service Aisle
Cleanroom Area
Mini Environment
Service Aisle
Cooling Coil
Fan Coil
Return Air Area
Make Up Air
Make Up Air
Support Rooms

圖 1-26　FFU 潔淨室架構

圖 1-27　FFU 模組式樣

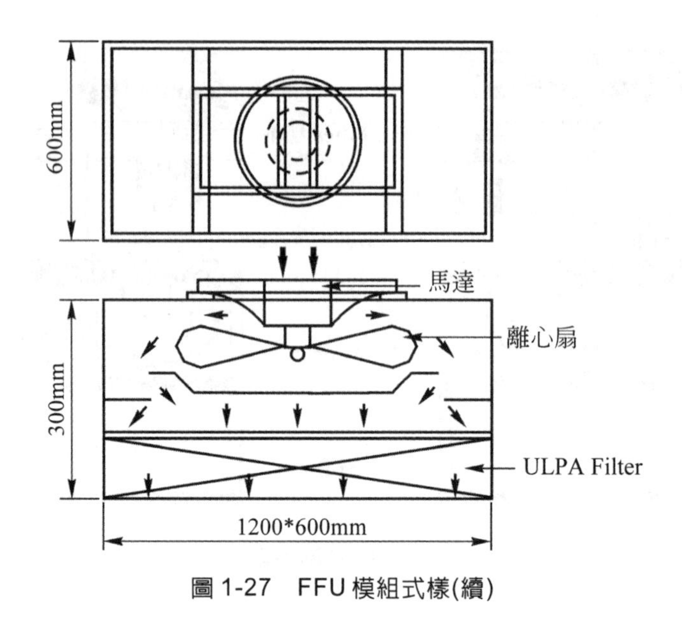

圖 1-27 FFU 模組式樣(續)

1-6 潔淨室內空氣流分析

在潔淨室各規範中，最重要者即是潔淨度，但潔淨度往往受到氣流的影響。換言之，即是工作人員、設備隔間、建築結構等所產生的塵埃移動和擴散受到氣流的支配。表 1-29 所示乃單位密度粒子的重力與布朗(Brown)運動所引起的移動量。由表中可知，粒徑 0.1μm 以下，布朗運動引起的移動比重力引起的沈降還大，反之則相反。

潔淨室空氣在經 HEPA、ULPA 和 FFU 過濾以後，其塵埃之收集率可達 99.97 %～99.99995 %之多，因此在此情況之下的空氣可說十分乾淨。然而潔淨室除了人以外，尚有設備等之發塵源，這些微塵粒子一旦擴散，即無法保持潔淨空間，因此必須利用氣流將發生的塵埃迅速排出室外。潔淨室內之氣流是左右潔淨室性能的重要因素。一般潔淨室氣流速度約在 0.25～0.5m/s 之間，此氣流速度屬微風區域，易受人、機器等

表 1-29 微粒子運動之比較

粒徑 (μm)	相當於 1 秒鐘的布朗運動引起的移動量 X_{Brn}(cm)	相當於 1 秒鐘的重力沉降距離 X_{grav}(cm)	$\frac{X_{Brn}}{X_{grav}}$
0.0003	0.60	2.4×10^{-7}	2.4×10^{6}
0.01	2.6×10^{-2}	6.6×10^{-6}	3900
0.1	3.0×10^{-3}	8.6×10^{-5}	35
1.0	5.9×10^{-4}	3.5×10^{-3}	0.17
10	1.7×10^{-4}	0.30	5.7×10^{-4}

的動作干擾而趨於混亂，提高風速可抑制此一干擾而維持良好潔淨度，但因風速的提高，將影響運轉成本的增加及噪音度的提高，所以當潔淨度已達標準之時，應以最適當之風速供應，以達控制成本之經濟性效果。另一方面均勻氣流速度之保持是達到潔淨室潔淨度穩定效果的重要因素，均一氣流若無法保持，即表示風速有異，特別是在牆壁面，氣流會沿著壁面發生渦流作用，此時若欲維持高潔淨度事實上很困難。在垂直層流方面要保持均勻氣流必須(a)吹出之風速不可有速度上之差異，(b)地板回風板吸入面之風速不可有速度上之差異。如圖 1-28(a)(b)(c)三圖所示爲三種不同風速時之氣流狀況，由圖可看出速度過低或過高(0.2m/s，0.7m/s)均有渦流之現象發生，而0.5m/s時其氣流則較均勻，故目前一般潔淨室之風速均取在0.25m/s～0.5m/s 之間。而地板吸入之風速另一重要因素，如圖 1-29 所示，在高架地板下之空間，靠近回風口管連接部份之風速V_e盡可能要降低，宜在 5m/s 以下，其改善方式是將d、e處之開孔板部份用盲板予以封閉以增加阻抗。或加裝風量調節器(Damper)予以改善。

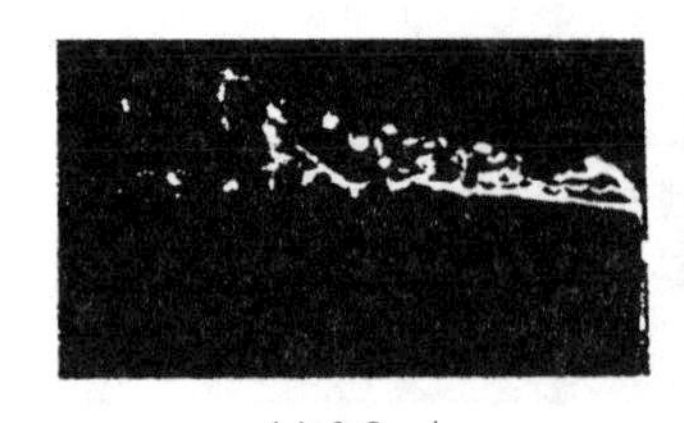

(a) 0.2m/s

(b) 0.5m/s

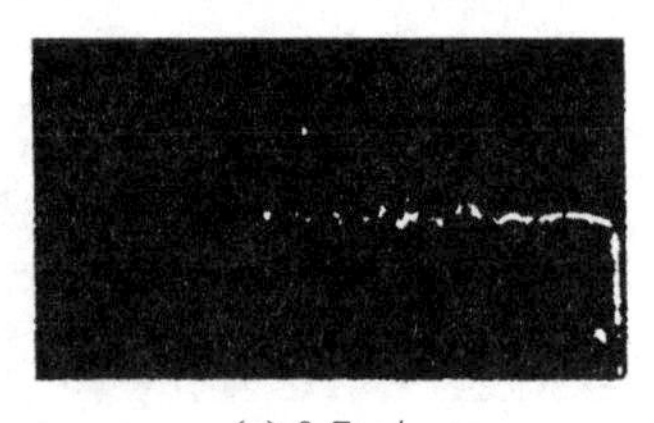

(c) 0.7m/s

圖 1-28　不同風速之氣流分佈

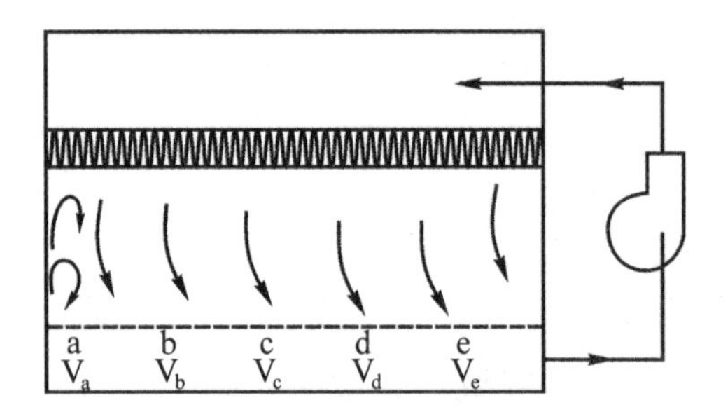

圖 1-29　高架地板上風速之變化

查核氣流形狀之方法有三，分別爲：①氣流的目視法，②直接測定法，③電腦數值模擬分析法。目視法易於理解流動場所的整個狀況，但必須花上較多時間和精神，才能取得氣流動態資料。直接測定法雖然定量性之資料較確實，但投入之心力與其所取得數據的正確性有著密不可分之關係。至於運用電腦之數值模擬分析法，其推算結果和實際狀況之搭配對照和組合是重要之關鍵。因此如能充份地考慮這些方法的優缺點，經由適當之組合，將可獲得相當多可貴資料。

1. 氣流的目視法：潔淨室中最常用且簡易的方法，是取適當之長度的細線置於潔淨室過濾器或FFU之下方，觀察細線的擺動現象，即可知氣流形狀流向，此是最不會污染潔淨室最佳目視法。另外尙常見使者是利用煙霧產生器置於過濾器或FFU下方，觀察煙霧的形狀流向即可知氣流的動態，唯此方式有污染潔淨室之虞。

2. 直接測定法：是使用風速計實測氣流流動場所，並以電腦處理所測資料，將資料定量化表現其氣流。使用之風速計須連方向均可測定者，如串聯型熱線風速計、電熱調節器型風速計與煙測試器組合及超音波風速計等。圖 1-30 乃是利用三次元超音波風速計(Three Dimensional Ultrasonic Anemometer，圖 1-31)和電腦處理所得之資料圖。圖中箭頭表示風速向量，圓圈大小表示亂流之強度。由圖上可知製程設備前之亂流較大，在製程區及緩衝區間過濾器下方之接觸面亂流較小，此結果顯示了潔淨室內氣流之定量特性。圖 1-32 爲三位元超音波風速計流場量測配置圖。

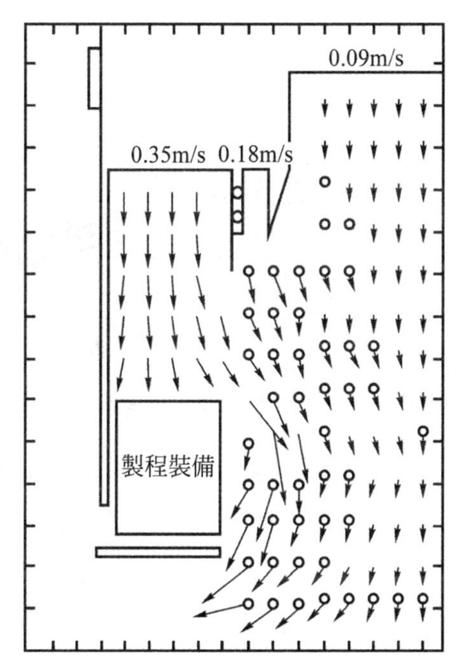

圖 1-30 三次元超音波風速計量測氣流變化

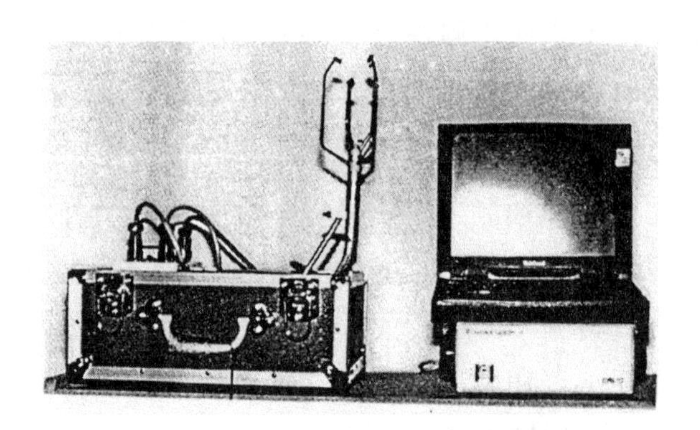

圖 1-31 三位元超音波風速計外觀

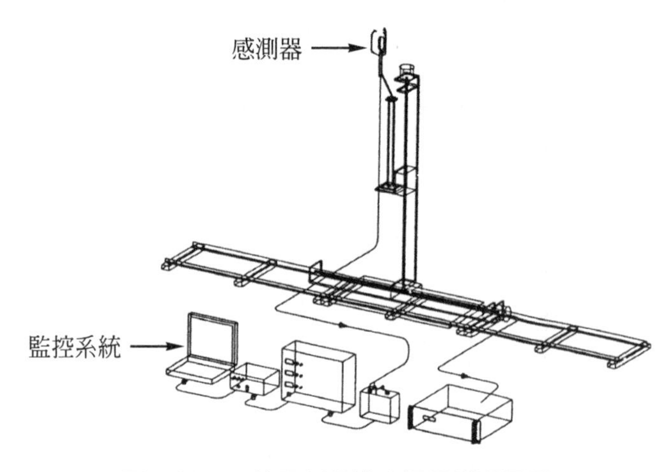

圖 1-32 三位元超音波流場量測配置圖

3. 電腦數值模擬法：氣流的量測方式，除以上所談的二種方法外，尚有以電腦做數值模擬(Simulation)之方法，其是利用粒子的質量、運動量、熱量等之物理性法則及狀態方程式或稱統御方程式，Governing Equations)如連續方程式、動量方程式、能量方程式、濃度方程式、渦流動能與渦流動能耗散率的傳遞方程式(Transport Equation)和Navier-Stokes方程式以及溫度擴散式等偏微分方程式，再利用電腦軟體(如FLUENT公司所發展的FLUENT套裝軟體)，以計算微塵粒子之軌跡路線，模擬微塵粒子之運動情形而做氣流分佈之分析。圖 1-33 爲利用電腦數值模擬法所得之微環境型潔淨室之流場分佈。由圖中可看出在製程區與緩衝區均爲層流，而在周圍區則有很大之渦流產生，此渦流對緩衝區與製程區之氣流和污染將造成影響。圖 1-34 爲電腦數值模之微環境三視圖，此微環境分爲製程區、緩衝區與周圍區三個區域，可與圖 1-33 做爲對應。而圖 1-35 則爲IC生產線自走運送機器人運動時所產生的氣流模擬化圖。圖中所示爲機器人A向圖左方向行走時，後方出現的渦流狀況，由此圖中可證明任何運動均會造成氣流分佈的變化，當然也影響了微塵粒子的排出率和潔淨度，故生產線上的所有作業人員於工作中走動時不得不愼。

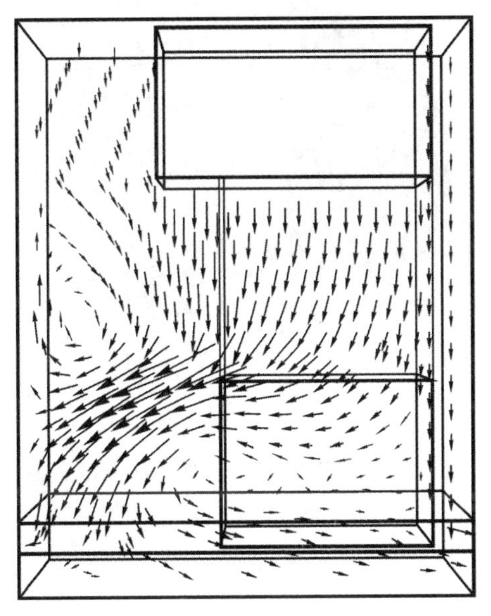

圖 1-33　電腦數值模擬之氣流場分佈

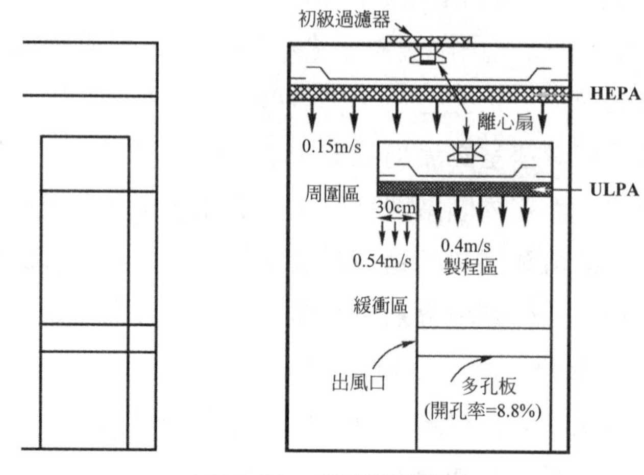

圖 1-34 微環境三視圖

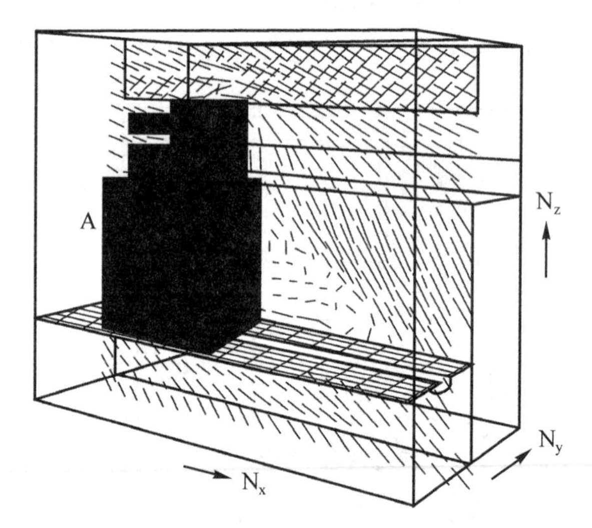

圖 1-35 自走機器人運動時氣流模擬圖

1-7 不同障礙物對氣流之影響

影響潔淨室氣流因素相當多，諸如製程設備、人員、潔淨室構裝材、照明器具和設備佈置規劃(Layout)等，同時對於製程設備上方氣流的分流點，亦應列爲考因素。一般操作台或生產設備等表面的氣流分流點，應設於製程區潔淨室空間與前隔板之間距$\frac{2}{3}$處(或與維修區之隔牆板間距$\frac{1}{3}$處，如圖 1-36 所示，如此可使作業人員工作時，氣流可從製程區內部流向作業區，而將製程區上方之微塵粒子帶走；反之，若將分流點配置在製程區前方，如圖 1-37 所示，將成不當的氣流分流點，此時大部份氣流將流向製程區，不只無法將製程區之微塵粒子帶走，作業人員因工作所引起之塵埃將被吸至製程區而污染工作台，如此狀況之下，產品之良率將勢必降低。

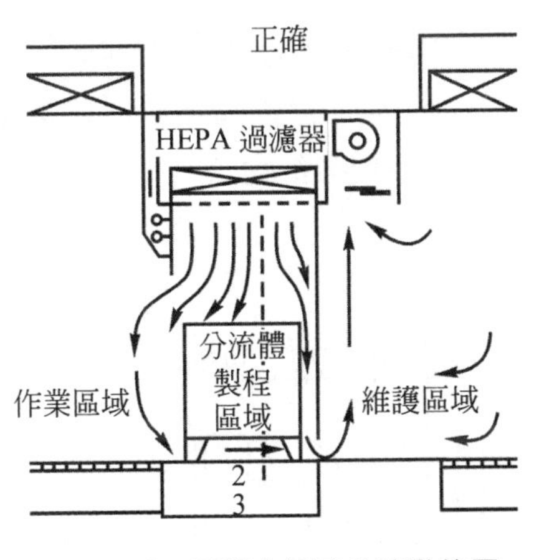

圖 1-36 正確之氣流分流點位置

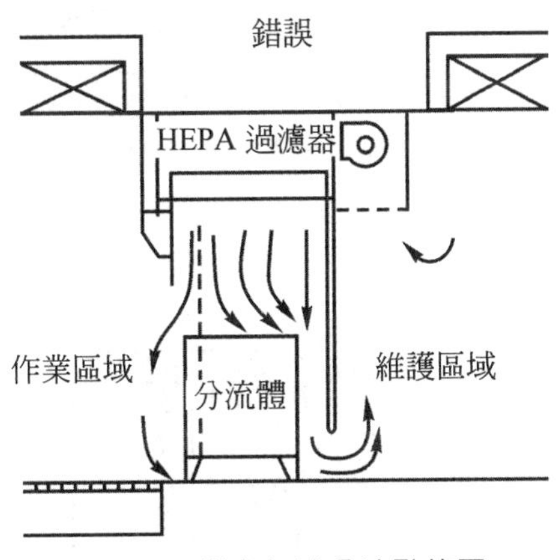

圖 1-37 不當之氣流分流點位置

圖 1-38 爲過濾器之間距大小和過濾器與牆板間對氣流所造成之影響。由圖上可知HEPA過濾器之間隔不要太大，而過濾器與隔牆板之間距離也不要太遠，避免因爲節省少裝一些過濾器，反而造成微塵粒子之積聚而污染潔淨室。圖 1-39 則爲製程設備或工作點對氣流之影響，一般而言，潔淨室內設備之形狀若有直角，將造成渦流現象和氣流之死角，解決之方法爲將直角修改爲三角平面之導角或圓弧角。另外在二個不同等級潔淨度之潔淨區(如製程工作區和維修區)，若低潔淨度之氣壓大於高潔淨區時，而此時若潔淨室內裝隔牆板之氣密性不良，或安裝附屬配件(如傳遞箱)，將會造成微塵粒子由低潔淨區進入高潔淨區，解決之道爲於內裝隔牆板組裝時，做好氣密工作是爲解決方法。如圖 1-40 所示。在隧道型潔淨室中，不同潔淨度等級的區域，由於各自風速之不同，氣流將會互相干擾，造成雙方接觸區氣流有渦流現象，此時只要在二接觸區域加裝透明防靜電之塑膠空氣布簾(Vinyl Air Curtain)，其高度約 60cm～65cm 即可避免此現象之發生。如圖 1-41 所示。此外，若潔淨室中之製程設備若有高熱源存在，如熱板(Hot Plate)、烤爐(Oven)，或其他加熱器，由於熱能會使鄰近之空氣因受熱而逆流上升，而與向下之冷氣氣流混合，破壞了全室氣流之均一性，因此避免高熱源設備置放製程區或將高熱源設備隔絕是爲遵守之原則。如圖 1-42 所示。

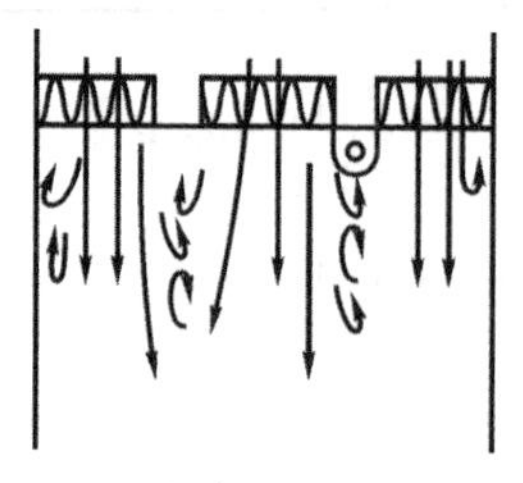

圖 1-38　過濾器對氣流之影響

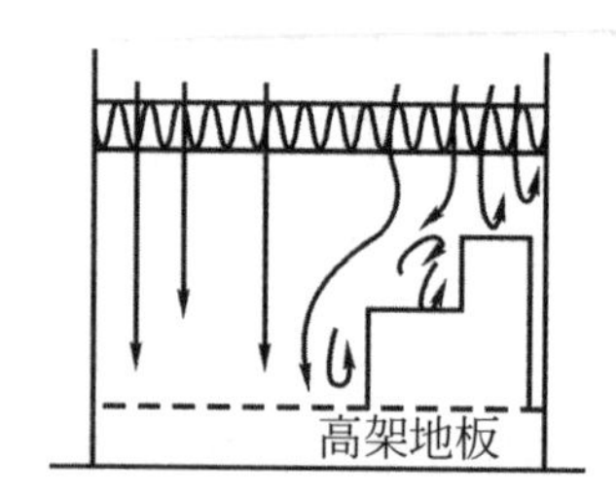

圖 1-39　製程設備對氣流之影響

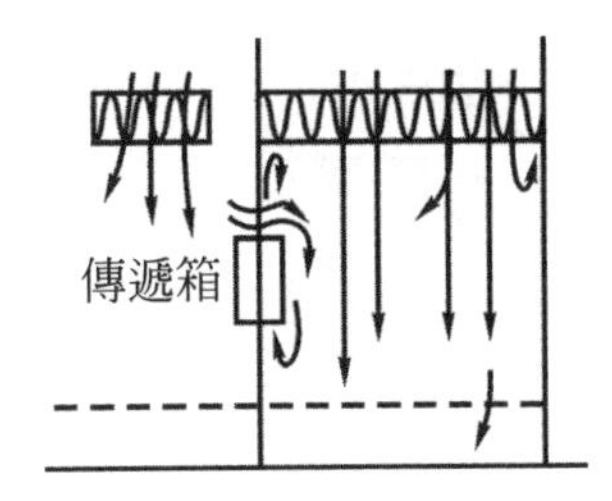

圖 1-40 隔牆板安裝配件對氣流之影響

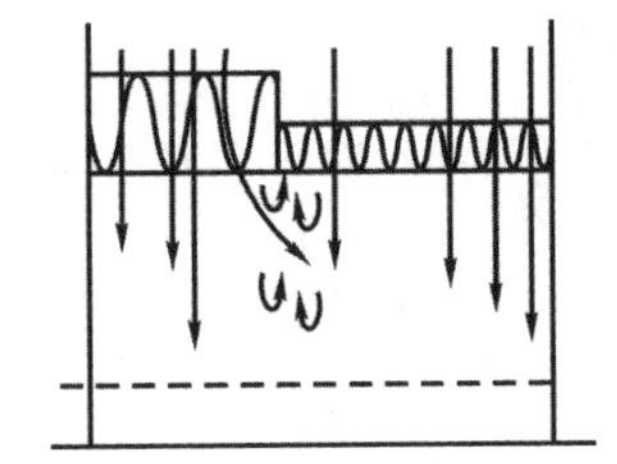

圖 1-41 不同風速之氣流干擾現象

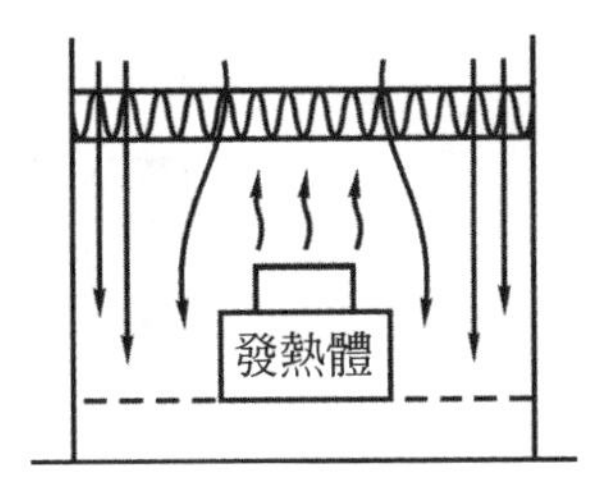

圖 1-42 高熱源對氣流之影響

潔淨室內工作桌等障礙物，在轉角處均會有渦流現象發生，相對地在其附近之潔淨度會較差，如圖 1-43 所示。但若在工作桌面上設有回風小孔，則將使渦流現象減至最低。此外構裝材料選擇是否恰當，設備之佈置(Layout)之是否完善，亦為氣流是否會造成渦流現象之重要因素之一。圖 1-44 及圖 1-45 分別為照明燈具、設備及工作人員所引起之渦流現象。一般而言，照明燈具所引起之渦流區域之高度約為該燈具 4 倍之寬度(在風速 0.45m/s 時)。

圖 1-43 直角形工作桌對氣流之影響

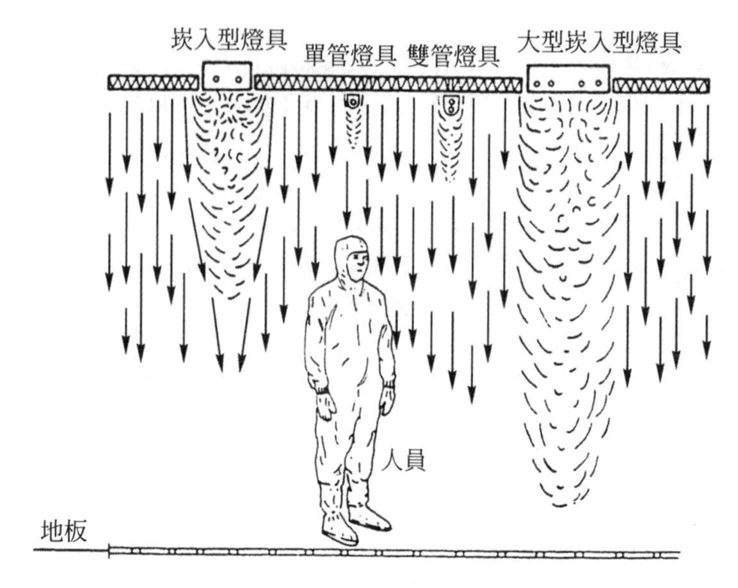

圖 1-44　不同照明燈具影響氣流之情形

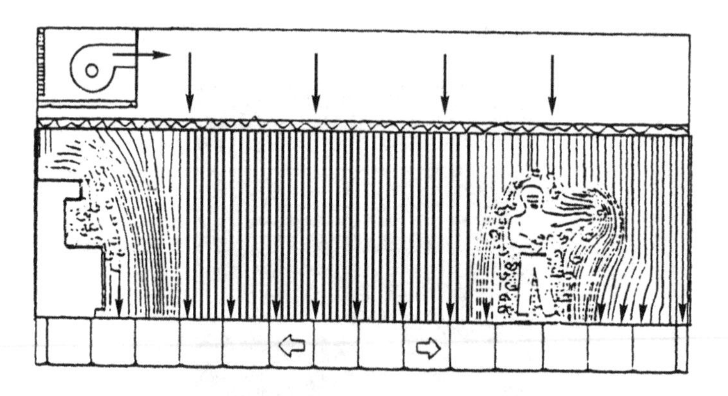

圖 1-45　設備與人員影響氣流情形

1-8 潔淨室設計規劃

在談潔淨室的設計規劃之前，我們須先就光電或半導體生產用廠房的整個功能和相關系統做一設計上的整合，方不致於掛一漏萬，而得我們所期待且符合我們需求功能的廠房，其設計整合流程如表1-30所示。由表中可知在設計潔淨室時，所需獲得和整合之資料包含了製程設備相關資料、製程技術、建物模式和產能以及製程設備佈置狀況等。因此潔淨室的總體設計概念，可以如下的各項規劃或計劃來加以探討，這些規劃或計劃包含了空間佈置規劃、結構及架構、自動傳送系統、設備選擇與佈置、運轉及維護管理以及工安環保計劃等。而這些項目事實上均含蓋於空調系統、電力、氣體、超純水、廢水、化學品供應和安全監視等廠務八大系統中。為了維持產品的高良率和保持潔淨室的正常運作，除

表1-30 潔淨室廠房設計整合流程

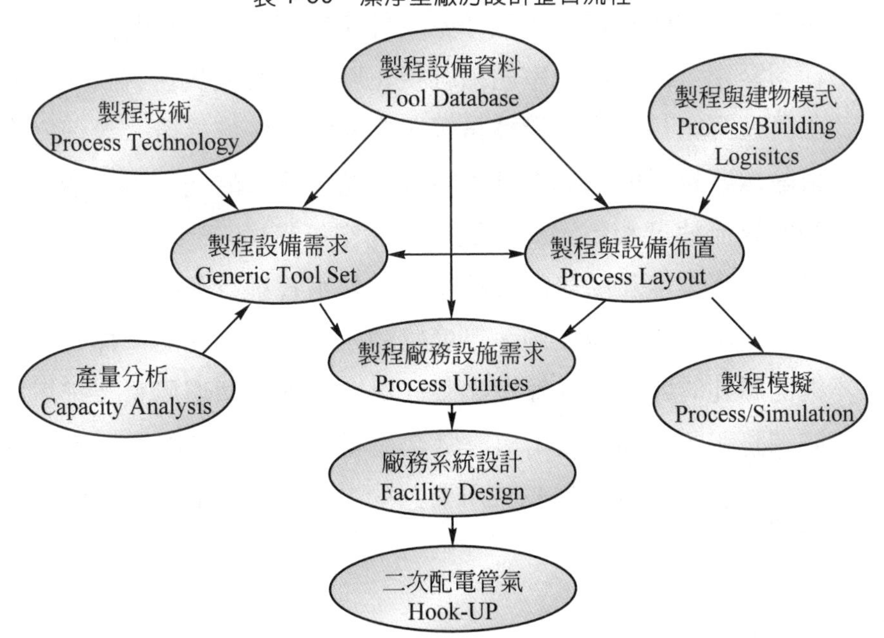

了在設計八大系統時須特別考量各自的特性和規範外(這些特性和規範將於後續之章節敘述)，對於潔淨室的設計必須注意以下的事項，方能建造出一座高品質的超潔淨室：⑴微塵粒子的不積留；⑵微塵粒子的產生防止；⑶微塵粒子的迅速排除；⑷微塵粒子的防止帶入；⑸俱除微塵粒子的空調系統；⑹潔淨室溫濕度和壓差的維持。

1. 微塵粒子的不積留：潔淨室地板、四周牆壁、接縫、死角和設備週邊須定期清掃。
2. 微塵粒子的產生防止：進入潔淨室須遵守潔淨室的進出規則；同時選擇不易產生微塵粒子的組裝材料，人員於潔淨室內不做非必要之活動或跳動，同時禁止攜入列入管制之物品。
3. 微塵粒子的迅速排除：空調設計時之換氣次數須符合規定，易產生微塵粒子的區域須加強排氣和注意氣流狀況，以免微塵粒子附著於產品上。
4. 微塵粒子的防止帶入：潔淨室設計和施工時天花板及隔牆板之結構須緊密，同時潔淨室內須維持正壓，作業人員、材料、設備和工具及零組件須經清潔擦拭等正常處理程序方能帶入潔淨室內。
5. 俱除微塵粒子的空調系統：設計時選擇適當的空氣過濾器以及足夠的氣流速度和穩定的氣流形式、空氣交換率。
6. 潔淨室溫濕度和壓差的維持：冰、熱水管排負荷的適當設計、水溫和送風機的運轉控制、溫度感測元件和控制閥的選擇、高架地板回風孔的開孔率計算與調整回風、送風、循環風量及排氣系統的調整和各房間與進出口門縫之洩漏空氣量的控制等。如表 1-30 所示爲潔淨室設計規劃時所需意的 5P 控制原則與處理對策。

表 1-31 潔淨室 5P 原則

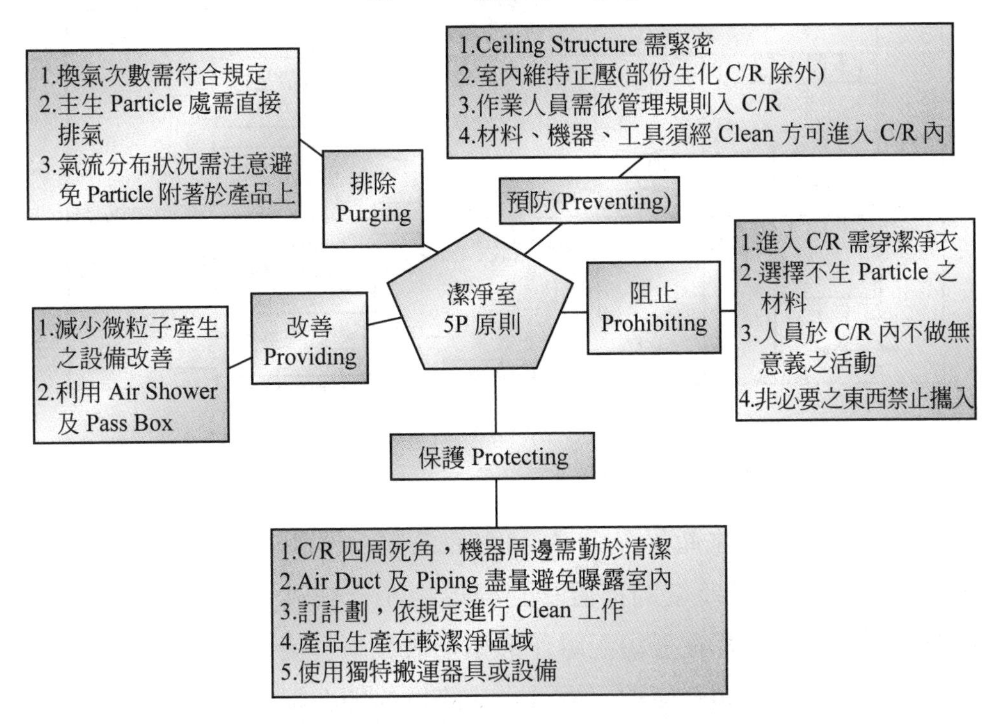

潔淨室設計之初，應對潔淨室之用途、何類性工廠及產品製程所使用，亦即以產品之種類爲企劃和分析，並就企劃和分析結果之數據作基本設計，其包括了潔淨室內的設備佈置規劃、生產製品的流程、潔淨室潔淨度等級的擬訂，人員、物料、成品的動線、空調系統負荷的檢討、建築內裝材之探討選用等。在潔淨室的空間佈置規劃當中，動線規劃是爲最重要課題之一。此動線包括了：①整體動線計劃：人、物、工具、水電及廠務系統等之各項管路出入位置和方向，②潔淨室的動線計劃：生產作業、流程、材料、器材、廢料及產品的出入流程、製程設備位置之定位等，③進出潔淨室的動線計劃：人員、設備、原物料等進入潔淨室的程序等，如圖 1-46 爲進出潔淨前的更衣和換鞋區(Gowning Room)的配置例。

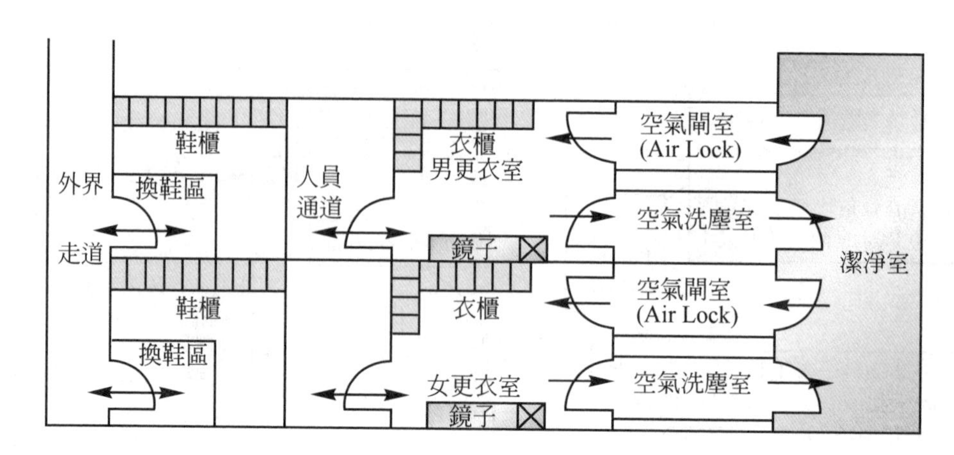

※⊠：爲洗手和烘手機

圖 1-46　進出潔淨室之 Gowning Room 配置

現就以半導體生產用潔淨室爲例(液晶顯示器和其他高科技廠房亦同)，就潔淨室設計時空間佈置和動線規劃作一概述。基本的動線規劃原則是在使產品流程在最短距離作最順暢的流動，使人員、材料、藥品等流動環路不致於頻繁交錯，換言之最終目的即在提升產品的品質和生產效率。爲避免潔淨室潔淨度的受影響和氣流的受破壞，人員及工具、設備搬運、材料等避免集中且頻繁的移動，是爲注意的重點項目之一。若動線規劃良好，則潔淨室之設計概念可說已完成大半，因此潔淨室的空間佈置確定討論，應須包含製程人員、設備人員、工業工程人員和廠務工程人員等以腦力激盪之方式，就各項動線包括設備搬遷動線、吊裝口、月台等，歷經多次的共同會商討論，方能獲得工廠潔淨室區內的最佳設備佈置和動線。一般而言動線規劃基本方式，可分爲四種路徑規劃，且以交錯最少爲考量，此四種路徑爲：

1. 作業人員與晶圓、光罩等生產基材進出路徑。
2. 製造設備搬遷路徑。
3. 潔淨室內空調用設備進出路徑。

4. 廠務系統的供給管線或電纜進出以及廢棄物、廢水等之排放路徑。圖 1-47 為依以上四種路徑所做之動線圖例。於動線規劃時應注意如下幾個要點：⑴作業人員、材料、化學品等動線不可太集中；⑵機器設備之搬入、搬出動線不能影響現場操作；⑶進入潔淨室之緩衝區要有清潔區的設置；⑷風管及廠務供應系統管線不能作集中配置。圖 1-48 即為一般半導體工廠廠房規劃佈置圖例之一。一般而言半導體工廠和液晶顯示器廠房之建築可分成四大部份建築，即為辦公室棟(Office)、製造區棟(FAB)支援區棟(Supporting)、中央廠務供應棟(CUB)，為防止震動之轉移而影響生產製程，因此在棟與棟之間(尤其是 CUB 和 FAB)均留有約

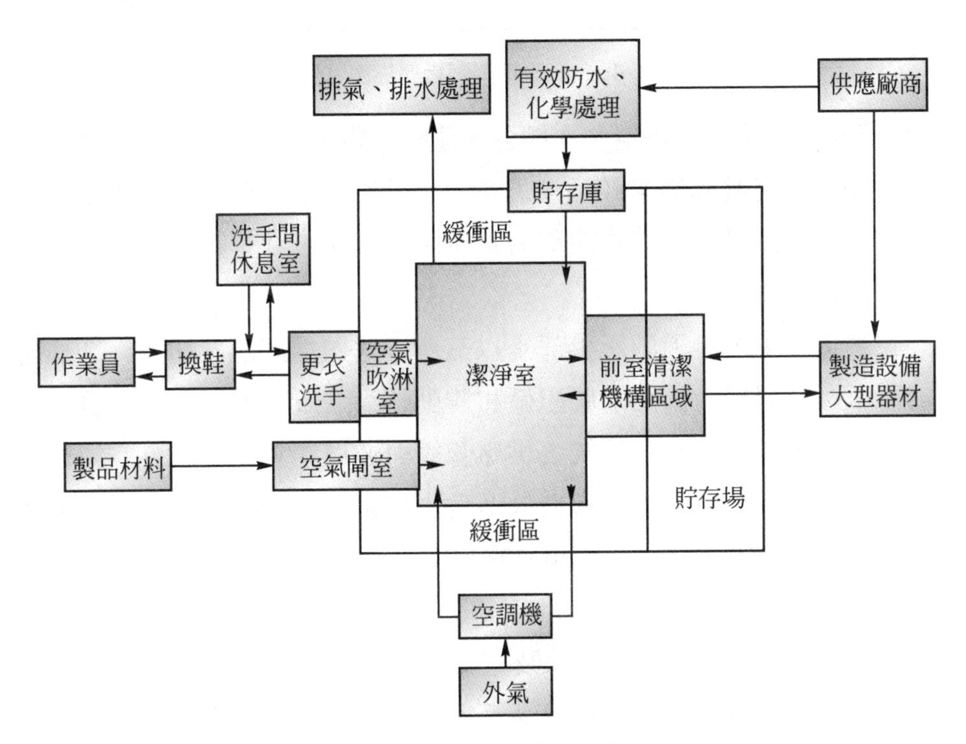

圖 1-47　動線基本規劃

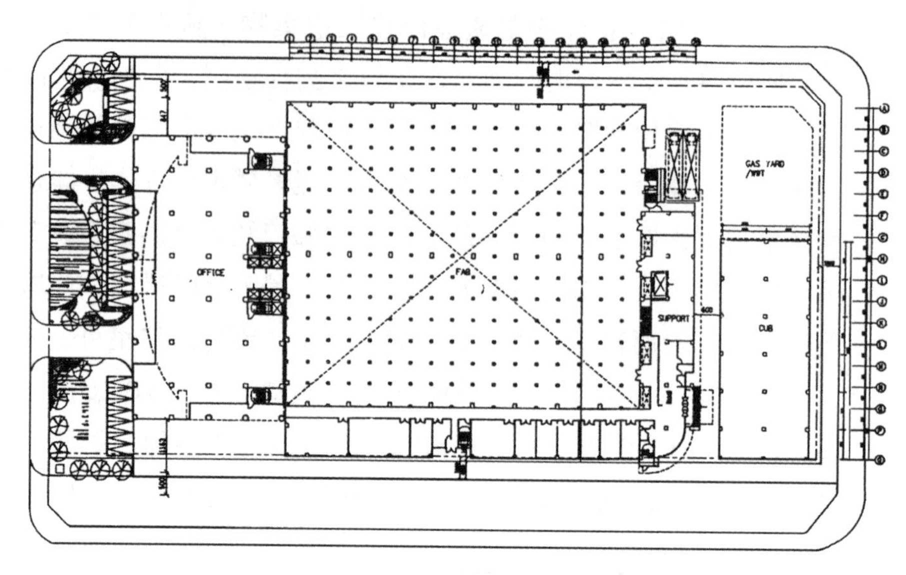

圖 1-48　半導體工廠廠房佈置圖例

5～15 公分之伸縮縫，亦即各棟建築並非緊密連接。於製造區棟，在某些對震動需求較敏感區域，(如黃光區四周)，其建築基座是獨立的或是增設大量之剪力牆與防震基座，此是爲與一般廠房較不同之處。

在製造棟中，半導體廠大部是以三層方式做爲配置架構；亦即底層做爲回風區及製程設備之附屬配備和震動較大之設備如配電盤、眞空泵浦、控制盤等以及廠務各系統之供應管線與循環空氣箱、新鮮空氣供應管之用；而中層則爲製程設備擺放區爲主要生產製造區域；上層則爲空氣艙(Air Chamber 或 Air Plenum)或 FFU 空氣吸入區，在此區有時爲了維修需求，尚設置有貓走道(Cat Walk)做爲維修之用。在製造棟中，尚配置有更衣室(Gowning Room)及空氣洗滌室(Air Shower)做爲進出潔淨室之管制室和測試檢驗分析等品管室以及一些設備零組件維修儲存室等，甚至一些化學機械研磨設備(CMP)亦常配置在此區域。由於製造棟整區幾乎均爲潔淨區，因此進出此區，無論是人員、物料或工具均須依進出潔淨室之管制程序進行，不得疏忽。有些半導廠在三層中另加設一層次潔淨區(Sub Fab)，做爲像氣體供應閥箱(VMB)，化學品供應分佈箱(CMB)或監視設備放置之用，唯此設置因牽涉建廠成本，因此見仁見智，並非每家公司均採用。液晶顯示器廠，由於其牽涉陣列(Array)、液晶(Cell)、模組(Module)等製程之相關性，因此其建築往往與半導體廠不同，大部爲五層樓式結構，亦即 Array(TFT)二層；Cell(LCD)二層，Module一層。各製程之間以潔淨電梯(Clean Elevator)串聯並增設甚多的儲存站(Stocker，另稱Buffer)配置自動傳送系統以運送玻璃或面板至相關各層樓之製程區域，故液晶顯示器廠電腦輔助整合製造系統(CIM)和自動化(Automation)在生產過程中扮演了相當重要之角色，此點在後面將另述。

在生產區域爲達高效率之生產，故其空間規劃，須符合生產流程平順及人員、設備搬遷動線流暢的嚴格要求，對廠務系統供應管線也需以易於搭接且不相互干涉爲原則，一般之潔淨室依空間佈置方式有如圖 1-49 所示之大廳式(Ball Room)、隧道式(Tunnel)、微環境式(Mini-Environment)三種。而製程設備再依所選用之潔淨室式並依下面之三原則配置製程設備。

1. 以工程中心方式佈置：即以生產設備爲中心佈置，如擴散、蝕刻、黃光、薄膜等各自之設備集中一區。
2. 以產品中心方式佈置：即以生產流程作業佈置。如依各製程程序所需設備依序佈置。
3. 以潔淨中心方式佈置：即以潔淨室等級不同而爲之佈置，如高等級集中一區，較差等級集中一區。

以上之佈置各有優缺點，但目前普遍是以工程中心方式爲主，產品中心方式佈置次之的佈置較多，而輔以生產流程作業，再加上自動傳送系統，即可得甚佳之製程佈置(Process Layout)。如表 1-32 所示爲製程設備之佈置觀念整合表。

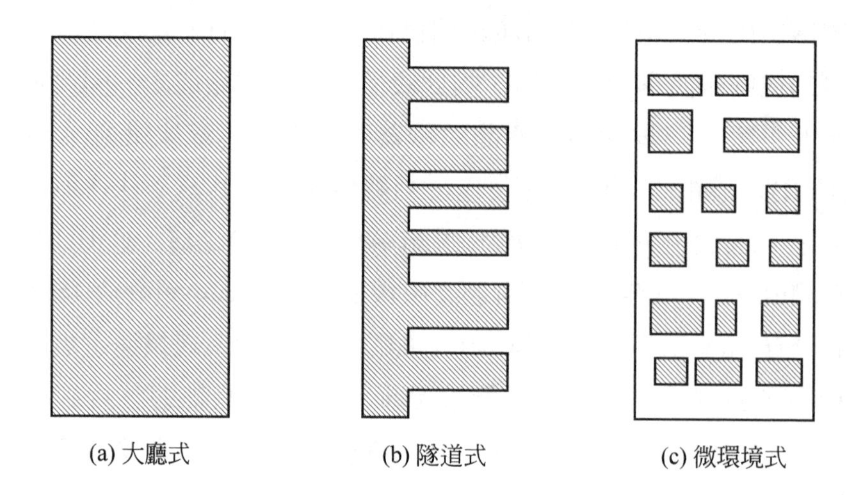

圖 1-49　潔淨室空間佈置方式

表 1-32　製程設備佈置觀念整合

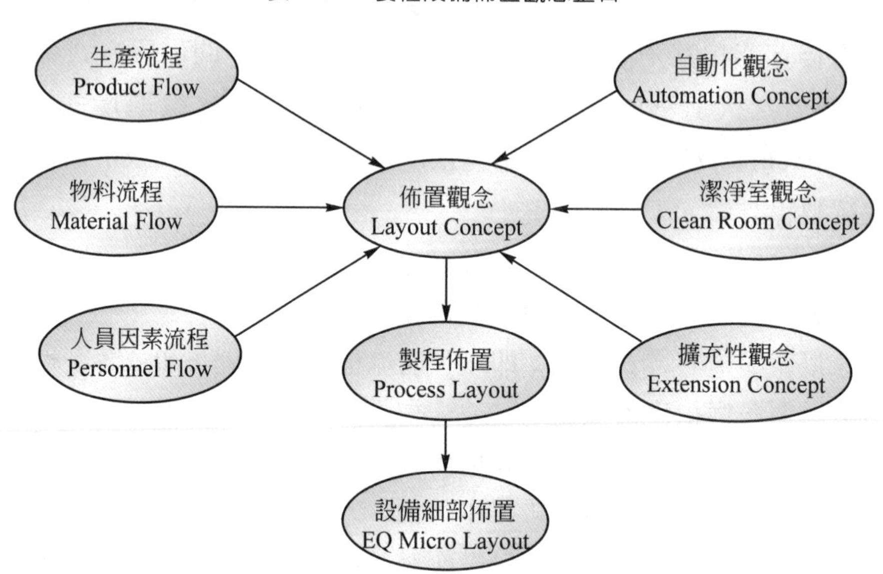

表 1-33　潔淨室之組合面

新鮮空氣 Make-UP Air
循環空氣 Recirculation Air
溫濕度控制 Temp & RH Control
排氣系統 Exhaust
靜壓控制 Diff Pressure
冰水系統 Chilled Water
蒸汽加濕/溫系統 Steam Sytsem
風速 Air Velocity
空氣交換率 Air Change Rate
純水供應系統 UPW Supply
化學品供應系統 Chemical Dispense
氣體供應系統 Gas Supply
製程冷卻水系統 Process Cooling Water
排酸管線 Drain
廢水處理 Waste Water Treat
廢液回收 Wasle Reclaim
高真空系統 Plant Vacuum
(製程真空系統)
高架地板 Raised Floor
機台佈置 EQ Layout
震動 Vibration
隔間 Partition
靜電防制 Static Elec
電磁干擾 Magnetic Interference
廠務設備
Facility
空調
HVAC
建築
Archi
高壓電力 High tension Power
設備電力 EQ Power
照明電力 Lighting Power
緊急電力 Emergency Power
不斷電系統 UPS
電力
Power
FAB
Clean Room
生產潔淨室
土地
Land
地質鑽探 Soil Drilling
地質分析 Soil Analysis
震動測量 Vibration Meas
消防火災警報系統 Fire Alarm
毒氣偵測 Gas Detection
安全走道 Safety Corridor
防火區隔 Fire Wall
緊急沖身器 Emergency Shower
廣播系統 Paging
通信系統 Communication
空氣面罩 Breathing Air
安全
Safety
環境管理
Environment
公共設施
Public Utility
自來水 City Water
電力供應 Power System
道路交通 Road Transpotation
瓦斯氣體管線 Gas Line
潔淨室進出管理 Clean Room Management
低真空系統 House Keeping
空氣洗滌 Air Shower
噪音防制 Noise Control

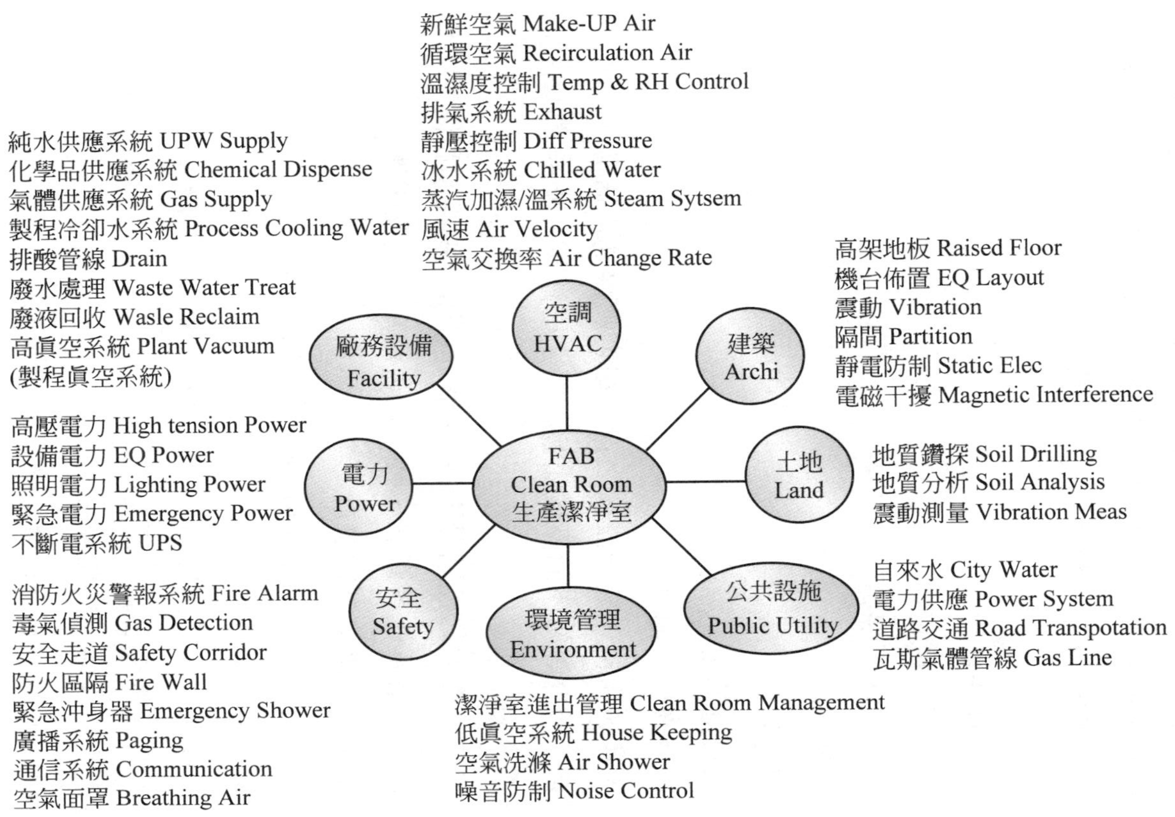

潔淨室設計除了要求日後組裝完成時，潔淨度須達到要求標準外，同時須整合各項相關系統和外界及建廠當地的自然環境因素列入考慮，如表 1-33 所示。在震動度、噪音防治、靜電防制、電磁干擾等也必須加以考量。故在設計之初須將以下之幾個要因列入重點考量。

1. 環境條件
2. 經濟性條件
3. 可靠度與穩定性
4. 安全性與環保需求
5. 彈性擴充能力
6. 運轉條件
7. 人員舒適度

在環境條件方面含：

1. 人員、物料、製造設備之進出搬遷動線是否適當。
2. 各潔淨度等級不同區域如製程區、維修區、及走道區是否有明確區分。
3. 溫度、濕度之控制是否爲24小時自動監視控制和使用之模式。
4. 廠務供應系統等管線、動線是否流暢不相互干涉。
5. 潔淨室等級之評估設計。
6. 二次配線、管(Hook up)施工進行之方便性。
7. 整體系統維修保養之便利性。
8. 欲建廠之基地四周的各項環境如交通、公共設施、空氣、位置、人文等是否已調查清楚。

在經濟性條件方面須考量：

1. 廠務供應系統及設備採購之合理性。
2. 廠務供應系統及設備運轉之生命週期。
3. 初期設置成本評估。
4. 操作運轉成本估算。

5. 公共設施(如水、電、氣等)之供給及設置狀況。

在可靠度與穩定性方面須注意：

1. 廠務供應系統之穩定性。
2. 製程設備運轉之穩定性。
3. 所使用之原物料來源品質的可靠性。
4. 高生產力之可行性評估。
5. 備用設備系統之評估選擇。
6. 儲存系統設計。
7. 良率提升的改善規劃。

在安全性與環保需求面須注意：

1. 潔淨室內作業人員安全考量如疏散路徑方向之標示是否明確。
2. 噪音、震動、排酸液、排廢氣、排廢水等之分類、分流管制與防範。
3. 位置配置圖標示及懸掛。
4. 排煙及灑水、偵煙等消防設備。
5. 緊急照明、沖身及洗眼器的設計安裝。
6. 毒氣及廢氣、廢水監視系統建立。
7. 意外事故發生時緊急連絡網建立。
8. 緊急應變處理程序建立與執行。
9. 環保設施之建立如毒氣處理、廢水處理。
10. 製程廢棄物減量。
11. 廢棄物回收、再生、再製和再使用。

在彈性擴充能力方面有：

1. 製程空間預留，以應付未來製程技術提升擴充及產量增加需求。
2. 廠務供應系統容量裕度容許及管線擴充之易於銜接。
3. 隔間牆易於拆裝移動。
4. 生產動線佈置。

5. 不停機擴充設計原則。
6. 生產棟和支援區互動性關聯。
7. 擴充施工隔離性。
8. 製程條件更改時適應性。
9. 替換生產設備時，對生產作業之影響。
10. 不同潔淨等級區域之易於改變。
11. 系統監控擴充性提升能力。

於運轉條件之考量爲：

1. 俱有備用機台及可用性。
2. 瞬間停止再運轉功能之建立。
3. 潔淨區與非潔淨區門各門之連鎖裝置。
4. 防震、消音工程之設置。
5. 瞬間停電或電壓降及復電之保護協調功能。
6. 節約能源對策之設立。
7. 維修保養之容易度。
8. 可靠性的監控系統建立。

在人員舒適度方面：

1. 將人員視爲公司主要價值資產。
2. 人性化的管理。
3. 人員動線的進出規劃。
4. 日常生活必須之設施。

另外在空調系統處理方面，Na^{+}離子之去除評估，(尤其是廠址臨近海洋之處)，空調回風方式是爲全回風或部份回風，或全不回風方式之選擇亦是考慮要素之一。表1-34爲潔淨室設計時所需俱備之特性。

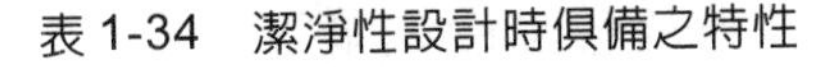

表 1-34　潔淨性設計時俱備之特性

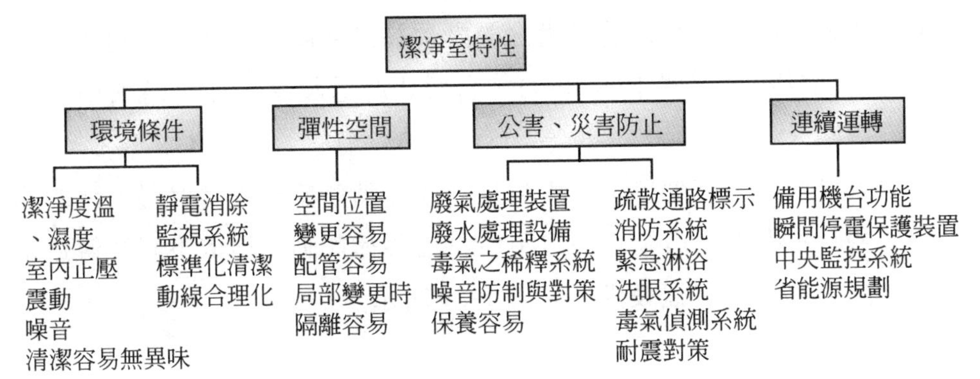

1-9　潔淨室震動、靜電、噪音、電磁干擾之防制

半導體和液晶顯示器廠之製程設備對震動非常敏感，對以上二高科技廠而言，震動將影響如下之製程項目：①曝光；②光罩；③對準。對目前設計線徑已至奈米階段的產品而言，些微之震動即會造成產品甚大之衝擊。

震動來源，依空間方位，可分來自潔淨室外界及潔淨室本身內部；唯若以系統區分，則有來自：①地盤及自然之震動；②廠務設備之震動；③潔淨室內設備之震動；④搬運設備或自動傳送設備之震動；⑤人員作業之震動等。

1. 地盤及自然之震動：指道路車輛、鐵路火車通過、附近之工地施工等所傳入之微小震動和地殼本身所產生的自然震動等。
2. 廠務設備之震動：如空調風機、冰水主機、空壓機、眞空泵浦、變壓器和冷卻水塔及各種馬達等所致之震動。

3. 潔淨室內機器設備之震動：擴散爐管、磊晶反應爐、化學工作站、酸鹼處理設備及各高眞空泵等。
4. 搬運設備或自動傳送設備之震動：晶舟或產品搬運車、自走機器人(AGV)、機器手(Robot)、高架式傳送設備等運動時所引起之震動。
5. 人員作業之震動：工作人員工作或走動、機器維修保養、門的開關時所引起之震動。而以上所言之各種震動，均依不同之傳達路徑，傳送至製程設備，如圖 1-50 所示。

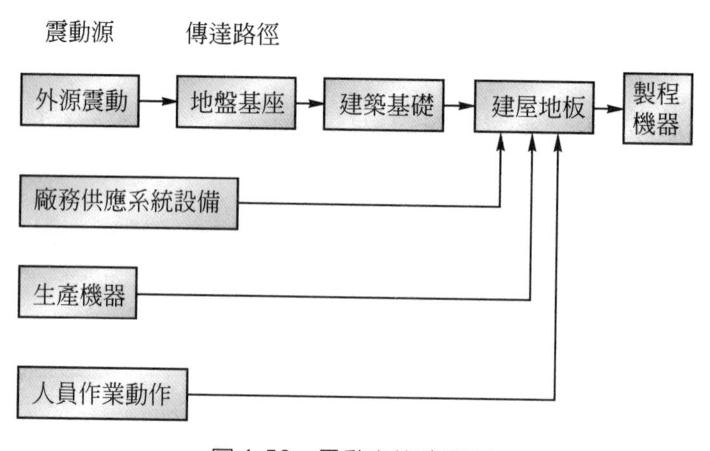

圖 1-50　震動之傳達路徑

震動大小的量測單位有加速度(cm/sec^2)、速度(cm/sec)、振幅(cm)、分貝(dB)及頻率(Hz)等五個物量。震動大小依日本氣象廳之表示法有微小震動域、公害震動區域、中程度地震和大地震等四類，如表 1-35 所示。至於我們常於媒體上所常聽或見到的地震級數如芮氏 4 級或 5 級……等，則又是另一表示單位。圖 1-51 爲各精密儀器設備所容許的震動曲線圖。

表 1-35　震動分類

區別	加速度基準	震級	名稱	現象	加速度(gal)
微小震動區域	0～58dB	0	無感	於地震儀上有記錄，但人體沒有感覺。	0～0.8
公害震動區域	58～68dB	I	微震	靈敏度較高之人，在靜止中可以有感覺。	0.8～2.5
	68～78dB	II	輕震	大多數人都有感覺。	2.5～8.0
	78～88dB	III	弱震	房屋動搖、門動盪、電燈等懸重物搖動，杯中之水動盪不止。	8.0～25
中程度地震	88～98dB	IV	中震	房屋激烈動搖，杯中水漾出，走路的人都能感覺到，大部份的人跑至屋外。	25～80
	98～107dB	V	強震	壁生裂紋，對石壁產生破壞。	80～250
大地震	107～110dB	VI	烈震	房屋倒30％以下，山崩地裂，大多數人站立不穩。	250～400
	112dB 以上	VII	激震	房屋倒塌 30 ％以上，山崩地裂，發生斷層。	400 以上

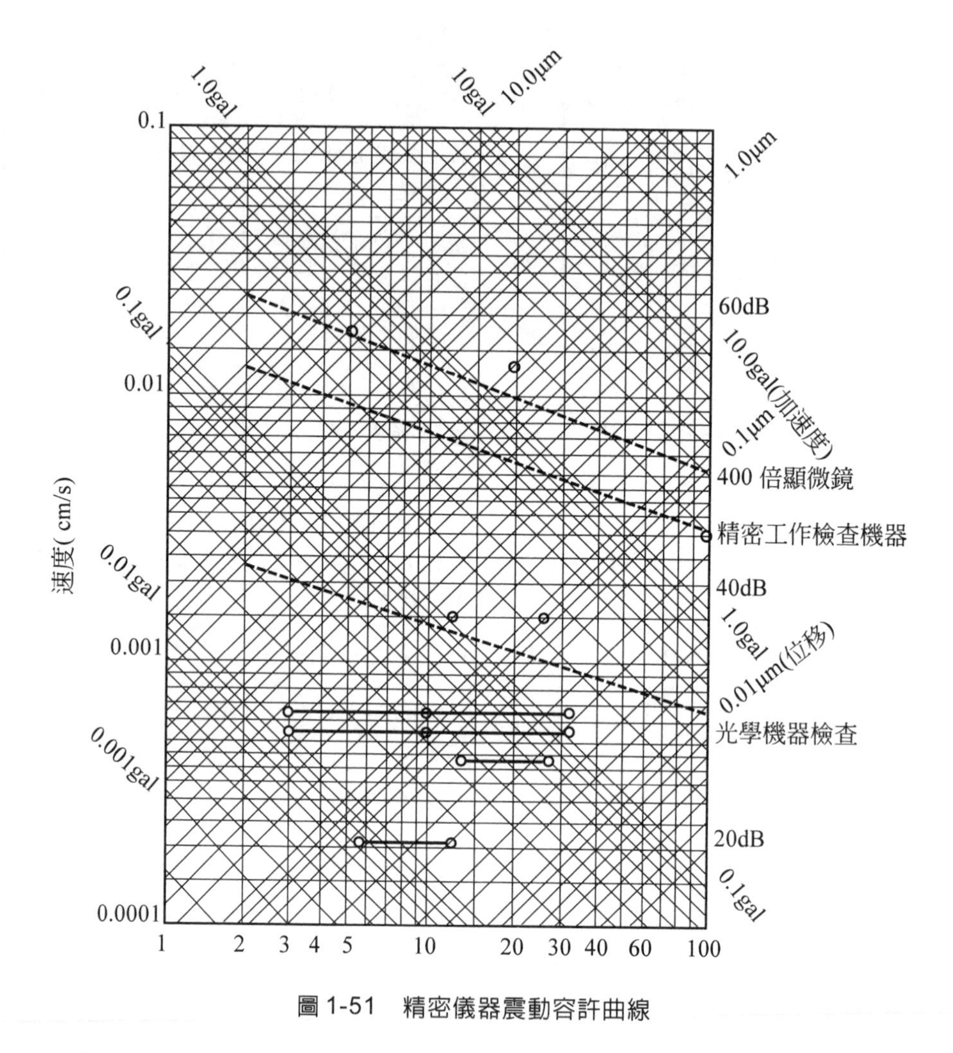

圖 1-51 精密儀器震動容許曲線

圖 1-52 爲另一不同產品或建築之需求曲線。表 1-36 則爲微震求設計規範。

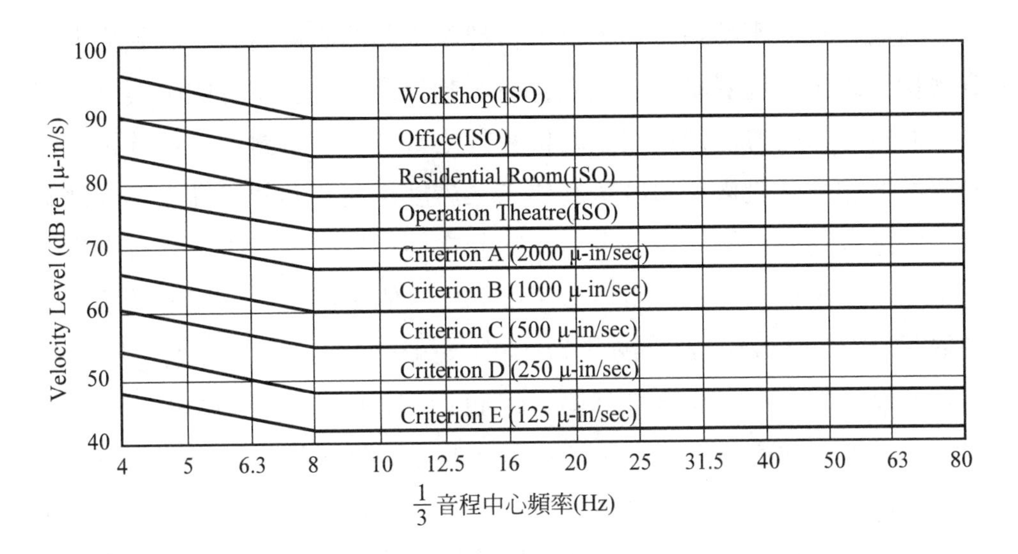

圖 1-52 震動曲線

表 1-36 微震設計規範

需求曲線	最高尺度 μin/s(μm/s)	電子回路相對 應線路(μm)	相對應產品線
一般工廠 （Work shop)	32,000(768)	N/A	N/A
辦公室(Office)	16,000(384)	N/A	N/A
住宅(Residential Room)	8,000(192)	75	N/A
劇院(Theatre)	4,000(96)	25	N/A
“A” 曲線	2,000(48)	8	機密儀器，PCB 一般電子元件
“B” 曲線	1,000(24)	3	TFT-LCD，背光板，LCM，LED
“C” 曲線	500(12)	1	4"、5"、6"晶圓廠
“D” 曲線	250(6)	0.3	6"、8"晶圓廠、光罩廠
“E” 曲線	125(3)	0.1	8"、12"晶圓廠、光罩廠

對高科技工廠建廠之初，爲獲得建廠地點的防震資料，必須先做地質鑽探，以了解地層結構，並做自然震動以及量測重車行駛時震動傳達量之測試，如此方能做爲建築結構設計之參考。同時對於具特殊需求的光學儀器和敏感設備，須收集其要求之震度規範和其他設備之容許震動值，將這些資料全納入設計考慮。除此之外工程設計時防震器材之選用和施工，亦絕對不可免。常用於工程施工上的防震器材有如下幾種：(1)防震橡膠(Rubber)；(2)線圈彈簧(Coil Spring)；(3)空氣彈簧：膜片型(Diaphragm)、滾筒型(Rolling)、蛇腹型(Bellows)；(4)除震台：定盤型、桌上型、凹槽型、平台及懸掛型，其中以懸掛型最常使用於高科技廠製程之檢查設備上，圖 1-53 爲除震台之型式。除此之外於對於(1)中央設施機房建築、一般辦公室建築與潔淨區建築以伸縮縫加以隔離；(2)防震地坪基礎之施工；(3)機器防震基座或獨立基座；(4)剪力牆等之施工

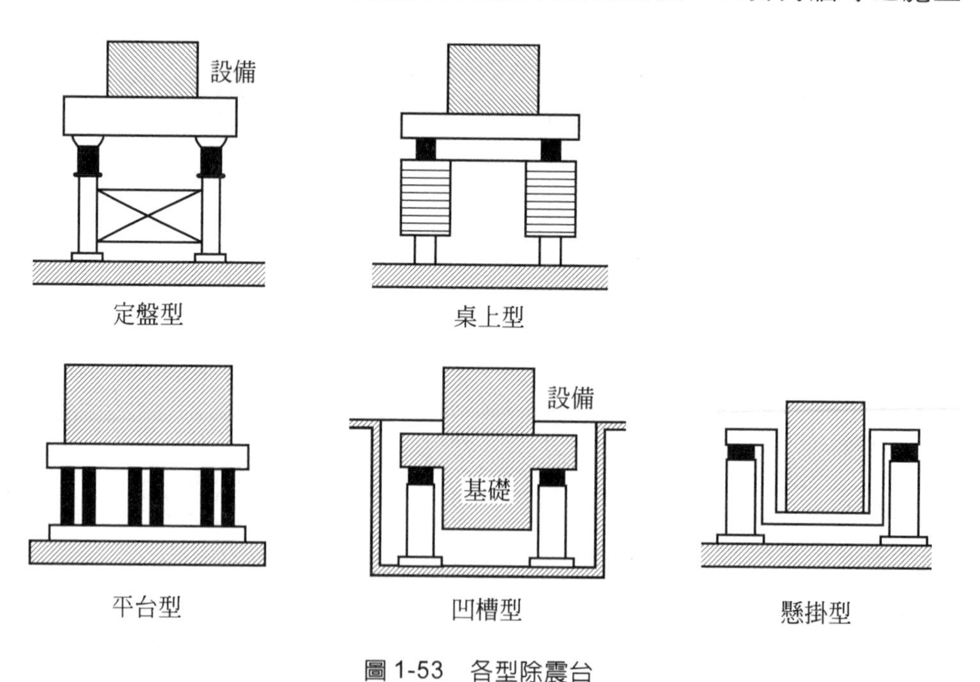

圖 1-53 各型除震台

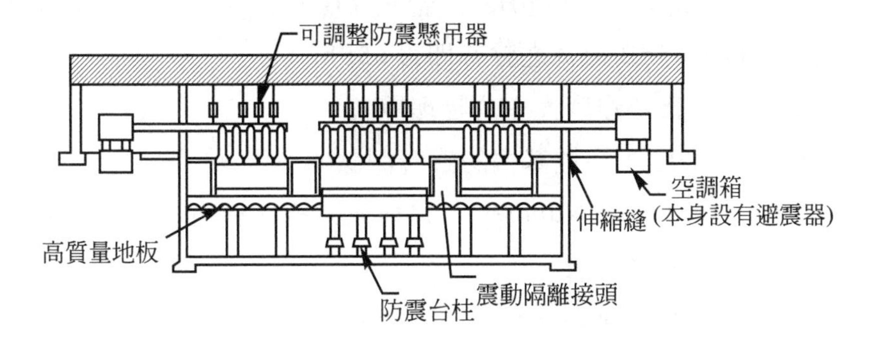

圖 1-54　高科技廠各防震措施示意圖

亦均爲有效的防震對策措施。圖 1-54 爲潔淨室內各種防震措施之示意圖。另外，台灣於 1999 年 921 大地震時造成半導體廠內之部份管路扭曲斷裂及製程設備移位等現象後，已加強了管路支架及配管之防震設計改良，同時對製程設備予以固定在地板或鋼構上，在歷經多次的強震洗禮時，已無上述之現象再發生。總之有微震控制需求的高科技用潔淨室廠房，設計時應考慮建築結構的造型及樓面的構造施工法，如增加基礎及上部結構垂直與橫向強度，同時增加樓面剛性，以期能有效減少振動影響。另外在建築接縫處設置有效性的柔性、連接等均能減少震動的傳遞，亦即減少對精密儀器設備的振動影響。

潔淨室之噪音雖不致對製程產品造成影響，但對作業人員之身心健康卻有極密切之關係。尤其是工作人員若長期作業於高分貝之環境下，除了聽力受害外，情緒方面也會受影響，導致工作效率之低落，因此噪音之防止亦應列入設計之考慮因素。

潔淨室的噪音來源大約有如下數類：⑴空調設備；⑵製程及廠務設備；⑶通信廣播；⑷電力系統；⑸工作人員談話聲；⑹由潔淨室外傳入；⑺工程施工；⑻管路內流體流動等因素所造成。至於噪音表示法，可分爲以下之五種單位：⑴Phon(峰)；⑵Decibel(分貝dB)；⑶dB(A)；④ NR；⑤ NC。

1. Phon：相當頻率 1000Hz 之音壓 dB 值的聲音大小單位，例如 1000Hz，65dB 純音之聲音即爲 65Phon。
2. Decibel：聲音強度大小的物理單位。
3. dB(A)：基於 A 特性基準的聲音測試值。
4. NR(Noise Rating Number)：以周波分析儀量測八度音程(Octave Band Level)之音值。
5. NC(Noise Criteria)：另一種音值表示法。

聲音之降低或去除原理有二種：一爲吸音；另一則爲隔音。吸音是利用吸音材料吸收聲音之能量以降低音壓；而隔音則是利用遮斷或隔離之方法阻絕音波之傳送以降低聲音之能量。多孔性或粗糙性吸音材，其吸音效果較佳；氣密性良好和質量重之材料其隔音效果較好。另外設置防震措施，縫隙之塡塞，牆壁或地板、天花板厚度之增加以及在風管中增設消音箱及導流片，亦是爲防止潔淨室噪音來源之方法。

靜電是一種電流，它存留于物體表面，是正負電荷在局部範圍內失去平衡的結果，是通過電子或離子的轉換而形成的。靜電現象是電荷在產生和消失過程中產生的電現象之總稱。例如摩擦起電、人體生電等現象。

靜電會造成電子元件中電子回路被破壞，也會引起微粒子之附著。因此高科技產業在面臨靜電放電(Electro-Static Discharge，ESD)之破壞上是與日俱增，說其爲潔淨室產品的隱形殺手並不爲過。在精密電路元件、磁碟機元件、以及相關之基板材料因靜電所造成的損失，每年估算約有十數億美金之多，若是將光罩損壞而引起之製程良率下降損失等含括進去，則其所造成之影響無疑是一個天文數字。因此在進入 300mm 晶圓製程和第七、八世代玻璃基板的今日，靜電吸引(Electro-Static Attraction，ESA)及靜電破壞(ESD)的防範無庸置疑是一重大課題。在潔淨室等級 1 級的環境下，未經妥善處理的靜電問題將導致每一行經各機台的玻璃基板或晶圓增加至少 20％以上的微塵污染粒子數；在線徑 180 奈米及更小的線徑之製程，即使 50 奈米以上的微塵粒子都會對製程中的晶粒(Die)造成損壞。換言之，ESD 所導致的微塵粒子污染對於線徑日益縮小的半導體產業而言，防護動作更是益形重要。

一般而言，靜電會在兩物體的表面互相接觸或摩擦與分離便會產生，如圖 1-55 之(a)、(b)、(c)所示。這些接觸物體，可能是固體、液體或氣體。當兩者相接觸時，會在其接觸面引起電荷的流動，進而在此界面處形成正負電荷相對等的累積層，此時當二物體離開時，各物體將帶正負相反的相等量靜電荷，另外當一隔絕之導體經過電場範圍內時，會被感應誘導，產生感應電荷。由於這些電荷在有接地的情況下，是靜止不動，故稱之為靜電。表 1-37 所示為半導體元件和電子零組件及液晶面板對靜電之敏感度。

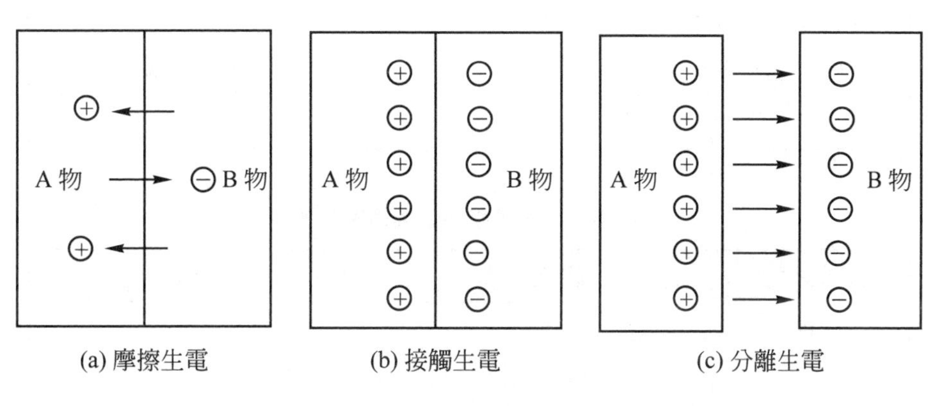

圖 1-55 靜電產生例

半導體及其他電子產品在製造過程中，其靜電的產生來源有如下數類：

1. 人體靜電：人體的動作或活動時，人體皮膚與衣服、鞋子、襪子等物體之間的摩擦、接觸和分離時所產生的靜電，是半導體等高科技廠製程中主要的靜電源之一。一般人體活動時所產生的靜電電壓約在 500V～2000V 之間。當人體帶電後觸摸到接地線，便會產生放電現象，而人體將會感受到不同程度的電擊感反應，此反應之程度稱為電擊感度，表 1-38 不同靜電電壓放電時人體的電擊感度。

表 1-37 不同種類電子零組件對靜電之敏感度

半導體零件之種類	破壞電壓(V)
MOS/FET(金屬氧化半導體／場效電晶體)	100～200
J-FET(J-場效電晶體)	140～10,000
CMOS(互補金屬氧化半導體)	250～2,000
蕭脫基二極體(Schottky Diode)	300～2,500
蕭脫基 TTL(Schottky TTL)	1,000～2,500
雙極性電晶體(Bipolar Transistor)	380～7,000
ECL 混合電路(印刷電路基板水準)	500
SCR(矽控整流器)	680～1,000
TFT-LCD(薄膜液晶顯示器)	300～2,000

表 1-38 人體帶電電位與電擊感受度

人體電位(kV)	電擊感受度	備註
1.0	沒有感覺	
2.0	手指外側有感覺，但不痛	
3.0	有針刺感，但不疼痛	
4.0	有較強針刺感，手微痛	光線暗時，可見到放電微光
5.0	從手掌到前腕會疼痛	
6.0	手指劇痛感，後腕部有強烈電擊感	
7.0	手指、手掌劇痛，有麻木感	

2. 工作服：化學纖維或棉製品工作服與工作檯面、座椅摩擦時，會在服裝表面產生6000V以上的靜電電壓，並使人體帶電，此時與電子元件接觸時，會導致放電而損壞電子元件或產品。

3. 工作鞋：材質爲橡膠或塑膠料做成的鞋底，其絕緣電阻高達10^{13} Ω以上，當鞋與地面摩擦時會產生靜電，並使人體帶電。
4. 用樹脂、塑膠膜等封裝的物件放入包裝箱中運輸時，器件表面與包裝材料摩擦會產生300V～700V的靜電電壓，並對較敏感之元件產生放電現象。
5. 以聚乙烯(PE)、聚丙烯(PP)、聚丙乙烯(PS)、聚氨脂(PU)、聚氯乙烯(PVC)和樹脂等高分子材料製作的各種包裝、料盒、架子等都可能因摩擦、沖擊而產生1kV～3.5kV靜電電壓，並對敏感元件放電。
6. 工作檯面，因受摩擦而產生靜電。
7. 混凝土、打腊地板、橡膠貼板等絕緣地面，其絕緣電阻高，人體上的靜電荷不會洩漏。
8. 電子生產設備和工具：例如電烙鐵、焊機、貼合機、調試和檢測等設備內之高壓變壓器，交、直流電路等都會在設備上感應出靜電，如果靜電處理措施不好，都會引起敏感元件在製造過程中失效。
9. 建廠過程中所使用的原物料。
10. 配管相關材料。
11. 因低相對溫度環境所產生的靜電。
12. 絕緣體上的靜電電荷。

靜電防制，是防止靜電發生或防止靜電之積聚，以及對已存在的靜電積聚予以迅速消除，亦即減少其發生原因的分離、接觸或摩擦。其防制方法有如下數種：

1. 物體接地：對可能產生或已經產生靜電的部份進行接地，提供靜電釋放管道，使電流向大地釋出，預埋獨立的大地接地網，是爲方法之一，一般地線和大地之間的電阻爲＜10Ω。

2. 將非導電物體變爲導電體其方法有三：

⑴ 使用靜電材料，亦即物體在製造時加入導電材料，使其成爲靜電導體，其一般之表面電阻值爲 $1\times10^5\Omega$/cm 以下，如添加碳材等。

⑵ 在物體上塗抹帶電防止劑：塗抹帶電防止劑是在非導體物體表面上塗抹，使之成爲俱導電性。唯此方法使用之前，須先探討其對物體的影響和效果所能維持之時間。

⑶ 增加環境濕度：增加濕度，使原非導電體的表面，吸收水份，成爲導電性良好的表面。一般而言低濕度對靜電之產生佔有極大之因素，如表 1-39 所示爲在不同相對濕度下各動作所產生的靜電壓值。而圖 1-56 則爲在溫度 20℃時，不同材質在不同濕度時之帶靜電壓比較圖。當相對濕度 20 %以下時，其三種材料之靜電壓均最高，40～60 %之間時則較低，因此一般潔淨室之相對濕度均控制 45 %左右，如此水份含量不會太高，也不易產生靜電。

表 1-39　不同相對濕度與動作產生之靜電值

產生靜電之動作	相對濕度 10～20 %	相對溫度 65～90 %
地毯上之行走	35,000	1,500
塑膠地板上之行走	12,000	250
工作台(Bench)工作	6,000	100
防止打擾工作用之塑膠布	7,000	600
從工作台拿起來的塑膠桶	20,000	1,200
蓋有聚氨脂套之椅子	18,000	1,500

(單位：V)

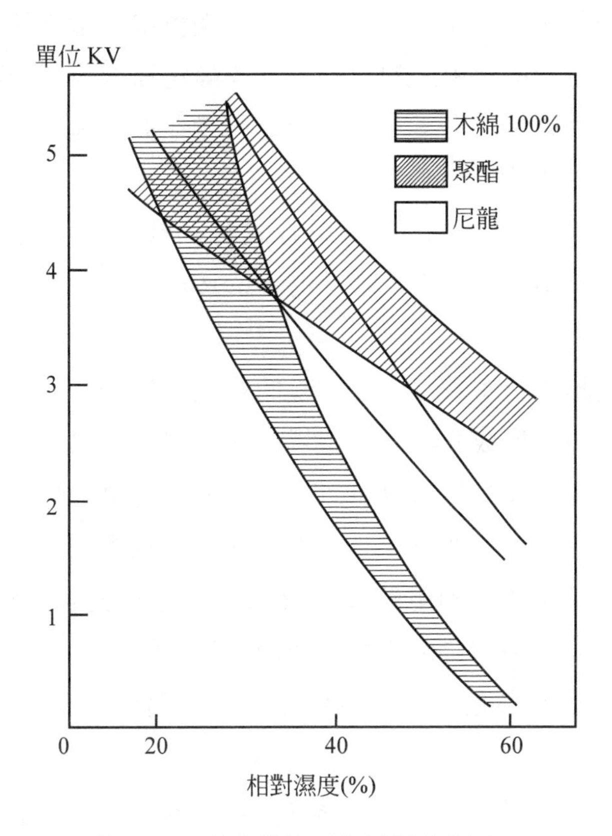

圖 1-56　濕度與帶電性之關係(20˚C)

3. 用離子中和：在過濾器下方安裝直流式、交流式或反射式靜電去除裝置，以產生正、負空氣離子來中和潔淨室內所產生之靜電。圖 1-57 為一種靜電消除器。

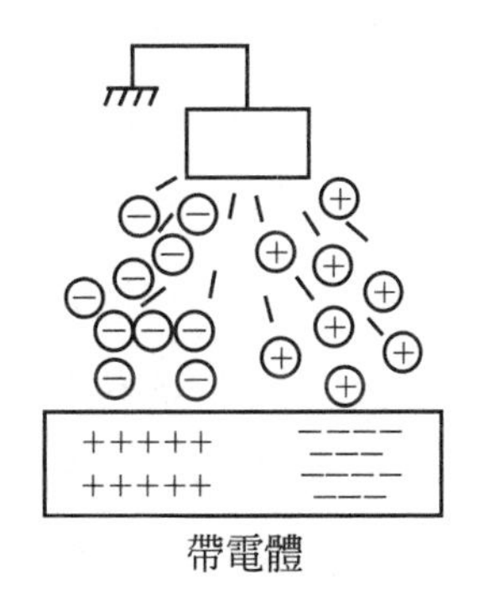

圖 1-57　靜電消除器

4. 工程控制法：爲了在電子產品製造過程中盡量避免靜電的產生，控制靜電荷的積聚，對已經存在的靜電積聚迅速消除掉而即時釋放，故於廠房設計、設備安裝時，操作與管理制度等方面採取有效的防制措施。

以離子中和(或稱離子化)常用方式有三種，分別爲光環式離子化(Corona Ionization)、核子式離子化(Nuclear Ionization)、光子式離子化(Photon Ionization)。

1. 光環式離子化：在一尖端頂點的電極上施加一高電壓，俾以在此尖點的周圍形成甚高的靜電場，而此建立的場區，即所謂的光環區，此區的甚高正電場可以把周遭氣體的電子吸引過來，並經正電場的斥力作用排向工作區而達中和電荷的目的。
2. 核子式離子化：利用釙-210 之放射性元素放射出α粒子，且以此粒子撞擊其平均自由路徑 3cm 內之氣體分子，進而使被撞分子失去電子而成帶正電的氣體離子；另失落的電子被其他分子捕捉後，成爲帶負電之離子。
3. 光子式離子化：使用一光源以做爲移去氣體分子上電子的方式，此光源一般是使用能量爲 6keV 的 X-ray，離子化之結果乃形成正負氣體離子對，且有效距離達 1m 之遠。

除以上各種靜電消除方法之外，減少接觸次數，動作速度(如鬆手)宜緩慢，使用防靜電的無塵衣服以及工作時使用接地棒或靜電手環(如圖 1-58 所示)，亦可防止靜電之產生。亦即防靜電腕帶(手環)、工作鞋、帽、衣服、襪子等人體防靜電系統；防靜電水磨石地板，防靜電橡膠地板，PVC 防靜電塑膠地板，阿姆斯壯防靜電地板、地毯等之防靜電地面；以及防靜電工作檯、包裝袋及防靜電工具等均屬靜電防護器材，目前也廣爲被使用。

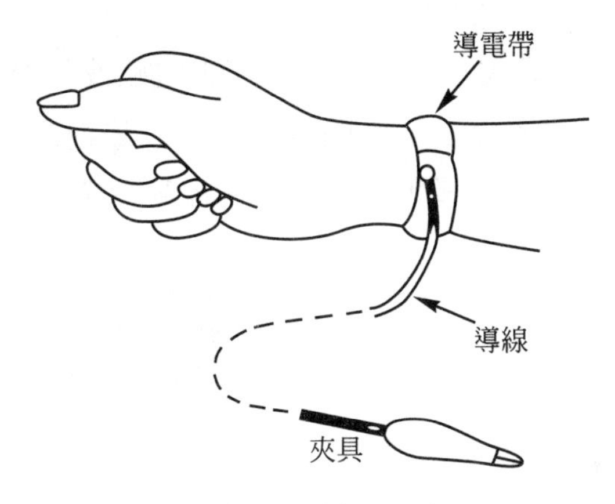

圖 1-58　靜電手環

制訂防靜電管理制度；備用防靜電工作服、鞋，定期維護和檢查防靜電設施的有效性以及手環每日(或每週)檢查一次，工作桌墊接地性、靜電消除器性能固定週期檢查及所有相關防靜電工作架、箱、墊之性能檢查亦不能免除，以上所言是防靜電工作區之管理與維護方式，可做爲參考。

隨著半導體線徑設計的微小化和液晶面板尺寸的極大化，故在產品生產過程中的製程參數控制，現已全由電腦代勞，因此電磁波之干擾，已成爲另一困擾製程和製造工程師之問題，其所造成之影響輕則造成雜訊(Noise)之增加，重則造成電腦系統的誤動作或當機，影響甚爲深遠。電磁干擾一般來自輸配電系統，如變壓器、電纜線、繼電器或電磁開關以及發電機、馬達、電子儀錶、量測儀器、照明器具、安定器、電子啓動器、接地線及通信系統如手機、無線電器材等。因此在廠房選址與設計時，除須考慮設置電磁場遮蔽系統外，選擇離高壓電纜線(不管是架空或地下)與高壓電鐵塔是絕對要遵行之原則。

電磁場遮蔽(或稱隔絕)設計是用金屬等把空間包圍、隔絕外來的電磁波干擾。依電磁波的發生源，遮蔽可分室內(主動)遮蔽及室外(被動)遮蔽二種。在發電設備或大電力實驗設備裝置所發生之電磁波，爲使其不向外部漏洩，而在本身所做之遮蔽稱之爲室內(主動)遮蔽；至於對某些精密的製品或量測儀器，使之不受外來之電磁波干擾而對整體建築物或儀器設備本身所存放之屋子空間做遮蔽之方法稱之爲室外遮蔽(被動遮蔽)，如圖 1-59(a)、(b)圖所示爲主動、被動遮蔽示意圖。

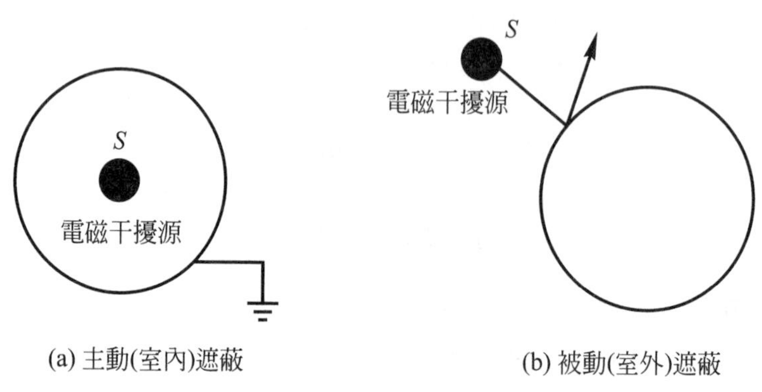

(a) 主動(室內)遮蔽

(b) 被動(室外)遮蔽

圖 1-59　電磁遮蔽示意圖

遮蔽室之分類有三種：⑴建築物整體之遮蔽；⑵特定房間之遮蔽：在建築物中，只針對某些房間做遮蔽，如電子顯微鏡(SEM)、穿透式電子顯微鏡(TEM)室等，⑶預製式：預先在工廠中生產組件，再搬到現場組立而成，其遮蔽金屬板事先安置在合板內。至於遮蔽材料可分金屬遮蔽材和接頭處處理材料。金屬遮蔽材料爲使用導電率較高的鋼、銅、鋁等合金，有如下種類：⑴電解銅箔。⑵鋼板：在低頻區域使用鍍鋅鋼板，在高頻區則須和銅組合使用。⑶鍍銅鋼板：薄鋼板一面或兩面鍍0.3～1.6m/m厚之銅。⑷衝孔金屬：在銅板上沖直徑3～5m/m的孔，使用於當金屬網之遮蔽效果不良時配合使用。⑸金屬網：遮蔽效果較差，對高頻以上之電磁波沒有遮蔽效果。至於接頭處處理材料有二種，分別爲鉸鏈接頭和密合墊填料。鉸鏈接：用在門閉合處的金屬零件上，一般爲鈹銅合金製成；密合墊填料。則用於門和框接續處的充填。

設計遮蔽室除了材料之選用外，亦必須對如下之要點做劃及檢討。⑴共震現象：找出室內的共震電磁波，以免遮蔽效率的降低，尤其是在頻率20MHz～200MHz的遮蔽設計上更須特別注意。⑵遮蔽室的位置：地下室、受／變電站、大型電氣設備、高壓線附近等均應避免設遮蔽室。⑶電氣設備關係：遮蔽室中使用的電線須用濾波器給于處理。⑷空調出風、回風口：大小及數量應適當，並應裝設銅網等，而 FFU 之選用，亦必須考慮電磁干擾之因素。

1-10　潔淨室空調設計

潔淨室的潔淨度能否維持在要求之規範內，空調系統扮演了主要的角色。其除了必須滿足產品需求的溫濕度條件外，對作業人員的舒適度需求和室內潔淨度等亦均必須考慮，其他像能源消耗、防震和噪音之控制亦不可疏忽。潔淨室用空調與一般辦公室等所用之空調系統，有甚多之差異和特徵，如下所述：

1. 溫濕度要求比一般比空調嚴謹和低：一般空調系統溫度要求範圍25～28℃間，相對濕度55～70％；而潔淨室空調則分別爲22～23℃和40～45％。
2. 對送出的空氣品質要求較嚴格：一般空調除了溫濕度要求規範比潔淨室空調較俱彈性外，在微塵粒子之過濾和數量控制及Na^{+}離子之處理，潔淨室空調比一般空調之考慮嚴格許多。
3. 恒溫恒濕之控制：由於高科技產品於生產時部份製程對溫、濕度之變化值極敏感，故在潔淨室中部份區域之空調須控制在±0.1℃和±1％RH的範圍內。
4. 全外氣使用和換氣次數高：在高科技廠之大多數產品，其製程均須使用大量的化學品和毒氣，而這些化學品和氣體所產生的揮發氣與廢氣必須予以全數排除，故其排氣量相當大，尤其是在化學工作站(Chemical Station)更甚，加上一般在其空氣系統因混有上述所談之揮發氣，故 PH 值均偏酸性，故爲維持空氣之品質和安全，空調系統均不回風，而全以外界新鮮空氣補充入系統中，故換氣次數相對增加，如此方能符合潔淨室溫、濕度及潔淨度等級之要求。至於一般的封裝測試廠和液晶模組廠，因無使用化學品或少量使用，故尚可規劃設計回風系統至送氣空調箱再處理供應至現場使用。

5. 空調系統 24 小時運轉：高科技廠由於產品過程不能中斷和部份製程設備對溫濕度要求變化相當敏感，如步進曝光機(Stepper)、顯影機等光學儀器，些微的溫、濕度變化均會造成設備的精準度偏差，造成產品的良率降低，另外晶片或面板等產品也必須放在定溫、定濕的環境下，故空調系統是 24 小時運轉供應，除了年度維修或電力公司停電因素外，可說全年無休，而一般空調則可視工作人員的上班狀況機動調整，因此高科技廠之空調負荷比一般空調來得高，約為4～5倍。

6. 氣流分佈需均勻：潔淨室空調為了帶走潔淨室內所產生的微塵粒子，以維持潔淨度，除了氣流速度須達一定之要求標準外，氣流的形狀也必須依不同的潔淨室等級而加以適當的控制維持。

7. 運轉成本相當高：由於空調系統採全外氣供應，外氣負荷相對增加，空氣交換次數又高，循環風量也大，加上又是 24 小時運轉供應，故在以上之各項因素總加成之後，其空調運轉費用因而水漲船高，不只是初期的設備投資成本高，日後的運轉及維護成本也相當高。

除了以上的特性外，潔淨室之空調須與不同潔淨等級的鄰室維持適當的壓差，送風溫度與室內溫度差距小等均其特性。圖 1-60(a)、(b)為潔淨室空調與一般空調之比較圖，表 1-40 為二者之差異。

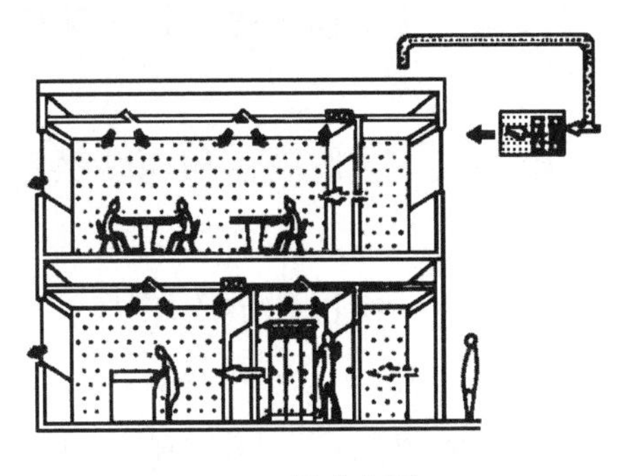
(a) 一般式空調

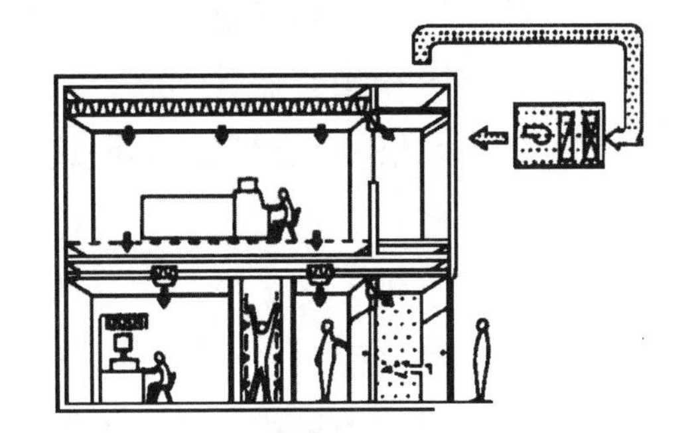
(b) 潔淨室空調

圖 1-60　潔淨室空調和一般式空調之比較

表 1-40　一般空調與潔淨室空調之差異

項	一般空調	潔淨室空調
1	溫度：25～28℃ 濕度：55～70 % RH	溫度：22～23℃ 濕度：40～45 % RH
2	溫度精度：無強制要求，依需求 濕度精度：無強制要求，依需求	溫度精度：±0.1℃ 濕度精度：±1 % RH
3	顯然比在 0.5～0.8	顯熱比在 0.95 以上
4	空氣品質依環境與環保要求而定	依潔淨室之要求潔淨度而定
5	換氣率依環境與環保要求而定	全外氣或高換氣率(> 60 %)
6	機動調整運轉	空調系統 24 小時全天候運轉
7	空調氣流均勻分佈無強制要求	空調氣流分佈需均勻

潔淨室空調系統若於初期設計時，未有週詳之考量，將會造成控制和運轉上的問題，例如系統運轉容量計算，建築物本身的絕熱效果，溫濕度控制系統和廢熱的能源回收等，爲使空調系統在潔淨室中能發揮最大功能，因此必須考量以下系統的各項因素：

1. 冰水主機：如水量平衡、耗電率、冷媒、震動值、維護性、節能控制、和噪音值等。
2. 冷卻水塔：耗電量、蒸發耗水率、維護成本、震動值和運轉噪音等。
3. 循環水泵：水量平衡、熱傳導性、耗電量、揚程和供應壓力以及節能控制等。
4. 空調箱：水量和風量之平衡、熱傳導性、洩漏性、噪音值、維護性以及微塵粒子去除率等。
5. 風扇過濾器組(FFU)：風量均勻性，出速度，震動值、耗電量、維護性、節能控制和靜壓值等。

除此之外，爲因應潔淨室空調系統之特性，故在系統材料等方面之選用上可做以下之各項改善：

1. 電氣系統：採用高效率之馬達和電子式啓動之照明燈具。
2. 潔淨室空間之縮小：在不影響製程需求的情況下，若能縮小潔淨室之空間，不但可降低潔淨室之建造成本，也可節省相當大之熱負荷和空調負載容量。
3. 潔淨室空調濾網材料之選擇：選用低壓降之過濾網可減少運轉能源的浪費，同時定期且適時的更換濾網亦是所必需。
4. 合適的溫濕度規範：依使用條件之不同而區分之不同區域和不同潔淨室等級而規範適當的溫、濕度，免於過度或不足的設計。
5. 局部排熱設計：針對部份特殊機台，尤其是高散熱源者，採取排熱的設計，如擴散爐管，測試設備、烤爐等，以節省空調容量及避免干擾室內之溫、濕度與氣流。
6. 冰水主機或泵浦等須有備用機台：建廠設計之初，勿因爲了節省初期的購置成本，而採取單一或滿載之機台設計，避免當運轉機台出狀況時，影響整個系統之運作，故宜採用 100％×2 台或 50％×3 台之設計方式，令其中之一台做爲備用。

7. 利用季節外氣低溫之特性：冬天時一般外氣溫度均低於室內空氣，此時可考慮利用此特性，以降低冰水主機之負載，唯在晶圓和薄膜液晶廠因已使用全外氣，故此特性已實含在設計中。
8. 檢討潔淨室排氣系統之利用：潔淨室所排之廢氣溫度均相當低，一般約在 22～24℃之間，故利用熱交換器將排氣與外氣進行熱交換，降低進氣溫度，以節省冰水管排的負載。唯因所排廢氣大部是屬於偏酸性或俱毒性，因此在熱交換器材質之選用和安全方面，必須特別注意。
9. 潔淨室內顯熱能源的利用：利用製程所生熱量，而降低新鮮空調之送氣溫度，以減低熱水鍋爐熱水和冷乾盤(Dry Coil)之冰水負荷，是另一改善重點，此改善若控制良好，將可獲得相當大之省能效益。至於儲冰式空調，基本上在潔淨室的空調系統中並無法派上用場，原因為其日、夜的負載差異有限，加上是 24 小時運轉供應，已利用到離峰電力之優惠價格。

潔淨室空調系統之設計原則，除了一般空調系統設計時所注意的事項和原則外，對於建廠地區的空氣品質如空氣中含Na^+離子量，NO_x量，SO_x量和單位體積中微塵粒子數目等資料；當地 5～10 年期間氣候的變化資料，包括最高溫、最低溫，相對濕度之最高和最低值等，這些資料均可做為空調設計時外氣資料的計算參考。

設計之前除了前所提及的空氣品質和外氣氣候條件外，對相關資料之收集如業主意見與需求，投資預算值、生產流程、設備使用率和製程設備相關廠務需求資料，潔淨室規模，電力供應狀態、潔淨室等級和溫濕度要求等均納入考慮條件。另一方面潔淨室周圍環境、排氣量、外氣需要量和內部空氣循環量，空調箱方式，改建的可能彈性度及氣流方式，熱源分析計算和運轉成本高低等均應納入設計的考慮原則內。

1. 潔淨室周圍環境：送氣空調箱進氣口位置是東照或西曬，迎風面或背風面和隔鄰地是否有排放廢氣、煙霧等污染來源之工廠。

2. 生產製程佈置：製程區域設備的佈置方式和潔淨度等級之需求水準先行確定，再依各負荷量設計空調系統，避免閉門造車，造成誤差及損失。

3. 氣流方式：合宜的氣流，不只可滿足潔淨室內潔淨度的需求，也可節省不必要的空調浪費。

4. 排氣量之控制：在採用全外氣的半導體和液晶顯示器廠，若能在製程上稍作改善，或是對排氣系統的設計稍做計算調整及控制，將可降低不少之負荷。

5. 製程設備發熱體計算掌握：針對室內發熱體的運轉狀態確實掌握，方能設計足夠的空調風量以滿足需求。計算之步驟爲：

⑴ 詳列相關數據。

⑵ 計算外氣需要量。

⑶ 計算室內空氣循環量。

⑷ 驗算潔淨度。

⑸ 負荷計算。

⑹ 決定空調箱之風量。

⑺ 空氣線圖之分析。

6. 空氣循環量之計算：潔淨室溫、濕度及微塵粒子的控制，完全掌握在空氣循環，故循環量之計算乃爲重點之一，其計算方式有三：

⑴ 空氣交換次數。

⑵ 氣流速度。

⑶ 過濾器之面積。

① 依空氣換氣次數計算：

$$Q_C = V \times N$$

式中：

Q_C：室內空氣循環量(M^3/hr)

V：室內體積(M^3)

N：換氣數(次/hr)

② 依氣流速度計算：

$$Q_v = v \times A$$

式中

Q_v：室內空氣循環量(M^3/hr)

v：氣流速度(M/hr)

A：房間面積(M^2)

就Q_C和Q_v二者之中取最大值即是選取適當的空氣環量之原則。

7. 外氣需要量計量：前已提及大部潔淨室空調是以全外氣供應，而外氣需要量的多寡受如下之因素所影響：

(1) 製程排氣量。

(2) 間隙外洩量。

(3) 開門外洩量。

(4) 健康要求量，其計算公式如下所示。

① 以排氣量爲主：

$$Q_1 \geq Q_E + Q_{pp} + Q_L$$

Q_1：外氣風量(M^3/hr)

Q_E：製程設備排氣量(依製程需求而定)(M^3/hr)

Q_{pp}：正壓量(M^3/hr)

Q_L：洩漏量(M^3/hr)

② 以健康要求量爲主：

$Q_2 = M \times q$

Q_2：外氣需要量(M^3/hr)

M：人數(空間預定人數)

q：健康需求量，一般約 $40M^3/hr$‧人

實際的外氣需求量是取Q_1和Q_2中之最大値者爲準。除此之外，如下之經驗公式，亦可作爲外氣要量之參考，即

正壓量(Q_{pp})＋洩漏量(Q_L)＝10％排氣量(Q_E)，故外氣需要量＝排氣量＋10％排氣量≈8～10％循環風量。

8. 空調箱(Air Handling Unit)之選擇：設計及選擇適當之空調箱組合，將可收系統運轉的良好效果，一般潔淨室常用的空調箱系統組合如圖 1-61 所示。圖 1-62 及 1-63，分別爲二種不同架構的潔淨室新鮮空氣空調箱與俱回風之循環風扇的組合模式。而圖 1-64 則爲潔淨室等級 10,000 級所常見的空調風管分佈圖，由此圖中可看出，此間潔淨室俱備有回風系統。

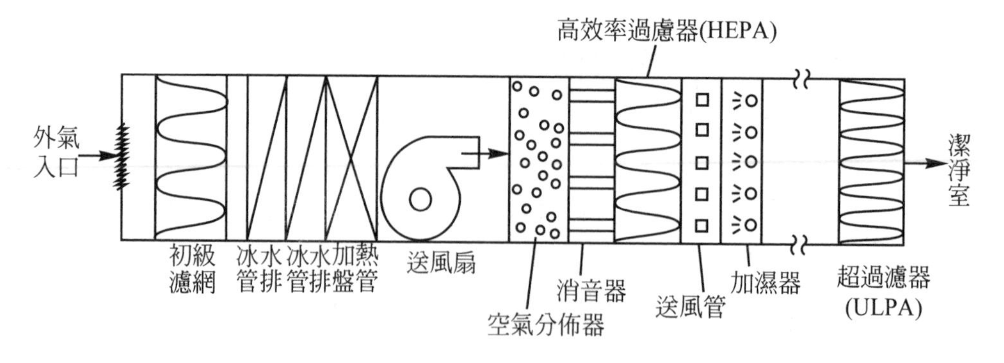

圖 1-61 潔淨室用空調箱

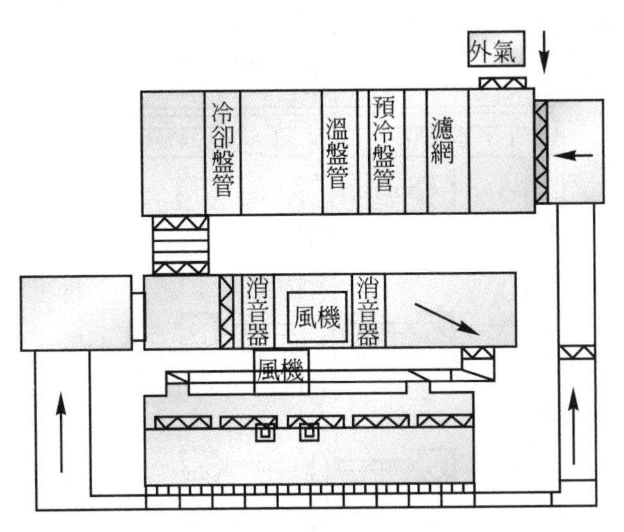

圖 1-62　具回風的潔淨室空調系統型式之一

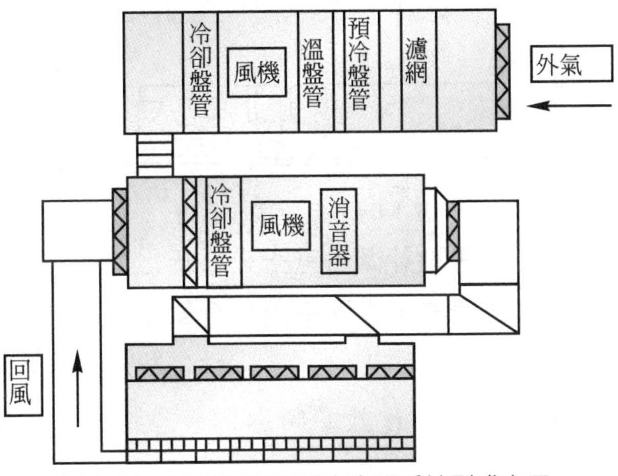

圖 1-63　具回風的潔淨室空調系統型式之二

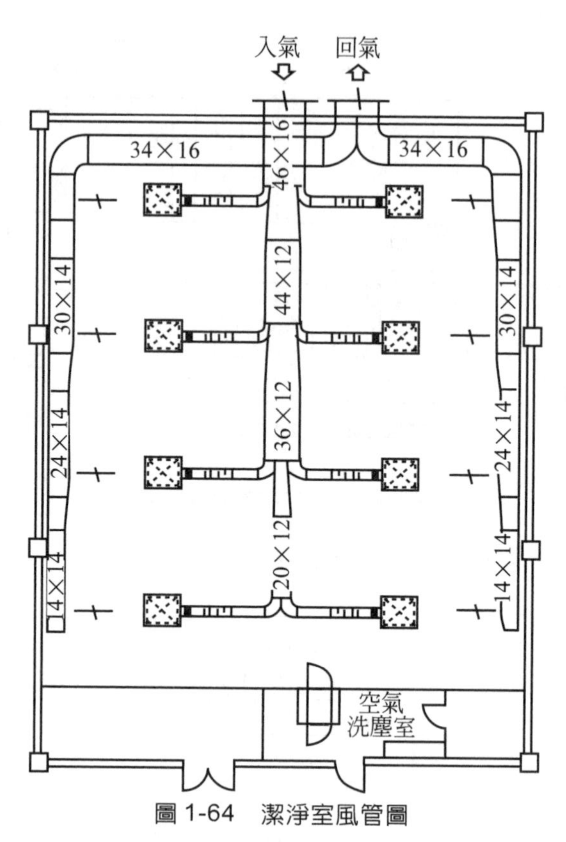

圖 1-64 潔淨室風管圖

9. 潔淨度的計算：在設計潔淨室空調系統之前，應事先計算出室內空氣污染物質的濃度，亦即室內的含塵量，由於含塵濃度量受空氣污染物質發生量、取入之外氣、排氣狀況和工作人員的數目以及空氣淨化裝置之淨化效率所影響。若將這些影響視爲定常狀態，並考慮空氣污染物質之平衡，即可求出室內污染物質濃度，再依此濃度，選擇適當的空氣潔淨裝置，以提高效率，降低成本，計算公式爲：

$$C=\frac{E_1\times E_2\times E_3\times E_4\times C_o\times Q_o+M}{(Q_o+Q_r)-E_3\times E_4\times Q_r+Q_e}$$

式中

C：室內含微塵量(個/M^3)

E_1、E_2、E_3、E_4：過濾器之透過率(Efficiency)

C_o：外氣含塵量(個/M^3)

Q_o：外氣量

M：室內人員總發塵量(個/hr)

Q_r：回風量

Q_e：排氣量

整體架構組合則如圖 1-65 所示。而使用以上之公式時，其必要之假定條件：

(1) 外氣污染物質濃度，室內空氣污染物質發生量、送風量、回風量等任何量均爲一定。

(2) 室內之污染物質濃度均勻分佈，流入室內或在室內所發生之污染物質爲瞬時均勻之擴散。

(3) 室內外污染物質之粒徑分佈、密度等均相同。

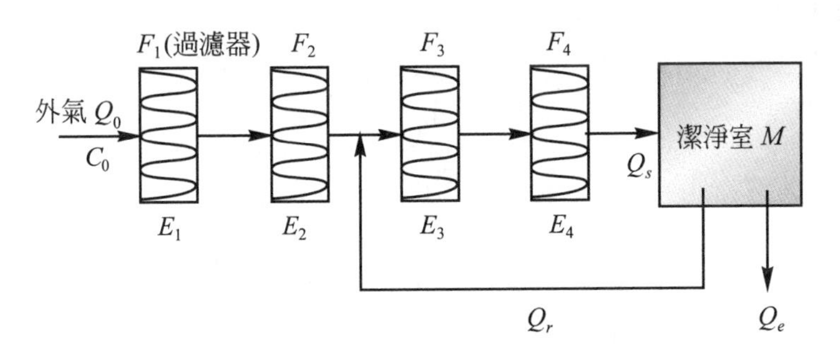

圖 1-65 潔淨室潔淨度計算組合架構

(4) 污染物質在室內之沈降作用不計。

(5) 在風管內污染物質之沈積及飛散因素均忽略。

以之假定與實際之狀況事實上有一些差異，因爲有甚多之變化因素在內。唯若將以上之計算公式計算後之理論值，與室內污染濃度使用半小時後之平均實際值比較甚爲接近。

10. 冷凍主機分離設置：冷凍主機於空調設計時除了考慮備用機台外，對於一般空調和潔淨室空調應考慮給于分離設置，以利系統的控制運轉，並符合控制空調箱所需求的冰水溫度標準。

11. VWV(Variable Water Volume)泵浦採用：空調熱負荷並非永遠固定不變，其是隨著氣候及季節和現場製程生產之狀況而隨時在變化，因此在設計時採用可調變量的VWV泵浦是爲一可行之原則。

潔淨室的空調設計重點除了系統運轉穩定，能源因素、安全和滿足生產線上的需求外，對於相關工程之配合，如消防、水電、建築、照明和噪音震動等均是在設計時必須納入的考慮因素。

前面章節已大略提到潔淨室的空調特性，尤其是全外氣供應，其耗能是相當的大，依數據之統計，一般半導體廠之熱負荷來源百分比如圖1-66所示，液晶廠亦相似。而電力之消耗比例，各系統所佔百分比如圖1-67所示。

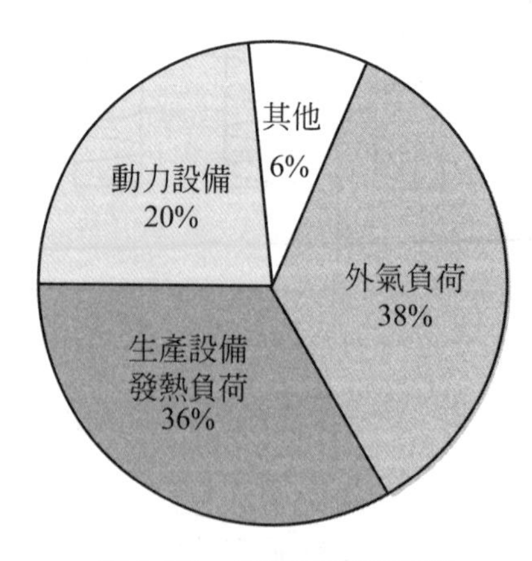

圖 1-66 半導體廠熱負荷

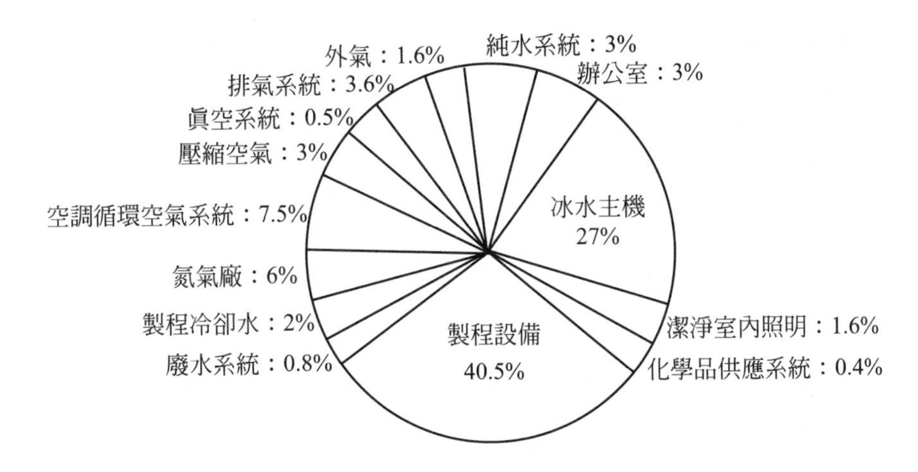

製程設備：40.5 %	潔淨室內照明：1.6 %
辦公室：3 %	純水系統：3 %
冰水主機：27 %	壓縮空氣系統：3 %
空調循環系統：7.5 %	化學品供應系統：0.4 %
外氣系統：1.6 %	廢水系統：0.8 %
排氣系統：3.6 %	氮氣廠：6 %
製程冷卻水：2 %	眞空系統：0.5 %

圖 1-67　半導體廠各系統用電力比例

由以上的圖中可看出，高科技廠之熱負載來源主要爲外氣和製程設備，亦即空調佔了相當大的比重，至於耗電率廠務系統中佔了近 57 %，其中空調系統佔了約 40 %，是爲最大耗電部份，而此其中冰水主機又佔 27 %最爲大量，可見外氣之除濕與降溫和潔淨室空調循環系統的冷卻是耗能之主要所在。由於空調系統是全廠耗能的最主要來源，因此也是進行節約能源最有潛力的部份，故對空調系統作進一步的分析與探討，進而找出可以節能的環節再針對這些地方擬定相對應的節約能源措施，來改善高耗能的狀況。

潔淨室的空調負載源，一般來自：製程設備之發熱量、製程的排氣量、室內維持正壓的風量、外氣負載、製程冷卻水熱交換量、照明器具、建築物耗能量以及工作人員發熱量和廠務運轉設備如循環風車、泵浦、配電盤等之發熱量等。故潔淨室內空調總負載計算之公式如下：

$Q_t = q_m + q_b + q_l + q_p + q_u$

Q_t：室內空調總負載

q_m：製程設備產熱量

q_b：建築物耗能量

q_l：照明發熱量

q_p：工作人員發熱量

q_u：潔淨室內廠務運轉設備發熱量

其中製程發熱量q_m之計算式爲：

$q_m = (q_p - q_s - q_e - q_w) \times f$

而　$q_{s(e)} = 1.2(1.23) \times Q_{s(e)} \times \Delta T_s$

$q_w = 4180 \times Q_w \times \Delta T_w$

q_p ：耗電量，製程設備發量之來源，單位 W 或 kW

q_s，q_e：製程設備冷卻風及排氣所帶走之熱量

$Q_{s(e)}$：風量：升／秒

ΔT_s：排氣溫差℃，
- 酸、有機及緊急排氣溫差 5℃
- 不可燃氣體排氣溫差 10℃
- 產生高溫之機台其排氣溫差 20℃

q_w ：製程設備冷卻水所帶走之熱量

Q_w：冷卻水量：升／秒

ΔT_w：進出水溫差℃

f ：使用因素(%)，一般取 110 %～120 %

而　q_p ：130w/小時・人

q_l ：有三種計算選擇方式，任一均可，誤差不大：

⑴依所安裝之電燈盞數計算瓦特數。

⑵依公 $W/M^2 \times A \times F$，W/M^2：單位面積需求瓦特數(依不同照度需求)。A：潔淨室面積，F：照明燈具補償系數，燈具俱有反射板型F＝ 1，燈不俱有反射板型F＝ 1.3，嵌入型燈具＝1.3，如表1-40所示。

⑶依經驗數據：$30W/M^2$(黃光區爲 $45W/M^2$)，M^2：潔淨室面積。

潔淨室的空調節能設計，前已提及，除在建造時的節能考量，例如使用FFU系統，變頻器的使用，熱回收冰水主機、高效率泵浦與低壓損濾網之使用外，對於建廠完成後的運轉節約之省能觀念模式是爲另外之重點，如：①降低潔淨室的排氣量：隨時調整排氣之眞空度，以可符合製程需求之基準即可及一般排氣約在 30℃左右，可直接排到次潔淨區(或回風區) (Sub Fab/RAP)此雖增加一些冷卻盤管之熱負荷，但比起補

表1-41 單位面積瓦特數需求表

潔淨室內淨高 / 照度需求 Lux	2.5M	2.7M	3.0M	4.0M	6.0M
30	1.2	1.2	1.2	1.4	1.7
50	1.9	2.0	2.0	2.3	2.8
100	3.9	3.9	4.1	4.5	5.5
200	7.7	7.8	8.2	9.0	11.0
300	11.6	11.7	12.2	13.6	16.5
400	15.5	15.6	16.3	18.1	22
500	19.4	19.5	20.4	22.6	27.5
600	23.2	23.5	24.5	27.1	33

單位：W/M^2

充外氣仍能節省甚多能源。②降低壓損，減少漏氣：隨時查視門縫窗口之洩漏。③降低熱負荷：如製程爐管或烤箱、熱板之隔熱等。④減少加濕成本：控制濕度之變化。⑤減少潔淨室之面積：調整製程空間需求，降低潔淨室的使用空間。⑥降低風車之馬力：依實際運轉供應需求，調整適當之風車供應馬力。⑦考慮在冬季時利用外氣：降低冰水主機之負載。⑧酸氣洗滌塔及一般排氣的熱能回收：利用所排氣低溫之特性與外氣做熱交換，降低外氣之溫度，以減少外氣之負載，唯此部份之熱交換器材料須考慮耐酸鹼之材質。⑨改善生產效率：此部份爲在設計時，即應納入重點考量，現就熱源來源能量之降低和動力供應之減少二方面加以說明，如表 1-42 所示。

表 1-42　節能措施

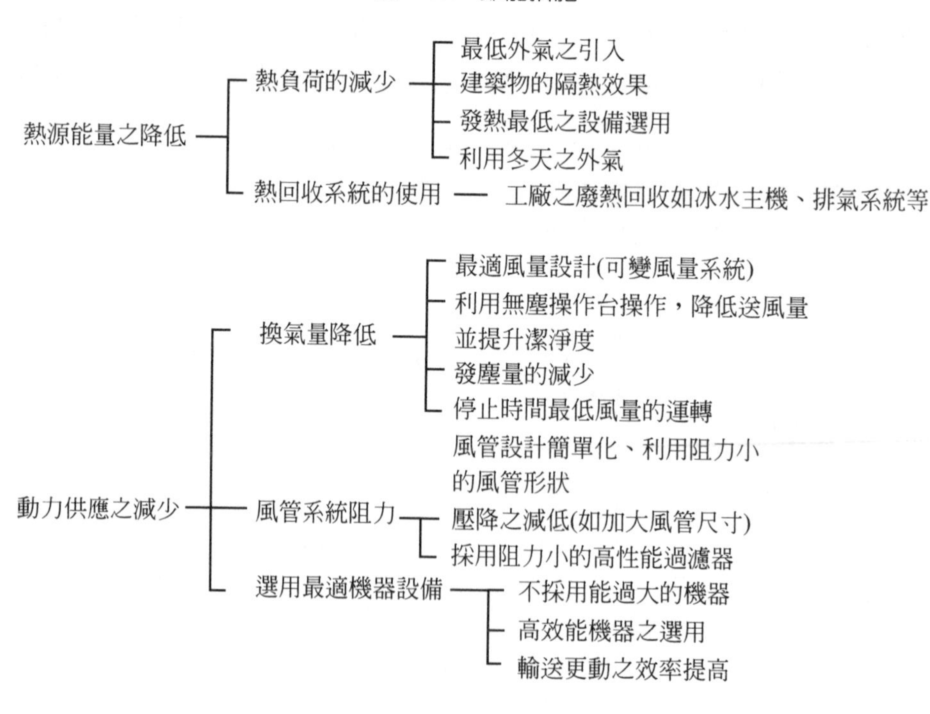

除此之外，像⑴降低外氣空調箱之送風溫度，⑵降低潔淨室的正壓值，⑶外氣空調箱採用熱管(Heat Pipe)設計等，亦可大量節省高科技廠的運轉能源成本，降低產品的生產單價成本，提升產品之競爭力。

1. 降低外氣空調箱之送風溫度：潔淨室溫濕度之需求條件大部爲22℃及43％RH，濕度要求遠低於外界空氣。外氣空調箱之功能乃是將外界的高溫、高濕空氣冷卻除濕直至符合潔淨室規格後送進潔淨室 SubFab 區與循環空氣混合。一般空調箱之冰水盤管冷卻及除濕所流經之空氣，其溫度將降至約8～9℃之露點溫度，如此低之空氣是不可直接流入潔淨室中，而是必須再以熱水盤管將空氣之溫度提高才能送入潔淨室中，此出風溫度一般均設計在18℃～19℃左右；在另一方面，潔淨室中的循環空氣因吸收製程設備所散出之熱能或因氣流運動摩擦損耗而使溫度升高，故必須再以乾冷盤管(Dry Coil)將溫度降低並控制在所要求之規範內。由一般之空氣線圖分析可得知空調箱之熱水盤管與潔淨室製程設備所產生之熱相加大於潔淨室之需求，故必須再以乾冷盤管降溫，因而如果能夠將空調箱之熱水盤管之熱量減少(亦即降低空調出風溫度)，如此將可同時減少乾冷盤管的冰水負載，達到節能的目標。唯空調箱出風溫度也不可降得太低，避免潔淨室機台所生之顯熱無法滿足溫度上升之需求而無法達到潔淨室溫度之規範，至於要出風溫度要降到何種程度，除了可由潔淨室的熱負荷來計算決定外，另外的一種簡捷之法是經多次的緩慢調降(亦即Try & Error)，直到黃光區的溫度起了大變化止，此時即可得知，當時的設定溫度是最適之溫度值，一般度之調降是以 0.5℃爲單位，調降時切記須隨時注意黃光室之溫、濕度變化。

2. 潔淨室正壓設定值降低：潔淨室中保持正壓之目的是爲讓外界的髒空氣不致於由潔淨室的縫隙中洩漏進來，而破壞了潔淨度。潔淨室建立正壓之方法是將外氣之補充量大於製程之排氣量，而潔淨室潔淨度等級越高的區域其正壓設定值越大，亦即外氣補充量與製程排氣量的差值要越大。由此可知降低潔淨室的正壓設定值將可有效減少補充外氣的需求，一般潔淨室的正壓設定值多30～35Pa 之間(或 0.5mm 水柱)，但此設宜可經測試加以調降至20～25Pa。唯在進行潔淨室正壓設定值調降時必須配合製程和設備人員共同合作，不可一次調整過快，避免造成一些靈敏機台的參數飄移，而影響製程產品的生產。

3. 熱管設計的外氣空調箱使用：前已提及，外氣空調箱之耗能佔了空調系統之大部份，尤其是在將空氣除濕後再加熱升溫。因此若能在空調箱中加裝熱管的設計，將可達節能之目的。熱管的基本原理是利用密閉於管路中之冷媒，在管路不同端因溫差而造成內部冷媒之流動，因冷媒之流動會伴隨著相變化，而使管路兩端之熱量得以的交換達成熱平衡。如圖 1-68 所示，管路下端因高溫使冷媒蒸發，冷媒流動到管路上方將熱量傳遞後，又因爲凝結而成爲液體冷媒而流下，管路兩端之熱量也就因而得以交換。一般空調箱熱管之應用是做二道盤管，分別放置在冷卻盤管之前後，二者再以管路相通。冷卻盤管前之預冷盤管(熱管一)先將高溫、高濕之外氣做初步的冷卻後，經冷卻盤管將外氣除濕到設計的絕對濕度時，出風溫度會過低，此時第二道之熱回收盤管(熱管二)會將在預冷盤管(熱管一)時吸收的熱量適放而加溫空氣，若熱量不足時，再由其後的熱水盤管來加熱補足。如圖 1-69 所示，一般熱管內的流體介質是冷媒，其兩道盤管間之流動是依重力和相變化產生之驅動力，但有時流體介質可使用水，而流動是靠泵浦來驅動，流體介質之選用，是依成本、安全和維護性、環保性、效率性而評估決定，並無絕對性。

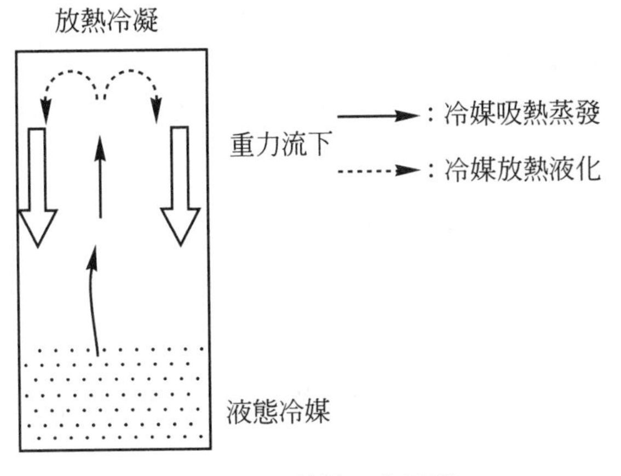

圖 1-68　熱管工作原理

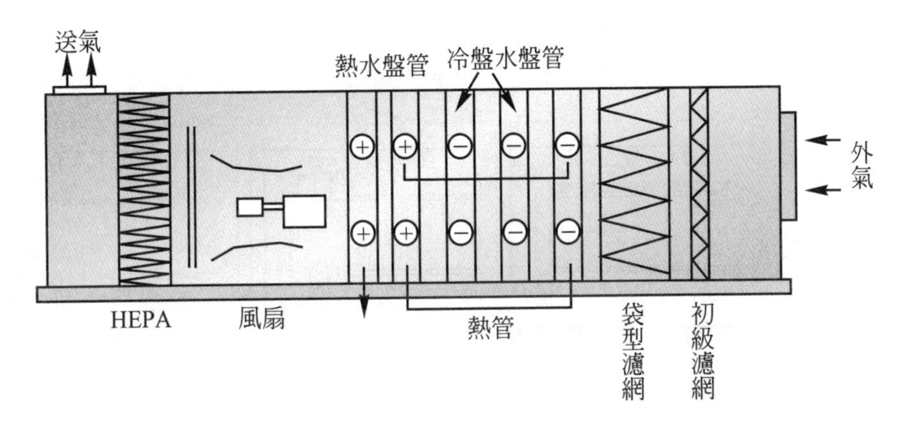

圖 1-69　裝置熱管的外氣空調箱圖

以上三項節能之執行效益，對一個產能 40k/月～45k/月，外氣補充量約 600k～620kCMH 之 8 吋晶圓廠而言，其節省之能源運轉成本約 12000KNTD～15000KNTD／年(≒3000K～3800KRMB／年)，成效相當可觀。其他如選擇適當之循環送風方式，亦是爲節能之方法，一般而言採用FFU之方式爲最省能，而循環空調機方式約爲FFU之 1.5 倍耗電能；而軸流型則爲 FFU 之 1.7 倍耗電，如表 1-43 所示。

潔淨室空調系統之施工有別於一般空調系統，其施工程序有否依照作業規定和施工品質良好與否，直接影響了日後潔淨室潔淨度的品質與驗收，對過濾器的運轉生命也造成極大之衝擊。潔淨室空調的施工程序和要點如下：

1. 工程負責人及作業者應絕對防止工程現場的污染。
2. 空調風管及調節器應在乾淨的場所先行打造、包裝、再運到現場組裝。
3. 管路製作完成，須以酒精稀釋溶液內外擦拭再以 PVC 包裝後搬入現場。

表 1-43　循環送風系統電力消耗比較

內容＼種類	FFU	循環空調機方式	軸流型風車方式
循環流程圖方式			
潔淨室規範	Class 1(製程區) 23±0.3℃ 45±2 % Area：3200M²， V= 0.45m/s	Class 1(製程區) 23±0.3℃ 45±2 % A：3200M²， V= 0.45m/s	Class 1(製程區) 23±0.3℃ 45±2 % A：3200M²， V= 0.45m/s
風扇規格	4,750,000CMH SP：20mAq 效率：40 %	4,750,000CMH SP：45mmAq 效率：60 %	4,750,000CMH SP：55mmAq 效率：75 %
消耗電力	650kW	980kW	1120kW
耗電比率	100 %	150 %	172 %

4. 空調箱組裝施工時應隨時保持清潔，施工完成，須全面清潔和以稀釋的酒精溶液或清潔劑擦拭再密封，避免受污染。
5. 過濾網與框體間之間隙需限制在最小。
6. 按裝風管時須戴乾淨之手套。
7. 風管接頭法蘭處的密封墊應用天然橡膠材質或合成橡膠，勿用海綿質。
8. 工程停工或中斷時，應用PVC布封住風管二端。
9. 送風系統試車前應做充分檢查。
10. 施工工具應保持清潔。
11. 儘量縮短施工工期。
12. 空調箱內高效率過濾網(ULPA/HEPA)應留在最後階段再安裝，安裝時要精確不漏氣。
13. 消音箱之材質宜選用不積塵、不脫落者。
14. 溫、濕度等控制感測元件(Sensor)應裝在適當的重點位置。
15. 空調箱處之排水管須設有U型落水頭，以利排水。
16. 風管完成後，宜先作氣密試驗。
17. 不使風管因氣流運動所引起之震動傳到建築物，風管應有防震支柱或使用柔性接頭。
18. 柔性(軟性／撓性)風管接頭應使用束帶或配管帶固定。

1-11 潔淨室建造、組裝材及程序

潔淨室設計完成後，緊接著便是潔淨室的施工建造、施工組裝以及潔淨室內所使用的附屬設備如空氣洗滌室、傳遞箱等。

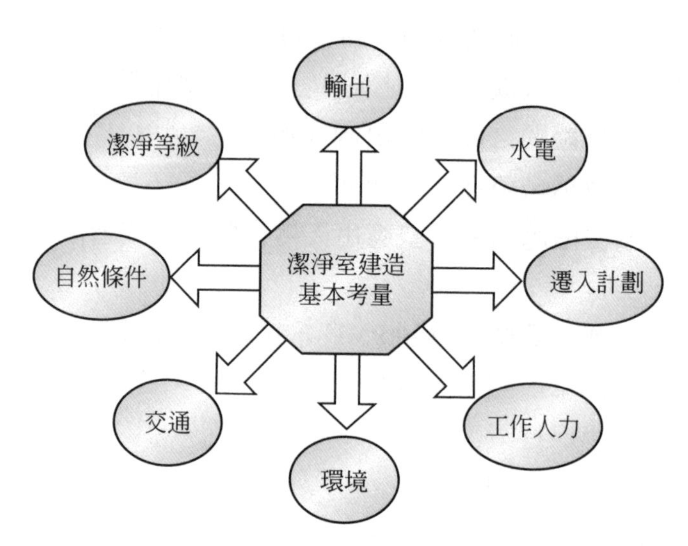

圖 1-70　潔淨室建造基本考量

潔淨室建造的基本考量，於前面已大概述，一般其基本考量如圖 1-70 所示，而在基本考量中所必須注意的相對問題如表 1-44 所示。

表 1-44　基本考量中基本問題對應

基本考量	基本問題	
環境	◆基地大小 ◆環保法規	◆工廠的排放
交通	◆與高速公路的距離 ◆與機場港口的距離	◆與材料供應商的距離
自然條件	◆溫濕度 ◆雨與雪	◆風地海邊 ◆地震
潔淨等級	◆爲何需要潔淨室 ◆最適合的等級	◆溫濕度的要求 ◆震動、噪音、電磁

表 1-44　基本考量中基本問題對應(續)

基本考量	基本問題	
輸出	◆廠區位置 ◆設備的擴充性	◆公用需求容量大小 ◆運轉的安全
水電	◆水的品質 ◆供水供電的容量	◆與來源的距離 ◆電壓大小
遷入計劃	◆人員及設備 ◆適合的組織架構	◆緊急應變計劃
工作人員	◆人力 ◆工程師	◆教育、醫療及文化

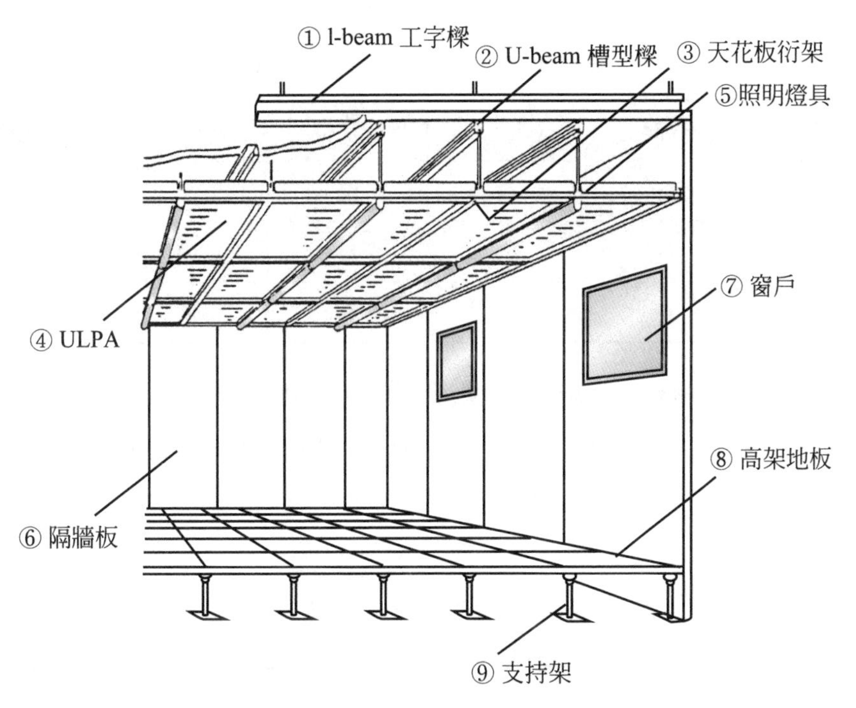

圖 1-71　潔淨室內部架構圖

潔淨室之構成是由下列各項系統所組成，這些組成系統缺一不可，否則將無法構成一完整且品質良好的潔淨室。這些系統：包括⑴天花板系統：如吊桿(Ceiling Rod)、鋼樑(I-Beam或U-Beam)、天花板格子樑(Ceiling Grid或Ceiling Frame)；⑵空調系統：包括空氣艙、過濾器系統、風車等；⑶隔牆板(Partitional Wall)：包括窗戶、門；⑷地板：包括高架地板或防靜電舒美地毯、導電地磚；⑸照明器具：包括日光燈、黃色燈管等，其架構圖，如圖 1-71 所示。

潔淨室之構裝若依營造組成之方式加以分類，可分爲營造型(Construction Type)、組合型(Prefabrication Type)、個別型(Unit Type)，其差異比較如表 1-45 所示。

表 1-45 不同構裝潔淨室之比較

建造方式	隔開	工期	佈局之變更	價格	移動性
營造型	可	長	難	高	不可
組合型	不可	中	易	中	可
個別型	—	短	易	低	可

營造型較適合於大規模之潔淨室使用，如半導體或光電等高科技廠，圖 1-72 爲其構造圖；而組合型則大都用於潔淨室面積約 $100M^2$以下之規模使用，如產品之包裝或檢驗區，其優點爲工期短，可在 2～3 日內於現場組合完成；圖 1-73 爲該型之組裝架構；而個別型爲適於不需現場工事，可任意改變置放位置，易於佈局是其優點之一，此型式大部份皆採用防靜電塑膠布簾(Vinyl Curtain/PVC Curtain)爲隔間材，以保持空間所要之潔淨度。

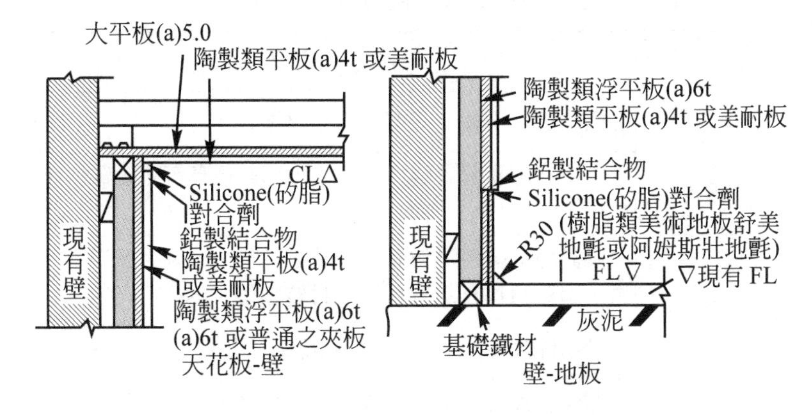

圖 1-72　營造型潔淨室內裝剖面構造

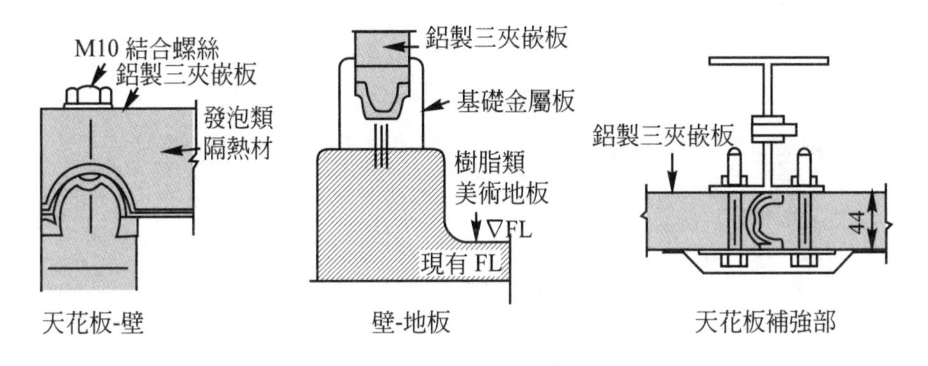

圖 1-73　組合型潔淨室組裝架構

表 1-46 潔淨室內裝材必要條件

項次	條件	說明
1	氣密性	必須構造為不使空氣漏洩產生之要性。
2	不帶電性	有帶電性容易增大塵埃附著量，因此須具可防止電性產生之材料才行。
3	防黴性	內裝表面有黴菌附著而會繁殖之材質，也會對潔淨室造成不良效果，因此應具有防黴特性之材質為佳。
4	無發塵性	一般建材對於磨耗之衝擊、振動能引起較多發塵者，應避免採用。
5	耐藥品性	在潔淨室裡常會使用強酸性或鹼性之藥水，內裝材受污染就會產生針孔或裂縫等不良之情形，因此應選用耐藥品性之材質。
6	難燃性	在建築法就強調應具備難燃性材質，此為最普通之常識。
7	耐濕性	對於微生物而言，水份為其生存之最低條件，因此耐濕性為基本條件，並且洗淨之場合應避免水份潑濺噴著於內裝材上。
8	耐磨損性	特別是地板，摩擦之機會較多，會發塵之材料應避免。
9	易清掃性	要有不容易積塵埃，容易清掃之構造與材質為佳，其表面應為平滑，不會有凹凸不平者，且彎角之處為圓曲狀非銳角狀。
10	吸音性	噪音越小越佳，故應選擇吸音性良好者為佳。
11	耐荷重性	機器、設備及材料之搬入、搬出使用台車運載是必須之條件，因此需要耐荷重性越強越佳。
12	耐震性	要有避震特性。
13	熱傳導性	斷熱性越大、效率越佳，因此應採用熱傳導阻抗大之材質。
14	易作業性	在作業上使用感不良之材料，非但作業不佳，且不易達到所需求之目標。
15	耐久性	使用之材料必須要有相當之使用壽命才行，否則將使維護費大增。
16	經濟性	要選擇適當價格之內裝材料。
17	無釋放氣體性	材料、本身材質不易令釋放出各種氣體(Out Gasing)而污染潔淨室。

至於潔淨室之建築主體結構，一般是採用鋼筋混凝土搭配鋼骨結構(Steel Truss)；但由於無論是半導體或液晶面板廠其製程設備是愈來愈龐大，重量也相對增加，加上製程程序連貫和防震動因素之關係，改採用鋼骨水泥(SRC)之鋼結構主體已有日趨增多之勢，此也造成建廠成本日益增加原因之一。無論是使用何種結構，其內裝材必須要滿足如下之條件：①不會因溫度變化與振動而發生裂痕，②不易產生微塵粒子，且很難讓粒子附著，③吸濕性小，④爲了維持室內之溫濕度條件，熱絕緣性要高，⑤須能有耐火時效1～2小時之能力。表1-46爲潔淨室內裝材料所應俱備的必要條件，在目前尚未有完全符合滿足此必要條件之材料被發展使用，因此選擇較有利且接近條件之材料是爲目前所能之唯一選擇，唯在材料科學日益發達之現在，完全或幾乎完全滿足條件之材料之被開發，應是指日可待。

大氣中含有固體、液體、氣體之各種污染物質，故必須除去這些污染物質方能獲得所需求之乾淨空氣，而欲得此乾淨空氣則須藉助空氣過濾器之使用方能達成。空氣過濾器依其淨化捕捉原理及保養方式、除塵粒徑而可分類爲如表 1-47 所示，唯亦可依使用場所及置放地點之不同而分爲如下之各類：①初級過濾器(Prefilter)；②中級過濾器(Medium Efficiency Filter，另稱袋型過濾網：Bag Filter)；③準高性能過濾器；④高性能過濾器(HEPA，High Efficiency Particular Air Filter)；⑤極高性能過濾器(ULPA，Ultra Low Penetration Air Filter)；⑥超高性能過濾器，⑦其他形式：靜電式或黏著式(物理吸附或化學吸收)，表1-48所示爲各種空氣過濾器之性能規範。

初級過濾器：主要是用來去除大氣中1μm以上之塵粒，過濾效率約35～60％，可延長中級過濾器之壽命。

表 1-47　過濾器之分類

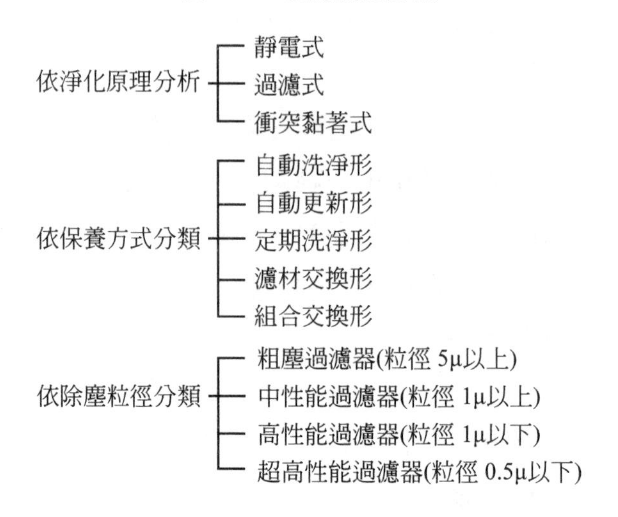

表 1-48a　各型空氣過濾器之性能規範

類別	適用灰塵直徑 (μm)	適用灰塵濃度 (mg/M^3)	壓力損失 (mmAg)	效率 (%)	過濾網材質	用途
初級過濾網	≥ 5	0.1～7	3～20	70～85 (重量法)	合成纖維 玻璃纖維	外氣處理，空調箱前端處理
中級過濾網	≥ 1	0.1～0.6	8～25	60～95 (比色法)	同上	高性能過濾網之前端用或循環空氣前端用
準 HEPA	≥ 0.3	≤ 0.3	15～35	≥ 80 (0.3μmDOP)	玻璃紙	Class 100～10,000 潔淨最終過濾網
HEPA	≥ 0.3	≤ 0.3	25～50	99.97 (0.3μmDOP)	同上	Class 100～10,000 潔淨最終過濾網
ULPA	0.1～0.3	≤ 0.1	25～50	99.995 (0.1μmDOP)	特殊玻璃紙	潔淨度 1～100 級用
超 ULPA	0.1～0.05	≤ 0.1	25～50	99.99995 (0.05μmDOP)	同上	潔淨度 1 級用

表 1-48b　空氣過濾器規格對照表(中國、美國、歐洲效率規格近似對照表)

中國(GB)	粗效過濾網					中效過濾網				高中效過濾網		
美國(ASHRAE)	C1	C2,3,4	L5	L6	L7	L8	M9	M10	M11	M12	H13	H14
歐洲(EN779/CENEN1822)	G1	G2	G3		G4		F5		F6		F7	F8
歐 洲(EUROVENT)	EU1	EU2	EU3		EU4		EU5		EU6		EU7	EU8

中國(GB)	高效過濾網		超高效過濾網					
美國(ASHRAE)	H15	H16			UH17	UH18	UH19	UH20
歐洲(EN779/CENEN1822)	F9	H10	H11	H12	H13		H14	U15、U16、U17
歐洲(EUROVENT)	EU9	EU10		EU11	EU12	EU13	EU14	

※ 1. H12, H13, H14 D.O.P Testing≥99.995% at 0.3μm

2. U15, U16, U17, D.O.P Testing≥99.99995% at 0.1～0.2μm

3. F5, F6, F7, F8 NBS(另稱比色法)效率：60～95%

中級過濾器：主要用來去除大氣中 1μm 以下之塵粒，過濾效率約 65～90％，其作用在延長最後過濾器之壽命。

最後過濾器：主要用來去除 0.5μm 以下之微塵粒子，過濾效率約 DOP 99.97％以上，是爲潔淨室的最後過濾系統。最後過濾器有二種，即 HEPA 和 ULPA，HEPA：主要用來去除 0.3μm 以上之微塵粒子，過效率可達DOP 99.97％以上；ULPA主要用來去除0.1μm以上之微塵，質爲玻璃纖維濾材，在製造過程中有時會添加些硼、磷及金屬氧化物等，使濾材易於成型與結構之加強。然添加物在今日的奈米製程產品下，極易釋出化學氣體分子(Out Gasing)，而成爲產品污染源之一，故近幾年來，已逐漸改用不含硼或使用 PTFE(Polytertrafluorothylene，聚四氟乙烯，鐵氟龍材質之一種)來取代，此部份將另敘述。

高性能過濾器亦可稱爲絕對過濾器(Absolute Air Filter)，這些類型過濾器大部均用於終端之位置，而其過濾對象爲低濃度之微細粒子，且具有甚高之捕集效率，是維持潔淨室內潔淨度不可或缺之最後一道過濾器。一般過濾器之捕集塵埃的基本原則係利用如下之原理。⑴濾過(亦稱阻擋或攔截)原理(Filtration)；⑵擴散捕捉原理(Diffusion)；⑶衝突(Impact)亦稱慣性(Inertia)原理。

1. 濾過原理：塵埃粒子通過過濾材時，大於濾材纖維與纖維之間距的粒子將被阻擋，亦即粒徑大於間距者將會被過濾而達去除效果，對去除大粒徑之塵埃最有效，如圖 1-74 所示。

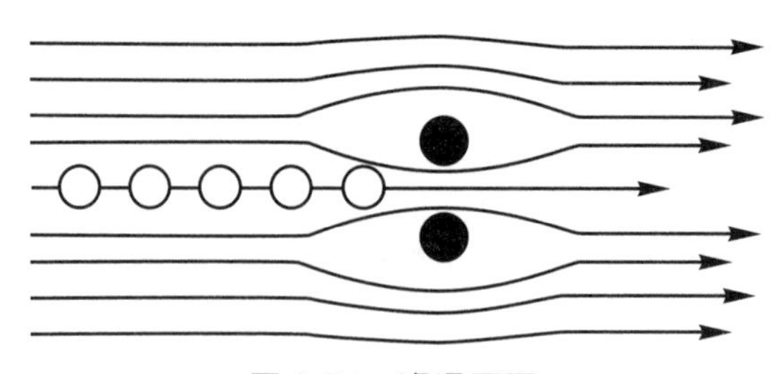

圖 1-74　濾過原理

2. 擴散捕捉原理：小粒徑之塵埃，由於布朗運動、重力、離子化等原因，在纖維表面摩擦通過，此時發生靜電，塵埃即因而附著於纖維上而達到捕集效果，其通過濾材風速越低，粒徑越小，效果越佳，如圖 1-75 所示。

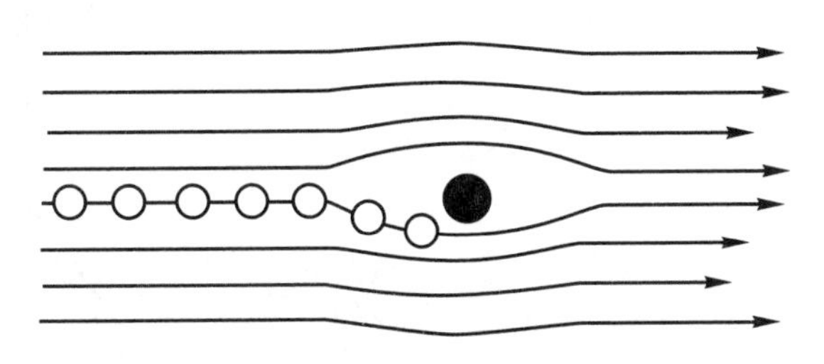

圖 1-75　擴散捕捉原理

3. 衝突慣性原理：空氣在濾材纖維間流動時，因粒子之流動慣性力作用，急速衝擊於纖維表面而附著，其通過濾材之風速越快，去除效果愈佳，如圖 1-76 所示。

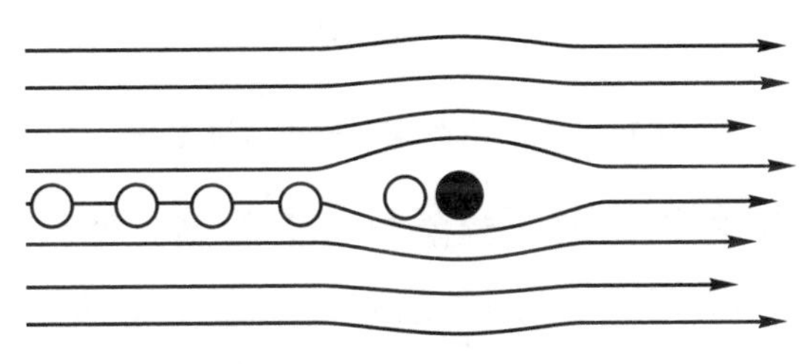

圖 1-76　衝突慣性原理

在以上之三種捕集原理中，衝突慣性原理對於微塵粒徑≥0.1μm 以上者其捕集效率最高；擴散捕捉對於粒徑≤0.05μm以下之粒子具有較高之效率；而濾過原理則在三種捕集中之捕捉效率最低，但三種捕捉作用對於微塵粒徑 0.1μm～0.05μm 之間的粒子，其捕集效率均較差，由此可知微粒子在 0.1μm～0.05μm 之間者是爲較難捕捉之微塵，也是塵埃粒子的轉捩點，此些粒子亦可稱之爲關鍵性粒子(Critical particle)。圖 1-77 爲空氣過濾器之捕集效率整合圖。

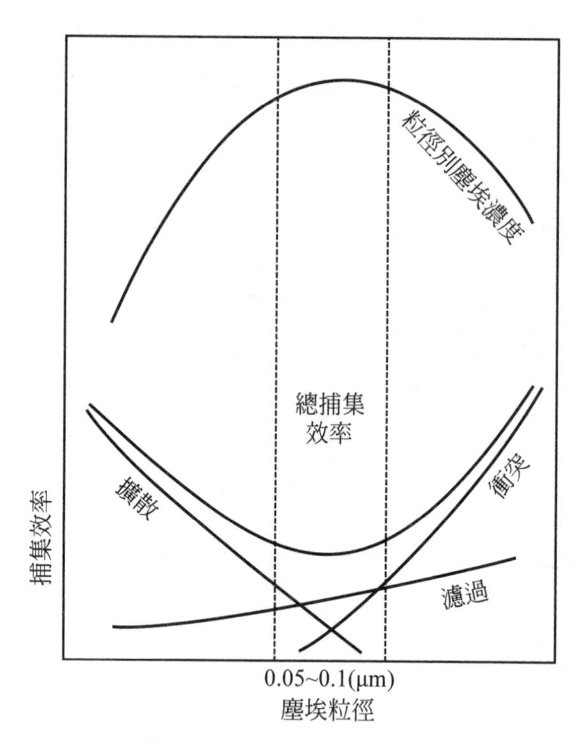

圖 1-77　空氣過濾器捕集效率整合

高性能過濾器係由濾材、分隔材、接著劑、密封材、外框和墊片(Gasket)等所構成，有時爲了適應耐熱、耐溫、耐酸等條件之不同，所構成之材質亦會有所差異。過濾器依濾材之組裝而區分有二種形式，分離式和折褶式，圖 1-78～1-81 分別爲其外觀形狀，表 1-49 爲此二種型式的性能比較，由表中可知折褶式由於其濾材面積較大，故壓降、捕集效率和使用壽命均較優。而圖 1-82 及表 1-50 則爲超高性能過濾器(ULPA)的構造和組成分子，此種類型 ULPA Filter 其尺寸大部份爲 600×1200×150 (mm)，唯市場上也有使用較大型尺寸如 900×1200×150(mm)或 1200×1200×150(m/m)者，只是較不普及化，這些尺寸均有別於一般之 HEPA Filter。

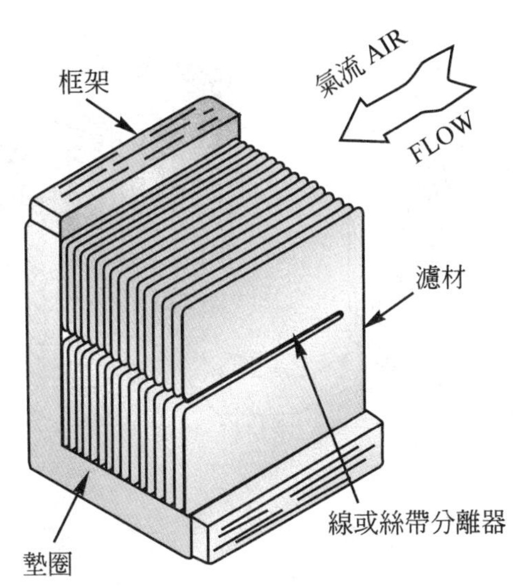

圖 1-78 折褶式過濾器

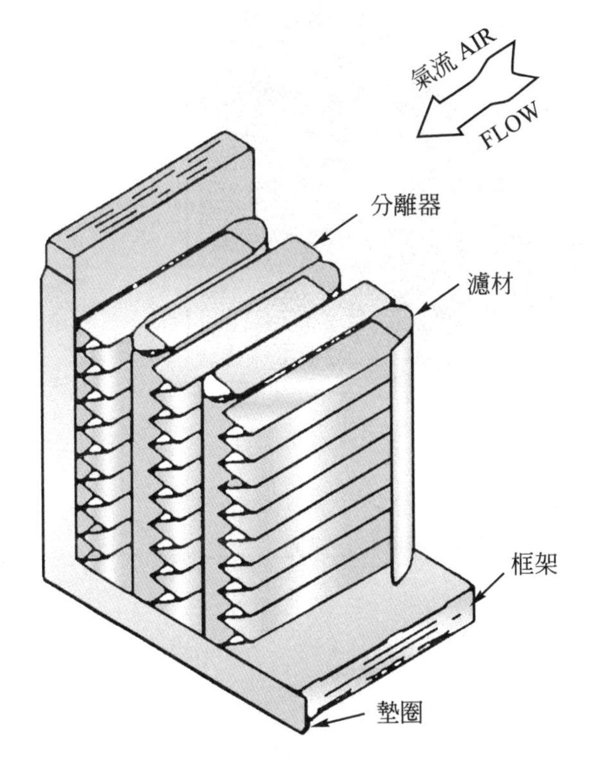

圖 1-79 分離式過濾器

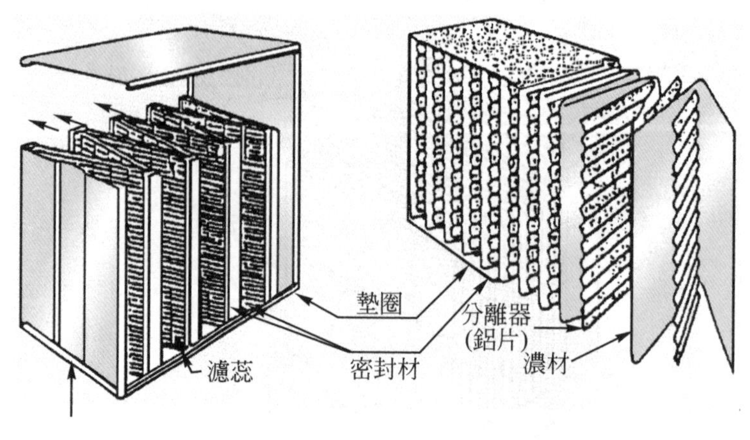

圖 1-80 折褶式過濾器

圖 1-81 分離式過濾器

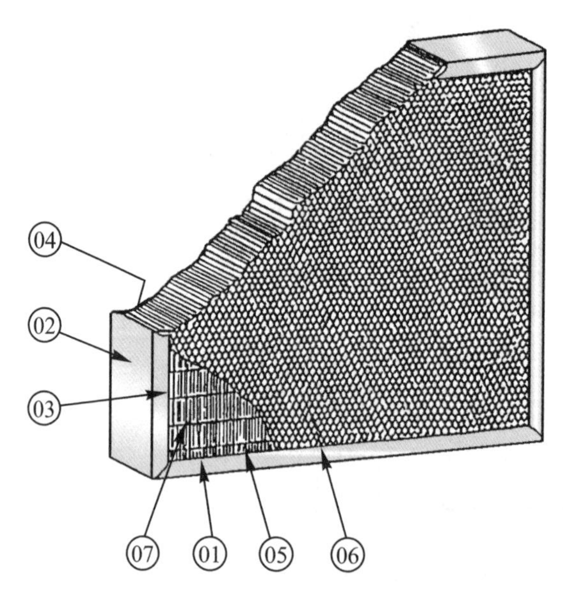

圖 1-82 ULPA Filter 之構造

表 1-49　分離式和折褶式比較

		分離式過濾器	折褶式過濾器
	型式	7C10-aF	1506-12
	外形尺寸(mm)	610×610×292	610×610×292
構件	濾材(濾材面積)	玻璃纖維紙(20m^2)	玻璃纖維紙(40m^2)
	分離器	鋁片	—
	框架	合板	鍍鋅鋼板
	密封劑	氨基甲酸乙酯	氨基甲酸乙酯
	墊圈	氯丁二烯	氯丁二烯
性能	定格風量(m^3/min)	31	56
	初期壓力損失(mmW.G.)	25 以下	25 以下
	最終壓力損失(mmW.G.)	50	50
	集塵效率(%)	99.97 以上(0.3μm)	99.97 以上(0.3μm)
	粉塵保持容量(g)	600(ASHRAE 粉塵)	1,000(ASHRAE 粉塵)

表 1-50　ULPA Filter 之組成

項次	材料名稱	組成含有物表面處理等
1	濾材	組成：玻璃纖維：93 %；壓克力樹脂：7 %及樹脂除水劑
2	框架	組成：鋁 表面處理：陽極處理
3	墊圈	組成：氯丁二烯(黑色，Chloroprene) (氯丁二烯橡膠貼於框架上)
4	密封劑	硬化後組成：氨基甲酸乙酯(Polyurethane)

表 1-50　ULPA Filter 之組成(續)

項次	材料名稱	組成含有物表面處理等
5	密封硬化劑	同上
6	保護網	組成：鋁 表面處理：陽極處理
7	濾材分離器	組成：玻璃纖維

在過濾器之性能中，壓力損失(或稱壓降)，佔有重要因素，同時爲符合目前半導體和液晶廠高階製程中化學污染之防制需求，故如何降低壓損，避免造成能源之浪費以及符合產品需要是爲過濾器廠商思考之課題，這些課題已被發展出來且實際應用於工程上，如改變過濾器之形狀和更換過濾器之材質均屬之。

改變過濾器之架構是指由傳統式之折褶式或分離式改變爲細長管型之架構，如圖 1-83 所示。此細長管式可在相同之表面面積下爲折褶式 1.8 倍的過濾面積。表 1-51 爲細長管式過濾器在不同管徑和管長的濾材接觸面積，由圖表中可知，於管徑越小，管長越長者可得較大之過濾面積。

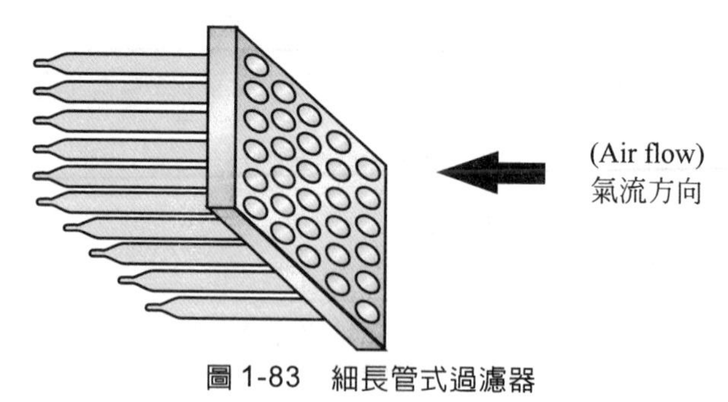

圖 1-83　細長管式過濾器

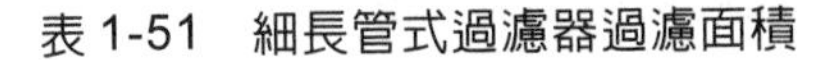
表 1-51　細長管式過濾器過濾面積

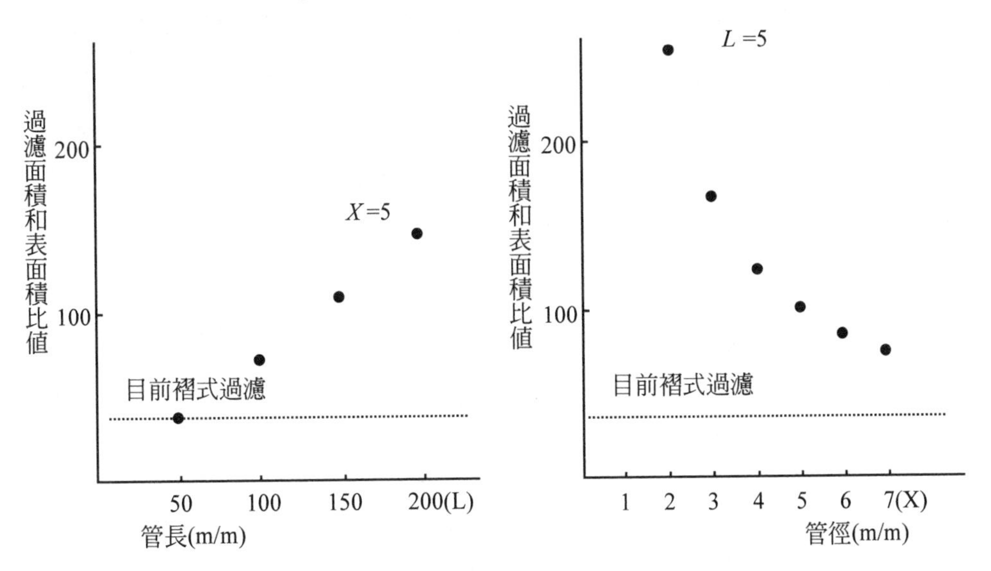

至於過濾材質之選用，對高性能過濾器之捕集效率和運轉成本以及高階產品良率高低，有著相當大的關連因素，因此現已大部份起用PTFE(聚四氟乙烯)來取代傳統的玻璃纖維材質的趨勢。

在半導體、液晶等製程以及至今奈米材料與元件製程中，分子狀污染物質已被視爲影響品質及良率的關鍵要因。在一般狀態下與外氣之比較，若潔淨室中之分子狀污染物質，特別是有機氣體濃度變高時，就必須設法降低其濃度。目前潔淨室中對此現象的整體因應基本方法是：⑴若是隨外部空氣進入時則利用室外空調箱作處理；⑵若是因製程中所使用藥品之化學反應而產生的，則是利用局部排氣或設置化學過濾器處理；⑶污染源若是從建材或空氣濾器發生時，則改採用低污染雜質之濾器來克服；甚至一些特殊製程設備本身內部亦裝設有專用之空氣濾網。而這些濾網之使用材質已不是傳統的玻璃纖維，而是 PTFE 材質。而這種 PTFE 材質之濾網其有如下之特性：⑴低壓損高捕集效率；⑵纖維材質不會劣化而產生微粒；⑶產品薄型化；⑷不易燃燒。亦即此產品在製造過程中，從樹脂原料調配、濾網加工和成品加工等各製程，都經過最佳化之調整，如在濾網成品之生產環境中，會留意材料氣體釋放(Outgasing)的觀念，避免因本身濾網的氣體釋放而與製程中的化學藥品產生化學反應而污染晶片或面板，降低產品之良率。而這種PTFE材質之過濾器以日本大金工業公司所開發生產者(NEUROFINE)市場佔有率較高、較普及。現就其特性分別加以說明：

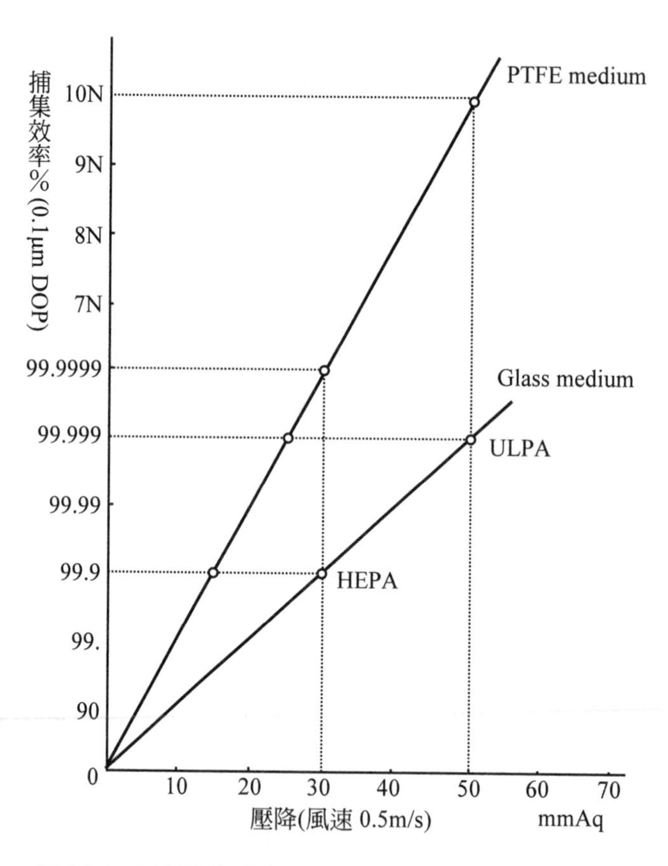

圖 1-84 PTFE和玻璃纖維材質壓損和捕集效率比較圖

1. 低壓損高捕集效率：相同效率時PTFE之壓損爲玻璃纖維材質壓損之$\frac{1}{2}$；而相同壓損時，PTFE材質之捕集效率較玻璃纖維材質來得高。如圖 1-84 所示。由圖上可看出，無論是壓損和捕集效率，PTFE材質濾網，均有良好之優勢。
2. 纖維材質不會劣化而產生微粒：NEUROFINE PTFE材質濾網爲氟樹脂製濾材，故其不像玻璃纖維那樣脆弱，在裝設濾網時也較容易，雖然最近玻璃纖維的濾材中也有開發出低硼規格及低Outgas規格的產品，但是一旦把玻璃纖維中添加劑和黏著劑也變更或是減量的話，將會降低濾材的強度。另外NEUROFINE的濾材不是像玻璃纖維濾材般之短纖維材集中體，而是膜狀材料。所以不會有纖維剝落甚或變成發塵的要因，同時也不要去擔心濾網強度的下降。圖 1-85 分別爲二種濾材之電子顯微鏡照片。

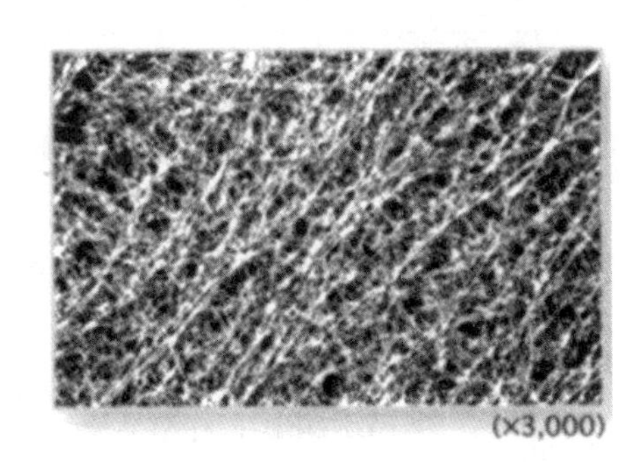

(a) NEURO FINE

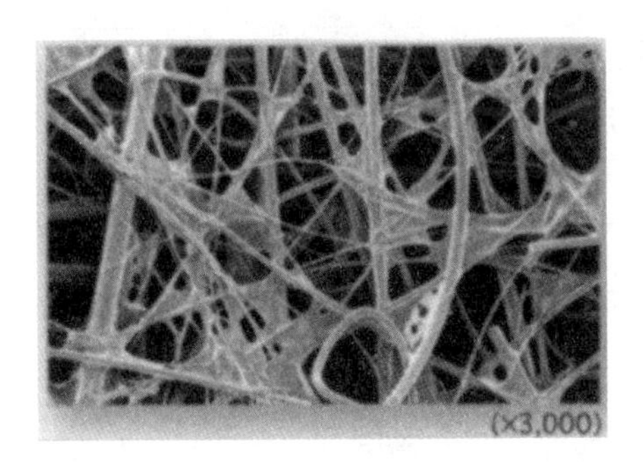

(b) 一般玻璃纖維 ULPA

圖 1-85　二種濾材之電子顯微鏡照片

由圖片中可看出PTFE濾材平均孔徑小，纖維直徑非常細密均勻。

3. 產品薄型化：NEUROFINE採用以往過濾器$\frac{1}{2}$的厚度，而仍可達到玻璃纖維ULPA同等的效率，可應用於機台大小受限制之次世代設備中，達到省空間的目標。

4. 不易燃燒：由於濾網材質爲氟樹脂原料，故其俱有難燃之特性，不像玻璃纖維是屬於易燃的材質。NEUROFINE已取得FM4920和美國UL9001級之規範。因半導體和液晶面板等製造公司已漸有要求此規範的傾向，故目前使用此類規格之廠商正日益增加中。表1-52爲NEUROFINE和玻璃纖維ULPA之性能比較表。

表1-52 NEUROFINE和玻璃纖維ULPA之性能比較表

	NEUROFINE	玻璃ULPA	低硼玻璃ULPA	說明
有機氣體污染物質	(100ng/m³)	(20,000ng/m³)	(20,000ng/m³)	●分析通風開始10日後的單位通風空氣
硼污染物質	無硼	5.1 %	0.76 %	●濾材的含量
金屬污染物質	無金屬	20～30 %	20～30 %	●濾材的含量
捕集效率	7N-S	6N	6N	相同尺寸、相同風速(0.5m/sec)
壓力損失	65Pa (Typical)	147Pa	147Pa	相同尺寸、相同捕集效率(6N)(●運轉資金降低)(●過濾器薄形化→FFU小型化)
耐酸性	High Resistance	Damaged	Damaged	NEUROFINE 在藥品環境下也可以使用
強度、使用性	Strong	Weak	Weak	NEUROFINE 製成的濾材強度高，使用容易
耐水性	Excellent	Bad	Bad	NEUROFINE是PTFE濾材，因此具有撥水性

另外過濾器於安裝時之氣密方式亦爲施工重點之一，早期較差等級之氣密是以墊片(Gasket 或 Packing)方式爲之，唯此種施工方式容易造成空氣洩漏入潔淨室，影響潔淨度。目前在高等級之潔淨室是用液體密封方式(Liquid Seal)行之，是以A及B二種化學品依一定之比例混合注入天花板架之U型槽中，經過一定時間後二者反應成完全的密封劑，此密封劑於更換ULPA Filter時不會附著於框架上，可得良好之密封效果，如圖 1-86 所示。由於目前的潔淨室空調過濾器系統，大多採用 FFU 系統，此系統的空氣艙空間是屬於負壓狀態，故不須使用液體密封劑，故現已較少使用此液體密封劑系統。

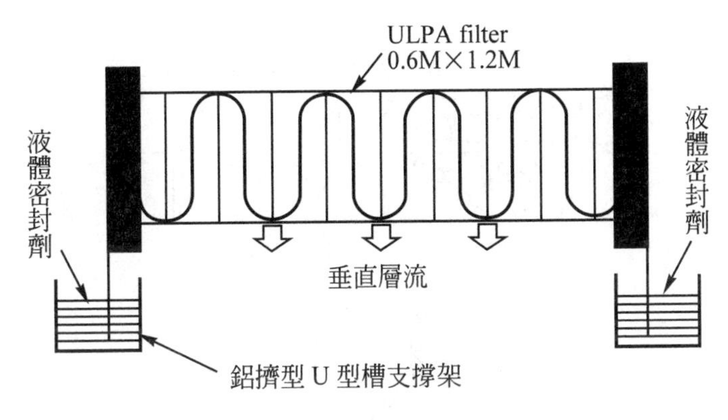

圖 1-86　過濾器液體密封架構

空氣過濾器對於所有之微塵是無法 100％絕對過濾的，濾網之攔截效率有其極限在。例如 80％效率之過濾器會有 20％之塵埃無法去除而溜過，而各種不同廠牌及使用地點不同之過濾器，也會有不同之除塵效率。空氣過濾器之除塵效率，會因除去的塵埃之粒徑、空氣過濾器濾材之材質等而異，一般常用之效率測定方法有下列三種：⑴重量法(1μm 以上)；⑵比色法(1μm 以下)；⑶計數法(0.5μm 以下)，分述如下：

1. 重量法(Weight Method)：此法又稱 ATI 重量法如圖 1-87 所示，處理 1μm以上粗塵粒徑的預過濾器。此法係採取測試之樣品過濾器前與後之污染空氣，予以稱量後比較而得，其計算公式爲：

$$\eta=\frac{Q_1-Q_2}{Q_1}\times 100\ \%=1-\left(\frac{Q_2}{Q_1}\right)\times 100\ \%$$

式中：

η：過濾器效率

Q_1：過濾器前空氣含塵之供給量重

Q_2：過濾器所收集之微塵重量

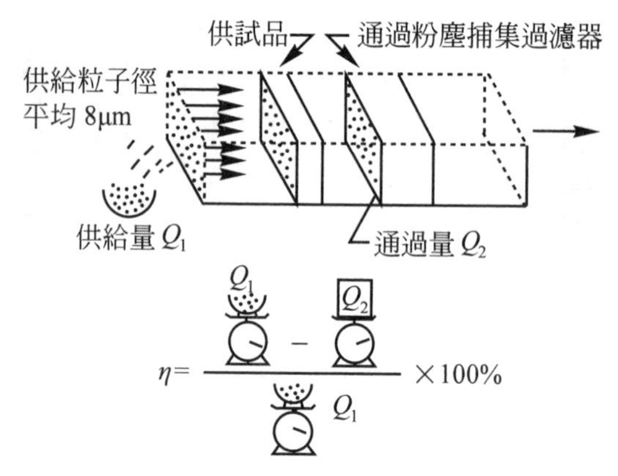

圖 1-87 重量法測量原理

此法之缺點爲大氣塵之塵埃粒徑大小會因地點不同而有不同之結果，數量亦同。雖使用同一種過濾器，但其效率可能有不同之結果，故此法宜採用標準大小之塵埃粒子爲佳。

2. 比色法或光度計法(Discoloration Method 或 Dust Spot Test Method)：處理 1μm以下塵粒徑的中級濾器。本法係美國國家標準局所採用之標準測定法，故另又稱 NBS 法(Nation Bureau

Standard)。如圖 1-88 所示，即在供試之過濾器前後取出一定量之空氣，引導該空氣分別進入有比色裝置的濾紙中，然後將該張過濾器利用光電元件測量其透光率(又稱黑化度)，此透光率可轉成電流訊號，而求得效率，計算式爲：

$$\eta=\left(\frac{D_1-D_2}{D_1}\right)\times 100\ \%$$

η：過濾器效率

D_1：過濾器前濾紙透光率(黑化度)

D_2：過濾器後濾紙透光率(黑化度)

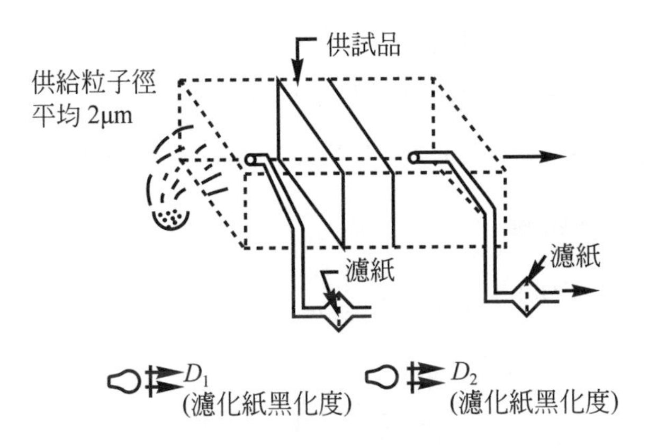

圖 1-88　比色法(光度計法)測量原理

一般我們所常見之靜電式過濾器，中性能過濾器(Bag Filter)等均屬之。

3. 計數法或稱光散亂法：(Counting Method or Light Scattering Method)：處理 0.5μm 以下塵粒的高級濾網，此法是以微塵粒子數目爲判定效率標準，適用於高性能過濾器之測定，如圖 1-89 所示。此法又可稱之爲 D.O.P 測定法(Dioctyphthalate，鄰苯二甲酸二辛酯) 。其方法是於高等級潔淨室之乾燥空氣中加入 D.O.P 塵埃至飽和狀態，再與離子化之潔淨乾燥空氣混合，而得 0.3μm

均一單分散粒子，此時將測定用之空氣導入，由於此粒子具有極尖銳之偏光性，利用光電池檢出此過濾器前後粒子偏光、散光之量，以測定其粒子數而計算求得其效率，其公式爲：

$$\eta=\left(\frac{C_1-C_2}{C_1}\right)\times 100\ \%$$

式中：

η：過濾器效率

C_1：過濾器前之粒子數量

C_2：過濾器後之粒子數量

除了以上三種主要之測定法外，尚有鈉焰測定法、雷射測定法，由拉寧(Eularin)測定法等一般檢驗測試，而以上所有這些的檢驗測試，會因廠商不同而方法各異。表 1-53 爲空氣過濾器之主要性能檢驗法一覽表。

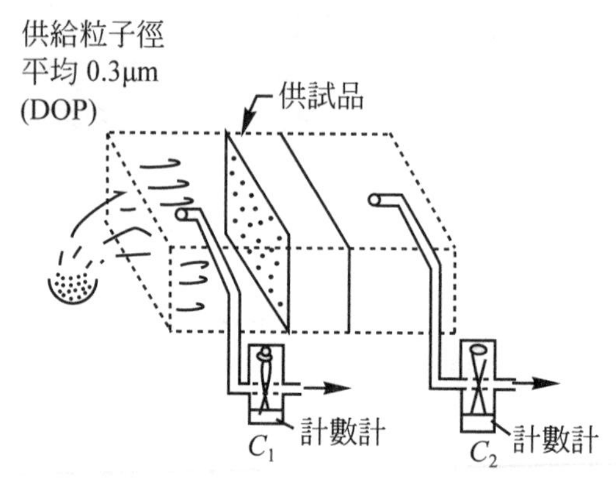

圖 1-89　計數法／D.O.P 測定原理

過濾器於安裝完成或運轉一段時日後，必須做測試，察看是否有破洞洩漏，其查驗方法是以電腦控制整個檢驗程序，亦即將空氣取樣口放置於過濾器的下方約 10～15cm處，以 5cm～10cm／秒的速度來掃瞄過濾器，Scan 時須從外緣邊框開始而往內，若 Scan 時有發現高的數值出現，則將其記錄並標示位置，待整個過濾器偵測完畢，再重覆偵測可疑

表 1-53　空氣過濾器之主要性能檢驗法表

檢驗方法	檢驗用塵埃的特性及發生方法					塵埃(dust)檢出法		關連規格
	組成	粒徑分佈	粒徑 (μm)	發生方法	濃度 (mg/m³)	檢出器	主要運用	
DOP test	dioctyl phthalate (DOP)	單分散 1	0.3	蒸發、凝結	100	光散亂 photometer	HEPA filter	美國 MIL STD-282(1956)
鈉焰(test)	氯化鈉	多分散	0.6 (0.01-1.7)	噴霧、乾燥 (水溶液)	—	火焰 (photometer) (Flame)	HEPA filter	英國 B S2831 (1965)
methylene blue test	methlene blue	多分散	(0.01-1.5)	噴霧、乾燥 (水溶液)	—	比色計 (stain density)	中高性能 filter	英國 B S2831 (1957)
由拉寧(音)test	由拉寧(音)螢化物質	多分散	0.3	噴霧、乾燥 (水溶液)	10	螢光計 (Fluorometer)	HEPA filter	法國 Pradela and Brion(1968)
ASHRAE test (1)重量法 (2)塵埃保持容量 (3)比色法	Airzona 街路塵 72 %(0-8μm) 碳黑 23 %(0.08μm) 棉屑 5 %(15mm×1mm)			dust feeder	70	重量測定	粗塵 filter	美國 ASHRAE STD 52-46(1976)
					70	重量測定	粗塵 中高性能	
	大氣塵　分散　平均 0.3-0.4				約 0.1	比色計	中高性能 filter	
雷射 test	dioctyl 多分散 0.1-0.2 phthalate			Ruckin nozzle	1-2	雷射分光計	ULPA filter	美國 IES

部份。以目視檢查可疑部份是否有明顯的破洞，再將測試口放置在可疑點約10cm處，以較慢的速度Scan，若同樣出現高數值，表示此處之濾網已授損，須修補，嚴重者則更新此片濾網。於檢驗過濾器時，須特別注意：①取樣口是不可使用尖銳性材，以免戳破 Filter；另外測試時手不可碰觸到過濾器。

針對測試過濾器時，於微塵粒子數目值異常偏高時之判斷程序如下表1-54所示。

表1-54 過濾器測試微塵數値異常判斷流程

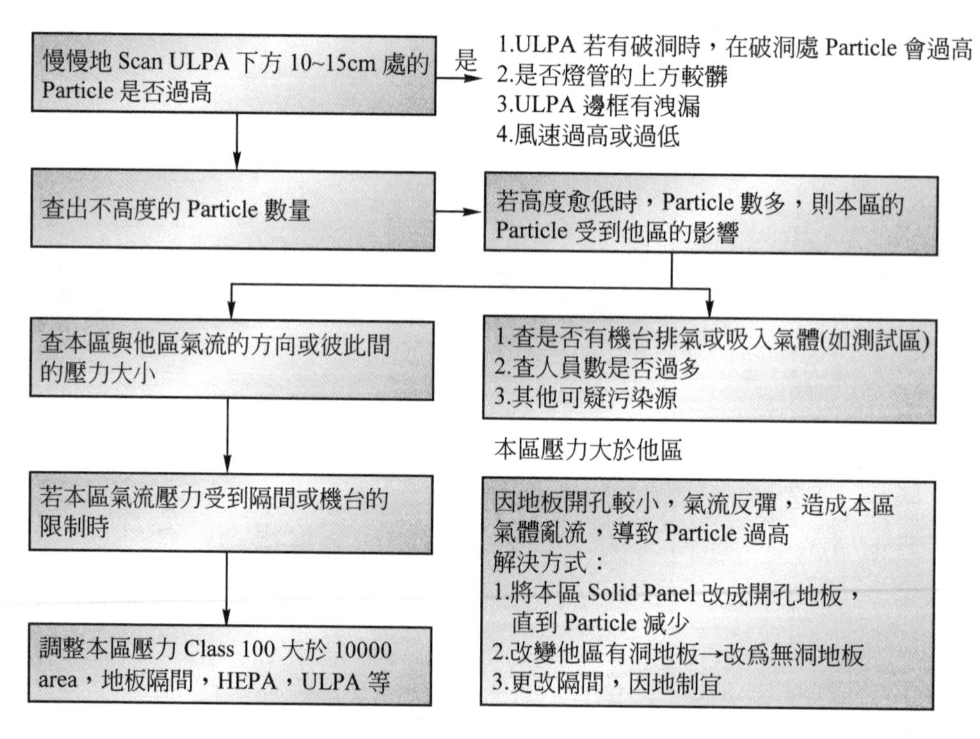

在潔淨室中，地板因人員步行和搬運機器、器材和產品運送等，容易磨耗和帶靜電以及容易產生及屯積塵埃，尤其是若地板之荷重能力不足時，於設備搬遷時易造成危險，因此地板是在室內組裝材中條件要求最嚴格的部份。故在選定地板結構及裝修材料上必須充分考慮各注意條

件，一般地板要求之條件是：①不易剝落或損壞；②不會產生間隙；具有耐久性、能耐磨耗及衝擊；④容易清掃；⑤具有防水、耐腐蝕、抗靜電及熱絕緣性高等特性；⑥具光滑感、容易行走，不易產生微粒和揮發性氣體等，如表 1-55 所示。通常被用來做爲潔淨室之地板材料有塗裝地板材料，材料爲環氧樹脂、長尺寸捲裝式地板材料(另稱舒美地毯或阿姆斯壯地毯)以及組合式高架地板材料等三種。前二種是用於一般之潔淨室，後者則用於垂直層流形潔淨室，以利用地板下方空間做爲回風及二次配管路佈置之通道，圖 1-90～1-91 分別爲塗裝、長尺寸捲裝式施工樣及圖 1-92(a)、1-92(b)之高架地板之外觀和試驗圖。

表 1-55　地板要求規範

發塵性 耐磨耗性	步行和機器移動時的磨耗和衝擊，地板本身不發生塵埃
耐污性	不容易附著污穢，且清掃容易把污穢除去
耐水性 防水性	材料本身不因水而變質或變形，對輕微的洗滌有防水機能
耐藥品性	不因使用消毒劑或瓦斯滅菌的藥品類而變質、變形或破壞等
耐熱性	不因高溫熱水而變質或變形等
氣密性	不因裂縫等，依上下層的氣密差而空氣透過等
防震性	有足夠剛性，依防震處理可以控制設備機器等震動源發生的震動對精密機器的影響
耐分佈壓性 耐局壓性	可以適應生產機器和佈置的變更
帶電防止性	不積聚靜電，有電導性
防滑性	不容易滑倒
底層追蹤性	追蹤底層的裂縫

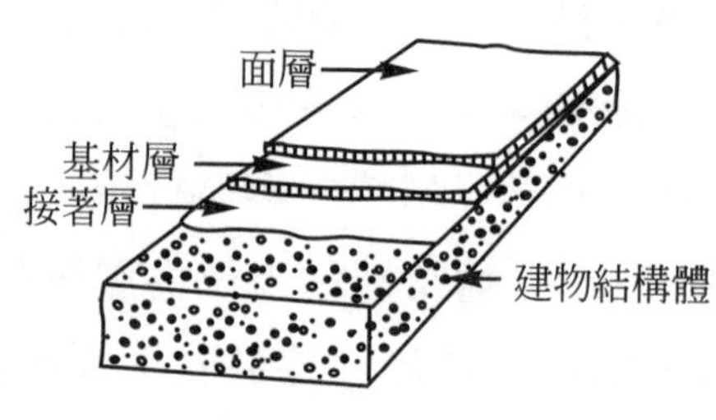

圖 1-90　塗裝地板

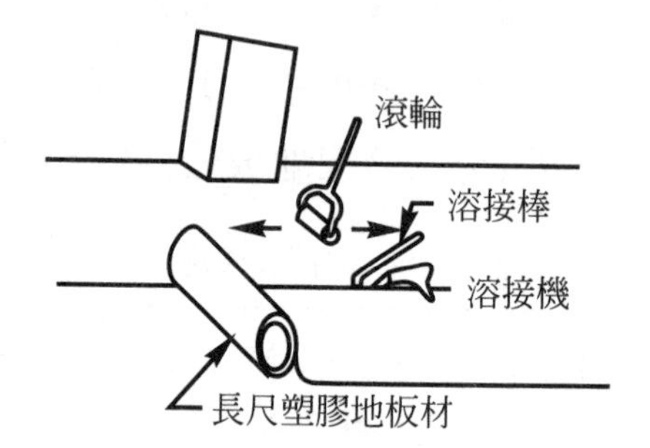

圖 1-91　長尺寸捲裝式地板

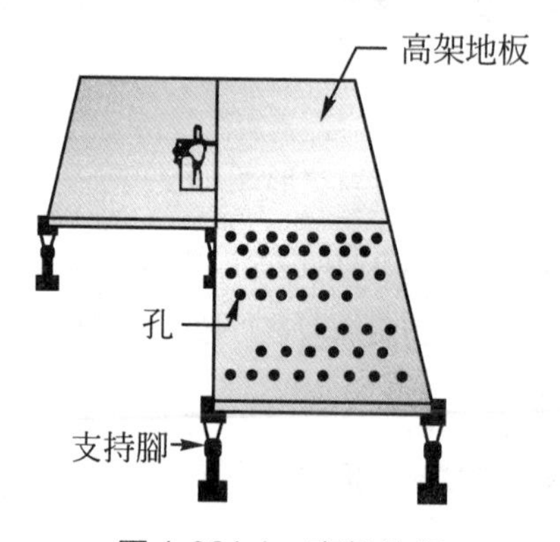

圖 1-92(a)　高架地板

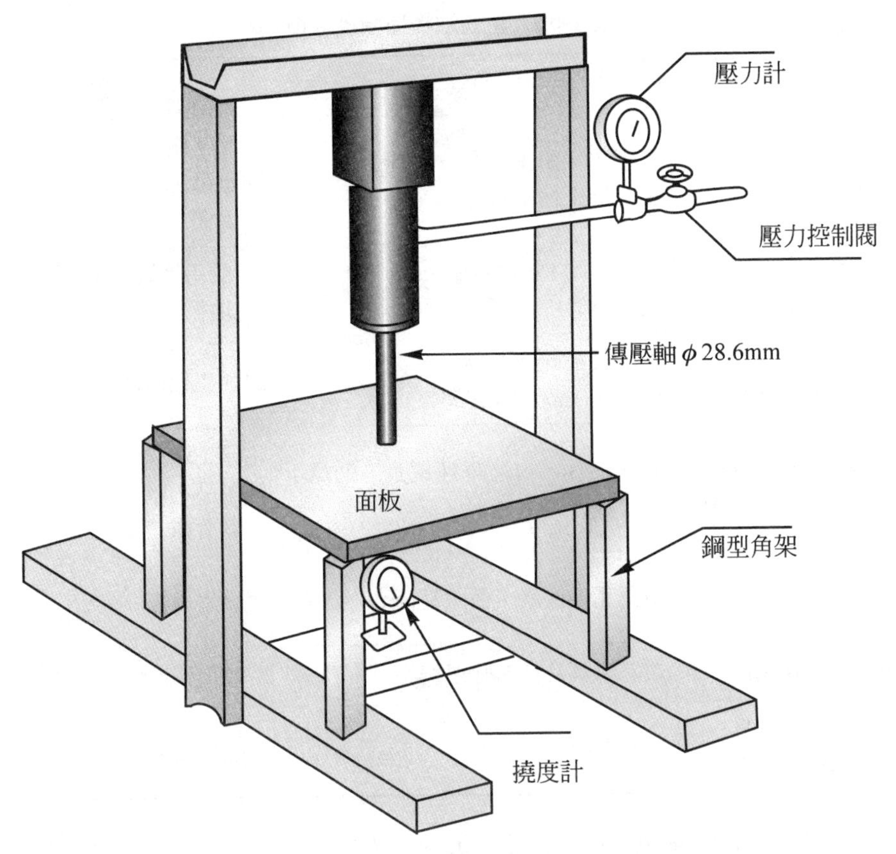

圖 1-92(b) 高架地板撓度試驗(續)

在潔淨室中地板使用的，有合成高分子系塗裝地板材料和合成高分子系地板墊。但在垂直層流式潔淨室所使用者則有格子式(Grating)或穿孔式(Punching)高架地板。依合成高分子系塗裝地板材料而言，耐熱性和耐藥品性均各不相同，故必須依據製造者的目錄和技術資料加以比較檢討。表 1-56 爲塗裝地板材料種類和其性質。至於合成高分子系地板墊是爲 JISA5707 烯基地板墊，代表性之產品爲長尺寸捲裝形之地板，如前提及的舒美地毯或阿姆斯壯地毯，其耐藥品性大多較塗裝地板材料爲劣，但在對地面水泥板之互補性和配合性以及施工之容易度等方面較佳，是爲其優點。

表 1-56　塗裝地板種類及性質

種類	性質	用途
環氧脂系 (Epoxy resin)	黏著力、耐藥品性、耐磨耗性等優良，施工性稍劣	化學工廠 醫藥品工廠 半導體工廠
聚氨酯系 (Poly urethane)	耐磨耗性、耐衝擊性、延伸性優良、硬化時有水份則發泡	一般用地板、需要防水性的地板
聚酯系 (Poly ester)	耐酸性極優、耐鹼性較差、硬化時收縮大，故須骨材調整	耐酸工場的地板
甲基丙烯酯樹脂 (Methacrylic resin)	耐藥品性、耐磨耗性優良，低溫下也可以施工	化學工廠 醫藥品工廠 冷藏倉庫
呋喃樹脂系 (Furan resin)	耐藥品性優良、價值甚高	實驗室地板
酢酸乙烯樹脂系	缺乏耐藥品性、強度弱	一般地板
丙烯酸樹脂系 (Acryl resin)	防塵性優良	一般地板

高潔淨室用之高架地板種類，可分爲如下四種：①高密度擠壓成形木質地板；②壓鑄鐵合金地板；③壓鑄鋁合金地板；④壓鑄鎂合金地板。木質地板、質輕，但若地板需鑽孔時易生塵埃污染潔淨室，且其荷重支持力及耐磨耗性均較差，故在高級潔淨室均不使用此材質，在一般電腦機房用的較多，唯目前已因鋁合金之普及使用，此材質產品已很少再使用。壓鑄鐵合金地板，在相同表面積時較其他二種重，施工和搬遷均不易，唯其有最大之荷重能力，而耐磨耗性也最佳，但因其材質爲鐵的成份，故若表面有破損或破洞時，易被氧化成鐵銹污染潔淨室，尤其是在循環空氣偏微酸性的半導體和液晶面板廠最易發生，因而在以上之二類生產工廠絕不使用此材質之高架地板，但在半導體之封裝測試廠則

可使用，唯此材質之高架地板目前在市場上已絕少見和被使用。壓鑄鋁合金地板、質輕、耐荷重力在廠商研發設計改良之下，已大爲提升，不輸給壓鑄鐵合金，如國內惠亞公司已有極限破壞強度達4000kgf以上之鋁合金高架地板(2000型)問世，並廣用於台灣新竹和台南、台中科學園區以及大陸之半導體廠和液晶面板廠之潔淨室中。事實上鋁合金高架地板已爲國內以上二類生產工廠之潔淨室所唯一採用。至於壓鑄鎂合金爲新開發之產品，荷重能力與鋁合金相似，唯較鋁合金輕是爲其優點，而延展性則不如鋁合金，目前使用尚未普及，市場有待開發。高架地板包括了H.P.L(High Pressure Decorative Laminates)抗靜電地磚(另稱導電地磚)、鋁合金面板、合金基座、支撐架及防震橫樑，有時尚附加裝有調節風量功能之調節片，此高架地板其功能除可防靜電發生、承載高荷重外，下面尚有可容納配置電纜、各種管路之空間可爲利用，面板並可自由開啓或改爲透明式之導電 PVC 板以爲進行裝修電纜、管線和水、氣體閥盤、開關、儀錶及流量計裝置和操作之使用空間。高架地板之強度試驗有二種，分別爲：①面板之撓度試驗；②面板之極限強度試驗。撓度試驗其試驗之方式是將面板平穩置於鋼架上，使用適用之壓力機，以一直徑28.6mm之鋼棒爲傳壓軸在面板之任何一點試驗其撓度值。在集中載重下，其撓度值應在2mm 以下，壓力回覆爲490牛頓(50kgf)，其撓度值應在0.3mm以下；而面板極限強度試驗，在集中載重下，面板不得在產品之規範內破壞；而基座須有3000kgf以上之抗破壞強度，如圖1-92(b)所示。

在超潔淨室中，高架地板是爲影響空調氣流之其中一因素，爲有效控制氣流的單一方向性及減少局部亂流之發生，在面板結構上會做一些加工，此加工樣式有二種：一爲沖孔式(Punching)，是在面板上沖上8～10m/m中直徑之圓形孔，其沖孔率(即回風率)約在10～22％之間，但以 17 %左右為最常使用之樣式；另一則為格子式(Grating)，其開孔率(回風率)約為 50 %，最高可達 60 %左右，此種地板一般為一體壓鑄成形後再做局部之修飾加工，其優點為回風面積大(即透氣率高)，但人員行走其上時會有刺痛的不舒適感是其缺點，加上以手推車運送貨物時因格子之中空而產生跳動不穩，影響整體之防震效果，尤其是對震動靈敏度要求甚高的光學儀器更甚，故此類型之高架地板大都使用在潔淨室等級要求較低之維修區。

隔間牆是為構成潔淨室的重要組成份子，在潔淨室的內裝中，隔間牆所具備之條件與地板幾乎一樣，即有如下之各性質：①無發塵性；②氣密性；③高支撐力；④耐震性；⑤防濕性；⑥斷(隔)熱性；⑦耐熱性；⑧耐污性；⑨不易產生靜電；⑩耐藥品性。為符合以上性質，一般是在鋼板或鋁板、石膏板或合板等表面，塗上環氧樹脂(Epoxy)或聚氨甲酸脂、聚脂樹脂、鹽化橡膠等而成。這些材料廣泛的被利用在潔淨室的隔間上，在二片面板中間層，通常充填有蜂巢式紙板或玻璃纖維、PU 發泡體或高密度木屑以為隔熱、隔音之用，但這類產品於施工或穿牆鑽孔時易造成充填質之外洩而污染潔淨室之環境，故目前大都已使用鋼板塗佈環氧樹脂或陰極防蝕烤漆板，而中間層不充填任何物質，直接安裝做為隔牆板，目前也有使用抗靜電 PVC 板做隔牆板之例子，是為另外之隔牆板材。

隔間牆之施工，一般都在地板與天花板安裝固定槽，然後嵌上板材，以骨架固定之，在骨架與板材之接合處嵌入T型壓條，並以矽利康(Silicone)等密封材塗刷處理，以免漏氣，如圖 1-93 之(a)、(b)、(c)圖所示，分別為隔間牆、天花板與隔間牆及天花板之剖面結構。為使潔淨室不堆積塵埃並容易清掃起見，在隔牆板與地板之交接處以及隔間牆和天花板交接處均應加圓弧幅板或將地毯施工成弧狀，這些圓弧幅板之曲率半徑約在 20m/m～40m/m 之間，其作法有二種：①利用地板材直接捲揚至牆面；②利用特製之成型品，加裝在轉角處，圖 1-94 為利用地毯材直接捲揚至牆面之情形；圖 1-95 則於壁之轉角處加裝幅木材之例子，唯若地板爲高架地板，並做爲回風孔時，則以上之二施工法則可以省略。

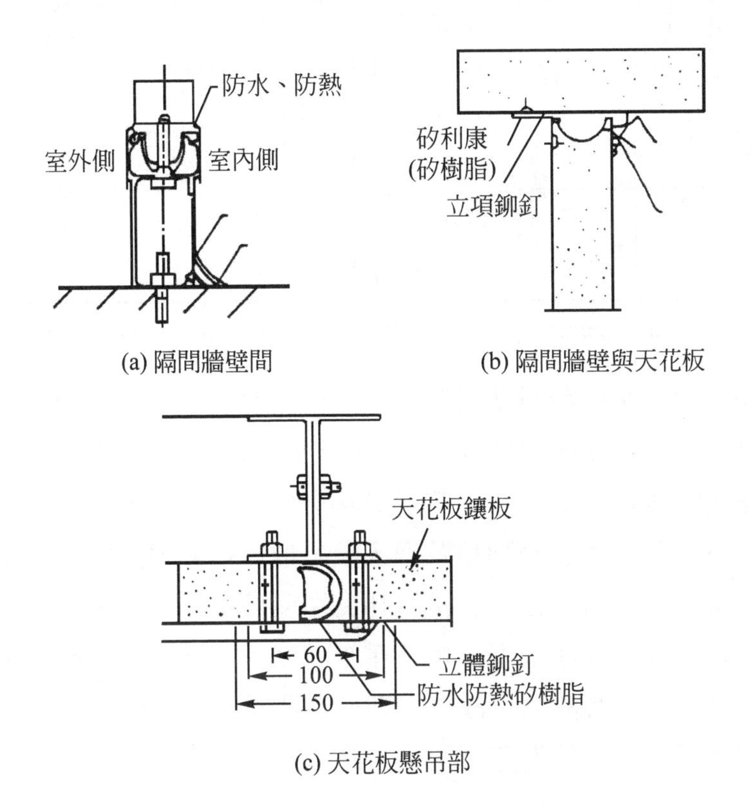

圖 1-93　隔間牆、壁及天花板之剖面架構

潔淨室的屋頂爲屬建築結構的一部份，其一般的要求性能較隔間牆略爲寬鬆，斷熱性及防水性和足夠之荷重強度是爲重要之考量，低發塵性亦爲所要求之要素之一。潔淨室屋頂組成方式爲以波浪形且塗佈環氧樹脂之鐵皮上灌舖水泥，同時加設斷熱層和防水層，其總厚度約 10～15cm 厚，但若在屋頂上尚有建築物或設備及管路須安裝時，如排風機、空調箱、水箱等系統、則其結構須全部改爲鋼筋水泥之結構，與一般之建築地板無異。

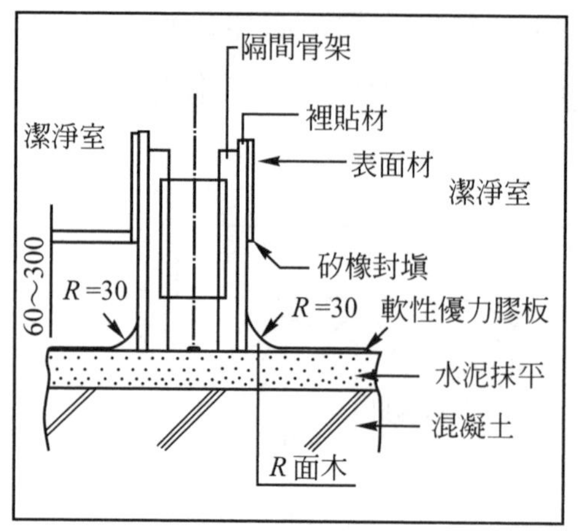

圖 1-94 直接捲揚施工

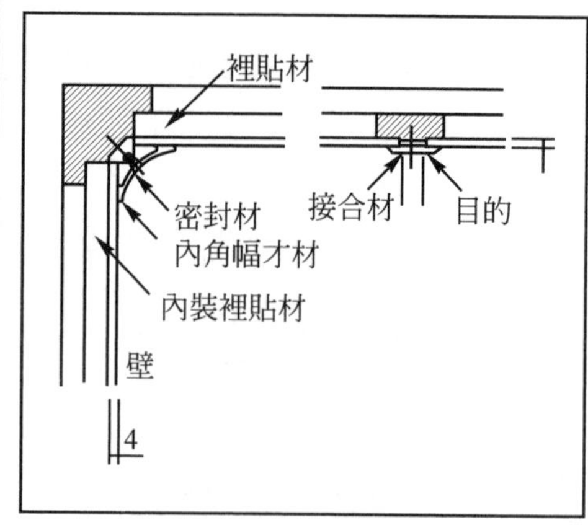

圖 1-95 轉角加裝幅木材

潔淨室內之必要照明度與燈光類別依作業內容而異，使用之照明器具以微塵粒子不易積存者為佳，一般所見之燈具有三種：①吸頂型燈具；②埋入型燈具；③圓尖型(Tear Drop)燈具；④嵌入型，如圖 1-96、1-97、1-98 所示。由於吸頂型及埋入型對氣流均會導致重大之影響，且容易積聚塵埃，因而現在大都採用圓尖端型但不加裝加護層蓋為主，唯此類燈具因曝露於潔淨室中，除了淨空高度受影響外，設備搬遷時易受撞擊而受損等是為其缺點，故嵌入型已漸成為替代主流，此型是將燈管直接安裝於預先預製於天花板架下方之燈座中，其所需空間及高度均極小，免除了埋入型和圓尖型的缺失，故目前已在大部之潔淨室中所使用。

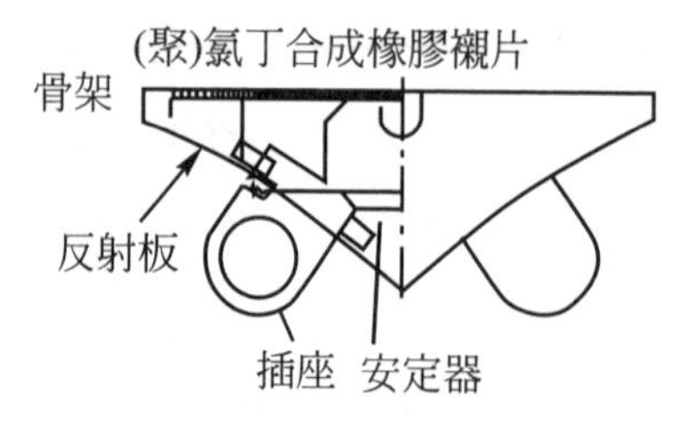

圖 1-96 吸頂型燈具

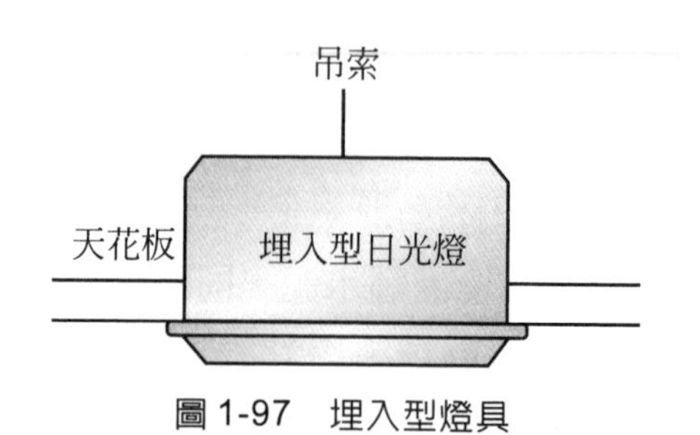

圖 1-97 埋入型燈具

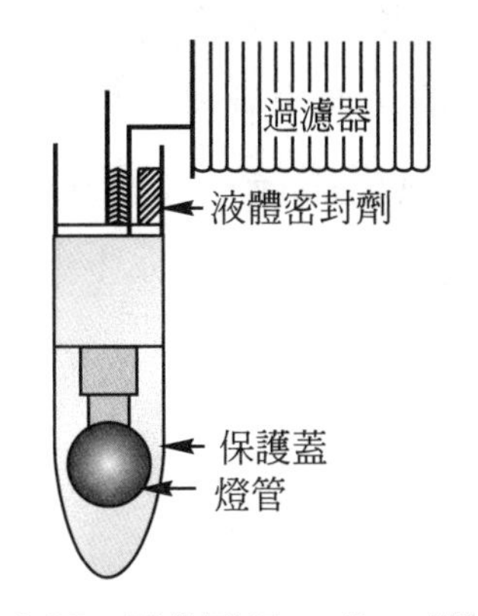

圖 1-98　圓尖型(Tear Drop)燈具

在潔淨室組成中尚有一些建築配件如潔淨室門及窗之類，其結構和材質之優良與否亦會影響潔淨室之潔淨度和室內壓力，因此對於門扇、窗戶等亦不可掉以輕心。一般而言，潔淨室之窗戶及出入口除了因安全因素及必要者外，其數量應儘量減少，此爲重要之觀念，潔淨室之窗戶，最好之原則是：①無窗或封死之窗；②窗之面積儘可能縮小，且須有氣密性；③不易貯積塵埃，且爲容易清潔之構造。至於出入潔淨室之門須注意：①人與物品、設備、原料之出入口要分開；②門不要設在外部不潔空氣能直接吹到之處；③儘可能使用氣密門；④原則上門要向室壓高之方向開啓，但安全門除外，圖 1-99 及 1-100 爲二種門之結構。

圖 1-99　單片門

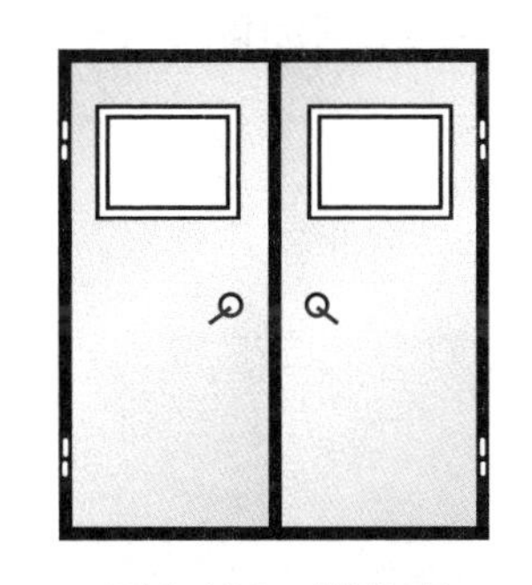

圖 1-100　雙片門

潔淨室之組裝爲潔淨室施工之重頭戲。當潔淨室土木建築結構均已完成後，即須進行人員設備之進出管制，開始做內部之清潔工作和地板之補強，再進行地板之環氧樹脂塗佈和高架地板之安裝及天花板之組裝，而隔間牆之施工和過濾器之安裝則爲上述工程完工後接續進行之工程，其一般之組裝程序如下：

1. 隔間牆之施工程序：

(1) 起點放樣。

(2) 進行方向放樣。

(3) 柱子基座(Base)固定。

(4) 天花板吊座固定。

(5) 固定柱子。

(6) 固定踢腳板底座及踢腳板。

(7) 固定第二根柱子。

(8) 戶檔安裝。

(9) 横料安裝。

(10) 隔牆板安裝。

(11) 支柱壓裝飾條。

(12) 檢查隙縫以矽利康填補。

其施工流程圖如圖 1-101 所示。

檢查標準

1. 圖面尺寸與實際丈量尺寸誤差須≦±3mm否則需重新繪製及放樣。

1. 檢查報告中平整度值≦±1mm/10M，抗靜電值是否為 $10^{6\text{-}8}$Ω.米。
2. 每片材料長寬厚度變化差異≦±1mm。
3. 以高阻計抽驗上述數值，每 25 片抽驗一片，每片均需合格。

1. 基骨與地面要貼齊間隙要小於 32 規。(以厚薄規量之)
2. 垂直度上下誤差必需≦±1mm/10M。
2. 角度誤差必需≦±2°。

1.連接接縫間隙≦3mm。

1.經填料填補後連接接縫間隙=0
2.只要有肉眼可見微細細縫均判不合格。
3.Class10 以下必需使用微塵掃描器掃描，掃描值必需小於 5。

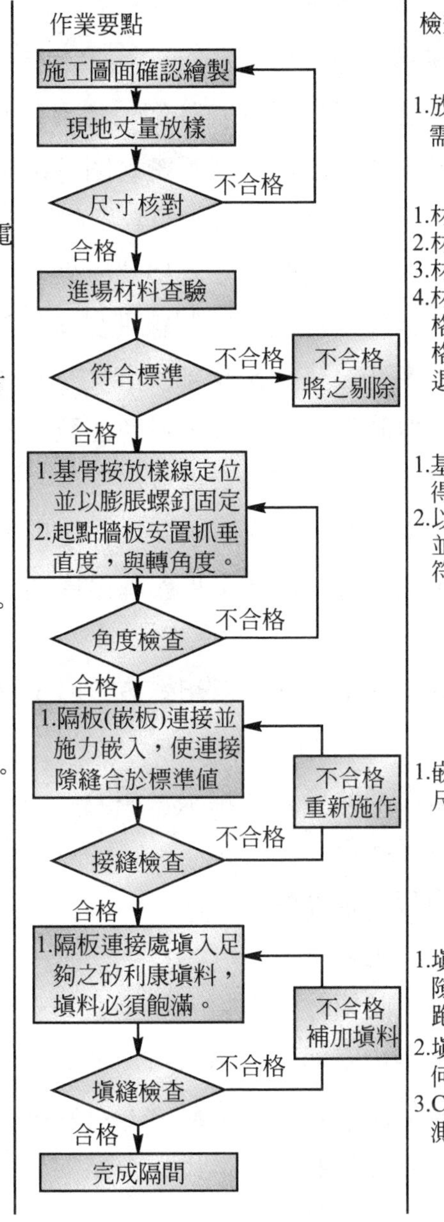

檢查要點

1.放樣後量測尺寸，必需與圖面尺寸吻合否

1.材料出場檢驗報告查核
2.材料尺寸抽驗
3.材料特性抽驗
4.材每批抽驗一次，如不合格再抽驗，連三次不合格數從四片以上則全數退貨處理。

1.基骨必需固定牢固，不得有浮翹現象。
2.以雷射儀檢驗垂直度，並以角規量測轉角是否符合要求角度。

1.嵌板接縫檢查，使用量尺檢查，目視即可。

1.填縫料必需能補滿連接隙縫，並注意美觀不可跑出細縫外面。
2.填縫必需確實不可有任何遺漏之微小細縫。
3.Class10 以下採用微塵量測儀進行洩漏掃描。

圖 1-101　隔牆板施工流程圖

2. 過濾器按裝操作程序：

⑴ 新的過濾器移入潔淨室內。

⑵ 將過濾器包裝袋拆下，檢查外觀，無異狀時，則以45°角斜放進入，待框架均全部埋入液體密封閉後再組裝另一片，而過濾器出風面之保護層(PVC Sheet)暫不移除，須待欲送氣做正壓時才移除，以避免過濾器之受損及污染。而若爲FFU時，操作程序相同，但配電源線和控制線則另安排施工時程爲之。

⑶ 重覆以上⑴及⑵之步驟至全部安裝完畢爲主。

按裝過濾器時動作須小心，避免四肢及頭碰觸過濾器之表面而破壞了過濾器。而在潔淨室進行組裝施工時相當重要且必須遵守者是爲潔淨室的施工注意事項及安全規則，現先就施工安全規則述說於後，至於施工注意事項和程序原則，則於後面之章節再述說。

潔淨室施工安全規則，種類繁多，歸納之有如下之條文來加以表示。

⑴ 工程施工廠商須有專人辦理安全事宜。

⑵ 不得雇用童工。

⑶ 工作區域內禁止抽煙嚼檳榔。

⑷ 必須準備安全眼鏡。

⑸ 在潔淨室施工時須戴安全帽、安全索等安全配備。

⑹ 任何時間不得堵塞通道及出入口。

⑺ 在工作區域工作，必須保持乾淨，如有產生垃圾，必須隨時準備垃圾袋，於每日收工時攜出潔淨室。

⑻ 如有意外發生，立刻告知監工。

⑼ 特殊危險工作區，須有安全圍籬及警告標誌。

(10) 地板開口處須有安全圍籬及警告標誌，以防止人員掉入。

(11) 須備有滅火器，以防火災。

(12) 滅火器僅可使用CO_2滅火器，不可使用乾粉滅火器。

(13) 工作高度在2m以上時，須使用鷹架，人員須繫安全索。

(14) 鷹架、樓梯及工具須保持在良好狀況。

(15) 工作區域內須有良好之照明設備。

(16) 使用之電源線須有良好之絕緣，電源線不可直接插入插座。

(17) 電源線正確使用不可過載，保險絲不可以銅絲取代。

(18) 已送電之電力盤標示警告標誌「高壓電危險」。

(19) 所有圓柱型物品須直立，並以鏈條或繩索固定。

(20) 易燃化學物品如無人照料，不可置放於工作區域內，並以有蓋之容器存放。

(21) 潔淨室內任何閥、開關插座、電源插座，不可隨易開、關、拔除。

(22) 任何配管配線、材料，非經過監工人員同意，不可擅自任意更改。

(23) 工作人員之間須備良好的通信工具，便於相互連絡及支援。

潔淨室內之組裝材，除了上述之各材料、零組件、配件或設備外，尚有如腳踏黏墊、空氣洗塵器、傳遞箱、壓力平衡器及洗手、烘乾機、眞空吸塵器和潔淨衣置放架等附屬配件，而這些配件均有其特定之用途，分述如下。

腳踏黏墊(Sticky Mat)爲進出潔淨室不可或缺之用品，其主要功能是去除工作人員進出潔淨室時附著於鞋底之灰塵，避免塵埃因人員之進入而被帶入潔淨內，污染了潔淨室之環境。其放置之位置一般爲：①進入更衣室之門前；②空氣洗塵器前。組成爲 30 張成一組，待表面吸著塵粒達飽和點時撕去換一張直至整組用完再更新一組，是屬於消耗性材料。

空氣洗塵器(Air Shower)又稱氣浴櫃，功能是做為去除工作人員進入潔淨室前附著於身上及衣服上和工具上之微塵粒子之設備，如圖1-102所示，是為一標準型空氣洗塵器的三視圖。空氣經由風扇吹入HEPA過濾網，再經二側之噴氣孔(Nozzle)，噴氣孔數量依設計使用之需求而有所不同，兩側底部或地板柵欄做為回風口。人員於經過此洗塵器時應高舉雙手，並緩慢轉動以使全身上下都能接受到沖洗的效果。空氣洗塵器的空氣過濾系統包括初級過濾器、中級過濾器及HEPA過濾器，其風速大約為25m/s。空氣洗塵器為有效管制人員之洗塵效果，進出門安裝有連鎖裝置，空氣吹氣時間並有定時器(Timer)控制，在內部進口處位置裝有光電感應開關，門一關閉，感應裝置立即動作，信號傳遞至送風機立即運轉，唯此送風動作是只有在人員進入時方會送風，若是人員從潔淨室外出，在未裝置有安全門而必須從空氣洗塵器外出潔淨室時，此感應裝置並不能動作，亦即送風扇未有運轉送氣。一般而言，潔淨室於設計時為了安全和潔淨度控制起見，在空間許可的情況下，均裝設有出口側門。依實驗結果，空氣洗塵器之洗塵效果在 15 秒時有最佳之效果，如圖 1-103 所示，故送風扇之定時器均設定在 10 秒～15 秒間，一則可得最佳洗塵效果；另一則可節約能源。除以上圖中所示的箱式空氣洗塵器外，另一種隧道型之空氣洗塵器也已廣為使用，其主要之不同點為：於隧道式，人員是以緩慢步行前進，而箱型則靜止不動；另噴氣孔隧道式是由頂部、上部一直往下，氣流可由人體頭部漸吹至腳部，部可得最佳之吹氣洗塵效果，缺點是需求之空間較大。

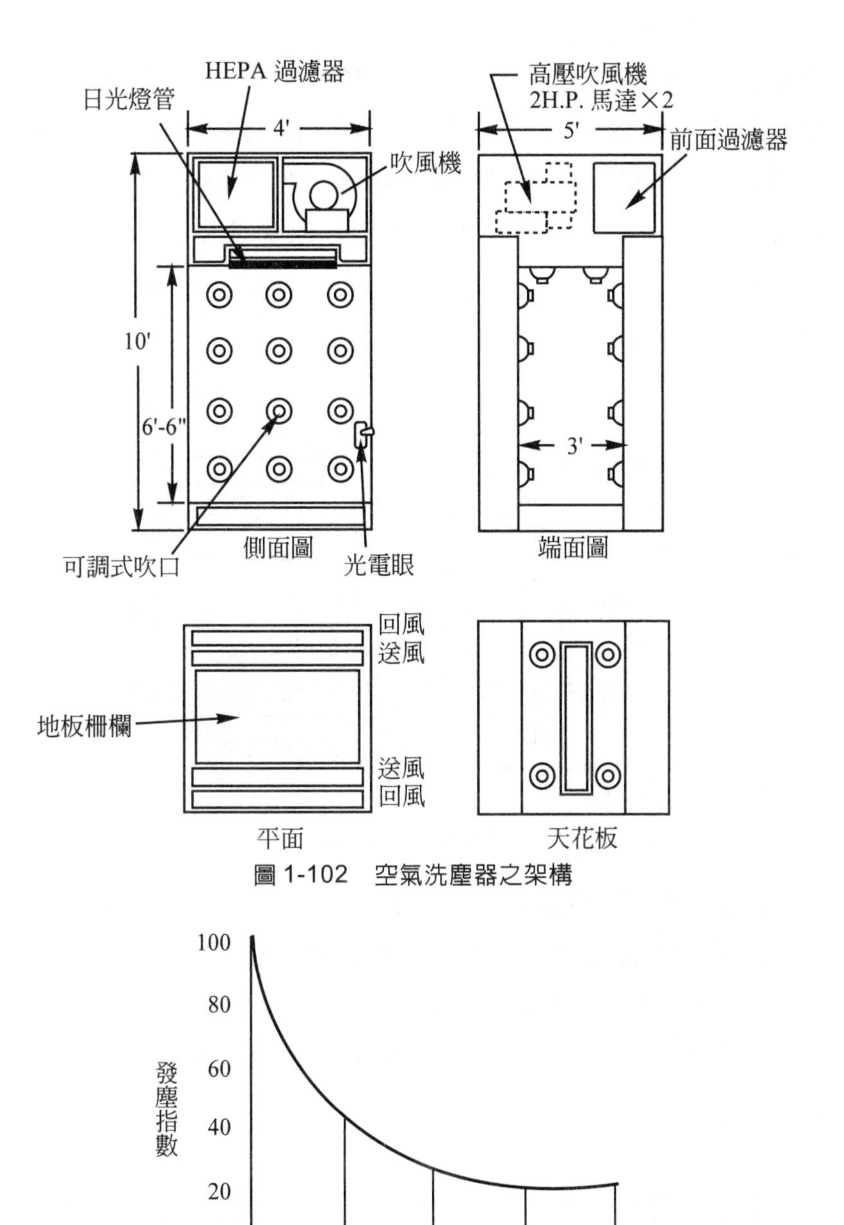

圖 1-102　空氣洗塵器之架構

圖 1-103　空氣洗滌效果曲線

傳遞箱(Pass Box)，是為置於潔淨室隔間牆上的一個兩面透明、連鎖制動，兩側材料光滑不沾塵之裝置，其功能是做為潔淨室內、外物品傳遞之緩衝區，當潔淨室內有物品欲傳遞至外面之較次潔淨區時，可經由此傳遞箱傳送，一則可避免因門的開起而破壞了潔淨室的氣流與室壓，更可減少作業人員因傳送物品的時間，並可防止外區微塵之進入。圖 1-104 為其示意圖。

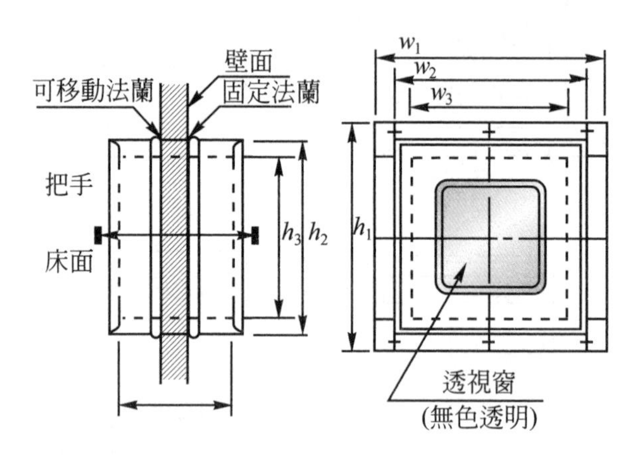

圖 1-104　傳遞箱

壓力調節平衡器(Pressure Damper)，是設置於組合型或單一型的潔淨室隔間牆上，唯若潔淨室為二層式而底層做回風區時，則不須設置。其作用是作為調節潔淨室內外氣壓差，使室內之壓力稍高於外界，以避免外界之污染空氣侵入室內，室內外壓差高低之需求，可由調節磁鐵之上下高度加以控制調整，圖 1-105 即為此一裝置的三視圖及各部份之名稱說明。

潔淨室中所用之配件，除以上所提及者外，尚有洗手與烘乾機，潔淨室用真空吸塵器(Vacuum Cleaner)，無塵服及鞋的置放架及櫃、明鏡、潔淨室用垃圾箱等。進入潔淨室所穿之衣、鞋、頭套、口罩、腳套、手套和髮罩等則是必備之消耗性物料配備。

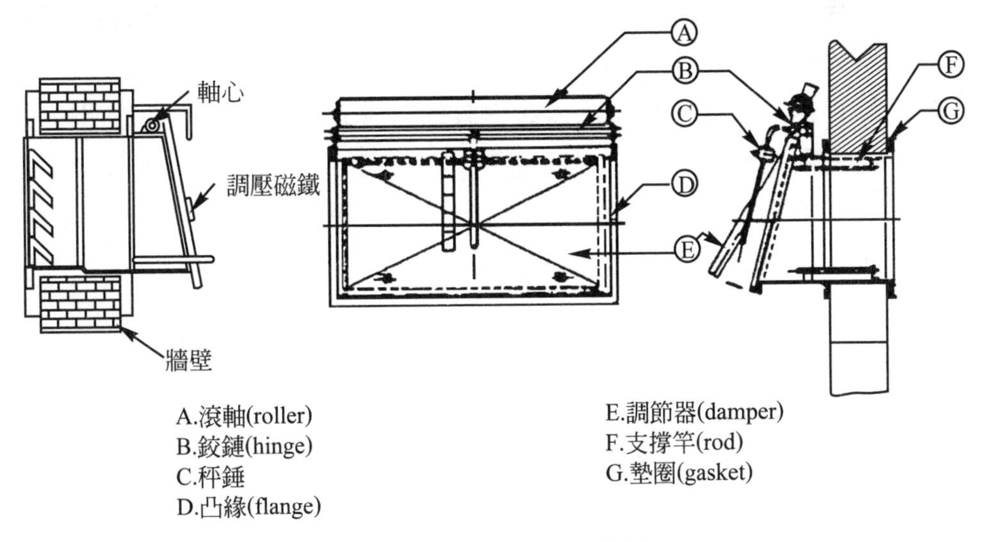

A.滾軸(roller)
B.鉸鏈(hinge)
C.秤錘
D.凸緣(flange)
E.調節器(damper)
F.支撐竿(rod)
G.墊圈(gasket)

圖 1-105 壓力調整平衡器

1-12 潔淨室測試與驗收

潔淨室施工完成後，其運轉狀態是否有合乎當初所定規格或能否滿足日後的需求，同時更爲了使業主與廠商之間有一驗收結案認定依據，因而針對潔淨室的環境做一測試與驗收，是爲必要之過程。通常潔淨室施工完成後之測試與檢驗，可分爲二種，一爲一般測試，另一爲NEBB測試，一般測試共有如下項目：洩漏試驗、潔淨度(微粒子數目)量測、溫濕度、壓差、噪音、振動、氣流方式、照明、風速、風量、靜電及電磁干擾等各種測試，如圖 1-106 所示。依美國 IES-RP-CC-006-84-T Testing Clean Room(IES：Institute of Environmental Science，環境科學組織)中有關潔淨室之測試，須在三種不同情況下測試，以期在各種不同之操作情況下，均能符合潔淨度等級之規格，此三種狀況爲：(1)工程完成後(As Built)狀態；(2)停止作業狀態(At Rest)；(3)作業中，亦稱運轉狀況(Operating)。

1. 工程完成後(As Built)狀態：潔淨室工程完工而製程設備尚未搬遷入廠，且無任何作業人員在室內之狀態。
2. 停止作業狀態(At Rest)：製程設備已搬入，且設備已送電運轉，但室內並無作業人員之狀態。
3. 作業中，亦稱運轉狀況(Operating)：製程設備運轉中，潔淨室內並有作業人員在工作中之狀態。

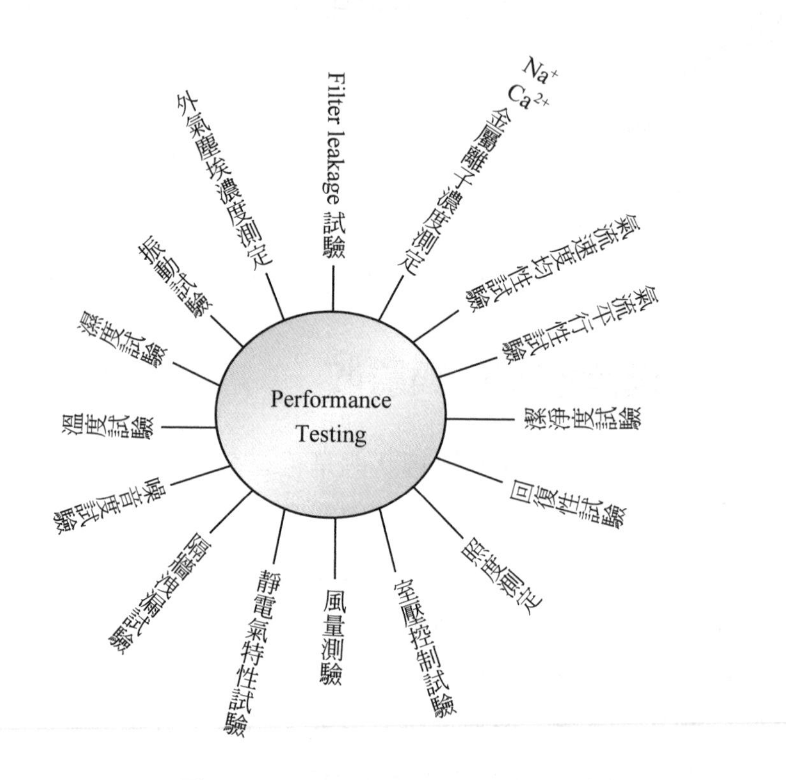

圖 1-106 潔淨室測試項目內容

表 1-57 爲在此三種狀況下測試時微塵子之數量限制。潔淨室施工完成之潔淨度測定，其測定點位置及數量是依據U.S. Air Force Technical Order(美國空軍技術手冊)T.O.-00-25-203 規定所訂出量測原則，如圖 1-107 及表 1-58 所示。

表 1-57　三狀況下微塵量之限制

Class	As-Built	At-Rest	Operation
10	5	7	9
100	7	10	40
1,000	50	100	200
10,000	100	1,000	2,000
100,000	10,000	30,000	50,000

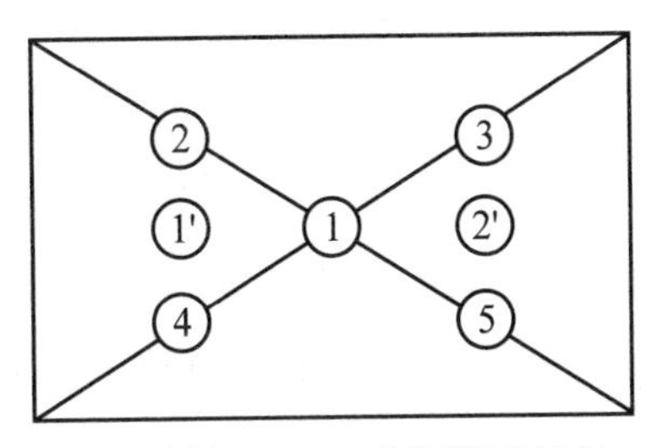

測試高度：1.2M 或作業面高度

圖 1-107　潔淨室潔淨度量測位置

表 1-58　潔淨室潔淨度測定法

地板面積	測定點
$A \leq 15M^2$	點 1'及 2'
$15 < A \leq 100M^2$	點 1、2、3、4、5
$A > 100M^2$	每增 $100M^2$，外加 4 點(或每 $3 \times 3M^2$設一點)

1. 潔淨室面積在 $15M^2$以下之場合，測定點在 1'及 2'位置，測定點數爲 2。
2. 潔淨室室內面積在 $15M^2$以上，$100M^2$以下時，測定點在 1、2、3、4、5 位置，測定點數：5。

3. 潔淨室地板面積超過100M^{2}時，除以上之5點外，每增加100M^{2}須外加4點或將全部區域以3M×3M單位分割成數區域，每區域各取一測試點。亦可用$N=\sqrt{A}$ (N爲測試點數，A爲潔淨室面積)，若潔淨室面積大於1000M^{2}時，則可利用$N=27\times(\frac{A}{1000})$之公式計算測試點數。

4. 測試時之空氣取樣口須垂直向下，取樣測試高度一般約在1.2M～1.25M之間，相當於工作桌之高度或作業高架。一般浮游粒子物質的測定法有浮遊測定法和捕集測定法。浮遊測定法是指直接計測微塵浮游於空氣中的質量濃度和粒子徑的分佈，其有：⑴粒子數計數器、⑵凝縮核測定器及⑶光量累計器三種。而捕集測定法係指用粉塵裝置，待浮游粉塵固定化之後再進行計測的方法。

⑴ 粒子數計數器(Particle Calculation Counter)：其作用原理是將浮游粒子狀物質導入細長的通路中，並投射強光，用光電管來接受粒子的散光，做爲電氣的脈衝，進而計測粒子狀物質的個數。此系統測定一般對象的粒徑約在0.5μm左右，但若使用He-Ne雷射光源，則可計測粒徑約在0.05μm左右之粒子。如圖1-108所示即爲其測定原理。

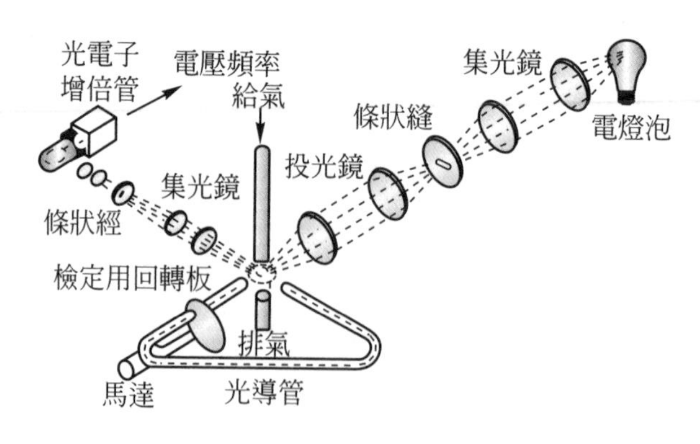

圖1-108 粒子數計數測定原理

(2) 凝縮核測定器(Condensation Nuclear Counter：CNC)：凝縮核測定器是使酒精等蒸氣在粒子中凝縮，加大粒子徑，再利用散光粒子計數器測定粒子個數。此測定器可測定範圍在 0.003 μm～1.0μm的奈米粒子，是目前可測定最小粒徑的測定器，其測定原理如圖 1-109 所示。目前此測定器最常用於高潔淨度的半導體用潔淨室中，以用來監視晶圓的污染情況。

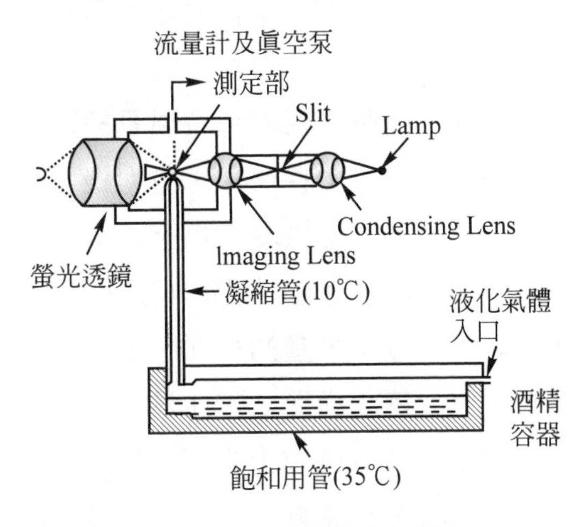

圖 1-109 凝縮核測定原理

(3) 光量累計器(Light Volume Cumulative Counter)：用光電子增倍管來承接浮游粒子所成之散光，並在積分回路將該光電流積分，當光電流與時間的積每達一定值，便會發生一個電氣脈波，再用累計計數器將之計數出來，亦即利用浮游粒子狀物質對準光，因同一粒子會產生散光量，再利用此一散光量與粒子狀物質的質量濃度成正比的原理所衍生出之方法。此一測定器一般常用來測定辦公大樓或社區大樓中之浮游粒子狀物質的濃度。

除以上之三種微粒子測定法之外，尚有如下之幾種計測法，只是較不常被使用，即光電粉塵計，是用光度計測定散光強度的方法；比色法，為比較散光強度與標準光的強度的方法；吸光光度計，是為測定浮游粒子物質所造成透光量下降的方法以及米氏散射雷射雷達法(Mie Scattering Laser Radar Method)，此法可測定大氣中浮游的液化氣體在二次元或三次元的空間分佈。

以上所述是只針對微塵粒子的量測做介紹，事實上潔淨室的完工測試，除以上的微粒子測試(潔淨度測試)外，尚有如下之測試檢驗內容：①構造及尺寸檢驗，②洩漏檢驗，③風速及風量檢驗，④溫濕度檢驗，⑤噪音檢驗，⑥照度檢驗，⑦電力檢驗，⑧電力絕緣阻抗檢驗，⑨壓力檢驗，⑩電磁干擾檢驗以及⑪其他檢驗。以上之各類測試檢驗過程所用的儀器如表1-57所示。現就各項測試檢驗內容分別細述之。

1. 構造及尺寸檢驗：⑴以量尺量測尺寸，施外力以測其結構強度，如以手壓牆板等，⑵確認構造之零件是否與圖說上之規格符合，檢查各部份尺寸是否合於圖說上之規格條件。
2. 洩漏檢驗：⑴於ULPA上游側，測定一次側之外氣或回風，以決定微塵粒子通過ULPA之容許滲透值(可以ULPA本身之透過率或捕捉率計算之)，⑵距 ULPA 出氣側面下方約 50m/m～100m/m 處，以微塵粒子計數器設定50m/m～100m/m/sec之速度量測之，每個量測間距約 50m/m，其量測方向為由外圍漸次向內，如圖1-110 所示，⑶在天花板鋁槽部份，天花板和隔間牆接縫處、隔間牆連接處以及消防偵煙器等部份亦為量測之重點，④此量測是以電腦控制進行，因此測定之狀態和數據須將其列印出，以為查核之用。

表 1-59　潔淨室檢驗項目與儀器對照

測試檢驗項目	儀器
構造及尺寸	量具
洩漏	微塵粒子計數器
潔淨度	同上
風速及風量	風速計
溫濕度	溫濕度計及溫濕度記錄器
噪音	分貝計
照度	照度計
消費電力	勾式電流錶或瓦時計
絕緣阻抗	電阻計
壓力	差壓計
電磁干擾	磁場計

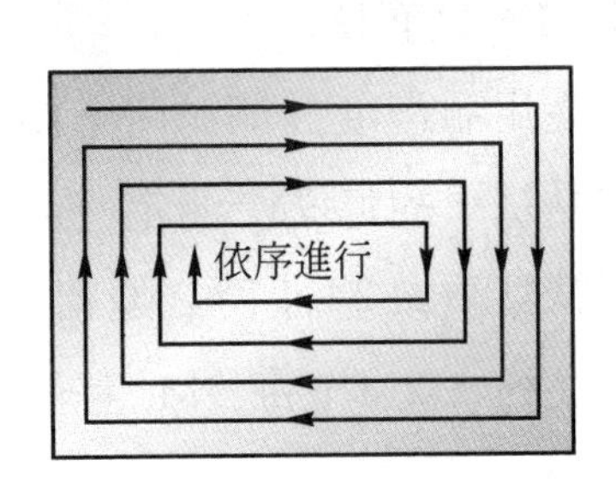

圖 1-110　ULPA 洩漏量測方式

3. 潔淨度檢驗：於距地板 1.2～1.25M 處，用微粒子計數計測試之，其測試之數值應記錄列印，表 1-60 爲各不同潔淨等級之微塵粒子數目限制。

表 1-60　不同潔淨室等級之微塵粒子數目限制

等	潔淨室級別	Measured Particle Size(Micrometers) 測試粒徑　單位：M³				
		0.1	0.2	0.3	0.5	5.0
1	1	3.5	7.5	3	1	NA
2	10	350	75	30	10	NA
3	100	NA	750	300	100	NA
4	1,000	NA	NA	NA	1,000	7
5	10,000	NA	NA	NA	10,000	70
6	100,000	NA	NA	NA	100,000	700

(NA：無指定，Not Applicable)

4. 風速及風量檢驗：於ULPA下方約150m/m處，用熱線式風速計測定，原則上每ULPA測定兩點，每點之測定時間約5秒，風量則依風速之測試值，以下列之公式計算之。風量＝平均風速×出風口之截面積(ULPA之面積)。

5. 溫濕度檢驗：①使用溫濕度計測試時，距地板高度約 1.2M，用溫濕度計於測定點試，約每 $9M^2$ 測定一點，每點之測定時間約 5 秒，對選擇之測試點須做24小時之連續測試。

6. 噪音檢驗：距地板約 1.2M，每 $9M^2$ 選一測試點，每點測定時間爲5秒。

7. 照度檢驗：除量測儀器改照度計外，餘與噪音檢驗相同。

8. 消費電力檢驗：以電流錶測試負荷時之值，再依公式電力值＝定格電壓×負荷之電流值計算之，亦可直接以瓦時計量測。

9. 絕緣阻抗檢驗：以絕緣計(電阻計)測試充電部與非充電部間之絕緣值，並量測非充電部與設備金屬外殼間之絕緣值。

10. 壓力測試：以差壓計中之一進氣管置放入潔淨室中，唯差壓計置放室外，而量得室內外之壓差值。

表 1-61　潔淨室檢驗項目

項目 ＼ 利用狀況 ＼ 潔淨室形式	層流形			混合形			亂流形		
	B	R	O	B	R	O	B	R	O
構造及尺寸	○	×	×	○	×	×	○	×	×
洩漏	○	×	×	○	×	×	○	×	×
氣流方向	○	○	×	△	△	×	×	×	×
潔淨度	○	○	○	○	○	○	○	○	○
氣流速度	○	×	×	○	×	×	○	×	×
送風量	○	×	×	○	×	×	○	×	×
壓力	○	○	○	○	○	○	○	○	○
噪音	○	○	×	○	○	×	○	○	×
照度	○	×	×	○	×	×	○	×	×
溫度	○	○	○	○	○	○	○	○	○
相對濕度	○	△	△	○	△	△	○	△	△
震動	○	△	△	○	△	△	○	△	△
電磁干擾	○	△	△	○	△	△	○	△	△
絕緣阻抗(靜電)	○	△	△	○	△	△	○	△	△

※ 1. ○爲必須；△：選擇性；×：不需要
2. B：As Built；R：At Rest；O：Operation

11. 電磁干擾測試：以電磁場計測量潔淨室內磁場之強度，此量測在潔淨室鄰近高壓電纜或輸配電線、變電站時尤須注意。

12. 其他檢驗：依各自需求項目選擇檢驗，如振動、氣流方向、靜電等等。

表 1-61 所示爲一般潔淨室之試驗項目，由表中可看出，不管氣流爲層流、亂流或混合式流，於工程完工後之狀態(As Built)各項目大部份均須列入檢驗，但在作業狀態(Operation)時，則有所選擇。

潔淨室之驗收基準，一般均以規範書所列者做爲依據，但仍有部份在規範書中未明列者可以如下之方式做爲驗收基準，如構造尺寸，在1000m/m內以±2.5m/m爲合格值；洩漏檢驗，測定點之滲透爲過濾器上流側之0.01％以下者，判定爲合格，或HEPA及ULPA之滲透率低於其

表 1-62　超高潔淨室性能規範

內容		規格
潔淨度		≤ 1 (≥ 0.05μm)
空氣品質	THC	＜ 1ppm
	Na	＜ 0.1μg/M³
溫度變化率		≤ ±0.1℃
相對濕度變化率		≤ ±1％
震動度		＜ 0.1μm(建築) ＜ 0.01μm(設備)
噪音度		＜ 55dBA
靜電壓		＜±50V(45％RH)
電磁場		＜ 1mG

表 1-63　各類洩漏原因及處理方式

洩漏點	洩漏原因	修補處理方式
密封劑洩漏	1. 密封液混合比例不對 2. 密封液失效 3. 鋁槽架非水平 4. 過濾器安裝方式不對 5. 測試方式	1. 充填密封劑 2. 重新充填 3. 水平校正 4. 調整及檢查 5. 檢查測試方式
鋁槽架洩漏	1. 槽架密合度不佳 2. 槽架間密合處有殘留物 3. 槽架燈具固定孔密封不佳 4. 槽架不潔	1. 充填矽利康(Silicon) 2. 清理不潔處或殘留物 3. 同 1. 4. 清潔之
隔牆板洩漏	1. 牆板不潔 2. 矽利康有隙孔 3. 穿線孔漏	1. 清潔 2. 填打矽利康 3. 重新補
燈具及線槽洩漏	1. 燈具不潔 2. 燈具品質 3. 線槽不潔	1. 清理不潔處 2. 燈具品質再要求
過濾器洩漏	1. 過濾器有破孔 2. 過濾不潔	1. 用白膠或矽利康修補 2. 清理不潔處

過濾器之所附表格資料中之滲率者亦可判爲合格；照度檢驗光大約爲500LUX，黃光300LUX左右值均屬標準；絕緣阻抗檢驗：電阻測定值需在1MΩ以上，接地之測試值在0Ω爲合格依據。表1-62爲超高潔淨室性能規範；表 1-63 則爲針對洩漏檢驗時，各項洩漏可能原因探討及其修補處理方式。

潔淨室測試驗收時，同時應注意以下各事項：

1. 各項測試之規格與基準須再確認清楚。
2. 確認各部份之功能是否已調整符合規範條件。
3. 測試所用之儀器必須經檢驗合格且在有效期間內。
4. 各部份安裝方式之了解。

5. 各階段之試驗應依三階段(As Built，At Rest，Operating)進行，測試時並應避免人員之聚集。

6. 測試檢驗之流程：

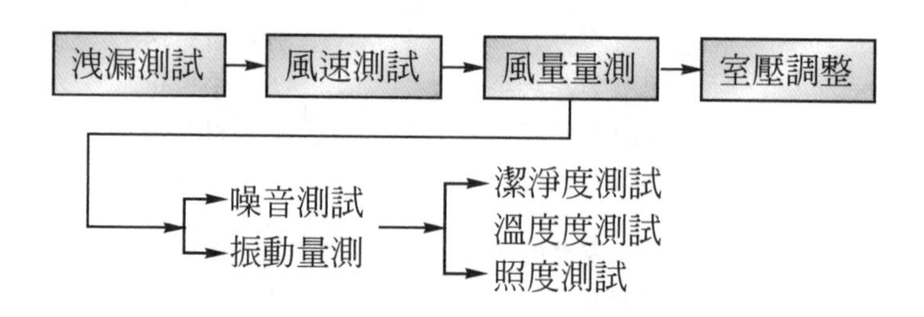

7. 潔淨室測試檢驗記錄、資料之收集，包括峻工圖、保固書、測試檢驗報告書、操作使用說明書及其所有原材料、物料、設備之目錄、型錄或手冊等。

8. 消防安全系統是否合乎規範，如排煙系統，包括排煙機、排煙風道和排煙口及自動控制等。

另一種測試爲NEBB(National Environmental Balancing Bureau，美國國家標準平衡局)測試，其潔淨室測試項目依 NEBB 原則，可從重要性區分成三級：

第一級(Level)

A：風速量測(標準值 0.45m/s ±20%；特別重要)

B：風量量測

C：風速與風量的均勻度分析

D：濾網洩漏測試

E：潔淨度測試

F：壓力測試

第一次測試即是所謂的主要測試，與潔淨度直接有關的測試都屬第一級，是每個潔淨室都至少應做的項目。

第二級(Level 2)

雖然也是與潔淨度與氣流有關，但是只有在特殊情況下才需要進行。

A：氣流平行度量測(層流型潔淨室適用)

B：空間洩漏測試(可用壓差測試取代)

C：恢復率測試(用於亂流型潔淨室)

D：粒子沉降測試(現已較少用)

第三級(Level 3)(與氣流無關，測試內容都屬於跟環境有關)

A：照度與其均勻度

B：噪音測試

C：震動測試

D：溫濕度測試

此處須說明的是NEBB所要求的潔淨室性能測試的各項測試程序，這些程序是NEBB所決定的基本要求，業主可視狀況自行修改，NEBB唯一要求是，若是修改後的程序比較寬鬆，就不能說是符合NEBB的標準。

1-13 潔淨室運轉與維護管理

潔淨室之運轉和維護重點功能，除了溫濕度外，微塵粒子之污染控制是爲最主要之項目。

一般而言，在空氣中浮游之微塵粒子，有細小之纖維渣和砂粒、金屬粉以及人體脫落之皮膚表層、煙霧……等種類眾多，除此之外，尚含有一部份之微生物，如原生動物、酵母菌、細菌、濾過性病毒等。而潔淨室之所欲去除之微塵粒子，係眼睛無法看得見，且不易掉落之塵埃或細菌。空氣中之粒子，有如下幾種名詞分類：

1. 塵子(Corpuscle 或 Small Particle)：是粒徑非常小之粒子，一般浮游於空氣中或液體中，爲不太容易沈降之10μm以下之粒子。

2. 次微米粒子(Submicron Particle)：粒徑非常小之粒子。一般飄浮於氣體或液體中，為幾乎不可能沈降之 1μm 以下之粒子。
3. 生物粒子(Viable Particle)：有生命的粒子，如藻、花粉、孢子、細菌及病毒。
4. 纖維狀子(Fiber)：粒子長度為寬度 10 倍以上者。
5. 浮游微粒子(Suspended particle)：浮游於氣體或流體中之生物粒子。
6. 離子粒子(Ion Particle)：具有正或負的電荷之分子或微粒子。

粒子之運動由其密度及大小而定，依司托克斯(Stoke's Law)知粒子的沉降速度隨粒子粒徑大小之平方而變化。其沉降之方式如圖 1-111 所示。

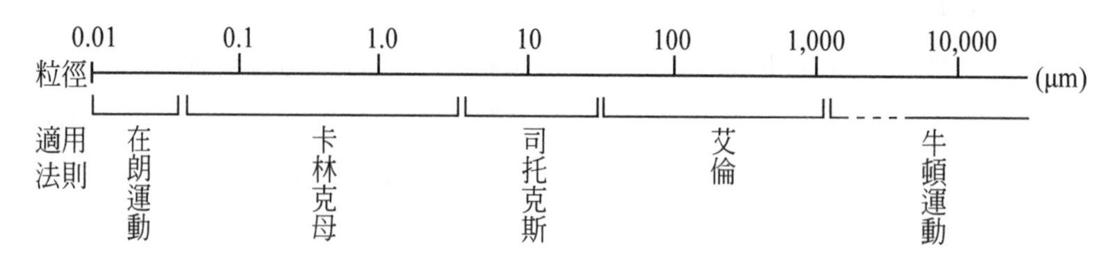

圖 1-111　粒子沉降方式

微粒子之性質將其歸納為下列幾點：

1. 沉降視粒徑大小而依牛頓、艾倫或司托克斯法則。
2. 微小粒子依布朗運動而擴散，且相互間有凝集效果。
3. 有光散亂效果。
4. 因爆炸、破碎、摩擦、放射線照射或放電而容易帶電。
5. 粒子會向低溫方向移動。
6. 水滴附著則重力沈降較易。

至於空氣中之煙塵霧(Aerosol)則是在氣體中飄浮的固體或液體的粒子。其包含了粒子及令粒子飄浮之氣體。煙塵霧有如下之分類：

1. 煙塵霧：指粒子及使粒子飄浮之氣體，粒徑大小由0.001μm～100 μm。
2. 粉塵(Dust)：壓碎的固體粒子煙塵霧。粒徑由 1.0μm 以下(次微米)到可見之範圍。
3. 煙(Smoke)：不完全燃燒而產生的煙塵霧，粒徑爲1.0μm以下。
4. 霧氣(Mist)：由冷凝或噴霧產生的液體粒子，粒徑由次微米到20 μm。
5. 薰煙(Fume)：由蒸氣或氣體狀的燃燒生成物凝固而成，粒徑爲1.0μm以下。
6. 不揮發性殘留物：將過濾的揮發性液體，以一定溫度蒸發後所殘留的不溶性粒狀物質。
7. 空氣中化學分子污染物：空氣中含有的氣體污染物，通常有CO、SO_2 、NO_2及 O_3、NO 等，圖 1-112 爲大氣中微塵分佈及粒子大小比較圖。表1-64爲晶片或面板上常見的空氣分子污染物(Airborne Molecular Contaminants，AMC)，此AMC部份於後文另述之。

在大氣中以0.5μm之塵埃粒子而言，大約在 1×10^5～2×10^6 個／立方英呎，其隨場所及地點或高度之不同而有所差異，表1-65及1-66爲各不同用途地點、場所所測之含塵量，表1-67則爲空氣中塵埃及大小成份。

表1-64 IC/TFT-LCD廠空氣中飄浮的分子污染成份

種類	AMC	說明
MA	Acids	酸性氣體、如氫氟酸、氯化氫、硝酸等
MB	Bases	鹼性氣體，如 NH3、NH4+等
MC	Condensation	氣體冷凝在製程產品上
MD	Dopants	砷硼鉛等摻雜物，改變材料物性

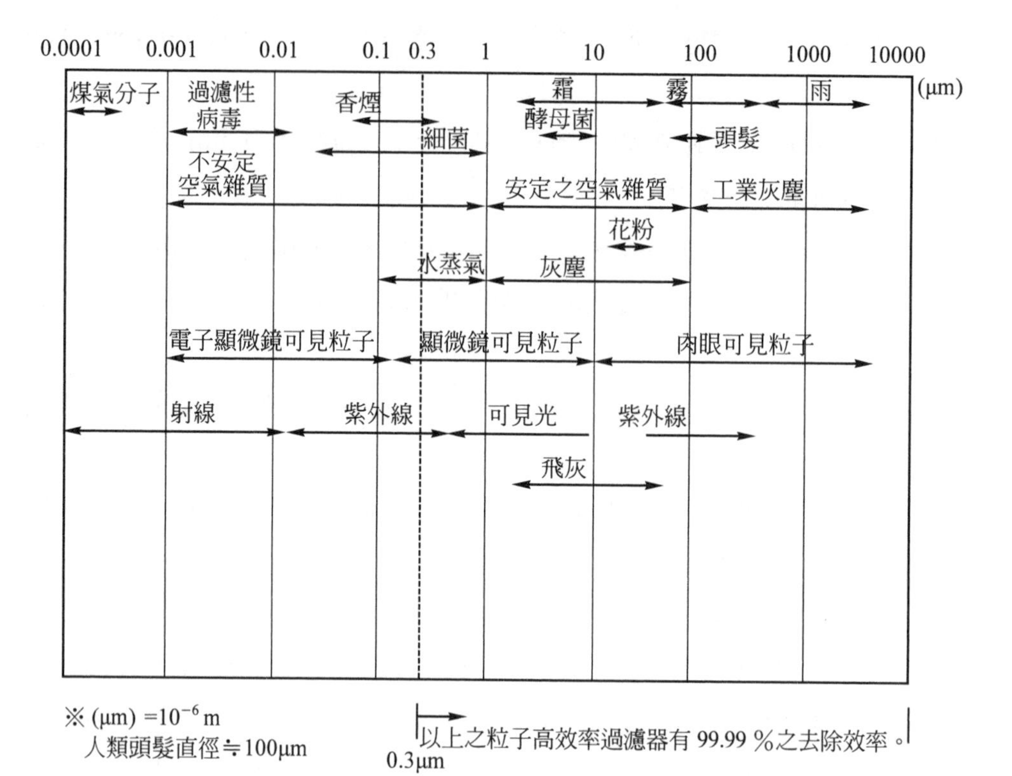

圖 1-112 大氣中微塵分佈及分子大小比較圖

表 1-65 大氣中塵埃濃度

地點	≧0.5μm 粒字數(個／ft^3)
成層圈	≧100
海洋	70,000
大陸	900,000
非污染城市	5,000,000
污染城市	10,000,000

表 1-66　不同地點空氣中含塵量測試參考值

場所	塵埃數≧0.5μm(個／ft^3)
田園地帶	200,000
店舖、車站	2,000,000
百貨公司	1,000,000
學校	2,000,000
辦公室	1,000,000
住宅	1,000,000
醫院、手術室	10,000
病房	150,000
工廠地帶	5,000,000
有吸煙會議室	10,000,000

表 1-67　空氣中塵埃大小與成分

大	10μm 以上	15 %	成分	炭塵	45～47 %
				矽塵	40～43 %
小	10μm 以下	85 %		其餘	纖維、其他

微塵粒子是構成半導體和液晶面板製品發生缺陷和產品良率降低的主要原因之一。以半導體元件而言，元件上之微粒，作用就可能像一個不透光的圖案，而此微塵是否會影響元件之功能失效，是依微塵粒子的大小、位置及元件之圖案尺寸和使用何者光阻劑等而定。假使使用正光

阻，則微塵如同等於在矽晶片上多出一個障礙物，會造成像離子植入或雜質擴散之阻擋；假使使用負光阻，微塵將造成針孔的出現，而此針孔通常有害於元件之功能，尤其是發生在金屬氧化半導體的閘氧化層(Gate Oxide)或場氧化層(Field Oxide)等隔離層上，如圖 1-113(a)所示。假如微塵是導致金屬線的縮小時，則會有電子遷移(Electron Emigration)現象；若微塵是在擴散區域，則會造成電阻的增加，如圖 1-113(b)所示；若微塵是落在如圖 1-113(c)所示，則微塵能造成短路或開路。一般而言，光罩上之隨機缺陷(Random Defect)有一半是類似上述之情況，為造成產品良率降低之主要原因。假如微塵是直接落在矽晶片或面板上，雖然有其程度上之不同，但造成損傷是一樣的。尤其是在磊晶之成長，不管顆粒數目之多寡，均會影響單晶之成長。至於微塵粒子在製程過程中係在那一階段上以及在製品的那一個位置附著，和何種粒子之附著，是相當複雜且不一致的，以半導體而言，表 1-68 為造成缺陷因素之百分比，一般而言，只要$\frac{1}{10}$元件徑之微塵粒子即會造成製程缺陷上之問題，此十分之一線徑以上之粒子即是我們必須加以控制去除的微塵粒子。表 1-69 則為不同污染物對產品所造成的不良影響。

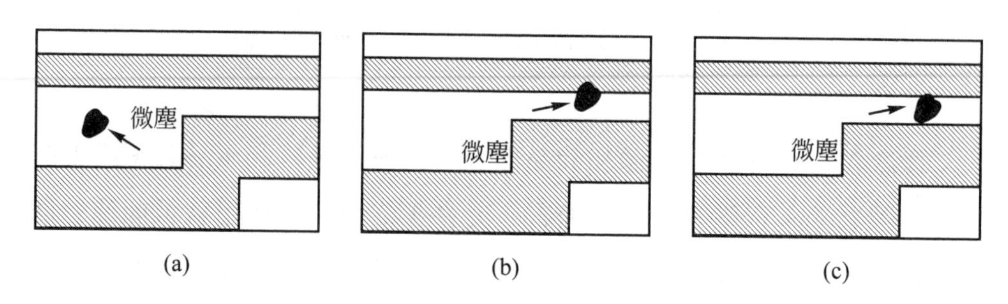

圖 1-113　微塵粒子造成電子元件上之各種缺陷現象

表 1-68 造成缺陷因素之比例

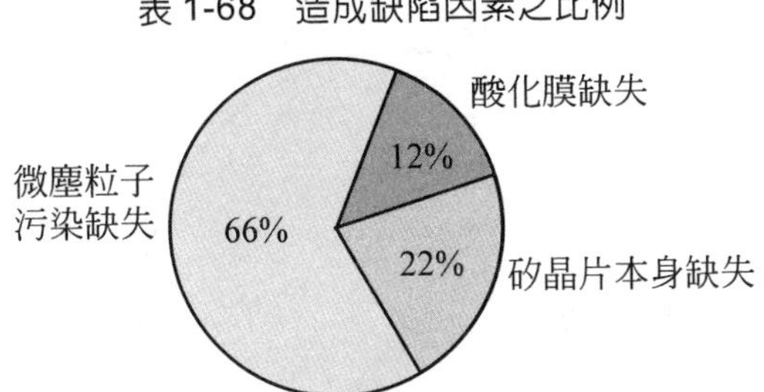

表 1-69 各污染物對產品之影響

污染物	影響
重金屬(Fe、Ni、Cu、Zn 等)	氧化膜的絕緣耐壓不良減少壽命，增加 P、N 接合漏電量
III族元素(B、Al 等)	P 反轉不良
V 族元素(P、As、Sb 等)	N 反轉不良
放射性元素(U、Th 等)	放出α線導致軟體錯誤
無機分子(Cl、Br、NO_2、NH_3)	形成異物 影像速度異常 腐蝕
有機分子	氧化膜絕緣耐壓不良減少壽命 裂縫 影顯速度異常
微粒子	模型缺陷 形成膜異常

潔淨室潔淨度之維持和控制，除了硬體設備之配合投資外，也需要良好之軟體——管理制度來搭配，方能在任何狀態下均能持良好的潔淨度。一般高科技廠潔淨室內之微污染來源，依測試之資料分析結果，作業人員約佔 46 %，如圖 1-114 所示。實驗數據顯示，作業人員進出潔淨室時塵埃有顯著之增加，有人行動或做動作時，潔淨度立即惡化，可見潔淨度劣化之原因：人是主要因素。

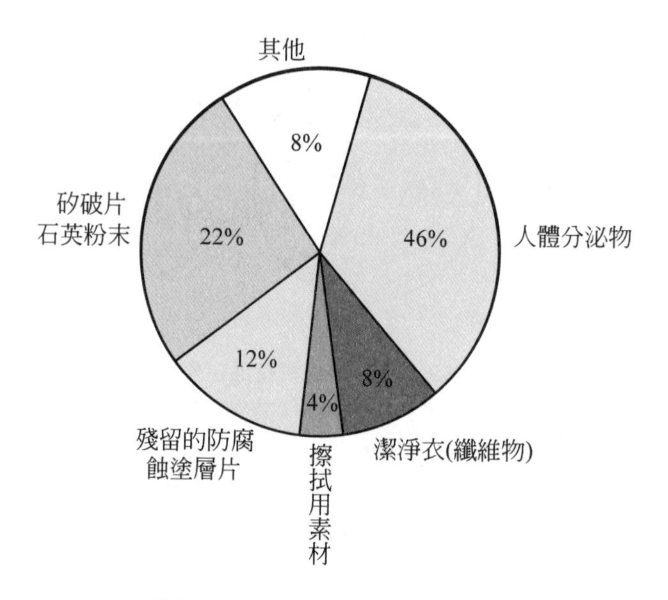

圖 1-114　微塵粒子產生來源比值

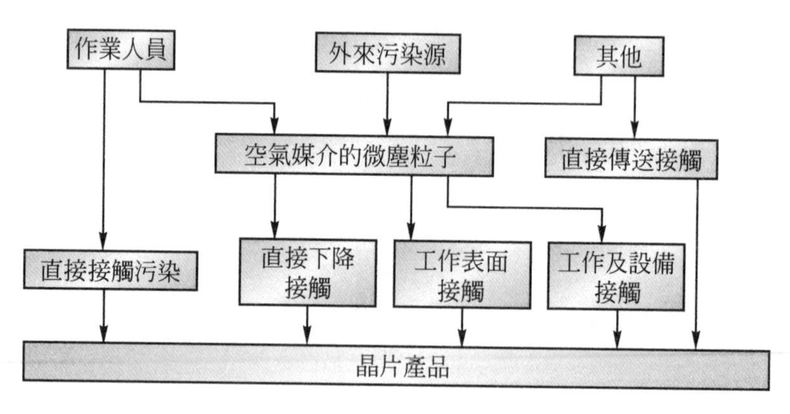

圖 1-115　微塵粒子污染傳送途徑

潔淨室的污染源可分外污染源及內污染源。外污染源包括了空調送風、間隙滲入、建築物、工作服、風管材料以及所供應之一般性氣體如 N_2、O_2、Air，給水及化學品等；而內污染源則包括了製程設備、工作人員、工具、加工製程、隔間材、工作桌、晶片盒等，圖 1-115 爲微塵粒子之污染傳送途徑，圖 1-116 則爲潔淨室污染來源。表 1-70 爲不同地區空氣污染濃度和發塵指數。

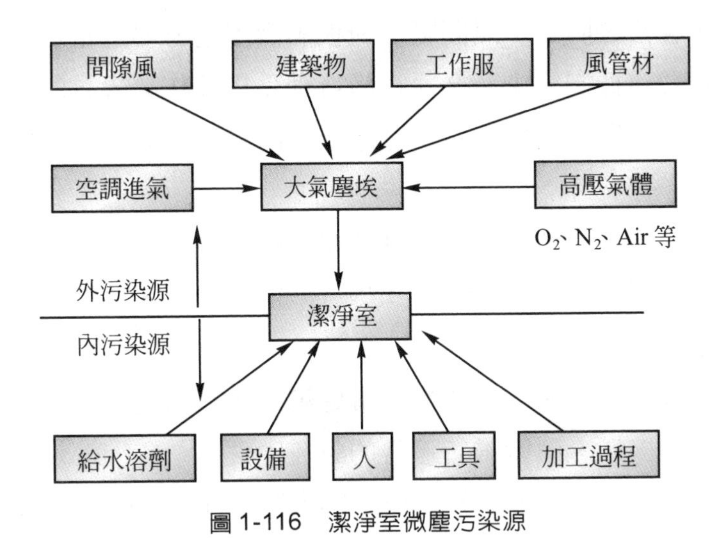

圖 1-116　潔淨室微塵污染源

表 1-70　不同地區污染濃度及發塵指數

A	污染濃度：≧0.5μm 以上 污染地區：3.53×10^9個／M^3 一般地區：1.06×10^8個／M^3 潔淨地區：1.76×10^7個／M^3
B	室內發塵量 一般空調地區：3×10^6個／分．人＋4.5×10^5個／分．m^2 潔淨地區：1×10^6個／分．人＋4.5×10^4個／分．m^2

對矽晶片和面板而言，微塵粒子之附著，將造成電子回路的異常或短路，電路失去運作功能，因此微污染控制已成爲潔淨室管理的重要環節。微塵污染控制，有四個基本原則：(1)外部塵埃侵入之防止；(2)室內發塵之防止；(3)室內塵埃之不積留；(4)發生之微塵儘速之排除。

1. 外部塵埃侵入之防止：潔淨室之正壓應適當維持在≥0.5mmAq，工程施工確實做好不漏氣，人員設備、原物料搬遷入潔淨室前須先做好清潔擦拭等防塵動作，空氣過濾器適宜的設置和維護。

2. 室內發塵之防止：隔間牆、地板等潔淨室材料適當之選用、製程設備發塵抑制、生產全面實施自動化以及作業人員的不聚集、動作之執行儘量放輕，以及潔淨衣服的管理和潔淨室專用器具之使用等。
3. 室內塵埃之不積留：四週牆壁體或隔間牆應光滑無死角，潔淨室應定期清潔和保養(尤其是地板)，製程設備四週應留空間，不堆置雜物。
4. 產生塵埃之排除：換氣次數須足夠，適當的空間佈置以及污染源的直接排氣，同時維持適當的氣流速度。
5. AMC 之管制：空氣分子汙染物類別依 SEM1(國際半導體設備與材料協會)分類爲 MA、MB、MC、MD 四大類：
   (1) MA(Acid)：酸蒸氣具腐蝕性，如硫酸、氫氟酸、硝酸、溴酸等，在化學反應中吸收一個電子。
   (2) MB(Base)：鹼蒸氣具腐蝕性，如氨氣與胺類等，在化學反應中釋放一個電子。
   (3) MC(Condensation)：凝結物質，如矽化物、碳氫化合物類、VOCs 等，在清潔表面時產生凝結的化學物質。
   (4) MD(Dopant)：摻雜物質，會造成電性、物性的改變，包含硼(硼酸)、磷(磷酸)與砷(砷酸鹽)。

AMC 汙染控制

一、AMC 汙染控制的目的

爲避免建廠施工期間，因人員、物料、施工工具和設備的進出與使用，以及周遭環境等因素帶來有機物空氣分子的大量進入潔淨室及積聚，造成生產期間產品的受汙染和產品良率的降低，故在建廠施工期即進行室內外各種化學分子氣體量、值、成分監控與管制，以期防範於事先。同時在生產線運營時期變動對生產線環境做實時監測，以免發生異常時，措手不及。另外，若長期吸入 AMC 或暴露，則對人員引起眼睛及呼吸道不適，導致呼吸道疾病或染色體異常，甚至誘發惡性腫瘤等健康危害，以及揮發性有機物會破壞神經系統及肝腎功能與刺激呼吸道和眼睛視覺神經等。

二、空氣分子的汙染源

空氣分子的汙染源可分爲潔淨室內與潔淨室外。

1. 潔淨室內
   (1) 製程排放廢氣之微小洩漏或外洩造成潔淨室之空氣微分子汙染。
   (2) 內裝材溢散出之氣體分子。
   (3) 硼化物游離釋出於空氣中，並沉降在晶圓或基板表面。
   (4) 機台材質、接縫密封劑、晶圓儲存盒、PVC手套、空調供應系統、廠內人員(化妝品、保養品)、幹盤管等。
   (5) 預防保養工作時所使用化學品逸散。
   (6) 管路熔接、焊接、清潔用化學品、保溫材及膠水等之發散。
   (7) 裝修材料，如環氧樹酯、油漆、防火塗料等。
   (8) 空氣汙染物之擴散由高濃度→低濃度；室壓高→室壓低，故必要的隔間是降低交叉汙染程度的絕大影響因素。
2. 潔淨室外

   來自於戶外大氣中之汙染源，分爲固定式汙染源及移動式汙染源，是由人爲產生及自然界產生二種：
   (1) 人爲產生：工廠鍋爐、發電機及燃油之動力機械廢氣，石化產品製造、油漆及揮發性用品、工廠排氣、垃圾焚化爐等固定汙染源，以及半導體或液晶面板製程之漏洩廢氣等。
   (2) 非人類或人類活動產生排放者(自然界汙染源)：火山爆發、森林大火、草原火災等。

三、AMC 的控制策略

1. AMC的防治措施

AMC 防治六大措施爲阻絕、隔離、排除、過濾、稀釋、預防性管制。

(1) 阻絕：將汙染源阻隔於潔淨室外，禁止進入是源頭管理的一種，如人員、物料、室外內裝材氣密性等。

(2) 隔離：將汙染源區隔，透過所有可能之作爲和工具，避免與減緩汙染份子的擴散範圍與時間，如使用隔離罩、隔離帷幕等。

(3) 排除：利用動力將汙染物移出管制區域，一般是用排氣系統。

(4) 過濾：利用過濾措施去除汙染物，將 AMC 攔截使得其濃度及時且有效的被降低，如外氣空調箱使用水洗裝置，以及針對不同種類的 AMC 分子，選用適當的化學過濾網，也可使用流動式的AMC去除單元化學濾網組(Filter Type)。

(5) 稀釋：可分自然稀釋與強制稀釋。將汙染物置於潔淨室外，待外氣將汙染物散逸，自然降低其濃度，是爲自然稀釋；而強制稀釋是指汙染物於短時間內使用其他特殊之方法，使之降低濃度，如局部排氣與送入新鮮空氣等。

(6) 預防性管制：針對進入潔淨室內的人員、物料、確實做好清潔與管制措施的執行，避免人與物帶來另一層的汙染。

2. 施工前控制策略

用於潔淨室內的施工材料進行的嚴格控制，包括：

(1) 潔淨區地面環氧
(2) 防火封堵及密封
(3) 膠泥及膠水
(4) 管螺紋處塗料
(5) 防火封堵材料
(6) 潔淨生產區牆體塗刷的膠水、油漆或塗層
(7) 電纜
(8) 管架上塗刷的油漆

對用於潔淨室內的施工材料按照如下技術標準選用控制，提供揮發性報告，滿足要求方可使用。

3. 安裝設置化學篩檢濾網

(1) 在AMC要求嚴格區域設置化學篩檢濾網

潔淨室Litho區對AMC的指標要求如下：

潔淨室AMC控制指標單位：(ug/m³)						
區域	TVOC	MH4⁺	F−	C1⁻	SO4²⁻	NO3⁻
Litho	≤50	≤1	≤0.6	0.6	1	1

(2) 在MAU新風空調機組設置預留化學篩檢濾網，去除外氣的化學污染物。

(3) MAU前段水洗設備：去除水溶性AMC氣體分子汙染物：如NH4+；C1−；N03−；$PO4^{-3}$；$SO4^{2-}(SO_2)$；NOx，去除效率規格：$NH4^{+}\geq 90$ %(外氣 AMC 或≤3ppbv；$SO4^{2-}\geq 90$ %或≤3ppbv；$C1^{-}\geq 85$ %或≤3ppbv；$PO4^{-3}\geq 90$ %或≤3ppbv；$SO_2\geq 90$ %或≤3ppbv；VOC則無法去除。

4. 施工中控制策略

(1) 首先對全廠區周遭周邊環境進行檢測，建立相關揮發性有機空氣分子(VOC)的資料背景值，作爲日後監的參考依據。

(2) 於施工現場，配合設置人員、物料、管材等進出管制口，由AMC監測管制人員，針對進出的所有東西，進行通過管制口前、後的環境進行量測，並記錄資料值和對二個資料進行判讀，有否存在巨大差異。

(3) AMC監管人員，除了針對進出管制口人員、物料、工具、設備等作即時監測外，應於每天安排管制口有無人員進出的上午、下午各一適當時段，量測管制口的AMC值並記錄之。

⑷ 新到管材及外表有塗布揮發性的物料，至少須於物料存放場靜置二天以上，讓表面上披覆的殘留化學分子物，得以自然擴散，降低汙染風險。

⑸ 對規範上須要 AMC 揮發性污染認證的材料，須提供證明檔，合格方可採用。

⑹ 監管人員持手提式監測儀器，隨時至施工現場量 AMC 值，以把握各項有機空氣分子的被隔離控制。

⑺ 本執行計畫檢測範圍涵蓋：施工期間人員與物料進出管制口，潔淨區內施工區，施工區四周大環境，物料暫存區以及施工完成系統設備調機時各重要機台區域，機台搬遷動線區，人員更衣室，臨時認定需檢測區等，至於運轉經營期間的監測控制不屬於此範圍內。

⑻ 儀器設備：如圖 AMC-1 是為手提式偵測試設備，另有活動台車式設備及固定式設備均可使用。

AMC-1 手提式偵測儀

5. 運轉初期控制策略

潔淨室除了在施工時期的隨時管制外，在施工完成，潔淨室初始運轉，亦須做好完善工作。

管理措施，期管制策略爲：

(1) 新鮮空氣空調箱(MAU)及其水洗設備試運轉。
(2) 潔淨室廢氣排氣管風門開啓，並啓動廢氣處理設備風車試運轉。
(3) MAU 及其水洗設備運轉建立正壓及逐步建立廢氣處理設備排氣風管負壓。
(4) 潔淨室內 FFU 啓動，建立潔淨室空氣循環機制。
(5) 確實執行潔淨室雙重閘關制門(Double Gate)正壓管理，並逐步加大潔淨室換氣量。
(6) 安裝短效型化學濾網短效型去除NH3+VOC，此型濾網可快速濾除因潔淨室內裝。
(7) 與施工所導致之NH3 及VOC過高問題，快速符合AMC規範，以利裝機生產。

四、潔淨室正式開始運轉潔淨室內部 AMC 的管制措施

1. 正式運轉 AMC 管制

(1) 潔淨室進出管理規則，嚴格執行。
(2) 潔淨室內部施工管理確實要到位，有機溶劑作業證照及物料使用管理執行。
(3) 長效型濾網的安裝

安裝可濾除NH3+Acids+VOC的化學濾網穩定去除因製程生產所產生的 AMC 生成物並使潔淨室符合 OOC(Out Of Control)規格，以利穩定生產及控制良率。

(4) 啓動AMC Online Monitoring系統，實時偵測確認物種濃度是否超出管制規範，已利製程分析及減少化學濾網使用量。

2. 建廠完成後各階段在AMC上的監測措施：

A：AS built

(1) 新鮮空氣空調箱(MAU)非實時的AMC分子物種及濃度測試。

(2) 潔淨區內非實時的AMC分子物種及濃度測試。

(3) 各測試驗證：潔淨室相關空調設備應完成調試與視機運轉且持續24小時以上。

(4) 依據MAU出風及潔淨室內AMC采樣結，執行短效型化學濾網安裝可行性評估。

B：At Rest

(1) 新鮮空氣空調箱(MAU)水洗設備，應完成出口段效率及分子物種濃度測試。

(2) MAU出風之AMC實時監測系統上線及濃度趨勢曲線建立。

(3) 潔淨室內環境AMC實時監測系統上線及濃度趨勢曲線建立。

(4) 驗證短效型化學濾網效率。

(5) 安裝短效型化學濾網，並審核淨室AMC管制規範，執行部分製成區域，長效型化學濾網安裝可行性評估。

(6) 測試驗證前，AMC實時監測系統應到位，完成測試調整，並持續24小時以上。

C：In Operation

(1) 查核驗證短效型型化學濾網使用壽命。

(2) 查核驗證長效型型化學濾網去除效率。

(3) 在部分製程區域安裝長效型化學濾網。

人員與設備、原物料是潔淨室的重要污染源，因此潔淨室內的作業及運轉管理，可依作業人員、原物料、設備及潔淨室內所使用之東西等相關理辦法來加以探討，並依計劃(Planing)、實施(Doing)、追蹤(Checking)、執行(Active)之PDCA循環步驟來控制實施。

現分述如下：

1. 更衣區管理

⑴ 人員進入更衣區前需將地板鞋(個人用鞋)置於門外鞋櫃內，若有外套、大衣或其他個人物品不得帶入更衣區內。

⑵ 更衣區僅提供爲更換潔淨衣及進入潔淨室之用途，不得於更衣區內睡覺、休息或進用任何飲食。

⑶ 更衣區地板之清潔(吸塵、拖地)得每週施行一次。

⑷ 更衣區僅提供人員之進出或可隨身攜帶之潔淨室內用筆記文具，大型物件須由其他通路出入，不得進入更衣區。

2. 潔淨室衣服穿著管理

⑴ 所有人員均著有色(白、藍、綠或其他顏色)潔淨衣帽鞋，男性、女性、外賓等，在潔淨帽後以自粘膠帶粘貼各不同代表顏色來加以區分。

⑵ 進入更衣室後，取得個人專屬之潔淨衣帽鞋，依下列程序穿戴。

① 戴上髮罩及頭套，調整寬鬆度，注意頭髮不可外露並拉扣頸部之自粘膠帶。

② 取潔淨衣先穿上褲腳、潔淨衣褲膠內層需包覆住個人之內著服裝之褲腳，再穿上雙袖後拉上拉鍊，注意潔淨衣袖口需包覆住內著服裝之衣袖。

③ 潔淨衣袖口不得超過手腕以上，以免手臂皮膚外露產生粒子污染潔淨室。

④ 確定頭套之尾端包覆於潔淨衣內，不可外露於潔淨衣外。

⑤ 穿上潔淨鞋、潔淨衣，褲腳須置放於潔淨鞋內。

⑥ 先洗手再烘乾再戴上手套，注意手套邊緣不可外露於潔淨衣袖外。

⑦ 照鏡檢查穿著有否錯誤或失落之處。

3. 潔淨衣、鞋管理

⑴ 潔淨衣鞋應依各人專屬之編號置放定位。

⑵ 原則上潔淨衣鞋每十天清洗乙次(視需要狀況，亦可每週清洗乙次)，但若有重大之污損或異味得立即送洗。

⑶ 經承包商清洗好之潔淨衣，得定期抽驗其粒子數和包裝是否良好。

⑷ 潔淨衣帽鞋送洗收回後，應清點數量是否相符。

4. 空氣洗滌室管理

⑴ 空氣洗滌室之容納人數須依原設計之人數進入，不可超過，否則除滌效果將下降。

⑵ 進入空氣洗滌室前，潔淨鞋在腳踏粘板上左右腳至少各踏一次以上，以去除鞋底Particle。

⑶ 在空氣洗滌進行中雙手得輕拍腋下、胸腹及兩腿部，以幫助沾附於潔淨衣上之Particle離開身體。

⑷ 在輕拍動作時，身體同時360度旋轉至少兩圈。

⑸ 空氣洗滌後使得踏出空氣洗滌室，不得在空氣洗滌進行中推門而出進入潔淨室。

⑹ 出潔淨室時不得經空氣洗滌室，而須經由隔鄰之安全門出潔淨室。

⑺ 空氣洗滌室地面清潔每週得施行一次，如重大污染得隨時由管理負責單位進行清理。

⑻ 進入空氣洗滌室均需穿著整齊潔淨衣，不得在空氣洗滌室中整裝。

圖1-117爲潔淨室人員進出流程可作爲參考。

5. 一般人員管理

⑴ 人員進入管制：

① 作業人員俱備有潔淨室之觀念和知識，並須經教育訓練且考試合格者方能進入。

② 未取得事先許可之人員。

③ 未依照規定穿著潔淨衣。

④ 進潔淨室前做激烈運動流汗者。

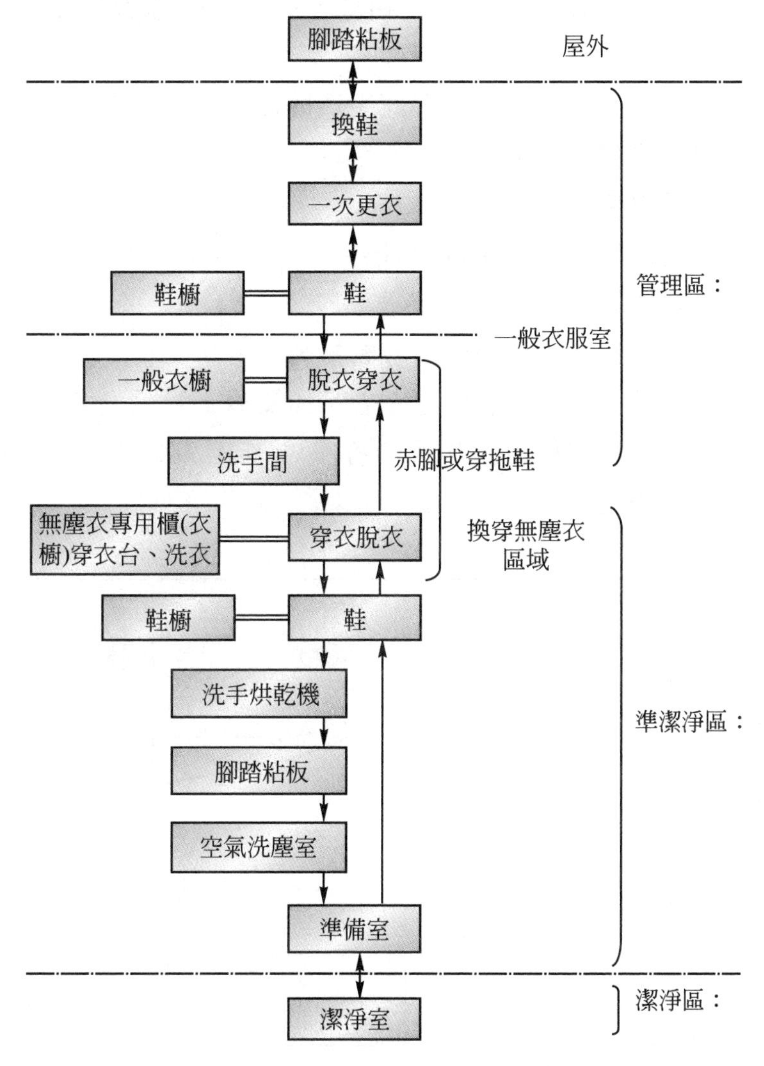

圖 1-117　潔淨室人員進出流程

⑤ 抽煙、飲食未經過 30 分鐘以上休息者。如圖 1-118 所示爲吸煙和未吸煙者微塵粒子產生量與時間之比較圖。由圖上很明

顯可看出吸煙者所產生之微塵在初期約爲非吸煙者的90倍，直至30分鐘後才降至約5倍，此爲爲何潔淨室一般均禁止吸煙人員和吸煙未滿 30 分鐘進入的原因所在，故對日後需在潔淨室工作的作業人員招募，應以不吸煙者爲優先選擇對象，將有於潔淨室之管理。

⑥ 因日曬、溼疹、抓傷等原因造成皮膚有問題者。

⑦ 對化學纖維過敏者。

⑧ 容易出手汗者。

⑨ 對溶劑等化學藥劑過敏者。

⑩ 鼻塞或鼻子有問題者。

⑪ 感冒、氣喘、常咳嗽、容易打噴嚏者。

⑫ 比一般人之皮膚剝離嚴重者，頭皮屑、脫毛過多者。

⑬ 化粧、塗口紅或擦指甲油者(一女作業人員是禁止化粧者進入潔淨室)。

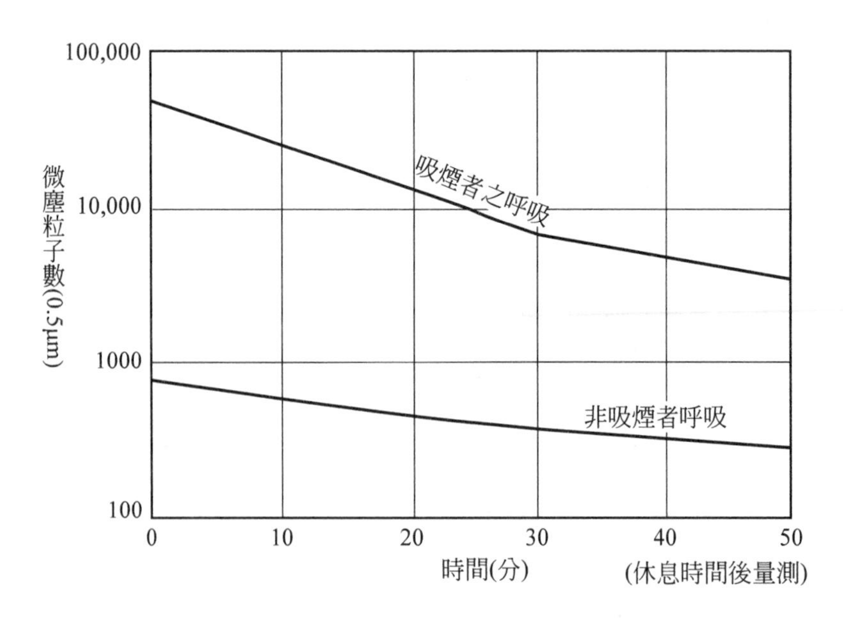

圖 1-118 吸煙和非吸煙者微塵粒子產生比較

⑭ 經常有搔癢者。

⑮ 有精神病、神經過敏或閉室恐懼症者。以上之各類人員均須嚴格管制進入。

⑵ 人員平時應注意事項：

① 作業人員須隨時保持身體之清潔。

② 每週至少洗頭2次，以減少頭皮屑之產生。

③ 男性須每天刮鬍子。

④ 常洗手、剪指甲保持手部之清潔、擦護手霜防止皮膚乾裂脫落。

⑤ 爲保護手部毛細孔之乾淨，避免做接觸粉類物質之家事。

⑥ 避免直接接觸溶劑或洗劑，以防皮膚乾燥剝離。

⑦ 平時需預防以下症狀。感冒、日曬引起之皮膚粗糙、皮膚之凍裂、濕疹、外傷等。

⑧ 經常整理工作環境。

⑶ 不可入潔淨室之物品：

① 沒有經過清潔過程之材料、器材、測定器等所有物品。

② 未經認證爲低發塵性紙類，包括一般筆記簿、紙張、紙箱等，表1-71爲不同紙張發塵量之比較。

③ 鉛筆、橡皮擦、鋼筆類。

④ 個人用品如：

❶ 香煙、火柴、打火機類。

❷ 食物、口香糖類。

❸ 寶石、裝飾品、化妝品類。

❹ 錢包、鑰匙、手錶類。

❺ 衛生紙、手帕類。

❻ 小手冊及其他個人用品。

表 1-71 不同紙張發塵量比較

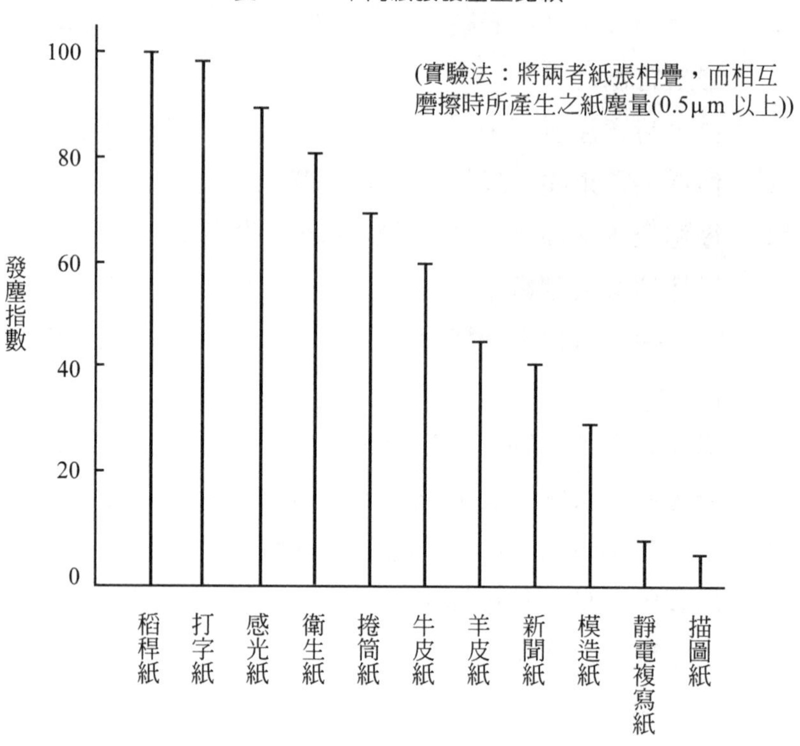

(4) 在潔淨室內之應注意事項：

① 為防止產生影響製程之不穩氣流，不可在作業區氣流之上方放置物品或進行作業。

② 禁止奔跑、大聲喊叫、喧嘩、嬉戲或吸煙飲食。

③ 使用電話宜簡單扼要，勿佔線過久以利工作連繫。

④ 地板、踢踏板、工作檯上嚴禁人坐跪。

⑤ 為儘量抑制發塵量及防止亂流，步行及作業要安靜進行，不必要之動作避免之，如表 1-72 可看出因作業人員不同之動作而使周圍之污染率大為提高。表 1-73 為人體因不同動作時而穿著不同形式之無塵衣時之發塵量。

⑥ 作業要在乾淨之工作檯上進行，有污染之虞或掉落於地板之物品不可使用。

⑦ 潔淨衣要經常保持正常之著衣狀態。

⑧ 不可讓工具、器具、筆記用具發生污染，不使用時須置有蓋子的箱子或櫃子，保持固定位置，並維持其清潔狀態。

⑨ 除了搬運設備及物料以外，人員不得由物料進出通道出入。

表 1-72 作業人員之動作而產生之污染增加倍率

行動	周圍之污染度增加倍率
作業人員	
4～5 人聚集在一處時	1.5～3
通常之步行	1.2～2
靜靜地坐下	1～1.2
將手伸入層流式無塵操作檯	1.01
層流式無塵操作檯無作業	無
作業人員保護用衣服(合成纖維製)：	
刷工作衣之袖子時	1.5～3
無鞋套之狀態踏地板時	10～50
穿鞋套後踏地板	1.5～3
由口袋取出手帕時	3～10
作業人員本身：	
普通之呼吸狀態	無
吸煙後之 20 分鐘內吸煙者之呼吸	2～5
打噴嚏	5～20
用手擦臉上皮膚	1～2

表 1-73　人體不同動作時和穿著不同潔淨服時之微塵產生數

粒子大小 / 衣服 / 動作	≧0.3μ			≧0.5μ		
	一般工作服	無塵服		普通作業衣	無塵服	
		白衣形	全覆形		全覆形	白衣形
站立(靜姿)	543,000	151,000	13,800	339,000	113,000	5,580
坐下(靜姿)	448,000	142,000	14,800	302,000	112,000	7,420
腕上下	4,450,000	463,000	49,000	2,980,000	298,000	18,600
上身前屈	3,920,000	770,000	39,200	2,240,000	538,000	24,200
腕的自由運動	3,470,000	572,000	52,100	2,240,000	298,000	20,600
頸上下左右	1,230,000	187,000	22,100	631,000	151,000	11,000
屈身	4,160,000	1,110,000	62,500	3,120,000	605,000	37,400
踏步	4,240,000	1,210,000	92,100	2,800,000	861,000	44,600
步行	5,360,000	1,290,000	157,000	2,920,000	1,010,000	56,000

單位：每分鐘、每人

⑸ 潔淨室用具管理：

① 一般事項：

❶ 避免將會干擾潔淨室氣流之物品帶入潔淨室，若有因工作關係不得不帶入的物品，需放在儘可能不干擾氣流的位置。

❷ 用品之材料，以發塵性低的不銹鋼最好，施以適當的表面處理且耐磨性佳的鋼、鋁或塑膠亦可。

❸ 用品的構造儘可能簡單，和其他物品接觸時，爲避免磨耗粉產生，在有角部份加上適當的弧形結構。

② 桌子：

❶ 不得已使用木質材料時，需以環氧樹脂作表面處理加工，使成爲低發塵旳材料。

❷ 不安裝抽屜，面板則施以透氣孔，桌腳裝上橡皮或塑膠製的襯墊。

③ 椅子：

❶ 因椅背靠墊可能有發塵性，原則上不使用，不得已時應選用完全密封且發塵性低的製品，椅背靠墊損壞會成爲大發塵源，故須細心注意保護。

❷ 腳用塑膠製的滑輪或橡皮做的底。

④ 筆記用具：

❶ 紙類：使用符合潔淨室等級規範的無塵紙，影印後之無塵紙可帶入潔淨室，一般紙印刷的文件要帶入潔淨室時，每張需放入塑膠防塵套內，並且不可在潔淨室內打開防塵套。表1-74所示爲無塵紙與一般紙Particle測試之比較數據資料。由表上之資料顯示，一般紙產生之微塵粒子數量遠大於無塵紙，可知一般紙類物品是嚴禁攜帶進入潔淨室。使用之紙張如有破損應立即停止使用並攜出潔淨室丟棄之。

❷ 其他筆記用具：鉛筆、橡皮擦、鋼筆及一般紙之筆記簿，因會產生碎屑及含有揮發性溶劑的文具用品均不可使用，需使用塑膠製的原子筆以及經認證的無塵紙或塑膠紙。

6. 原物料及設備進入潔淨室管理：原物料設備進入潔淨室時，須先在潔淨室外拆開木箱或紙箱，經初步清潔後搬入緩衝區內，緩衝區之潔淨室等級一般爲 1000 或 10000 級，工作人員於此清潔設備或原料時必須穿著潔淨服，所用之擦拭紙爲無塵紙或不會脫落纖毛之無塵布，清潔劑除了使用超純水之外，並加入 3～5 %濃度的IPA或丙酮化學品，以增強去污能力，由於IPA及丙酮具揮發性，故此房間之排氣須特別注意。搬遷設備時爲免破壞地板支架及地板表面，必須先地板上舖設已清潔過之不銹鋼板，作爲輔助，同時所有搬遷工具之輪子均須以膠帶包覆，不得裸露，以維持潔淨室地板之清潔及安全，表 1-75 爲原物料及設備搬遷流程。

表 1-74　無塵紙及一般紙微塵粒子測試值

測試項目	Particle 第一次測試值 0.3μm(pcs)	Particle 第二次測試值 0.3μm(pcs)
完整空白一般紙	613	565
完整空白無塵紙	10	9
噴墨印表機列印之完整一般紙	693	640
噴墨印表機列印之完整無塵紙	29	35
雷射印表機列印之完整一般紙	941	1,003
雷射印表機列印之完整無塵紙	52	49
影印機列印之完整一般紙	2,787	2,874
影印機列印之完整無塵紙	204	256
噴墨印表機列印之破損一般紙	1,451	1,355
噴墨印表機列印之破損無塵紙	67	66
雷射印表機列印之破損一般紙	7,878	8,590
雷射印表機列印之破損無塵紙	121	138
影印機列印之破損一般紙	9,021	12,668
影印機列印之破損無塵紙	496	492

表 1-75　原物料及設備搬遷流程

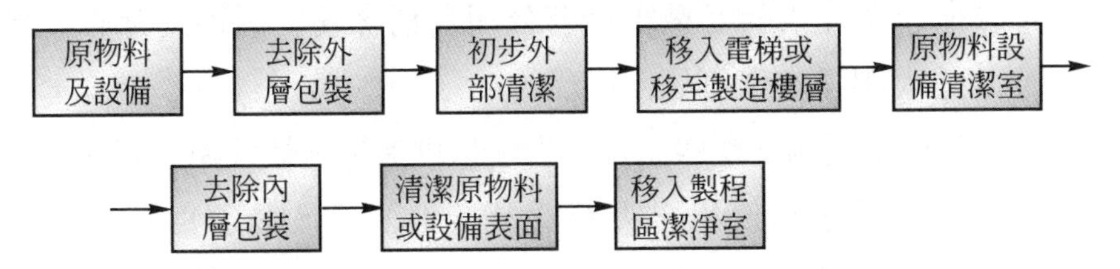

其他潔淨室之管理事項，如潔淨衣、鞋、帽子等須由專人管理，並定期做清洗，清洗須在潔淨室內進行，以純水配合清潔溶劑，並經約 0.2μm 之過濾器爲之，洗滌完畢並經乾燥後應立即密封，潔淨衣之置放場所亦須爲潔淨室，備用品或新品存放櫃內，正使用者則吊掛衣架上，以爲方便取用。至於無塵服在選用時須俱備以下之幾個特性：

(1) 防塵性：無塵服素材本身不易產生塵埃，塵埃不易附著，且過濾效率高。
(2) 抗靜電性：不會產生靜電災害。
(3) 處理及耐久性：洗滌容易、滅菌效率高，對反覆洗滌、殺菌及藥品處理具有極佳的耐久性。
(4) 穿著及作業性：穿著時不會產生悶、濕感、冰冷感，而有舒適感覺。
(5) 不易起皺、不需熨燙，易縫製，且具有阻燃效果等。

7. 潔淨室內施工管理：

另外在潔淨室內施工，其施工規則及管理亦是相當重要的一環，基本上潔淨室之施工規則，可分爲三個階段來探討，亦即爲：(1)工程開工準備階段，(2)工程施工期間，(3)工程完工後之場地整理，現分述如下：

(1) 開工準備階段：

① 所有工作人員必戴上標有公司名稱之安全頭盔及背心，始可進入潔淨室管制區。

② 須準備足夠之塑膠布及木板，以供保護地板或樓板表面之用。

③ 在潔淨室內使用之吸塵器及其他工具，必須為潔淨室所專用，不得兼用於其他場所。

④ 所有工具、物料及其他附屬裝備，在進入潔淨室之前，須先清潔，以防止油脂或油性物質，以及帶有塵埃與氧化鏽斑之物料進入潔淨室。

⑤ 嚴禁攜帶食物、飲料及檳榔等進入潔淨室。

⑥ 非經監工許可，一律不得在潔淨室內從事鑽孔及切割作業。

⑦ 人員進入潔淨室前，須換穿潔淨室專用工作服及膠套鞋。

⑧ 人員進出潔淨室，必須循指定路線行動。

(2) 施工期間：

① 嚴禁在工作區吸煙、吃檳榔或其他任何食物與飲料。

② 工作中須使用機油及黃油時，所有給油工具及用油機具均不得有漏油情形。

③ 只許使用徹底清潔過之鋁質梯子，梯腳必須套上橡皮腳套或用布料包紮牢，且須在安置梯子之地面鋪上夾心板，夾心板下須鋪塑膠布以保護地面。

④ 搬運物品時，只允許使用膠輪手椎車，搬運路線上沿線之地板必用五夾板覆蓋，以防地面損壞。

⑤ 在地面覆蓋夾心板之前，須先鋪上墊底之塑膠布。

⑥ 工作區域內之地板及物件儲存區之地面均須妥善保護。

⑦ 當在工作區內施行焊接作業時，必須注意保護工作區內之地板及周圍之地板與圍牆，以防損壞。

⑧ 在從事可造成污染之作業時，首先應隔離工作區域。

⑨ 危險工作區必須用“危險”之標誌標示清楚。

⑩ 搬運工具及物料時，禁止在地面上拖曳，更不得有拋擲動作，以防造成地面損傷。

⑪ 全部現場工作人員均須服從監工人員之指導。

(3) 完工後之場地整理：

① 每日完工後，區域內之所有垃圾碎屑均須清理乾淨。

② 不再需用之工具及物料，須立即移離工作區域。

③ 負責場地清潔者，應隨時用吸塵器清潔工作場地，必要時以拖把擦拭地板表面。

④ 詳細檢查工作區域，確定潔淨室地板表面無任何損壞。

而對於工程施工時，因潔淨室施工之進行，將依序進入各不同潔淨之管制階段，故其施工管理亦必須配合各階段管制而進行各項目之措施和執行內容，如表 1-76 所示。

在前已述及潔淨室之污染源 80 %來自作業人員，因此對須進入潔淨室工作的作業人員管理和教育訓練是爲重要項目之一，其教育及訓練項目之內容爲：

1. 有關潔淨度管理之一般常識。
2. 潔淨室設備之構架與功能介紹。
3. 在潔淨室內工作之作業要點與須知。
4. 潔淨室內設備之維護與清潔方法。
5. 生產製品及作業人員之流動路線提示規定。
6. 潔淨室內搬運器具或容器之使用管理規範。
7. 作業人員之保健與衛生。

表 1-76　各潔淨階段之施工管理

管制項目＼施工階段	一般潔淨階段	準潔淨階段	絕對潔淨階段
出入口管制	1. 配戴許可證 2. 注意公佈之管制區域 3. 進入管制區需從有鞋墊處經過並清潔鞋子	1. 配戴許可證 2. 注意公佈之管制區域 3. 進入管制區需從有鞋墊處經過並清潔鞋子 4. 更換爲無塵鞋或穿戴鞋套 5. 管制出入口	1. 配戴許可證 2. 只允許特定人員進出 3. 管制出入 4. 出入人員經過空氣浴洗機 5. 進入無塵室需著無塵衣無塵鞋
鞋子管制	出入口放置鞋墊	進入管制區需更換爲無塵鞋或穿戴鞋套	進入管制區需更換爲無塵鞋或穿戴鞋套
飲食控制	禁煙、禁吃食物、飲料、檳榔	同左	同左
衣著控制	衣著整齊	工作人員需著潔淨衣服進入管制區	1. 工作人員需著潔淨衣服進入管制區 2. 進入無塵室需穿著無塵衣
防護及臨時預製廠	1. 申請物料放置區 2. 不清潔物料須有隔離 3. 施行油漆工作需使用抽風機	1. 申請物料放置區 2. 禁止放置不清潔物料 3. 使用鋁製梯子 4. 燒焊時需將煙清掉	1. 申請物料放置區 2. 禁止放置不清潔物料 3. 架台清潔後方可進入 4. 使用清潔之架台
設備與物料到達	物料到達時，放置於臨時放置區需加以防護	設備／物料需用清水清潔	1. 禁止使用木質和紙類 2. 物和工具需用 5 % IPA & 純水清潔 3. 只有輕質物料允許進入潔淨室
工具	進入	月清水擦拭乾淨	用 5 % IPA & 純水擦拭乾淨
清潔	1. 殘料和物料每工工作完後需整理整頓 2. 殘料需分類分地方放置 3. 每天工作完後工作區域需清掃 4. 每週清潔和檢查一次	1. 殘料和物料每天工作完後需整理整頓 2. 殘料需分類分地方放置 3. 每天工作完後工作區域需清掃 4. 使用吸塵系統清潔 5. 清潔時需使用擦拭或吸塵系統之方式	1. 殘料和物料每天工作完後需整理整頓 2. 殘料需分類分地方放置 3. 每天工作完後工作區域需清掃 4. 使用吸塵系統清潔 5. 清潔時需使用擦拭或吸塵系統之方式

8. 突然發生災害時之處理及安全對策。

9. 潔淨衣之穿、脫、步行方式以及在潔淨室內之行動準則。

10. 搬進器材之清潔管理及潔淨度之檢查。

11. 潔淨室作業人員平時需注意之事項和管理辦法等。

以上之各項項須由專業或潔淨室管理人員做講師，完成上課訓練課程，並經考試合格後方准允進入潔淨室工作。表 1-77 爲潔淨室運轉管理記錄之項目；表 1-78 爲潔淨室內附屬工具、器具及設備之清潔方法及清潔頻率。表1-79、1-80，則爲潔淨室運轉時，潔淨室內和室外緩衝區、支援區之違反規定罰則參考。

在潔淨室維護管理方面，可以三部份來加以說明：(1)建築物之維護管理，(2)環境測定與管理，(3)除塵空調設備之維護管理。

表 1-77　潔淨室之運轉管理記錄項目

	日報	月報	年報
無塵室之運轉、停止	開始時刻運轉者 停止時刻運轉者 壓力、清潔度 溫濕度 作業時間	運轉時間次數 停機時間(清潔度) 作業時間	總運轉時間
監視	空氣壓 溫濕度分佈 (視作業之必要)	風速 風量 溫濕度分佈 浮游微粒子濃度 有害瓦斯微生物	氣流 查漏試驗
人員	負責者 專門人員 進出人數 健康檢查 局外人姓名	進出人數 局外人數	總進出人數 局外人總數

表 1-77 潔淨室之運轉管理記錄項目(續)

	日報	月報	年報
衣服交換檢查	交換 記錄 修理 洗衣	修理 洗衣 廢棄 (件數)	修理 次數 洗衣次數 廢棄數
檢查修理交換	時間 項目 內容 作業者	時間 項目 內容 作業者	時間 項目 內容 作業者
清掃	時間 場所 作業者	月別 認定	
物品搬入搬出 (清淨化)	時間 物品 數量 檢查清淨化 負責者	次數	次數
檢查	—	檢查	檢查 校正
其他裝置、設備 (在室內者)	—	安全設備之檢查、試驗	測定器之校驗 校正 機能檢查

表 1-78 潔淨室內附屬器具／設備之清潔方法及頻率

附屬設備、器具等		清潔方法及清潔頻度			備註
		隨時或每日	每週	每月	
真空吸塵器	吸口	A 擦拭			
	其他表面	B 擦拭	A 擦拭		
裝水容器	內面	A 擦拭			
	其他表面	B 擦拭	A 擦拭		
搬運箱	內面	A 擦拭			
	其他表面	B 擦拭	A 擦拭		
搬運車	貨座(念把手)	B 擦拭	A 擦拭		
	其他表面		B 擦拭	A 擦拭	
垃圾箱	內面	B 擦拭	A 擦拭		不能放置在 Class 3 及 4 之潔淨室內。
	其他表面		B 擦拭	A 擦拭	
原子筆		B 擦拭	A 擦拭		
工作檯	工作檯面	B 擦拭 必要時 A 擦拭	A 擦拭		※擦拭後再用浸於經過 0.2μm 孔徑薄膜過濾網過濾之異丙(烷)醇之泡棉擦拭使乾。
	其他表面		B 擦拭	A 擦拭	
椅子	上面	B 擦拭	B 擦拭		
	其他表面		A 擦拭	A 擦拭	
洗手盆	水盆面及水口	B 擦拭	B 擦拭		
	其他表面		A 擦拭	A 擦拭	

表 1-78 潔淨室內附屬器具／設備之清潔方法及頻率(續)

附屬設備、器具等		清潔方法及清潔頻度			備註
		隨時或每日	每週	每月	
吹乾器	吹出口內面	A 擦拭			
	其他表面	B 擦拭	A 擦拭		
鞋子清潔器	表面	A 擦拭			
儲倉室設備	內面	B 擦拭	A 擦拭		
	其他表面		B 擦拭	A 擦拭	
洗滌槽	槽內面	B 擦拭	A 擦拭		
			B 擦拭	A 擦拭	
其他有關設備表面			B 擦拭	A 擦拭	

備註：1. A 擦拭：以無塵布／紙擦拭，分乾、濕、再乾三次擦拭，濕式以純水爲之。
B 擦拭：以無塵布／紙擦拭，以乾式爲主。
2. 擦拭工作應在工作中隨時或工作完了時實施。
3. 垃圾箱應每天清理。

※異丙(烷)醇＝ISOPROPYL ALCOHOL：係洗劑之一種。

表 1-79 潔淨室運轉管理罰則(室內)參考

分類	項次	等級	檢查確認
1. 塵度維持	1. 施工用具需徹底清潔[用無塵布(紙)、純水清潔] 原則：以乾淨無塵布(紙)擦拭，不能留有灰塵油污	B	
	2. 動火、鑽孔、切割、研磨等作業，需經事先申請 原則：施工區域必須隔離，施工中要吸塵，施工後立即擦拭，廢料立即清除。(需使用無塵室專用吸塵器)	A	

表 1-79　潔淨室運轉管理罰則(室內)參考(續)

分類	項次	等級	檢查確認
1. 塵度維持	3. 著規定服裝(注意點)：		
	(1)拉鍊需確實拉上	A	
	(2)頭套下擺不可外露	B	
	(3)手套需穿戴，且不可有破損	B	
	(4)口、鼻不可外露	B	
	(5)必須配戴識別證，嚴禁冒用	B	
	4. C/R內高架地板：符合規範，並定期拖洗清潔地板、牆壁、玻璃、柱子、設備、治工具等亦隨時擦拭清潔	B	
	5. C/R 搬入口清潔：		
	(1)各隔離門除搬運外不得開啓，且兩門不可同時開啓	B	
	6. A/S 之兩門不可同時開啓	A	
2. 作業規定(含 5S)	1. 必須遵守潔淨室內糾察管制人員之指示運作	A	
	2. 不可損壞潔淨室內之各項生產設備及儀器	A	
	3. 廠內嚴禁吃東西(檳榔、口香糖、零食、飲料等)，用餐、用飲料及吸煙必須在指定場所(餐廳及吸煙區)	A	
	4. 嚴禁將水及飲料攜入更衣間及無塵區內	A	
	5. 嚴禁未照規定開啓管制門	A	
	6. 施工後或告一段落(如用餐)之廢料、雜物應立即以塑膠袋打包，並置於指定地點	B	
	7. 廠內未經申請嚴禁拍照、攝影(違反者攝影器材予以沒收)	A	
	8. 攜入物品之相關規定	B	
	9. 禁止坐臥於地板上	A	
	19. 潔淨室內嚴禁跑、跳	B	

註：A 級缺失：巡查發現即罰款。
　　B 級缺失：巡查發現時，第一次予以口頭糾正，再犯時即罰款。

表 1-80 潔淨室內運轉管理罰則(緩衝區及支援區)參考

分類	項次	等級	檢查確認
1. 塵度維持	1. 動火、鑽孔、切割、研磨等作業，需經事先申請 原則：施工區域必須隔離，施工中要吸塵，施工後立即擦拭，施工後廢料立即清除	A	
	2. 搬入口 (1)物：確實清潔[用無塵布(紙)、純水清潔] 原則：以乾淨無塵布(紙)，擦拭不能有灰塵油污	B	
	(2)人：不可進入，物品搬入後鐵捲(隔離)門立即關閉	B	
	3. 著規定服裝(注意點)：		
	(1)無塵服、保護服外不可再加外套	B	
	(2)鞋子禁踩後腳跟	B	
	(3)戴安全帽區需確實戴好	B	
	(4)拉鍊必須確實拉上	B	
	(5)必須配戴識別證，嚴禁冒用	B	
	4. 更衣間：		
	(1) 5S 維持	B	
	(2)衣、鞋擺放整齊	B	
	5. C/R 搬入口清潔：		
	(1)各隔離門除搬運門外，不得開啓且兩門不可同時開啓	B	
	(2)搬入室：垃圾需清潔	B	
	(3)開捆室：地板、鐵板需清潔(原則同 2.1)	B	
	6. A/S 內之清潔：符合 2.1(特別注意吹風口)	B	

表 1-80 潔淨室內運轉管理罰則(緩衝支援區)參考(續)

分類	項次	等級	檢查確認
1. 塵度維持	7. A/S 之兩門不可同時開啓	A	
	8. 搬入台車(油壓板車)必須於開捆區(清潔區)以純水擦拭乾淨後方可	B	
2. 作業規定(含 5S)	1. 必須遵守糾察管制人員之指示運作	A	
	2. 不可損壞各項生產設備及儀器	A	
	3. 廠內嚴禁吃東西(檳榔、口香糖、零食、飲料等)，用餐、用飲料及吸煙必須在指定場所(餐廳及吸煙區)	A	
	4. 嚴禁將水及飲料攜入更衣間及無塵區內	A	
	5. 嚴禁未照規定開啓管制門	A	
	6. 施工後或告一段落(如用餐)之廢料，雜物應立即以塑膠袋打包，並置於指定地點	B	
	7. 廠內未經申請嚴禁拍照，攝影(違反者攝影器材予以沒收)	A	
	8. 攜入物品之相關規定	B	

註：A 級缺失：巡查發現即罰款。
B 級缺失：巡查發現時，第一次予以口頭糾正，再犯時即罰款。

1. 建築物之維護管理：內容包含：

(1) 建築物內定期檢查清潔。

(2) 地板之清掃管理及損壞更新。

(3) 隔間牆及天花板檢查清潔和封補。

(4) 窗戶及門之保養等，擦拭清潔方法如表 1-81 所示。

表 1-81 潔淨室內建物、隔間及附屬設備清潔方式及頻率

潔淨室種類及位置			擦拭方法及其頻度			真空吸塵	備註
			每日	每週	每月		
非潔淨室及準潔淨室(準備室)		地面		B 擦拭	A 擦拭	每日 2 次	
		窗及玻璃				每月	每 2 個月實施 A 擦拭
		天花板				每月	每 6 個月實施 B 擦拭
潔淨室	地面	CLASS 3 CLASS 4	B 擦拭	A 擦拭		每日	
		上記以外		B 擦拭	A 擦拭	每日	
	窗及玻璃	CLASS 3 CLASS 4	B 擦拭		A 擦拭	每日	
		上記以外		B 擦拭		每週	每 2 個月實施 A 擦拭
	天花板	CLASS 3 CLASS 4			B 擦拭	每月	
		上記以外				每 2 個月	每 6 個月實施 B 擦拭

A/B 擦拭：表 1-78 說明

2. 環境測定與管理：潔淨室內之運轉狀況如溫、濕度及微塵粒子數應每日定期量測，以確實掌握環境品質，遇有數據異常，可立即做處理。表 1-82 爲某 A 公司潔淨室量測記錄之數據參考表。

表 1-82　潔淨室每日量測記錄參考表

日期 ＼ 位置 (spec)	T1 0.1μm < 1	T2 0.1μm < 1	T3 0.1μm < 1	T4 0.1μm < 1	T5 0.1μm < 1	T6 0.1μm < 1	T7 0.1μm < 1	T8 0.1μm < 1	T9 0.1μm < 1	Photo 0.1μm < 1	Meas 0.1μm < 1	Aisle 0.1μm < 1	T0 0.1μm < 1	Bunny Suit 0.3μm < 10	Service Suit 0.5μm < 1000	Decont Room 0.5μm < 1000	Tube Clean 0.5μm < 1000
80/01	0		0		0		0	0		0	0	0					
08/02	0	0		0		0	0		0	0	0		0	0,0			
08/03	0		0		0		0	0		0	0	0			240,50,310	5,10	28,27
08/04	0	0		0		0	0		0	0	0						
08/05	0		0		0		0	0		0	0	0					
08/06	0	0		0		0	0		0	0	0						
08/09	0		0		0		0	0		0	0	0					
08/10	0	0		0		0	0		0	0	0		0	0,0			
08/11	0		0		0		0	0		0	0	0			192,750,702	24,0	29,0
08/12	0	0		0		0	0		0	0	0						
08/13	0	0	0		0		0	0		0	0						
08/15	0	0		0		0	0		0	0	0						
08/16	0		0		0		0	0		0	0	0	0	0,0			
08/17	0	0		0		0	0		0	0	0				145,7,833	6,7	78,19
08/18	0		0		0		0	0		0	0	0					
08/19	0	0		0		0	0		0	0	0						
08/20	0		0		0		0	0		0	0	0					
08/22	0	0		0		0	0		0	0	0				152,391,238	5,15	11,14
08/23	0		0		0		0	0		0	0	1	0	0,0			
08/24	0	0		0		0	0		0	0	0						
08/25	0		0		0		0	0		0	0	0					
08/26	0	0		0		0	0		0	0	0						
08/27	0		0		0		0	0		0	0	0					
08/29	0	0		0		0	0		0	0	0						
08/30	0		0		0		0	0		0	0	0	0	0,0			
08/31	0	0		0		0	0		0	0	0				244,71,857	5,5	10,2

Total	合格	不合格
258	258	0

3. 防塵空調設備之維護管理，內容包括：

(1) 溫、濕度及微塵濃度管理和測試，唯其量測儀器應做定期校正檢驗，若有設備移動或施工時須做局部量測。

(2) 過濾網之管理：定期檢查及更換，表 1-83 爲各種過濾網之檢查及更換週期。

表 1-83　各類過濾網更換週期

種類	效率	最後壓降	差壓測試頻率	出風口塵埃測試	濾網更換週期
初級過濾網	NBS35 %	0mmAq	線上隨時測試	—	2 次／年
中級過濾網	NBS65～95 %	50mmAq	線上隨時測試	—	2 次／年
高性能過濾網	D.O.P.99.97 % 0.3μm	50mmAq	線上隨時測試	1 次／日	1 次／年
超高性能過濾網	D.O.P.99.97 % 0.1μm	50mmAq	線上隨時測試	1 次／日	5～10 年

備註：*1.* 出風口塵埃測試係在送風管或出風口附近進行。
2. NBS 係 National Bureau of standard 簡寫(美國國家標準局)。
3. D.O.P.係 Di-Octyle-Phtalate 簡寫(鄰苯二甲酸二辛酯)。

(3) 空調箱之管理：定期檢查隔板接縫及內部污染狀況，冷熱盤管是否有腐蝕現象。

(4) 送風機之管理：定期檢查送風機之運轉狀況，如表 1-84 所示爲送風機之各項檢查內容及週期。

(5) 風管及出風口之管理：檢查風管有否腐蝕、法蘭接口處有否洩漏、污染、塵埃堆積或保溫脫落等。

(6) 測試及量測儀器管理：定期校正及保養。

(7) 室內壓力管理：連續監視室內壓力記錄，以維持正壓爲基準。

表 1-84 送風機各項檢查及週期

檢查項目	週期	檢查要點或標準
運轉狀況	1次／日以上	是否有不正常震動或其他異常現象及異音等
皮帶之鬆緊度	1次／日以上	有無鬆弛或滑動聲音
電流值	1次／日以上	與平時之記錄值是否差異太大
軸承之潤滑油	1次／半年以上	補充新潤滑油以舊油脂被排擠出時爲止
基礎螺絲固	1次／半年以上	檢查固定螺絲有否鬆脫
馬達之絕緣測試	1次／半年以上	電壓值 3000V 時—3MΩ以上 電壓值 200V 時—0.2MΩ以上

(8) 冷凍主機、泵浦、鍋爐冷卻水塔之管理：定期檢查、保養及記錄運轉狀況以及水質變化分析，以控制調整加藥量，同時記錄好維修及故障處理經過(含故障原因)，以爲日後新進工程師訓練或再次發生同樣故障現象時，可立即排除故障。

(9) 潔淨室停止運轉再開機要點管理：於啓動空調所有系統後立即進行微粒子測試，俟潔淨室恢復穩定正常時再開始進料生產作業。表 1-85 爲空調設備應檢查之項目內容。

表 1-85 空調設備檢查項目

檢查項目	設施完成時	開始作業 (完成後一個月)	備註
各出風口塵埃濃度(個／ft^3)	√	√	
外氣塵埃濃度(個／ft^3)	√	√	
作業現場塵埃濃度(個／ft^3)		√	
出風口風速(m/S)	√		出風口中央
出風口風速分佈	√		抽樣檢查即可
外氣吸入量(M^3/min)	√	√	空氣調整器及氣門之調整作業
供氣量(M^3/min)	√	√	
循環空氣量(M^3/min)	√	√	
排氣量(M^3/min)	√	√	
空氣濾網壓降(mmAq)	√		
室內壓力(mmAq)	√	√	與大氣壓比較
溫度(℃)	√	√	線上隨時量測
相對濕度(%)	√	√	線上隨時量測
照明(LUX)	√		作業區
噪音 dBA	√		房間中央
振動(μm)	√		X、Y、Z 三軸方向

由於高科技廠對生產環境之品質要求相當嚴謹，因此潔淨室之運轉操作須以中央式自動監控系統來做爲聯合之監視及控制，此爲現今潔淨室必備之系統，其架構如圖 1-119 所示，一般此系統均具有監視與控制之雙重功能，是爲維持系統穩定且維持高效率運轉及管理和確保系統供應品質的利器。

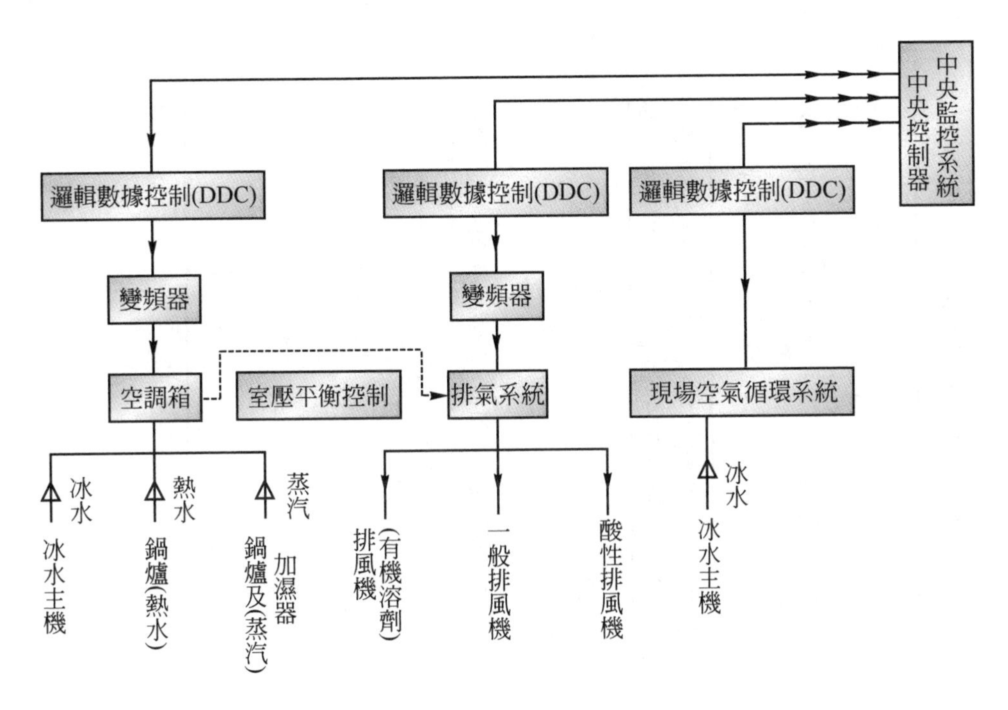

圖 1-119　潔淨室空調運轉監控系統架構

綜合以上所談之潔淨室運轉及維護管理原則，我們可將之歸納爲如表 1-86 所示之管理法則。

表 1-86 潔淨室潔淨度管理

項目	一般工作階段 (Normal Stage)	一般潔淨階段 (Normal Clean Stage)	準潔淨階段 (Super Clean Stage)	絕對潔淨階段 (Ultra Clean Stage)
穿著要求	一般穿著+識別證	一般穿著+識別證 外用鞋清潔	一般穿著+識別證(Up Shoes)	標準潔淨室衣著+識別證
清潔方式	水、抹布、掃具、拖把、清潔、擦拭	抹布、一般吸塵器、水清潔、擦拭 潔淨室周圍清潔管制	Vane Cotton 布、IPA+Di 擦拭 潔淨室周圍清潔管制	無塵布、IPA+DI 擦拭 潔淨室周圍清潔管制
工程開始 →	潔淨室作業教育訓練	人員工具出入口管制 一般潔淨期教育訓練	室內正壓 準潔淨期教育訓練	按裝過濾網 絕對潔淨教育訓練
作業方式	◎與一般工作類似，惟需注意整理、整頓及整潔 ◎完全禁絕檳榔 ◎潔淨室內禁止吃食	◎避免高發塵作業，如：焊接、切割等 ◎整理、整頓、整齊、整潔 ◎潔淨室內禁止吃食	◎若有發塵作業應隔離 ◎工具、材料嚴格擦拭後始得攜入 C/R 室 ◎整理、整頓、整齊、整潔 ◎潔淨室內禁止吃食	◎避免發塵作業，如有應確實隔離 ◎工具、材料不得置於 C/R，應加工後擦拭攜入按裝 ◎整理、整頓、整齊、整潔
安全要項	高架作業 開口部分注意 動火安全 絕對禁煙	高架作業 開口部分注意 動火安全 絕對禁煙	化學品洩漏 高架作業 電氣設備 絕對禁煙	化學品洩漏 電氣設備 絕對禁煙

1-14 潔淨室自動化系統

由半導體產品線徑的微細化，以及面板世代尺寸的極大化，產品技術複雜度不斷的提高，使得整體的製造成本亦不斷上升，其中潔淨室構建成本不斷上升是造成營運成本上升的重要因素，故降低整體潔淨室的面積和有效的加以應用是爲解決方案之一。然而要在經濟性的潔淨室空間中，獲得最佳的單位小時產品產出，對製造和製程工程師而言是一大挑戰，因此生產自動化和將標準機械介面(SMIF)導入生產設備中並輔以電腦整合製造(CIM)和管理資訊系統(MIS)，使以發揮出生產最大績效。另外晶圓尺寸和玻璃基板尺寸愈來愈大，已非一般作業員可以搬運，自動化傳送系統也順理成章地被導入使用，這些自動化傳送系統和電腦整合製造，不但解決了作業人員的物料和產品搬運，也降低了潔淨室的需求空間和隔離了外界之污染，產能和良率得以因而提升。

自動物料搬運系統(AMHS：Auto Material Handling System)俱備有如下之二項優點：①作業員可專注在高生產力的業，以生產高品質的產品，②經由AMHS對在製品(WIP：Work In Process)分配的管理可降低存貨成本和生產週期時間。

AMHS之組成系統包括了：①Interbay：不同製程生產之間的傳輸系統設備，② Intrabay：同一製程內部(或同 bay)傳輸系統設備，③樓層間之垂直傳輸(Interfloor)，④傳輸光罩之傳輸系統(Reticle AMHS)，⑤自動存取倉庫(Stocker/Buffer)，⑥傳輸軌道(Clean Way)，⑦台車(Vehicle)，⑧控制系統。其整體架構如圖 1-120 所示，而運作模式是經由 Interbay 系統，SMIF-Pod 將經由軌道上的搬運車從一生產區域送至另一生產區域，並暫放在貯存貨架(存取倉庫Stocker)中，同時爲解決不同樓層的傳送需求，因而亦使用了潔淨室用傳送電梯(Lifter)，再透過電腦整合製造系統的操作介面整合，任一放置在 Stocker 內之產品將會自動被送到要到達的貯存貨架，而開始另一製程。前所談及的電腦整合製造和管理資訊系統，是被應用來支援不同形式的操作，包含從進料到在製品追蹤到生產計畫、品質管理、樓板／廠房監控，以確保整個工廠運作的一貫性與資訊透明度。此一系統架構，包括六個模組化的子系統，分別爲排程、產品／製程追蹤、自動控制、品質管理、樓板／廠房監控和報表等。

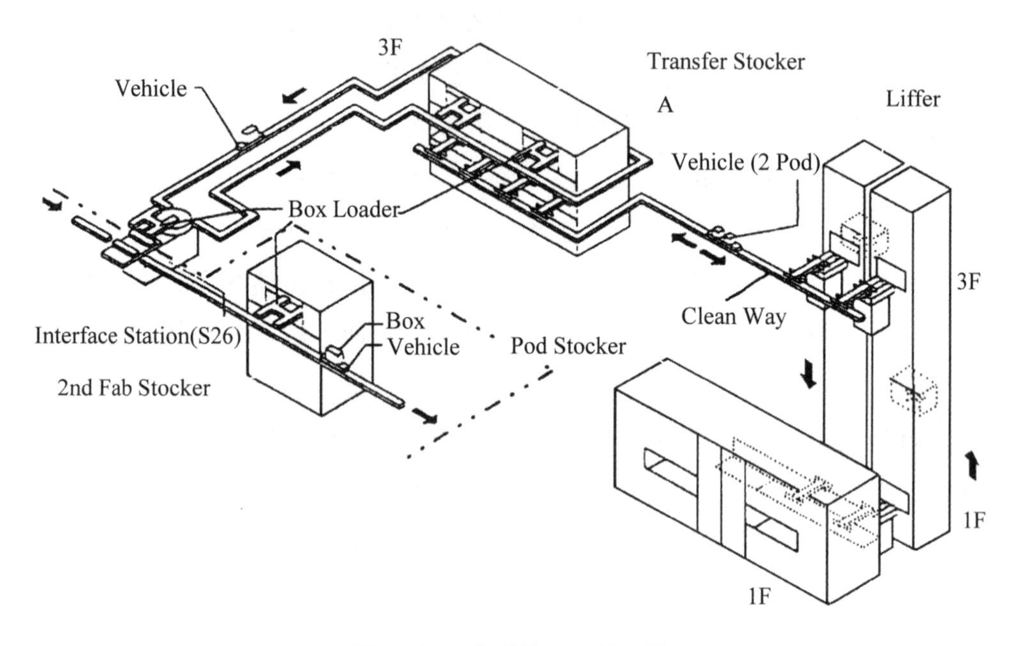

圖 1-120 自動傳送設備架構

在傳送軌道機構使用方面，有如下之幾種形式：①線性馬達傳動，是以日系產品爲主，其強調可靠度，②充電電池加直流馬達傳動，以美系爲主，強調彈性應用，③磁浮式軌道，④無接觸給電式軌道。至於台車使用方面，Interbay 和 Intrabay 二種是用不同之搬運設備。Interbay 所用者爲磁浮式台車(圖 1-121)和無接觸給電式台車(圖 1-122)；而 Intrabay 所用者爲：①自動搬運車(AGV” Auto Guided Vehicles 或 RGV：Rail Guided Vehicles)(圖 1-123 所示)，②捲升式台車(OHV：Overhead Hoist Vehicles)圖 1-124 所示。

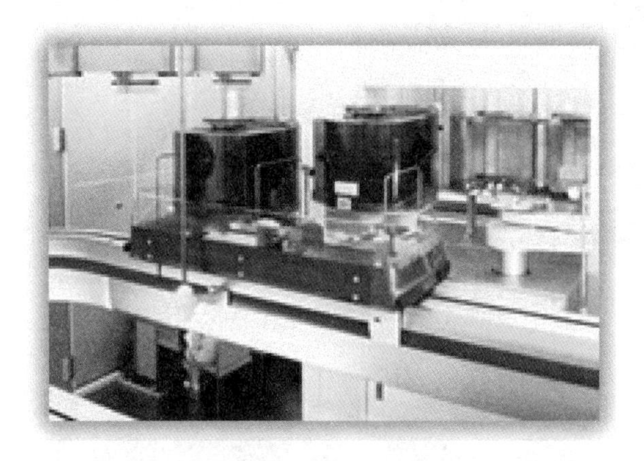

圖 1-121　磁浮式台車

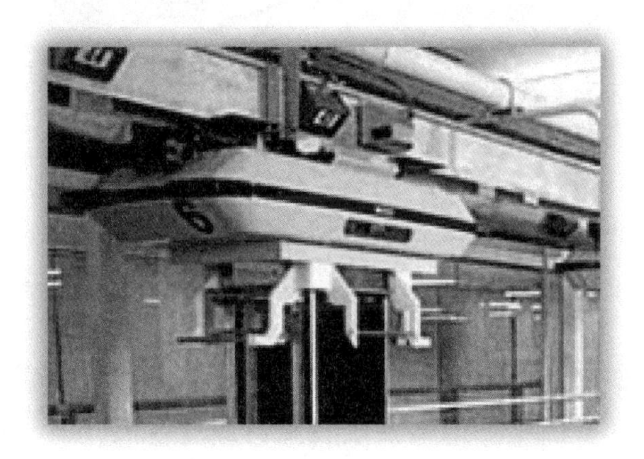

圖 1-122　無接觸給電式台車

圖 1-123 自動搬運車 AGV/RGV

圖 1-124 捲升式台車 OHV

在應用自動物料傳送系統時，有幾項要件須加以考慮：①潔淨室內系統設備潔淨度要高；②傳輸系統設備可靠度要高(至少 99.5％以上)；③軌道傳輸量要大(250～500Lot/hr)；④設備靜電防制及電磁干擾規範要確定；⑤運轉傳送時之加／減速度及震動考量；⑥設備之安全規範；⑦製造與使用者的電腦控制系統間之通訊介面；⑧設備增設與改造之彈性能力。

自動化和電腦整合製造以及 SMIF 之結合展現了一個高成本效益製造的契機，自動化的物料搬運之使用提供一個完全隔絕塵埃且不經作業員雙手的晶舟操作方式，而Interbay之自動物料搬運系與自動存取倉庫(Stocker/Buffer)的結合，更提供了一個提高作業人員生產力的有效途徑，其重要性可見。

1-15 潔淨室建造成本分析

在前面各章節裏所討論全是有關潔淨室的形式、設計、施工、測試和運轉與維護管理，而本節則是分析不同等級的潔淨室建造成本。前已一再提及，高科技廠的潔淨室建造成本，因產品和生產的環境需求，而大幅提高，此已造成生產成本和資金投資的一大負擔。

潔淨室建造成本之所以高的原因有如下數項因素：①需精密的溫濕度控制；②嚴苛的結構微震需求；③高級的空氣品質要求；④節約能源的設備購置；⑤不中斷生產之廠務配套措施；⑥嚴格的工安環保系統；⑦特殊的建材要求；⑧高穩定度的設備需求；⑨高潔淨度、無污染的配管材與系統；⑩嚴密的工程施工品質管制。而不同的潔淨度需求之潔淨室，其建造成本亦不同，唯早期因材料及技術發展不甚成熟，現今因產品技術之改良進步以及生產廠商增多，競爭激烈，故潔淨室之建造成本已大幅降低，以class 100爲例，早期建造成本約爲1890 USD/M^2，現已降至約1500 USD/M^2，降幅近約18％左右。表1-87爲各不同生產工廠潔淨室的規範需求，而表1-88則爲以Class 100×6000M^2爲例的潔淨室建造各項內容成本分析。而影響潔淨室建造成本的因素主要有：空氣交換次數，選擇之氣流模式、過濾網系統之選擇、空調箱數量、室內外壓差、溫／濕度之控制、排氣系統種類和排量、防震動需求、電磁干擾、靜電因素、能源總需求量、潔淨室架構之選擇、微塵粒子之控制以及環安考量和配管需求等。而表 1-89 則爲各不同等級潔淨度之潔淨室建造成本及運轉費用之預估值，可做爲參考。而爲了降低潔淨室的建造成本，在①空調、通風、排氣等省能設計技術之運用；②自動化；③迷你潔淨室(Mini-Environment)空間技術等之使用，是爲現今潔淨室的發展趨勢。

表 1-87　各不同生產工廠潔淨室的規範需求

廠別	潔淨度及架構	溫度 (℃)	相對濕度 (RH %)	噪音 (dBA)	正壓 (mmAq)	靜電	震動	電磁場	化學污染
Wafer FAB	① Ball Rm Type+class 100(0.1μm)with Mini-Enviroment ② Tunnel Type class 0.1, 1,10,100(0.1μm) ③ FFU system	22±0.1 | 22±0.5	45±1 % | 43±3 %	＜55	＞1.5	10^6～$10^8\Omega$	≦0.2μm (0.005m/s²) (3～50Hz)	＜1MG	Boron Amonia Na
IC Test /Assembly	① Ball Room Type+Class 1,000(0.3μ),Class 10,000(0.5μ)	22±1 | 22±3	45±5 %	＜60	＞1	10^6～$10^8\Omega$	≦0.1μm (0.01m/s²) (3～50Hz)	＜1MG	—
TFT	① Ball Room Type+class 100, Class 1,000(0.3μ) ② Partial Mini-Environment ③ FFU system	23±0.5 | 23±2	45±5 %	＜55	＞0.5	10^6～$10^8\Omega$	≦0.2μm (0.005m/s²) (3～50Hz)	＜1MG	Boron Amonia Na
LCD	① Ball Room Type+class 100, Class 1,000(0.3μ) ② Partial Mini-Environmnet ③ FFU system ④ Cutting/Rubbing Area Isolated	23±0.5 | 23±2	45±5 %	＜55	＞0.5	10^6～$10^8\Omega$	≦0.2μm (0.005m/s²) (3～50Hz)	＜1MG	Boron Amonia Na
LCM	Class 1,000(0.3μ) 10,000(0.5μ) 100,000(0.5μ)	23±2	55±5 %	＜60	＞0.5	10^6～$10^8\Omega$	≦1μm (0.01m/s²) (3～50Hz)	＜1MG	—

表 1-88 Class 100×6000M²潔淨室建造成本分析

項次	內容	單價 USD/M²	比重率	備註
1	空調箱與風管	153	9.8 %	1. 本表爲台灣施工之參考價，若在大陸約有10～15 %之價差。 2. 含 VOC 處理設備。
2	風扇濾網組(FFU)	496	31.9 %	
3	冰水主機／冷卻水塔	147	9.4 %	
4	排氣系統與排氣管路	158	10.2 %	
5	隔間牆	52	3.3 %	
6	高架地板	320	20.6 %	
7	冰水／冷凝水管路	68	4.4 %	
8	熱水系統(含鍋爐)	129	8.3 %	
9	天花板系統	32	2.1 %	
	Total	1550	100 %	

表 1-89 不同潔淨室等級建造成本及運轉費用預估

潔淨度 Class	建造成本 USD/M²	運轉成本 USD/M²・Year	備註
1 (ISO 3)	2800	260	1. 本表爲台灣地區施工參考價 2. 若在大陸約有 10～15 %之價差
10 (ISO 4)	1850	225	
100 (ISO 5)	1550	170	
1,000 (ISO 6)	890	75	
10,000 (ISO 7)	620	36	
100,000 (ISO 8)	350	21	

Chapter 2

超純水處理

2-1 前　言

對於半導體和光電產業而言，良率的提升，除了靠追求相關製造技術的精益求精之外，週邊的相關配合系統技術及供應品質之良好與否亦佔有相當重要之地位，而超純水處理即是其中之一。製程上爲去除附著於晶片上或玻璃上之殘餘酸鹼、有機物及其他外來之雜質或微粒子，須仰賴純水來洗淨處理，一套完整且俱高品質、高安全的純水處理製造系統之設計規劃，對高科技產業以及食品、醫藥工業而言，是相當重要且直接影響了產品之良率，製造成本，也影響了社會大眾人員使用之安全，因此無論在工業、商業、醫學及食品業和各研究機構方面，對高品質的純水有越來越強烈之需求。

2-1-1 純水之功能

在高科技產業上，純水用於製程階段的濕製程(Wet Process)上，由於在濕製程處理過程中所使用之水質，關係著產品之品質，其利用純水去除雜質及防止晶片或玻璃上形成氧化膜，故如果水質不良，非但不能去除不必要之雜質，且會造成產品之污染而影響品質。概括之，純水在高科技產業之功能如下：

1. 去除沈積物
2. 防止金屬離子污染
3. 防止有機物質污染
4. 防止氧化物之污染
5. 增加產品表面之整齊
6. 增加產品表面之平滑
7. 去除產品表面的微塵粒子及附著物

在醫學方面，生理食鹽水、注射溶液、清洗傷口溶液，由於其要求無菌、無雜質的品質，故目前已使用較經濟且品質亦符合需求薄膜逆滲透原理所產之純水來取代成本昂貴且產量受限之蒸餾法，以符所需。

在食品和研究實驗方面，純水亦做爲飲料溶液之來源、食品之清洗、化合物之製備、濃度之調配液、培養皿之培養液和組織切片之研究、沖洗器皿等。

2-1-2 水中之污染物

在純淨狀態下，我們知道水的溶解性很強，故有「萬能溶劑」之雅號尊稱，水在一定範圍內能溶解它遇到的任何東西。純淨水在高能量的狀態下能與自然界中的物質達到均衡狀態，也能溶解一定量接近飽和的物質，而達固體能被溶解的狀態。水中之污染物，包含大氣、礦物質和地表上的有機物(含天然的和人造的)，以及加上輸送過程和貯水時所接觸的一些礦物質。

水是從地表上的海洋、河、湖等蒸發或從植物上散發出來的，其蒸發出來的水遇上大氣層之冷空氣，形成雨、雪或冰雹等形式凝結物，組成最純淨的天然水同時攜帶著大氣中溶解之氣體如氧(O_2)、二氧化碳(CO_2)、二氧化硫(SO_2)、一氧化氮、一氧化硫、懸浮粒子和可溶物質等而降落到大地上，再從岩石或土壤中溶解分佈於其間之礦物質中之可溶性離子及有機物質。另外水中亦有難溶之分子或離子構成之沈澱物，如藻類、細菌、病毒和其腐敗之分解物等，而後水再藉蒸發作用不斷地從地表及土壤中蒸發至大氣，構成一水之循環，如圖 2-1 所示，說明了水之循環過程和其在循環過程中，如何受不純物之污染和天然的純淨化過程。

由此水之循環過程，可知水中之污染物大致可分為四大項：⑴溶解之物質，⑵溶解之氣體，⑶微生物，⑷特殊的物理性。

1. 溶解之物質包含了可溶之活性離子和可溶性有機物質。

⑴ 可溶活性離子：各種溶於水中之陰、陽離子及少量之過渡金屬離子，二氧化矽及矽酸鹽等。

⑵ 可溶性有機物質：此有機含醣類、蛋白質、胺基酸、脂肪酸……等以及其分解物。

2. 溶解之氣體：主要有二氧化碳(CO_2)、氧(O_2)、二氧化硫(SO_2)、硫化氫(H_2S)，甲烷(CH_4)……等。

3. 微生物：各種藻類、細菌、病毒、黴菌及其腐敗分解物等均屬之。

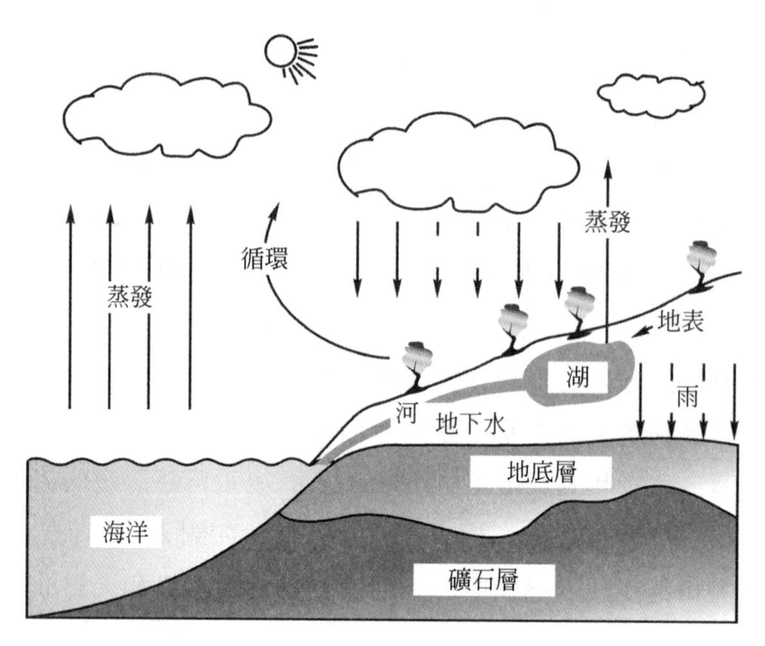

圖 2-1　水之循環

4. 特殊的物理性：特殊物理性質，包括了濁度、導電度、臭味等。

⑴ 濁度：為難溶由之分子和離子組成之懸浮物和膠體粒子等懸浮固體所致成。

⑵ 導電度／電阻值：導電度(conductivity)，其單位為Micromho/cm (μ℧/cm)或 Microseimens/cm (μs/cm)表示；而電阻值(Resistivity)則為導電度之倒數(即$\frac{1}{導電度}$)其單位以百萬歐姆一厘米(MΩ-cm)表示，其大小值取決於水中離子之濃度和移動速度以及當時之溫度而定。

⑶ 臭味性：主要來自硫化氫(H_2S)之腐敗味或處理水過程中所添加過量的氯(Cl_2)所導致之刺激臭味或油污廢水所造成的臭味等。

2-1-3 水中不純物之測定分析

並非所有水中之混合物質均屬污染物，而其淨化之需求程度取決於各種不同使用場所和用戶而定。一般而言水中之不純物測定及分析可分爲定性分析、定量分析和單元分析三種。

1. 定性分析

定性分析係了解水中一些較明顯的物理性，包括了下列各項目：

(1) 濁度(NTU)

濁度包括懸浮在水中較小的有機物和無機物。這些微粒會造成水質混濁，影響光線之散發。濁度單位係表示光束能通過溶液之程度。其單位爲NTU(Nephelometric Turbidity Unit)。濁度只能表示水中懸浮物質固體顆粒有多少，而無法測定水中溶解性或雜質之含量。

(2) 污泥密度指數(SDI)

濁度和污泥密度指數(Slit Density Index，SDI)均是表示懸浮物質含量的項目，SDI是針對不易過濾及分離的膠狀物多寡而加以量測，値愈高表示水質愈不佳。膠狀物的形成是因水中之離子聚集在固體顆粒周圍。可形成膠體之顆粒包括矽化鋁、氧化鐵、黏土、氫氧化鋁、細菌、藻類、微生物及腐質酸等。

(3) 味道

味道一般不能準確的被用來測定雜質含量，若喝水時水中有怪味道，說明水中可能存在著有害的污染物質。

⑷ 顏色

顏色是由有機物所產生，其雖不一定有害健康，但明確存在著一定量的雜質，並使視覺產生不好的感覺，其可用已知的有色溶液瓶做目測比較。

⑸ 氣味

鼻子是最敏感的嗅覺工具，有經驗或經訓練過的人員能測PPb 級濃度的氣味。氣味是最早告知我們物質已受污染之警號，無論它是否對人體有害。

2. 定量分析

定量分析是以儀器測量水中之成份，是純水處理分析使用最主要之方法。其可分為：

⑴ 酸鹼值(PH 值)

溶液的酸鹼性是以PH值測定，PH值能測量水中氫離子之濃度，其範圍為0～14，如果氫離子與氫氧離子的濃度相等，則PH值為7，表示此溶液是中性溶液。PH 值小於 7 則為酸性，PH 值大於 7 則為鹼性。每一單位均表示 10 倍關係，如 PH 值為 6 之酸性濃度是 PH 值為 7 之 10 倍，PH 值為 5 是 PH 為 7 之一百倍。

⑵ 總固體數

總固體數(Total Solid，TS)是總溶解固體數(TDS)及總懸浮固體數(TSS)之和。TDS 是指水中溶解的無機物和有機物之總量，其使用單位為ppm或毫克／公升，其數值經驗公式為電導度乘以 0.5。

⑶ 導電度與電阻值

導電度是指水溶液導電的能力，其和水溶解的溶質種類及多寡有關，常用之單位為 Micromho/cm(μ℧/cm)或 Micro

Siemens/cm(μs/cm)。而電阻值則爲導電度的倒數，單位爲百萬歐姆-厘米(MΩ-cm)，一般水之導電度較高，因此均用導電度表示，而純水或超純水因導電度較低，故以電阻值表示，超純水通常電阻值在 10^7Ω-cm，習慣上以 18.2MΩ表示。導電度與電阻值皆和溫度有密切關，在 25℃時電阻值爲 18.24MΩ-cm，但同樣水在 70℃時，其電阻值則爲 2.9MΩ-cm。表 2-1 及表 2-2 所示分別導電度、電阻值和可溶性固體之相互關係表以及導電度、電阻值與溫度之關係表。

表 2-1　導電度、電阻值、可溶性固體(TDS)相互關係表

導電度 μ℧/cm 25℃	電阻值 MΩ·cm 25℃	可溶液固體 ppm	導電度 μ℧/cm 25℃	電阻值 MΩ·cm 25℃	可溶液固體 ppm
0.056	18	0.028	28	0.0357	14
0.059	17	0.029	30	0.0333	15
0.063	16	0.031	40	0.025	20
0.067	15	0.033	50	0.02	25
0.072	14	0.036	60	0.0167	30
0.077	13	0.038	70	0.0143	35
0.084	12	0.041	80	0.0125	40
0.091	11	0.045	100	0.01	50
0.1	10	0.05	120	0.0083	60
0.112	9	0.055	140	0.0071	70
0.125	8	0.063	160	0.0063	80
0.143	7	0.071	180	0.0056	90

表2-1 導電度、電阻值、可溶性固體(TDS)相互關係表(續)

導電度 μ℧/cm 25℃	電阻值 MΩ·cm 25℃	可溶液固體 ppm	導電度 μ℧/cm 25℃	電阻值 MΩ·cm 25℃	可溶液固體 ppm
0.166	6	0.083	200	0.005	100
0.2	5	0.1	250	0.004	125
0.25	4	0.125	278	0.0036	139
0.335	3	0.166	312	0.0032	156
0.5	2	0.25	344.8	0.0029	172
1	1	0.5	400	0.0025	200
2	0.5	1	434.8	0.0023	217
4	0.25	2	476.2	0.0021	238
6	0.166	3	500	0.002	250
8	0.125	4	526.3	0.0019	263
10	0.1	5	555.5	0.0018	278
12	0.083	6	588.2	0.0017	294
14	0.0714	7	625	0.0016	312
16	0.0625	8	666.6	0.0015	333
18	0.0556	9	714.2	0.0014	357
20	0.05	10	833.3	0.0012	416
24	0.042	12	1000	0.001	500
26	0.0385	13	1250	0.0008	625
			1666	0.0006	833

表 2-2　導電度、電阻值與溫度之關係表

溫度 ℃	導電度 μ℧/cm	電阻值 MΩ-cm
0	0.0116	86
5	0.0167	59.9
10	0.0231	43.31
15	0.0314	31.87
20	0.0418	23.92
25	0.0548	18.24
30	0.0714	14.00
35	0.0903	11.08
40	0.1133	8.82
45	0.1407	7.11
50	0.1733	5.77
55	0.2103	4.75
60	0.252	3.97
65	0.3015	3.32
70	0.316	2.90
75	0.409	2.45
80	0.467	2.14
85	0.535	1.87
90	0.603	1.66
95	0.690	1.45
100	0.788	1.27

⑷ 微生物污染

微生物分爲有生命和無生命二種，有生命之生物如有合適之條件可迅速繁殖；而無生命物質是從有生命之生物中分離或產生出來的。

⑸ 細菌群體

水中細菌污染是用每毫升中所含有機微生物總數或用每100毫克所含之群體數來加以表示。

⑹ 總有機碳量(Total Organic Carbon，TOC)

TOC 是測量水中生物污染的指數參數，單位爲毫克／升(mg/*l*)或ppm表示。TOC爲高科技產業所用純水中之一重要品質量測指標。

⑺ 生化需氧量(Biological Oxygen Demand，BOD)

BOD是測量水中有機物污染的參數，以毫克／升(mg/*l*)或ppm 表示。BOD 表示含有機物的水中，微生物繁殖所需的新陳代謝耗氧的數量。

⑻ 化學需氧量(Chemical Oxygen Demand，COD)

COD 是測量水中有機物化學氧化所需氧的數量，其單位同BOD。

3. 單元分析

單元分析是指可通過水樣分析技術的確定數量之物質。其可分爲：

⑴ 硬度

水中所含有的鈣離子和鎂離子數稱爲水的硬度，常用之單位爲ppm as $CaCO_3$。自然界中之水依硬度之高低大致可分爲軟水(硬度小於60ppm)，中度硬水(61～120ppm)，硬水(121～180ppm)和高度硬水(180ppm 以上)四個等級。硬度可依能否加熱給于去除分爲暫時硬度和永久硬度。暫時硬度主要成分爲碳酸鈣，可於加熱或濃縮過程中結晶而形成沈澱物，此結晶沈澱析出之現象稱爲結垢。永久硬度指鈣、鎂之氯化物、硫酸鹽等無機鹽，其不會因加熱或濃縮而結晶沈澱。

(2) 鐵離子

鐵爲一常見之雜質，其佔地球外殼成份之5%，是爲最難消除的雜質之一。鐵能將二價鐵轉變爲不溶性的三價鐵。在溶液中二價鐵和鈣、鎂等離子作用，使水產生硬度。當氧化發生時，二價鐵轉化成三價鐵，使水變成紅棕色，此即生銹現象，此現象將造成水管之堵塞。

(3) 二價錳離子

二價錳離子之性能像鐵，但不像鐵經常存於水中，二價錳會形成暗黑色沈澱。

(4) 硫酸根離子

一般低濃度之硫酸根不會影響水質，但高濃度則會產生強烈的氣味和腐蝕作用。

(5) 二氧化氮

一般二氧化氮均是天然的，但如在供水中出現，表示有人爲污染，此污染通常來自動物之排泄物。

(6) 氯氣及氯化物

氯氣在供水中(尤其是自來水系統)是作爲滅菌之用，一般含量在0.1～0.7ppm間，氯與水溶解並相互作用產生塩酸和次氯酸，當PH值爲≥7時，氯如同次氯酸一樣是一種強氧化劑；當 PH 值小於7時，塩酸和次氯酸則爲一良好之消毒劑。氯通常以氯胺之形式存在。氯與氨相互作用而使水質保持穩定，但由於氯的味道不受人們歡迎，同時也易形成少量之三鹵甲烷，形成致癌物質而影響使用者之健康。

⑺ 鈉離子

鈉離子存在鹽溶液(如氯化鈉、碳酸鈉)中，通常作爲水軟化工業中去離子的副產品，鈉離子本身除了會增加水中之導電度外，本身並無水質影響問題，但當鈉離子和氯離子或氫氧離子結合時，它能腐蝕鍋爐，在高濃度下更能腐蝕不銹鋼。

⑻ 可溶解性氣體

可溶解於水之氣體有多種，較重要且常見的如下：

① 二氧化碳：可溶性二氧化碳會形成碳酸，降低水之 PH 值，並腐蝕水管，尤其是蒸氣管和冷凝水管。

② 氧：氧在濃度約 13ppm 時才會溶解於水中，此時會腐蝕水管、鍋爐甚至熱交換器系統。

③ 硫化氫：硫化氫帶有濃厚的臭雞蛋味道，使人產生作嘔之不舒服感覺。

⑼ 重金屬

重金屬存在於水中，除了增加導電度影響水質外，達到一定量時對人體會產生嚴重的健康問題，此在醫藥、食品之使用是須特別注意之因素。

2-2 超純水之製造

2-2-1 超純水之規範

超純水之用於高科技產業如半導體和光電(薄膜液晶顯示器TFT-LCD等)以及醫藥食品業，因其各自使用之目的和需求條件不同，而有不同之要求規範，故如下將依藥品、半導體和TFT-LCD之水質規範分別說明。

爲使讀者熟悉整個水質經純化後之程度，首先先以新竹科學園區所使用之原水(水源來自寶山水庫和永和山水庫)水質，如表 2-3 所示，特須注意者是表中之數值會隨著季節或氣候因素之變化，如豐水期、枯水質、梅雨季、颱風天…等，而有顯著之差異。由於半導體技術之演進與元件密集化，線徑由早期之微米(> 1.0μm)到次微米(< 1.0μm)以迄今之奈米[0.11μm(110*n*m)；0.09μm(90*n*m)及 0.065μm(65*n*m)]，在線寬日益縮小下，其密集度對應水質之要求自亦是日趨嚴格，亦即離子之濃度將從 ppm 去除至 ppb(十億分之一)甚至 ppt(兆分之一)，表 2-4 所示爲半導體業所需之超純水水質。

表 2-3 新竹科學園區原水水質

成分名稱／組成	單位	原水水質
酸鹼度	PH 值	7.0～7.6
電導度(Conductivity)	μS/cm	240～370
鈣離子(Calcium ion, Ca^{2+})	ppm as $CaCO_3$	80～90
鎂離子(Magnesium ion, Ma^{2+})	ppm as $CaCO_3$	30～35
鈉離子(Sodium ion, Na^{+})	ppm as $CaCO_3$	20～60
鉀離子(Potassium ion, K^{+})	ppm as $CaCO_3$	2.4～3.6
總陽離子濃度(Total Cation)	ppm as $CaCO_3$	132～189
碳酸根(Carbonate, CO_3^{2-})	ppm as $CaCO_3$	70～90
硫酸根(Sulfate, SO_4^{2-})	ppm as $CaCO_3$	45～64
氯離子(Chloride, Cl^{-})	ppm as $CaCO_3$	16～33

表 2-3 新竹科學園區原水水質(續)

成分名稱／組成	單位	原水水質
硝酸根(Nitrate, NO_3^-)	ppm as $CaCO_3$	＜2.0
總陰離子濃度(Total Anion)	ppm as $CaCO_3$	132～189
鐵離子(Iron ion, Fe^{x+})	ppm	0.05～0.5
錳離子(Manganese ion, Mn^{x+})	ppm	＜0.02
總矽量(Total Silica, SiO_2)	ppm	5.0～10.0
溶解二氧化碳(Dissolved CO_2)	ppm	9.8～12.6
氯氣，臭氧(Cl_2，O_3 etc.)	ppm	0.2～1.2
總有機碳含量(Total Organic Carbon, TOC)	ppm	1.1～2.5
污泥指數(Slit Density Index, SDI)		6.0～6.7
溫度(Temperature)	℃	15～27

表 2-4 半導體所需純水水質

項目 \ 產品等級DRAM		1G	4G	16G	64G	256G
電阻值 25℃	MΩ-cm	≥ 18.1	≥ 18.1	≥ 18.2	＞18.2	＞18.2
微粒子 個／m*l*	＞0.2μm	＜1	—	—	—	—
	＞0.1μm	＜5	＜1	—	—	—
	＞0.05μm	—	＜5	＜1～3	＜0.5	＜0.1
	＞0.03μm	—	—	＜5	＜3	＜1
細菌	cfu/*l*	＜5～1	＜3～1	＜0.5	＜0.1	＜0.05
總有機碳 TOC	PPb	＜5～10	＜1～5	＜1～0	＜0.3	＜0.1

表 2-4　半導體所需純水水質(續)

項目	產品等級DRAM	1G	4G	16G	64G	256G
二氧化矽(Silica)SiO_2	PPb	＜2～1	＜0.5～1	＜0.1～0.3	＜0.05	＜0.01
溶存氧 DO	PPb	＜10～5	＜5～1	＜1～0	＜0.5	＜0.05
Na	PPt	＜20	＜10	＜5	＜1	＜0.1
Fe	PPt	＜30	＜20	＜5	＜1	＜0.1
Zn	PPt	＜30	＜20	＜5	＜1	＜0.1
Cu	PPt	＜30	＜20	＜5	＜1	＜0.1
Cl	PPt	＜30	＜20	＜5	＜1	＜1
壓力	kg/cm^2	4±0.5	4±0.5	4±0.5	4±0.5	4±0.5
溫度℃	常溫	25±2	25±2	25±2	25±2	25±2
	熱水	70±5	70±5	70±5	70±5	70±5

在薄膜液晶顯示器方面，由於其設計之線徑一般均比半導體來得大，但由於其前段製程 TFT(Array)和半導體製程類似，於某些製程需求規格與半導體相當，故一般仍採與半導體相似之規範；唯在中段製程 LCD(Cell)，因製程之特性需求分別使用不同規範以及較低等級之純水，亦即在薄膜液晶顯示器之製造過程中，將因不同之製程設計而有不同之純水規範，最多有三種不同之水質需求，如表 2-5 所示。

表中之離子水是與半導體廠較不同之處，其處理方式是在水中加氨水(NH_4OH)，並將其PH控制在 8.5～9.0 之間，同時通入約 0.25～0.3ppm 濃度之氫氣，使水成爲離子水，此水有較強之去除微粒子能力，尤其是在 TFT-LCD 大尺寸之玻璃面板更有此需要。

表 2-5 TFT-LCD 純水水質規範

項目	水類別	高等級純水 (HGUPW)	較低等級純水 (LGUPW)	離子水 (Ion water)
電阻值	MΩ-cm	＞18	＞10	—
微粒子數	0.2μ pcs/c.c	＜5	＜10	＜10
細菌	cfu/100c.c	＜5	＜50	＜5
TOC	PPb	＜50	＜50	＜50
DO	PPb	＜20	＜100	＜100
SiO_2(Silica)	PPb	＜5	＜20	＜5
Na^+	PPb	＜1	—	＜1
水溫℃	常溫	24±2	24±2	24±2
壓力	kg/cm^2	5±0.5	5±0.5	5±0.5
氧化還原電位(ORP)	mV	—	—	＜−700

於醫藥和食品工業方面，其需求重點在於微生物之控制，其他則要求較低，規範如表 2-6 所示。

表 2-6 醫藥用純水水質規範

項目	類別	USP22 版	USP23 版
PH 值		5.0～7.0	不改變
氯	ppm	＜0.5	取消，改以電阻值量測
氨水	ppm	＜0.03	取消，改以電阻值量測
鈣	ppm	1.0	取消，改以電阻值量測

表 2-6 醫藥用純水水質規範(續)

項目	類別	USP22 版	USP23 版
二氧化碳	ppm	＜5.0	取消，改以電阻值量測
重金屬	ppm	＜0.1 as Cu	取消，改以電阻值量測
總固體數	ppm	＜10	取消，改以電阻值量測
TOC	ppb	—	＜50PPb
電阻值	MΩ-cm		≥ 1MΩ-cm
細菌	cfu/c.c	0	0
碳酸	ppm	＜1.0	取消，改以電阻值量測
氧化物質	ppm	經過 USP 測試合格	以 TOC 量測取代

※ USP：Standards Of United States Pharmaceutical

至於其他相關光電產業之水質要求如表 2-7 表示。

表 2-7 各光電產業純水水質規範

項目	類別	OLED	LED	Color Filter
電阻值	MΩ-cm	＞18	＞18	＞18
TOC	PPb	＜3	＜50	＜50
SiO_2	PPb	＜1	＜5	＜10
DO	PPb	＜20	＜100	＜50
Particles	pcs/c.c 0.2μm	＜10	＜20	＜10
水溫	℃	24	24	24
壓力	kg/cm^2	4±0.5	4±0.5	4±0.5

2-2-2 純水製造類別分析

純水之製造方式，在工業和民間使用不同。在工業界使用離子交換樹脂法；而在民間家庭或小型工廠使用者則爲逆滲透膜法(反滲透膜法)。離子交換樹脂法(Ion Exchange Resins Method)是利用H^+，OH^-離子交換樹脂來除去鹽類離子，H^+離子可取代金屬離子如Ca^{2+}、Na^+、Mg^{2+}等；而OH^-離子可取代陰離子如SO_4^{2-}、Cl^-、HCO_3^-、SiO_2等，當H^+、OH^-離子釋放在水中會因化學分子加成作用而形成H_2O，達到除去其他離子之作用，如圖 2-2 所示。而逆滲透膜法(Reverse Osmosis Membrane Method，RO)是於高壓力操作下，利用膜來除去鹽類及有機物。此薄膜可排除離子和過篩有機物，而使純水通過濾膜表面上的微孔流出，逆滲透膜之原理，如圖 2-3 所示。當等量之水被一半透膜隔開，則發生滲透現象，即由較稀溶液滲透至較濃之溶液，直到二者濃度達平衡狀態時，液位高低不再發生變化，此能量差稱之爲滲透壓；當從外施一個大於滲

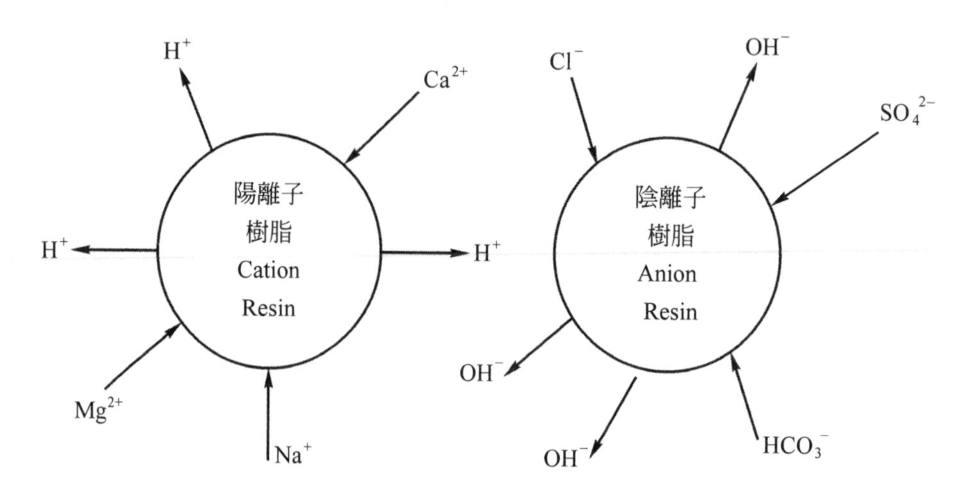

圖 2-2 陰陽離子交換樹脂法

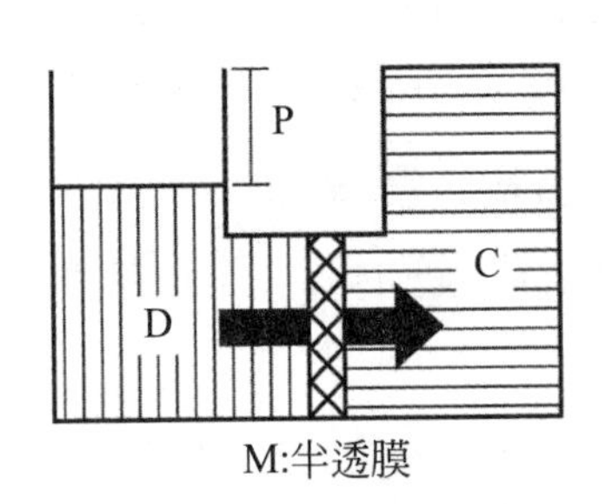

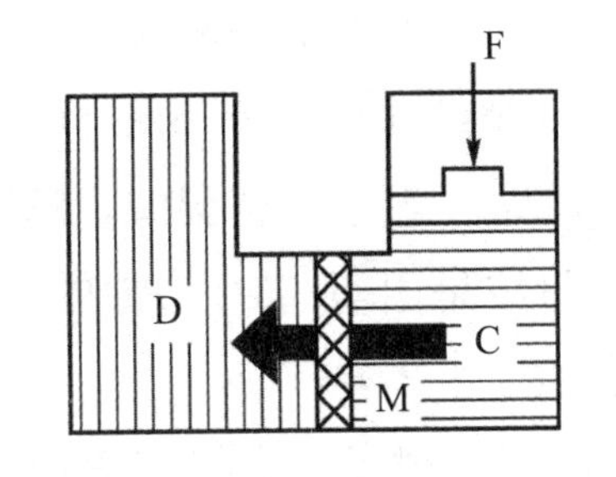

P:滲透壓
F:大於滲透壓之外力
D:稀溶液
C:濃溶液

圖 2-3　逆滲透膜原理

透之壓力於濃度較高之溶液時，則濃度較高之溶液將透過半透膜滲透至較稀溶液，此現象稱之爲逆滲透。當原水經逆滲透設備流入膜之表面，壓力使淨水經過薄膜，並使原水中之不純物質濃縮並流出，逆滲透膜可去除離子，並可去除所有分子量大於 200 之有機物質。

離子交換樹脂法與逆滲透膜法二種設計製造方法各有其優缺點，表 2-8 爲兩者之比較，唯目前在高科技產業中，二者是併用。

表 2-8　離子交換樹脂法與逆滲透法處理系統比較表

類別	優點	缺點
離子交換樹脂法	1. 採水效率大於 95 %以上。缺水區較適用，採水量大。 2. 備載容量彈性大，可取部份水作爲其他用水，如冷卻塔補給水而提高濃縮倍數。 3. 運轉成本低。 4. 可連續操作，不需年度停機保養。	1. 總建造成本較高。 2. 需用化學品作再生，費用與 RO 耗電量相當。 3. 再生廢液須中和處理。 4. 操作程序複雜，須專業運轉人員，不適合小規模工廠。
逆滲透法	1. 總建造成本較低。 2. 廢液可直接排放，不需再處理。 3. 操作容易，適合小工廠使用。	1. 耗電量大，與離子交換所用之化學品費相當。 2. 採水效率低，約只有 80 %，缺水區不合適。 3. 容易阻塞，造成供應中斷。 4. 因濾材(RO 膜)貴，運轉成本較高。

另外，目前在市面上亦有另一種純水之製造方法即CEDI(連續式電解去離子法(Continuous Electrodeionizatin，另稱 CDI 或 EDI)，其主要用途乃針對半導體廠、電子、製藥或實驗室等高科技產業提供高純度之超純水需求，該科技是由美國IONPURE公司所研發問世，目前在世界上亦佔有一席之地。

CEDI 連續式電解去離子法之操作原理是依靠離子交換膜、樹脂和電極連續生產高純水之技術，利用電極產生的直流電去除水中一切離子化和可被離子化之雜質，同時對樹脂進行連續再生，簡言之，CEDI 就是添加了樹脂後的電滲析，圖 2-4 所示爲其系統原理及流程圖。

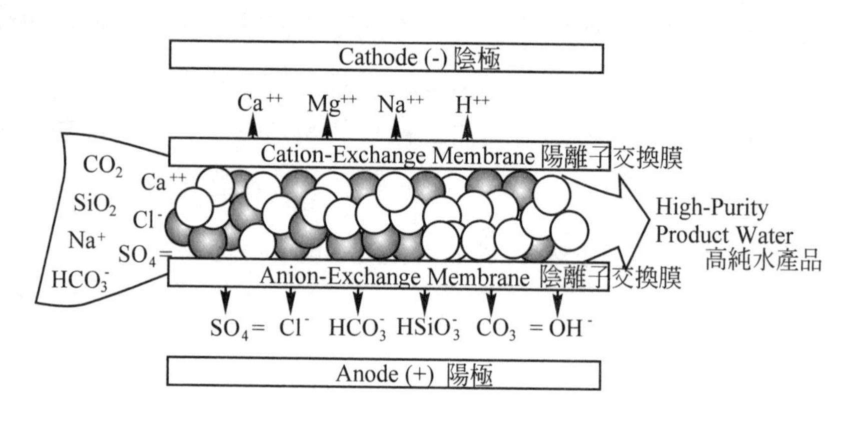

圖 2-4 CEDI 系統流程圖

此 CEDI 與離子交換樹脂法比較有以下特點：

1. 連續生產高品質之純水，而無干擾、停機或不穩定之煩惱。
2. 因其不需再生，故可避免有害的化學品和相關廢棄物處理問題。
3. 可減少運轉費用。
4. 安裝容易，所佔空間較小。
5. 因爲是模組化故具擴充性，但採水總量受到限制是其缺點。

圖 2-5 爲 CEDI 膜塊運作原理

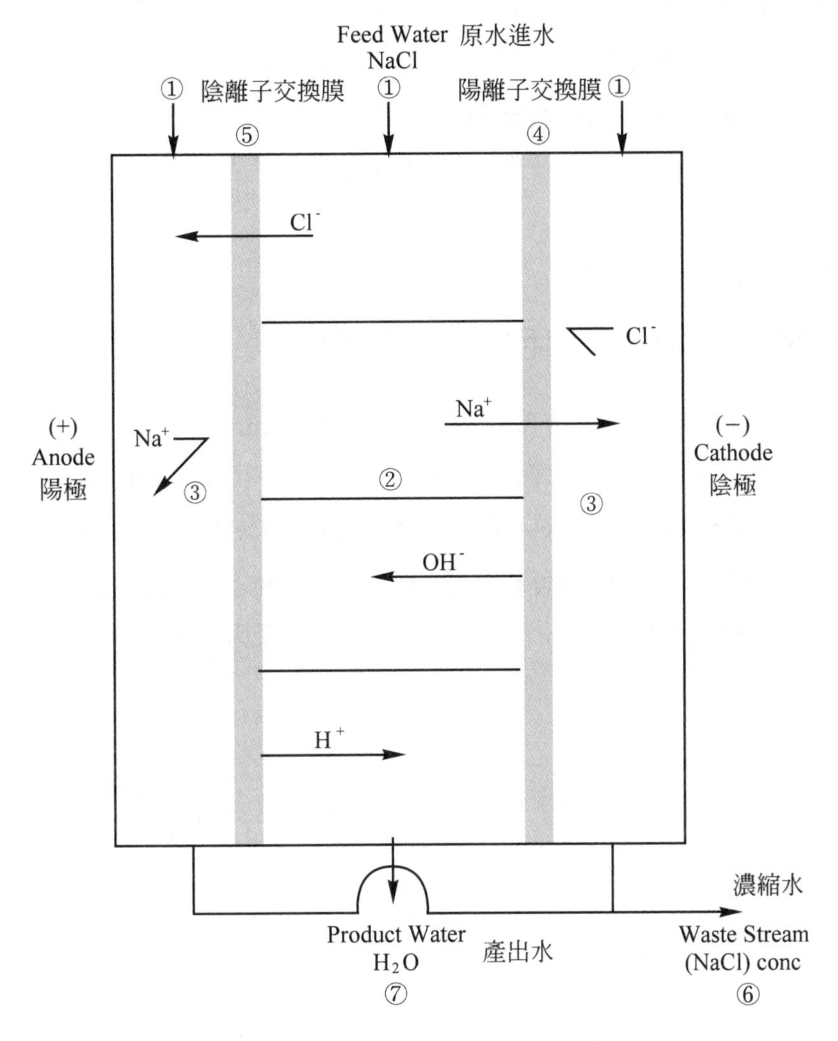

圖 2-5 CEDI 膜塊運作原理

(1) 原水進入系統後將分流至產品水及濃縮水層，水流流向將與膜層表面平行。

(2) 專利樹脂將捕獲分散於原水中的離子。

(3) 電吸力將驅策捕獲之陽離子通過陽離子膜，陰離子通過陰離子膜。

(4) 陽離子滲透膜可將如鈉離子Na^+之陽離子排出產品水層，並且防止陰離子由另一側之濃縮水層進入產品水層中。

(5) 陰離子滲透膜可將如氯離子 Cl^-之陰離子排出產品水層，並且防止陽離子由另一側之濃縮水層進入產品水層中。

(6) 濃縮水層排放出含離子之濃縮水。

(7) 產品水出水端。

2-2-3 純水製造用膜材質比較

目前RO膜較常使用者為螺旋包疊式結構(Sprial Wound)，如圖2-6所示，其所用材質分別為聚醯胺薄層複合材質(Thin-Film Composite Polyvinyl Alcoholic，TFC-PA)及醋酸纖維膜(Cellulose Acetate，CA)二種，唯因TFC-PA膜俱有較多之性能優點，雖然尚有部份之RO系統仍使用CA材質，然只佔一小部份，其仍使用原因為價格便宜以及前處理之因素。

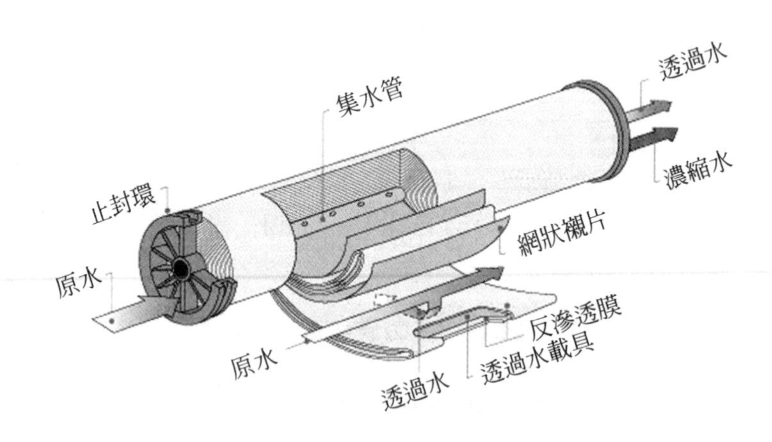

圖2-6 螺旋包疊式反滲透膜管

一般而言CA較易受損害，其原因如下：

1. CA 膜易受微生物及細菌的侵噬，所以常須對細菌及微生物做消毒之工作，而加氯滅菌是爲最常用之方法，然因 CA 膜對餘氯無法去除，致使餘氯進入離子交換樹脂，而破壞陰陽離子交換樹脂之官能基。
2. CA膜對化學藥品之去除率，因其在鹼溶液中CA膜會迅速水解，故只被限制在PH4～6之間操作，若PH在7.5以上時CA膜之壽命則只能維持數月，基於此CA膜只能用中性劑清洗，因而產水率較差。
3. CA 膜必須在高壓下操作，一般爲400psi，使 RO 膜因擠壓潛變而造成壓縮，致透水量減少。
4. CA 膜對溫度相當敏感，若溫度在35℃以上，會增加 CA 膜之水解速度而致損壞，若在超過30℃上只能運轉一年，而鹽之透過率將變成兩倍以上，亦即去除能力降至90％以下。
5. CA 膜對於矽化合去除能力僅75％，有機物之去除能力90％，致使其在超純水之應用上受到限制，無法能獲得預期之水質。
6. 低流量及高壓力操作條件下，使CA膜在應用上不合乎實際及經濟上之要求。

至於 TFC-PA 之 RO 膜其最主要之缺失是對氯之容許量較低，唯目前TFC膜已研究改善使總耐氯能力達20,000ppm-Hr以上。另外TFC膜容易因前處理添加凝集聚PAC使水中含金屬氧化物而阻塞或氧化，唯此缺點可採用超過濾器(UF)爲前處理方法加以克服。表2-9爲 TFC-PA 及 CA膜材質之優缺點比較。

表 2-9 TFC-PA 及 CA 膜材質比較

內容 膜別	CA 膜	TFC-PA 膜
溫度	4℃～35℃	4℃～45℃
壓力	400psi	200psi
去除能力	90～95 %	96～99 %
PH 值	4.5～6.5	2～10
耐菌能力	易被細菌噬食	不被細菌噬食
水解現象	發生	不會發生
膜擠壓	發生	不會發生
耐 Cl_2 能力	0.1～1.0ppm	依 Polyamide 之成份而定
膜面電荷	無	負電荷
使用壽命	1～3 年	3～5 年

2-3 高科技產業用超純水

2-3-1 高科技廠純水製造流程

純水製造供應系統之整合主要在處理並供應合乎製程所需求品質的最佳經濟效益組合。一般而言，系統之設計，各家雖然不同，各有千秋，但其純化原理則是不變的。純水製程系統可分爲六大部份，各大部份則由各俱不同處理功能之模組設備所組成。此六大部份爲：⑵前處理(Pretreatment)，⑴初級處理(Make up)，⑶儲存與分配(Storge and Distribution)，⑷精製處理(Polishing Treatment)，⑸供應及循環管路(Loop Piping)及⑹管路材質與設計(Piping Materials & Design)，圖 2-7 爲超純水之製造流程，現就六大部份分述如下：

1. 前處理：依水質作化學凝聚、沈降及過濾，並依初級處理之 RO 膜材質添加適當化學藥劑以保護 RO 膜之運作。
2. 初級處理：結合 RO 膜、曝氣塔以及紫外線殺菌燈(UV Lamp，254nm 波長)，以除去大部份可溶離子、有機物、溶解之二氧化碳、氧及細菌。
3. 儲存與分配：此系統是以強化玻璃纖維樹脂作成之大型儲存桶，作爲初級處理和精製處理間之緩衝用桶以及循環迴路之回收儲存桶。
4. 精製處理：結合再生型雙段離子交換樹脂塔，再經濾心過濾少數破裂流失之樹脂，經紫外線有機物裂解燈(TOC Reducer UV Lamp，185nm 波長)，來分解有機物並經 254nm UV Lamp 再一次殺菌，最後經不再生型離子交換樹脂及超微過濾器(UF)或 0.1μm 以下之濾心以除去死菌及微粒子，而得超純水。
5. 供應及循環管路：超純水經配置好的輸送管路及回收管路，構成一供應系統而循環使用。
6. 管路材質與設計：在純水系統中，於 RO 膜之前的輸送管線是以 C-PVC Sch80 爲主；在RO膜之後的供應管則以PVDF(鐵氟龍材質)管爲主，其中純水供應管則爲較高等級的HP-PVDF；回收管則爲一般之 PVDF，以期維持良好之水質，並降低初期安裝成本，同時爲使使用點獲得穩定之壓力與流量，並減少管路之死點，均採用迴路設計，如圖 2-8 所示。

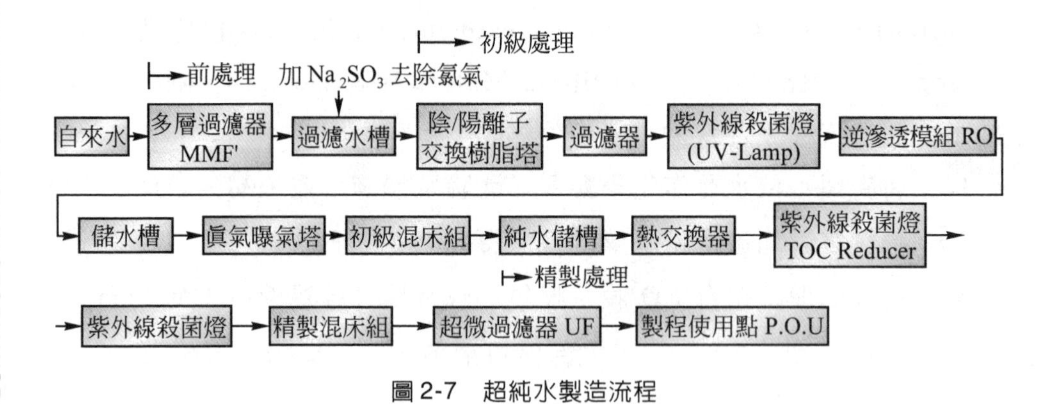

圖 2-7　超純水製造流程

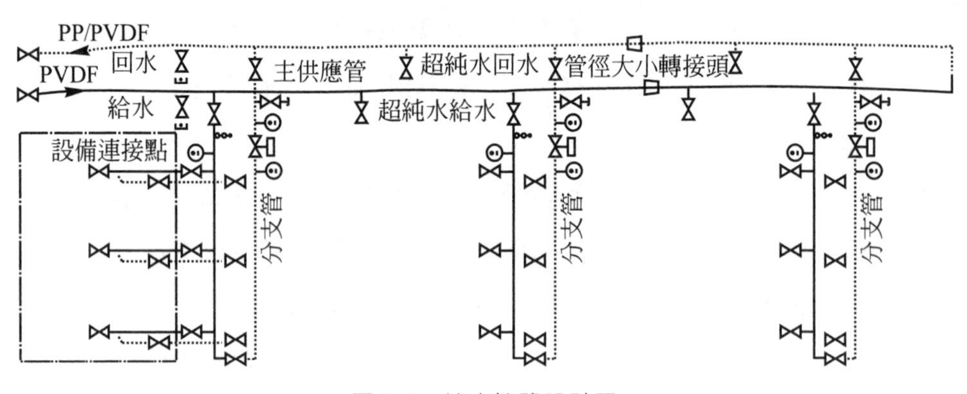

圖 2-8　純水管路設計圖

2-3-2　各製程模組件功能分析

前節已提及製造流程是由各模組件所組成，而各模組件均有其各自之功能角色，此功能角色有時會有負面效果產生，述說如下：

1. 前處理(Pretreatment)：置於所有淨化模組之前，此模組須添加適量之化學藥劑如PAC凝集劑等，將一些較微小之懸浮固體、膠質等凝聚為較大顆粒之固體和膠質，再經由過濾器如矽過濾器、多層過濾器(Multi-Media Filter，MMF)，以及小於 10μm 之濾心過濾，進行粗級粒子、懸浮粒子和膠體粒子之去除。

2. 吸附(Adsorption)：以吸附劑利用吸附之原理，除去細菌及其腐敗分解物等，如活性碳過濾器，唯此並無法絕對去除；若處置不當，反而會有負面效果，成為細菌滋長之源，故在高科技產業一般較不常用。

3. 蒸餾(Distillation)：加熱使水沸騰與雜質分離後再冷凝，對各類之雜質去除相當有效，然高科技產業並無像石化工業有大量之蒸汽可用，其相對運轉成本將相當高，故不適合於半導體或光電業使用。

4. 曝氣(Degasification)：曝氣亦稱脫氣，有二種方式：

⑴ 利用氣體溶解度隨溫度升高或壓力降低而減少之原理，以加熱方式或抽眞空方式而達曝氣效果。

⑵ 利用不活性氣體與含溶解氣體之液體接觸，從而將液體中之溶解氣體脫除之原理，般用鼓風機或高壓方式將空氣甚至氮氣通入水中而達脫氣效果。

5. 去離子化(Deionization)：是最有效將水中各種離子不純物加以去除之方法，係運用離子交換原理，以含氫氧根(OH^-)及氫根(H^+)之陰、陽離子交換樹脂來與溶於水之各種陰、陽離子進行置換。

6. 過濾技術：分離之驅動力主要運用壓力差，而此驅動力則來自所加之外力，依據其原液(Feed)與透過液(Permeate)之流動方向不同，而得過濾採水。過濾方式區分為全量過濾及交流過濾二種。

⑴ 全量過濾：依濾材製造不同有以下三種：纏繞式濾心，可過濾3μm以上之粒子；樹脂膠合式濾心，可過濾1μm以上粒子；摺疊式濾心，可過濾1μm以下到0.02μm之粒子。以上前二項為深度型濾心，第三項則為表面型濾心。當濾心之為粒子阻塞後，壓力差將上升，流量(採水量)減少，此時應即更換新濾心。

⑵ 交流過濾：因其俱過濾功能之濾材其厚度皆小於1μm，故以薄膜稱之。依膜材材質及機能不同而有三類：

① 薄膜過濾膜(Membrane-Filtration Membrane，MF)，分離粒徑可達0.05μm，用以分離懸浮物質、細菌及超微粒子。

② 超過濾膜(Ultra-Filtration Membrane，UF)，其分離效果達分子範圍，以分子量截斷量(Molecular Weight Cut Off，MWCO)來表示其過濾效果，最細微粒子可達MWCO為200，相當於0.001μm，用以分離凝膠粒子、細菌、酵素、病毒及超微粒子。

③ 逆透膜(Reverse Osmosis Membrane，RO)，分離效果達離子範圍，故一般以離子去除率(Rejection Ratio)來表示，最佳可達 99 %以上，可用以分離醣類、胺基酸等有機物、無機鹽類及超微粒子等。圖 2-9 所示為全量過濾及交流過濾中膜透過操作方式。

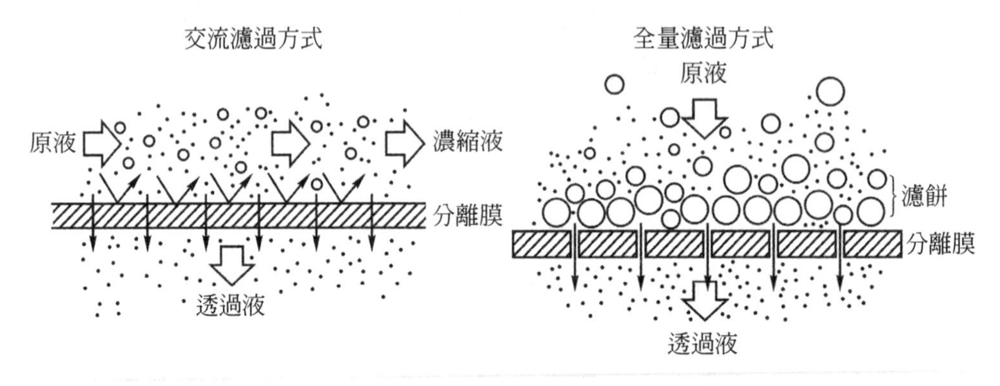

圖 2-9 分離膜在交流及全量濾過方式比較

7. 殺菌(Sterilization)：殺菌處理方式有二：

⑴ 物理處理法：有加熱煮沸、紫外線照射及超細過濾等。

⑵ 化學處理法：添加臭氧、氯及其它化合物等。

總結上述，將各模組之去除功能效率整理如表 2-10 所示。

表 2-10 純水系統各模組去除功能效率表

不純物種類去除設備	凝膠質	懸浮固體	微粒	電解質(離子)	細菌(微生物)	TOC	CO_2	O_2
前處理	好	好						
初級過濾器		優	好					
RO 膜	優	優	優	好	優	好		
曝氣塔							好	優
離子交換塔		(−)	(−)	優	(−)	(−)		
1～5μm 過濾器		優	好					
254nm UV 燈					優			
185nm UV 燈						優		
臭氧殺菌器					優	優		
0.1μm 過濾器		優	優		好			
UF 膜	優	優	優		優			

※(−)：表示反效果

2-3-3 超純水管路設計

系統管路之設計良好與否，不只直接影響了供水的品質，包含了流量、壓力以及流速之穩定度，也間接牽連到產品之良率高低，故可見其重要性。

純水管路之設計除了在 2-3-1 所提及的採迴路設外，於管路空間佈置方面亦須與其他系統管路做整體規劃，而於終端使用點二次配之給水盤須有旁通管(By-Pass)及附有流量計和壓力計之配置以爲製程使用時調節之用。其分配盤架構如圖 2-10 所示。在迴路主管部份亦須安裝背壓閥(Back Pressure Valve)，作為整體系統之調整，以避免部份尾端使用點壓力及流量不足而影響生產線之運轉。

在管路施工方面，於工程結束時須做好測漏檢驗，同時清洗整個管路系統。清洗方式分為三個步驟：第一步驟：以清水沖洗整個管路；第二步驟：以雙氧水(H_2O_2)溶液或臭氧(O_3)對整個管路系統做消毒殺菌；第三步驟：殺菌完畢後再以純水沖洗管路，直至化學藥液被沖乾淨為止，再以 N_2進行吹淨(Purge)動作，以使整個管路系統之品質處在最佳狀態下。由於管路須進行洗淨消毒與殺菌工作，故在管路設計時，須預留排放閥以及加藥沖洗閥，同時為了日常的取樣分析，亦須在各支管設計小型取樣閥，以利品質之管控。

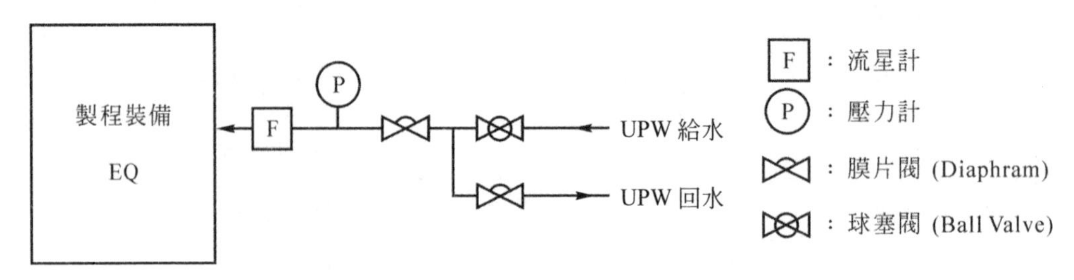

圖 2-10 純水二次配(Hook-up)給水盤設計圖

2-3-4 超純水運轉、故障排除與品質監控

在高科技產業製程上，純水一直扮演重要之角色，水一旦中斷供應，影響的是整個生產線的停頓；水品質出了問題，衝擊的不止是產品的報廢，良率的降低以及生產成本的增加，相對的對客戶產品的遞延所導致的商譽損失才是對公司最大的致命傷，因此超純水系統的運轉管理無形中增加了其重要性。

除了 24 小時的輪值執行運轉外，對系統設備的一、二級保養以及三級以上保養的規劃，品質監視儀器的隨時查視記錄，定期校正是為必要之道。

如下表 2-11 所示爲超純水系統運轉時所常見的一些設備故障現象及可能原因以及所必須所採取之因應對策，可作運轉輪值人員之參考。

表 2-11　純水系統運轉品質異常現象原因及對策

項次	原因		現象			檢查內容	對策
			Flux產率	去除率	壓降		
1	原水溫度	高	⇗	↘	—	季節水溫變化，幫浦效率	調節壓力，冷卻原水
		低	⇘	—	—	季節水溫變化，加熱器	調節壓力，加熱原水
2	供水壓力	高	⇗	↗	—	供水泵浦、閥	調節壓力
		低	⇘	↘	—	供水泵浦、閥、過濾器	調節壓力
3	原水 PH 值	高／低	⇗	↘	—	PH 控制器	控制 PH 值
4	原水離子濃度	高	⇘	↘	—	原水離子濃度	控制壓力
		低	⇗	↗	—	原水離子濃度	控制壓力
5	餘氯控制不當	高	↗	⇘	—	加氯器、膜衰退	調整加氯量
		無	↘	⇘	—	細菌滋長、加氯器	加藥殺菌，調整加氯量
6	RO 膜衰退		↗	⇘	—	操作時數、原水溫度、PH 餘氯濃度	清洗、更換膜管
7	O 環洩漏		—	⇘	—	震動、瞬間壓力變動	更換 O 形環

表 2-11　純水系統運轉品質異常現象原因及對策(續)

項次	原因	現象			檢查內容	對策
		Flux 產率	去除率	壓降		
8	膜管U封環不當	↘	⇗	↘	膜管組件材料破壞，U 封環方向	更換 U 封環
9	中接管破損	↗	⇘	⇗	壓降大、高溫	更換接管
10	中間產水管破損	↗	⇘	⇗	壓降大、高溫	更換接管
11	膜管變形	↘	↘	⇗	壓降大、高溫	更換膜管
12	淤泥阻塞	↘	↘	⇗	原水處理後之 SDI	清洗
13	結垢阻塞	↘	↘	⇗	原水處理後之離子成份	清洗
14	有機物或油份阻塞	⇘	↘	↗	原水處理後之成份	清洗

※⇗⇘：主要現象；↗：增加；↘：減少；—：未改變。

一間高科技生產工廠中，自來水之總用量在純水系統中佔了主要之角色，由於高科技廠房晶圓尺寸或玻璃尺寸的極大化以及製程技術的發展，在線徑的極小化下，用水量之增加已呈數倍量之成長，此用水成長量已超過台灣現有水資源所能負荷，各地區季節性的缺水已常發生，因此對水資源的控制以及水回收，已是各高科技產業者之共識，此回收系統將於另一章廢水處理系統中再述，在此不再說明。總之重要的是在整個超純水製造系統設計規劃之初，就須考慮到回收，減量及污染防治之需求，以符合整體生產之經濟效益。

Chapter 3

中央式化學品供應系統

3-1 前 言

無論是半導體或液晶顯示器廠，其產品製程中均須經過多層化學處理過程方能完成功能完整之產品，而這些化學品之供應，早期是由人工倒入製程機台之化學槽中，此供應方式不僅危險且化學品易遭外界環境之污染。故現在除了較低階製程如4吋或5吋之製程外，已很少使用此種供酸方式，而改用中央自動供酸系統(CCSS：Central Chemical Supply System)，此種中央供酸系統放置於支援棟特定區域之房間內，使用泵浦或氮氣等輸送設備經由管路把化學品供應到潔淨室內之製程設備使用點，此系統與人工供應比較有如下之優、缺點：

1. 優點：

⑴ 加裝過濾器可去除化學品內的雜質粒子。

⑵ 可減少傾倒化學品時因人工操作時所遭污染的機率，同時可降低因化學品之攜入而使潔淨室之潔淨度受污染。

⑶ 減少人力之需求，降低人力費用，同時降低工安事故之發生。

2. 缺點：

⑴ 中央供酸系統設備較複雜且變化大故存量之控制須特別注意，否則會造成供酸之中斷。

⑵ 化學供應管路流經生產廠房，若有洩漏易造成人員和設備或電氣等之受危害。

⑵ 供酸系統故障時，易造成使用同類化學品之製程設備受干擾，而使生產線中斷。

3-2 化學品供應需求要素

化學品對半導體及液晶顯示器廠產品良率之高低而言亦是爲舉足輕重之角色，因其直接與產品接觸加上其俱危險性，故此供應系統於規劃時須特別注意其需求要因，此包含了系統供應的品質、流量安全和維護成本。此品質有來自化學品原材料，以及輸送系統的設備、零組件和管材系統等；流量計算和壓力考量，事涉初期成本之高低和日後的運轉成本；至於安全因素又是另一重要課題，洩漏偵測和警報系統以及適當材料之選用是不可或缺因素；備用系統及緩衝槽設置以及低運轉成本之規劃則是供應流暢和降低生產成本的必要手段。

3-3 化學品供應種類

製程所需化學品種類可分爲酸、鹼、有機溶劑、有機物質及氧化物等五大類，現分述如下：

1. 酸類：凡物質經解離後會產生氫離子(H^+)者，並依其解離出氫離子之程度大小，可分爲強酸如H_2SO_4，HCl、HF、HNO_3等及弱酸如CH_3COOH、H_3PO_4等，又依其特性亦可分成無機酸如H_2SO_4及有機酸如 ACT690、EKC830 等。酸類遇金屬時會發生反應產生氫氣，並腐蝕金屬。
2. 鹼類：凡物質經解離後會產生氫氧離子[OH^-]者稱之，有強鹼如 NaOH、KOH 及弱鹼CH_3OH等。
3. 有機溶劑類：有機溶劑是指溶劑中含有碳原子者，其特性是揮發性強，具毒性，若使用不當，將導致中毒。
4. 有機物質類：此類物質分子結構內，均含有碳原子，但其揮發性程度不及有機溶劑，一般均作特殊用途而非溶劑。
5. 氧化物：此類物質化學活性較不安定，易起氧化作用。

半導體用化學品種類及其用途如表 3-1 所示；而液晶顯示器廠所使用之化學品則如表 3-2 所示。

表 3-1　半導體用化學品

類別	英文名稱／化學式	用途
酸類	HF	SiO_2蝕刻
	HCl	Cr 蝕刻
	CH_3COOH	金屬蝕刻
	H_2SO_4	光阻去除
	H_3PO_4	SiN_4蝕刻
	HNO_3	金屬蝕刻
	BOE	SiO_2蝕刻

表 3-1 半導體用化學品(續)

類別	英文名稱／化學式	用途
鹼類	TMAH(Tetramethy Amonium Hyotroxiode)	顯影液
	NaOH	顯影液
	NH4OH	清潔、蝕刻
有機溶劑類	IPA(Isopropyl Alcohol)	擦機
	NBA(N-Batyl Acetate)	負顯影液
	X ylene	擦機負顯影液
	Acetone 丙酮	擦機
	Freon 113	擦機及晶舟盆清洗液
有機物質	TCA(Trichloro ethane)	爐管 Purge Clean
	TEOS(Tetrathoxyl Silicate)	CVD 沈積用
	TMB(Trimethyl Boron)	CVD 沈積用
	POC13	CVD 沈積用
	HMDS(Hexamethyl disiaizane)	增加光阻附著力
	922, EKC830, ACT 690	金屬層以後光阻去除
	SR2, Rinse1000	金屬層以後光阻去除
	Photoresist	光阻液
氧化物	H_2O_2	光阻去除

表 3-2　TFT-LCD 用化學品

中文名稱或代號	英文名稱	化學式	用途
醋酸		CH_3COOH	Al Etch(蝕刻)
磷酸		H_3PO_4	Al Etch(蝕刻)
硝酸		HNO_3	Al Etch(蝕刻)
鹽酸		HCl	ITO Etch(蝕刻)
氯化鐵		$FeCl_3$	ITO Etch(蝕刻)
顯影液	Developer	$(CH_3)_4NOH$	顯影
二甲基亞碸(DMSO)	Dimethy Sulfoxide	$(CH_3)_2SO$	剝離洗淨
剝離液(SPX)	Mono-Ethanol Amine /Diethyl	$H_2NCH_2CH_2OH/(CH_3)_2SO$	剝離
剝離液 RS7		$HOCH_2CH_2OCH_2CH_2OCH_3$	剝離
界面活性劑 LC-841	Alkylene Glycol		洗淨
光阻去除劑 EBR7030		$CH_3OCH_2CH(OH)CH_3/$ $CH_3OCH_2CH(OCOCH_3)CH_3$	光阻去除
樹脂去除 LA-95			樹脂去除
異丙醇 IPA		$(CH_3)_2CHOH$	洗淨
洗淨液 NMP		C_5H_9NO	洗淨

以上之各類化學品種類是爲一般公司較常用者，有些公司會因本身製程因素或產品類別以及參數設定，而會選擇不同種類名稱或代號但功能及用途卻類似之化學品使用。

在半導體製程上，目前所使用之化學品品質要求，依產品等級之升高而有較嚴之規範，這些規範以溶液中微塵粒子之控制和內中金屬離子濃度含量爲考量重點，表 3-3 爲 64G DRAM 以上產品之化學品需求規範。

表 3-3　64G 以上產品化學品需求規範　　Particles(Pcs/C.C)

化學品類別	0.1μm	0.2μm	Metal Ion
H3PO4	＜20	＜10	＜0.5ppb
HCl	＜15	＜10	＜0.5ppb
H_2SO_4	＜10	＜5	＜0.5ppb
H_2O_2	＜10	＜5	＜0.5ppb
NH_4OH	＜10	＜5	＜0.5ppb
HNO_3	＜15	＜10	＜0.5ppb
49％HF	＜15	＜10	＜0.5ppb
5％HF	＜15	＜10	＜0.5ppb
1％HF	＜15	＜10	＜0.5ppb
Develop	＜15	＜10	＜0.5ppb
Stripper	＜15	＜10	＜0.5ppb
Solvent	＜10	＜5	＜0.5ppb
ACT 935	＜15	＜15	＜0.5ppb

3-4　化學品供應系統之架構與作用原理

化學品供應系統可分類爲四大部份：⑴化學品來源，⑵稀釋及混合單元，⑶供應單元，⑷控制單元。

1. 化學品來源：化學品爲因應製程之大用量和高純度之要求，故其來源以桶裝(Drum 200*l*)，或固定式桶槽(1000*l*以上)和槽車(Lorry)三種。大部份的化學品是以桶裝(Drum)方式供應，尤其是在用量不大之化學品，由於此桶裝在充塡或運送時品質不易控制，且不同供應商之桶槽接頭規格不一，往往造成接頭備品之不易尋求；至於固定式桶槽是日用量較大(如大於600*l*／日以上之化學品)時所使用之模式，此模式可降低因常更換桶槽而造成作業人力之負荷和危險之發生。槽車供應亦是使用於用量較大之化學品，如H_2O_2、IPA 等，此型式在 TFT-LCD 最爲普遍使所用，圖 3-1 所示爲Drum Type 之系統架構圖；而 3-2 則固定式(Fixed Type)架構圖。

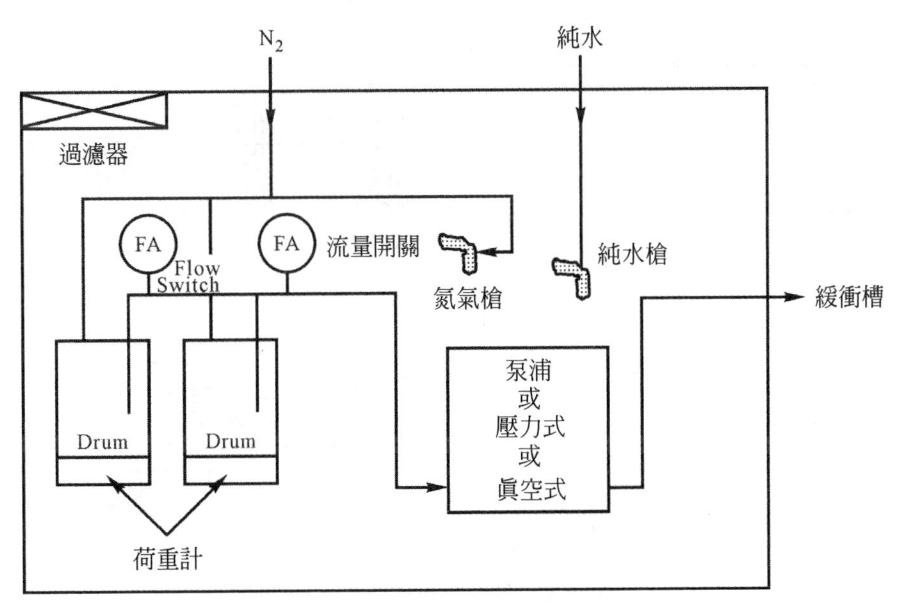

圖 3-1 桶裝式系統供應圖

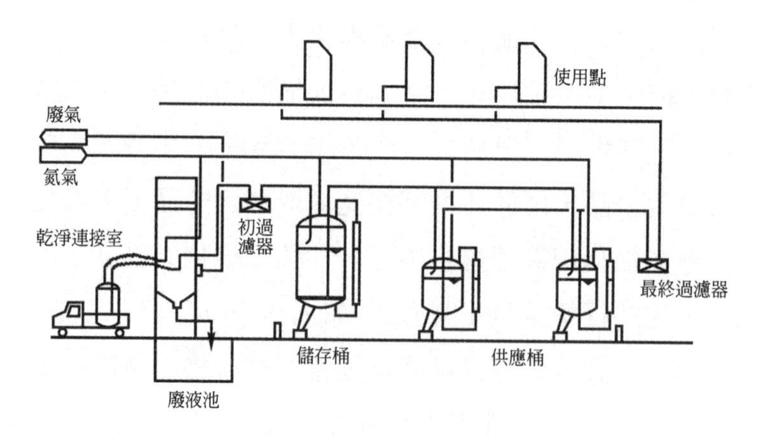

圖 3-2　為固定式供應架構圖

2. 稀釋及混合單元：稀釋一般是指將化學品或研磨液加純水稀釋；而混合則是指化學品和研磨液之混合，有時化學品或研磨液加純水亦可稱之混合，唯此定義視使用者而定，但以不造成混淆爲原則，圖 3-3 爲其架構圖。

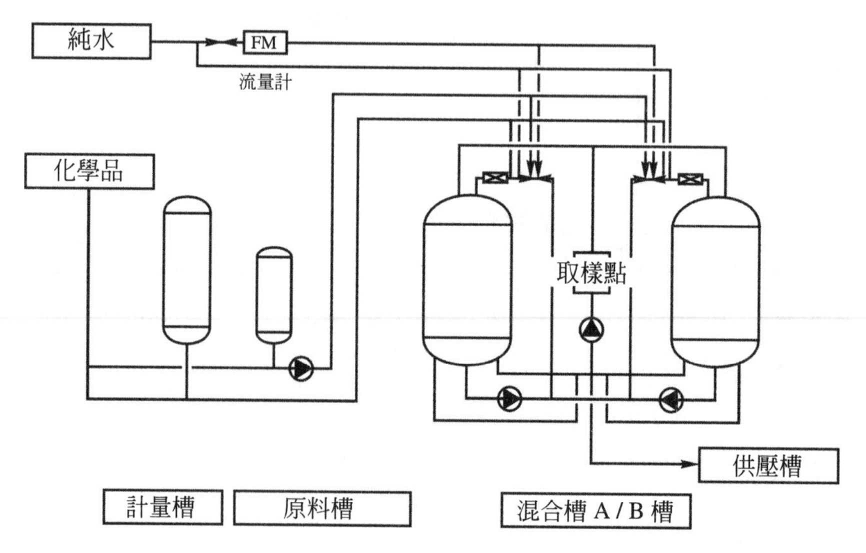

圖 3-3　混合式系統架構

3. 供應單元：供應單元是供應系統的動力部份，其目的是將化學品經管路輸送到指定點，因此此供應單元包括了幫浦等輸送設備、過濾器、輸送管線等。一般輸送方式有三種分別爲㈠幫浦抽取：此爲最常用的供應方式，是利用幫浦將化學品輸送至儲存槽或使用點，其優點爲輸送流量大，壓力較高，可輸送至較遠使用點；缺點則爲幫浦之使用和維修成本較高，發生故障致使系統中斷供應的機率最大，同時泵浦本身內部也會釋放微塵粒子，污染化學品。㈡眞空吸取：在供應系統安裝眞空產生器，利用眞空產生器產生的眞空將化學品吸入小容器中再使用高壓氣體如N_2將化學品壓到儲存槽中或使用點。㈢氮氣加壓供應：在槽桶中直接以氮氣加壓將化學品壓送到儲存槽中或使用點，使用此方式時需注意桶子是否能承受高壓，否則易造成危險，此種供應方式之優點爲供應量穩定，維修成本低，且只要氮氣品質良好，不會受外來之異物污染；而缺點則爲輸出量一般較小，對使用量大之化學品不適合使用，圖 3-4、圖 3-5、圖 3-6 分別爲此三種之示意圖。

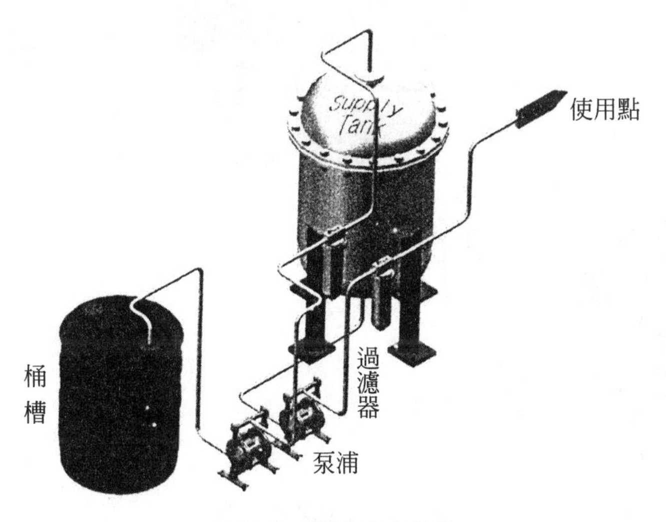

圖 3-4　幫浦式供應圖

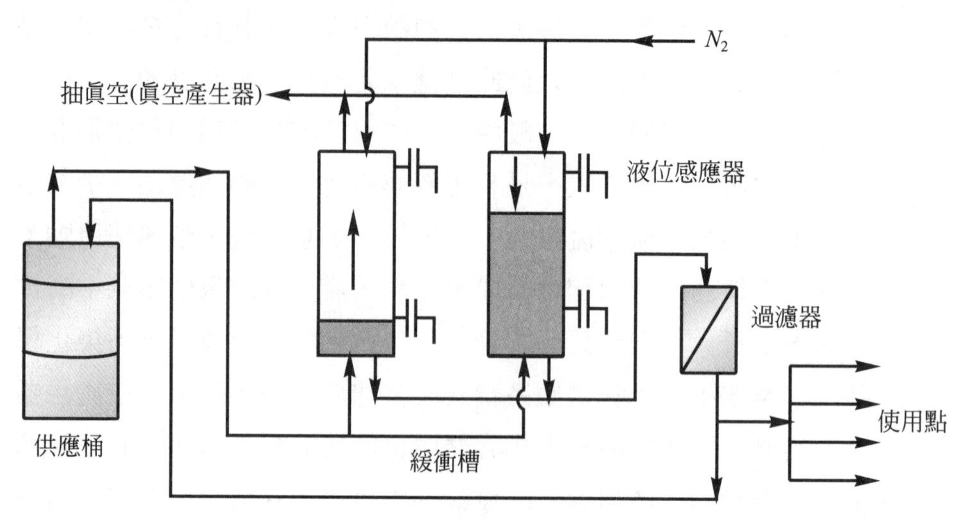

圖 3-5 真空吸取式流程圖

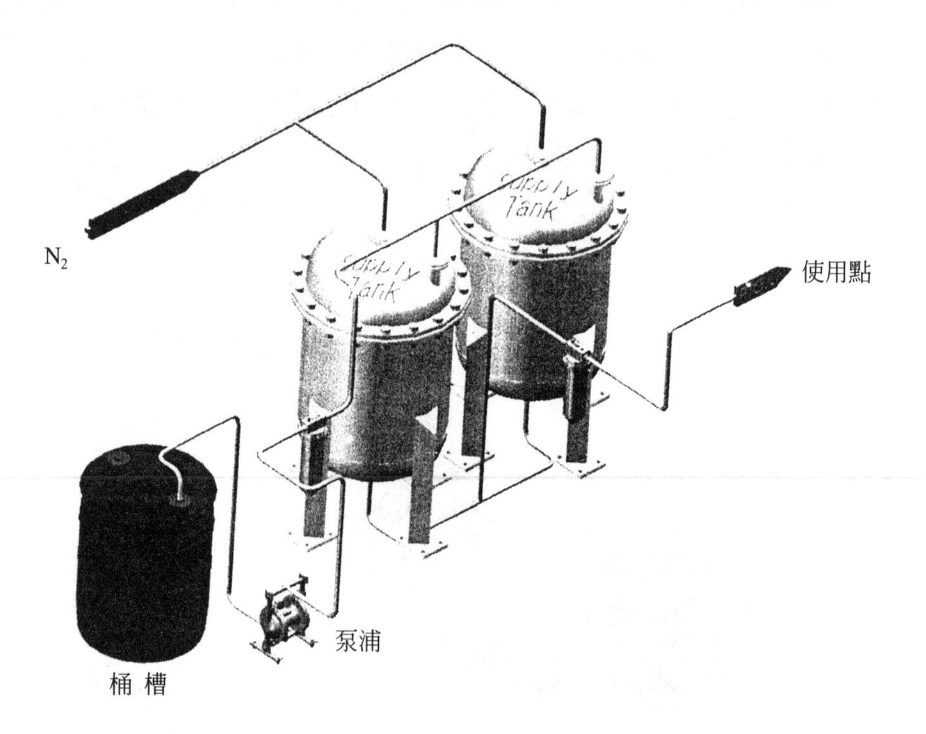

圖 3-6 N_2加壓供應圖

化學品之容器及充填分有桶裝和槽車二種形式，桶裝化學品，其桶材依不同化學性質而選擇不同材質，酸鹼類其內襯材質以PTFE、 PFA或PVDF、PE爲主，而氫氟酸(HF)則只能以PVDF爲內襯材質；有機溶劑則以不銹鋼桶(SUS316LBA 規範以上)爲主。至於槽車之充填供應，是由化學品生產工廠或分裝廠直接以槽車運送並灌充入使用工廠之緩衝槽或固定槽中，由於其是以貨運車載送，故在安全性考量和槽車本體容器之抗化學品性質上須考慮長期抗力，槽車其內襯材質與桶裝相同。圖 3-7 爲槽車充填架構圖。

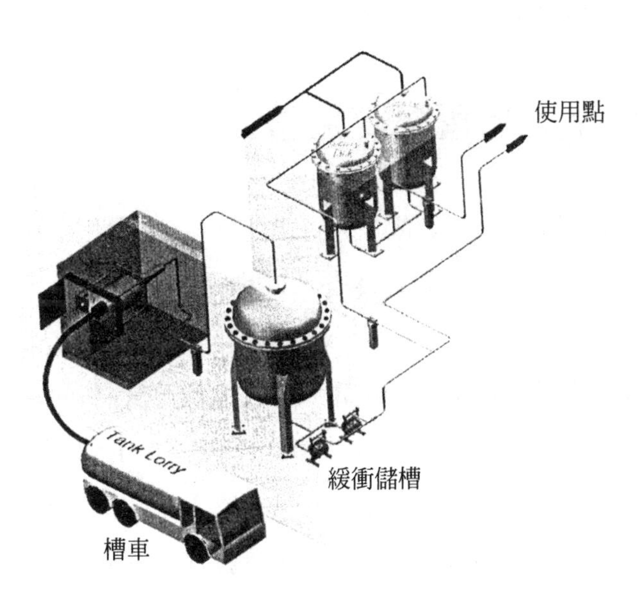

圖 3-7　槽車充填架構圖

4. 控制單元：化學品供應系統另一不可或缺者即爲系統控制單元。此控制單元除了監控供酸程序狀況外，品質、流量和壓力、安全是另外之監測重點。化學品供應系統如何知道何時須供應至製程機台及何時停止，在於供應系統和製程設備二者之間的界面訊號建立，一般而言不同之化學品及製程機台有不同之供酸方式。一般其界面訊號有四種：

(1) 供應系統正常：指化學品供應系統可正常供應化學品。
(2) 供應系統異常：指化學品供應系統異常無法供酸。
(3) 供酸需求：指製程機台需酸訊號。
(4) 製程機台異常：指製程機台異常或漏酸不需供酸或停止供酸。

一般化學品供應系統是在當製程機台傳送需求訊號時，供酸才會正式供酸動作至製程機台之緩衝槽或化學站酸槽。至於當供酸系統之測漏感應器裝置偵測到有漏酸之訊號時，供酸動作將全面停止，系統會處於中斷狀態。

3-5 化學品配管與安全考量

化學品供應管路之材質依化學品之化性不同而使用不同之管材。酸鹼類之配管材質以 PFA Tube 爲主，外襯透明之 UPVC 管，屬雙套管式，此作用在於預防酸液漏洩時可留置於管路內避免傷及人員與製程設備；而有機溶劑類則以SUS316LBA以上規範爲管材，在管路之中段均設置有分配供應閥箱(VMB：Valve Manifold Box)，以利連接至多台之製程設備。管路施工時所使用之墊片類材質爲氟化橡膠或鐵氟龍，以避免被脆化變質，另外危險性化學品如高揮發性化學物質其系統與接頭要接地，避免靜電火花之發生。圖 3-8 爲酸鹼類(無機系)管路配置圖；圖 3-9 則爲有機系管路配置。

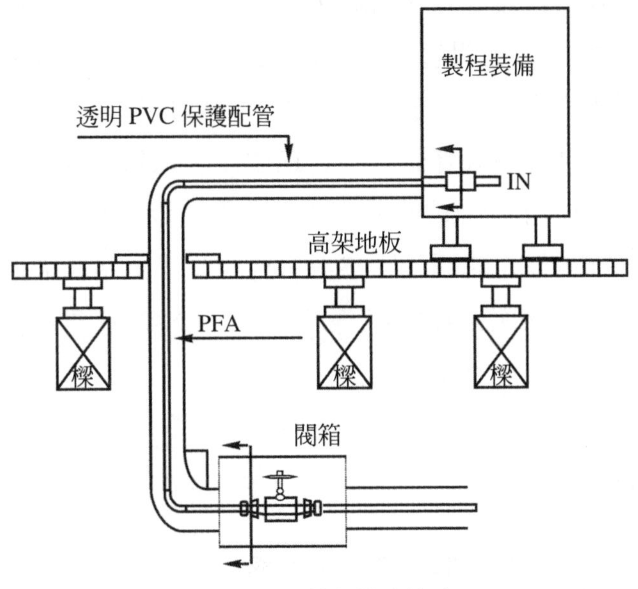

圖 3-8　酸鹼類供應管路

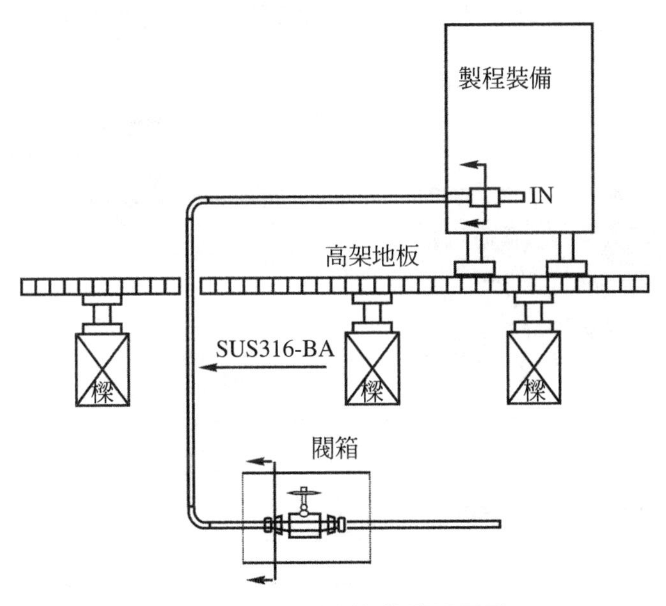

圖 3-9　有機溶劑類管路配置圖

化學品供應系統設計時，有如下之要項須注意，即儲存系統、輸送方式、微污染控制、空間管理、系統穩定性、價格成本、用量運轉管理、品質控制和安全性。在安全性方面，特別是有機溶劑之供應必須在單獨之隔離室，供應系統外殼以不銹鋼製作，電氣設施含室內照明、開關、插座等均須使用防爆式，供應系統內部裝設CO_2自動滅火系統；電子儀器控制系統和電氣開關最好移至室外與化學品系統隔離，若能以N_2隨時 Purge 最佳，而閥件控制更要以 CDA 或N_2取代電氣控制，以確保有機溶劑供應系統之安全。

3-6 結 論

使用中央自動供酸系統供應化學品幾乎是現有半導體廠和液晶顯示器廠所採用之方式，不管 8"、12"或各世代的 TFT-LCD 之生產，對化學品的要求不僅在需求量日益增加，品質的要求也愈來愈高，在化學品

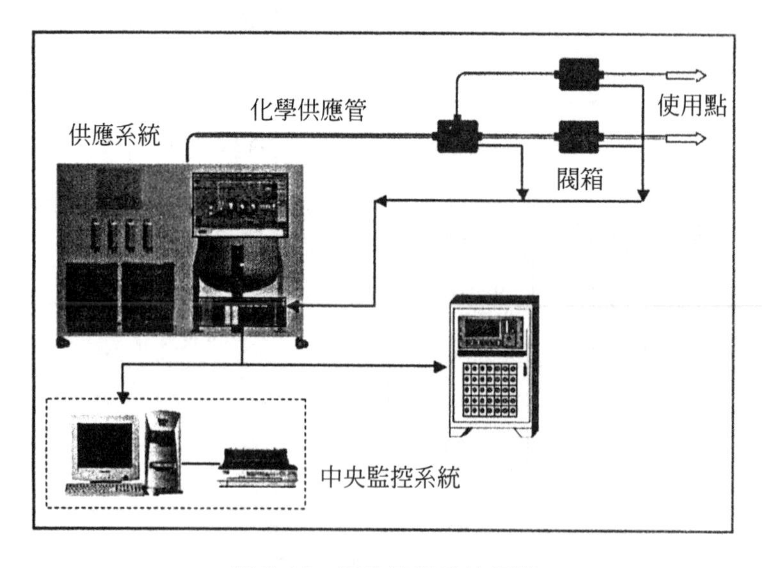

圖 3-10 漏洩監視系統架構

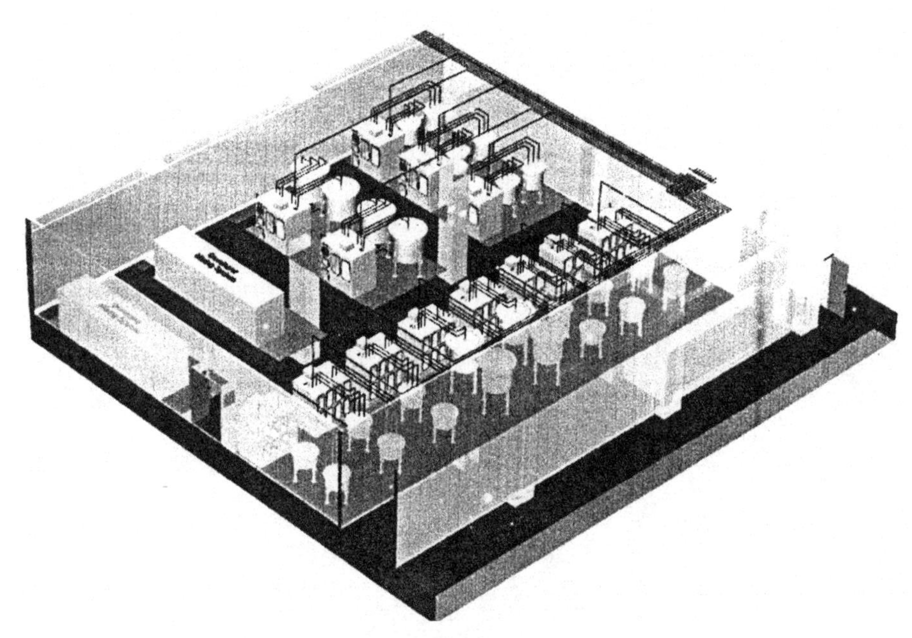

圖 3-11　化供系統空間規劃示意

來源方面，槽車及混合方式將漸漸取代桶式，而備用泵浦和泵浦之定期維修是維持正常供酸的要素，系統安全設計和供應空間適當的佈置規劃，是化學供應系統另一重要法門，圖 3-10 爲漏洩監視系統之架構圖；圖 3-11 則爲供應室空間規劃示意圖。

Chapter 4

中央式氣體供應系統

4-1 前 言

氣體之使用在半導體和液晶顯示器的製程中一直扮演著重要之角色，無論是蝕刻、擴散、離子植入或薄膜沈積和黃光製程均使用到各種不同種類之氣體，而這些氣體也主導了各製程產品之良率高低。由於產品集積度由早期16M提升到目前的256M及1G、4G，線徑也從0.35μm發展到 0.18μm、0.13μm 甚至 0.11μm，故對氣體的供應規格需求相對地越來越嚴格。圖 4-1 所示爲晶圓曝露在各種環境中可能產生污染的機率，由圖中可看到此污染機率，氣體佔了 68 %之多，可見氣體系統在半導體和液晶廠之重要性，此也間接說明了爲何製程出問題時，氣體總是最先被懷疑的對象。

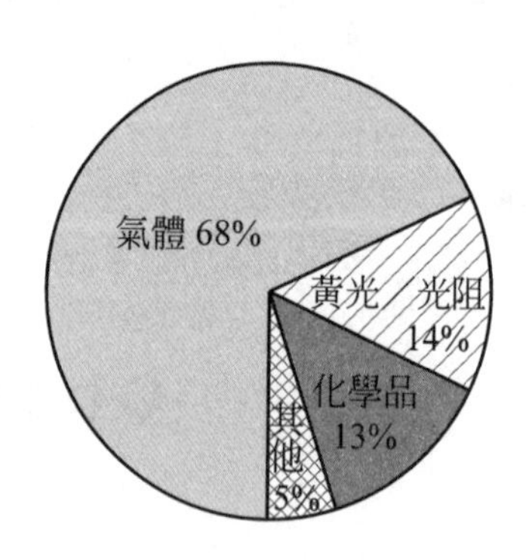

圖 4-1 晶圓在製程中可能污染源之機率

4-2 光電廠和半導體廠所使用之氣體

半導體和液晶顯示器製造所用之氣體可分爲二大類，一爲用量較大之普通氣體，又稱大宗氣體(Bulk Gas)，如 N_2、H_2、O_2、He、Ar 等；另一種爲用量較小之特殊氣體(Specialty Gas)如 SiH_4、PH_3、AsH_3、SiH_2Cl_2、B_2H_6…等，然一般在氣體供應規劃設計時，常以氣體危險性質加以分類，隔離供應，以維安全，其主要分類爲：⑴可燃、自燃和易燃氣體，⑵俱毒性氣體，⑶助燃性氣體，⑷窒息性氣體，⑸腐蝕性氣體，⑹惰性氣體，如表 4-1 所示。

1. 可燃、自燃和易燃氣體：此類氣體在空氣等助燃氣體中，於一定溫度點火或火花存在時就會燃燒，其燃燒速度極迅速；而爆炸性易燃氣體，其濃度若超過上、下限的爆炸臨界值範圍，即會產生爆炸燃燒，此上、下限臨界值範圍越大的氣體其爆炸危險性愈高，這類爆炸性易燃的氣體如 SiH_4、H_2、B_2H_6、SiH_2Cl_2、ClF_3 等；自燃性氣體是在一定溫度情況下(一般爲室溫狀況)，即使沒有火花，只要與空氣等助燃氣體接觸就會自燃，如 H_2 等。

表 4-1 氣體之分類

類別	特性	氣體種類
A	高壓 劇毒 可燃	PH_3、AsH_3、B_2H_6、NF_3 SiH_4、SiH_4/He、Si_2H_6
B	高壓、氣態、腐蝕	HBr、Cl_2、NH_3、HCl
C	低態、液態、腐蝕、毒	BCl_3、SiH_2Cl_2、WF_6
D	氣態微毒	CF_4、CHF_3、C_2F_6、N_2O
E	惰性	Ar、He、He/O_2、Ar/H_2、SF_6、CF_4、CO_2、CH_3F
F	窒息性	N_2、CO_2
G	大宗氣體	N_2、H_2、O_2、He、Ar
H	一般性氣體	CDA：壓縮空氣 ICA：儀控用空氣 BCA：面罩呼吸用空氣

2. 俱毒性氣體：半導體及液晶廠等所使用之氣體很多是對人體有害、有毒的，其中以 AsH_3、PH_3、B_2H_6等的氣體毒性最大，如表 4-2 所示幾種氣體對人的毒性。從表中數據可見到這些氣體的允許濃度極爲微小，因此在貯存、輸送和使用過程中都須特別小心，須採取特殊的防護措施。
3. 助燃性氣體：這些氣體本身不能燃燒，但若與可燃物、可燃性氣體接觸，可幫助其燃燒，如 O_2、N_2O、F_2等。
4. 窒息性氣體：這類氣體性質穩定，不燃燒也無毒性，但當其排放到室內時，若空氣中氧含量降到 18 %以下時，就會使人因缺氧而呼吸困難，如 N_2、CO_2、Ar、He 等。

5. 腐蝕性氣體：此類氣體通常遇水就顯示腐蝕性，但是在乾燥狀態下不易侵蝕金屬，如HCl、PCl_3、$POCl_3$、HF等在乾燥狀態時幾乎不顯示腐蝕性，但若有水份時就對金屬具有強腐蝕性。

表 4-2 部份半導體用氣體對人之影響

氣體類別	毒性	允許濃度 (ppm)
SiH_4	1. 吸入時會刺激呼吸系統 2. 急性時有強烈的局部刺激作用	0.5
PH_3	1. 急性：引起頭痛、胸部不通、嘔吐、噁心、橫膈膜部份疼痛，有致命危險 2. 慢性：消化系統病變、黃疸、刺激鼻和咽喉、口腔炎、貧血	0.3
B_2H_6	刺激肺，引起肺水腫、肝炎、腎炎、咳嗽、窒息、嘔吐	0.1
AsH_3	1. 急性：紅血球急劇下降，呈強烈溶血作用，頭痛、噁心、頭暈眼花等 2. 慢性：逐漸破壞紅血球，尿中含蛋白質	0.05
BCl_3	因水氣而水解生成鹽酸和硼酸、損傷皮膚和黏膜刺激肺和上呼吸管，引起肺氣腫	0.6
SiH_2Cl_2	吸入強烈刺激上呼吸道，與眼、皮膚和黏膜接觸引起燒傷	0.6
NH_3	吸入引起呼吸管浮腫、聲帶痙攣，引起窒息對皮膚、黏膜有刺激性和腐蝕性	25
HCl	損傷皮膚和黏膜，有強烈痛感，引起燒傷，吸入會刺激呼吸道，有窒息感、肺氣腫、咽喉痙縮	5

以上氣體分類只是概略之分法，實際上有很多氣體是同時具有二項以上的特性，尤其是腐蝕性氣體，一般而言亦同時具有毒性。也可說特殊氣體，除了惰性氣體以外，幾乎都是毒性氣體。如 B_2H_6、SiH_4、

SiH_2Cl_2這些屬自燃性氣體，即使在很低的濃度下，一接觸到大氣，立刻會產生燃燒現象，所以在供氣系統的設計上，若期望對氣體供應系統做出較佳規劃設計，除了要考慮到潔淨度因素之外，一定要對氣體之特性有相當之了解，才可能駕馭它、控制它，亦即可由氣體的物質安全資料表(MSDS：Material Safety Data Sheet)去清楚知道其各種物性和化性、毒性以及緊急處理的安全方法，總之氣體供應方面安全性是最需被優先考慮的。

4-3 氣體的規範

隨著半導體製造技術的發展，在不斷追求微縮化及高集積度的結果，使對晶片在加工過程所需氣體中污染物的敏感度日益增加，從而要求使用的氣體中對雜質含量的控制越來越嚴格，表4-3所示動態隨機存

表4-3　1G DRAM以上大宗氣體參考規範

未精製前不純物

不純物成份	N_2	He	O_2	Ar	H_2	CDA 壓縮空氣
O_2(ppm)	＜0.5	＜0.03	—	＜0.04	＜0.01	—
CO(ppm)	＜0.2	＜0.04	＜0.01	＜0.04	＜0.01	—
CO_2(ppm)	＜0.2	＜0.04	＜0.01	＜0.04	＜0.01	—
THC(ppm)	＜0.3	＜0.04	＜0.01	＜0.04	＜0.01	—
H_2O(ppm)	＜0.4	＜0.04	＜0.01	＜0.04	＜0.01	＜1
Patricles pcs/ft^3 (≥ 0.1μm)	＜0.2	＜0.2	＜0.2	＜0.2	＜0.3	＜3
最大含油量(ppm)	—	—	—	—	—	＜0.01

表 4-3　1G DRAM 以上大宗氣體參考規範(續)

精製後規格

不純物成份	N_2	He	O_2	Ar	H_2	CDA 壓縮空氣
O_2(ppb)	＜0.5	＜0.5	—	＜0.5	＜0.5	—
CO(ppb)	＜0.5	＜5	＜0.5	＜0.5	＜0.5	—
CO_2(ppb)	＜0.3	＜5	＜0.3	＜0.5	＜0.3	—
THC(ppb)	＜0.3	＜1	＜0.3	＜0.5	＜0.3	—
H_2O(ppb)	＜0.1	＜0.5	＜0.1	＜0.5	＜0.1	＜500
Patricles pcs/ft^3 (≥ 0.1μm)	＜0.01	＜0.01	＜0.01	＜0.01	＜0.01	＜3
最大含油量(ppb)	—	—	—	—	—	＜5

取記憶體(DARM：Dynamic Random Access Memory)64M以上之大宗氣體的參考標準，其中對氣體之不純要求已達PPb級(Parts Per Billion即10^9分之一)程度。要達此潔淨度，不但於來源氣體之純度規格要求要高，在配管的設計和施工上也要特別考量，當然在此微量之濃度，其分析鑑定也是一門大學問。

4-4　中央式氣體供應架構

一套完整的中央式氣體供應系統(TGSS：Total Gas Suply System)應俱備以下的幾個項目：⑴大宗氣體供應系統，⑵特殊氣體供應系統，⑶氣體精製設備，⑷連續性線上品質監控系統，⑸危險性氣體監控系統，⑹廢氣處理系統，⑺高等級氣體供應管線，⑻廠務供應配合系統，⑼氣體鋼瓶儲存室，⑽氣體供應管理等。

1. 大宗氣體供應系統(Bulk Gas)：此部份供應之氣體，已在前面之章節述及，N_2、H_2、O_2、He、Ar等均屬之；此部份之氣體除N_2外大部份是以槽車載運灌充至置放現場之液態桶槽，經蒸發器、過濾器、氣體精製器而至現場使用。而N_2氣體因其用量較其他大宗氣體來得大，故現在的半導體或液晶光電廠已要求氣體供應商於廠內另建氮氣廠；或是氣體供應商在工業區附近興建大型之N_2廠，以氣體管線供應至各家簽約廠商，各家廠商在廠內亦同時設置液態氮筒槽做相互支援用，此供應系統不僅可節省氣體成本，亦可獲得穩定的供氣來源，此爲大勢所趨，圖 4-2 即爲此供應流程。

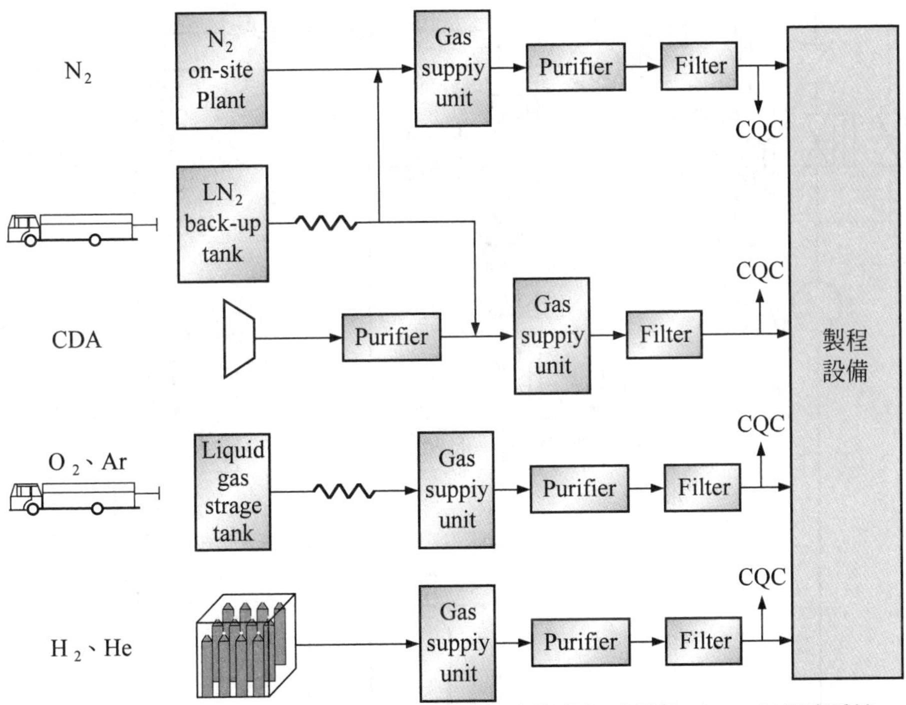

註：以 LN_2來 back-up CDA 的設計時，應有獨立的緊急呼吸器(Air-mask)供應系統，以免發生意外。

圖 4-2　Bulk Gas 供應系統示意圖

2. 特殊氣體供應系統：除了前述之大宗氣體外，餘所有氣體均屬之。此系統是以氣體鋼瓶櫃(Cylinder Cabinet)形式供應；氣瓶櫃一般設計內置 3 個鋼瓶，2 支爲供應之主要氣體，其中一爲供應，另一則爲備用，當供應之鋼瓶即將用罄時會自動切換至備用之鋼瓶繼續供應。第 3 個鋼瓶則爲 N_2鋼瓶，此 N_2鋼瓶之作用是於更換用罄之鋼瓶時作稀釋和排雜(Purge)用，以免意外之發生。特殊氣體供應系統之供應室一般是將惰性氣體供應室放置於腐蝕

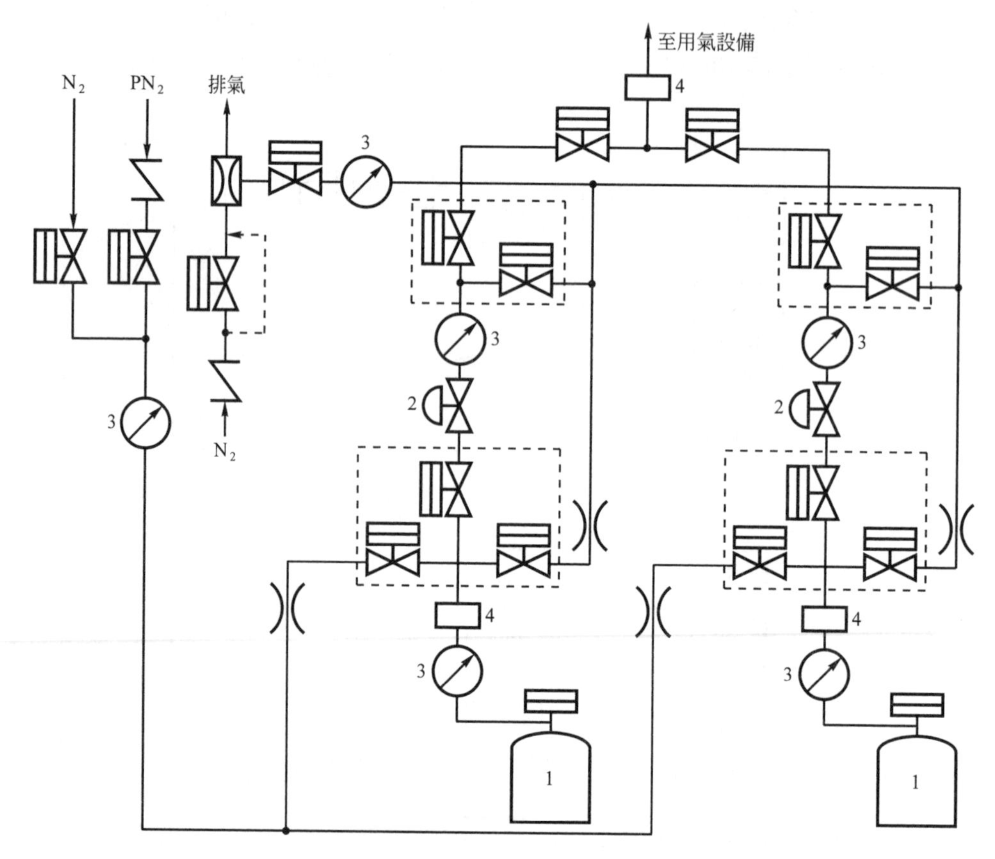

※1：鋼瓶；2：調壓閘；3：壓力錶；4：流量計

圖 4-3 特殊氣體氣瓶櫃供應流程

性／毒性和爆炸性氣體室之間，以爲緩衝隔離之用，減少事故之發生。圖 4-3 是爲特氣供應系統流程例。

3. 氣體精製設備(Purifier)：此設備另稱氣體純化設備，是將品質較差之大宗氣體再次精製成爲現場所需的較高品質等級的氣體，此精製設備，一般所用者有N_2、O_2、He和Ar等。氣體之精製原理有四種，分化學反應(又稱觸媒反應)、化學吸附、物理吸附(即低溫吸附，利用液氮冷卻活性碳吸附不純物)和薄膜擴散(使用在H_2上)。如圖 4-4 爲氮氣、4-5 爲氧氣，4-6 和 4-7 爲氬氣之純化原理圖。氣體精製設備，其功能是在除去氣體中之雜質或不純物，如

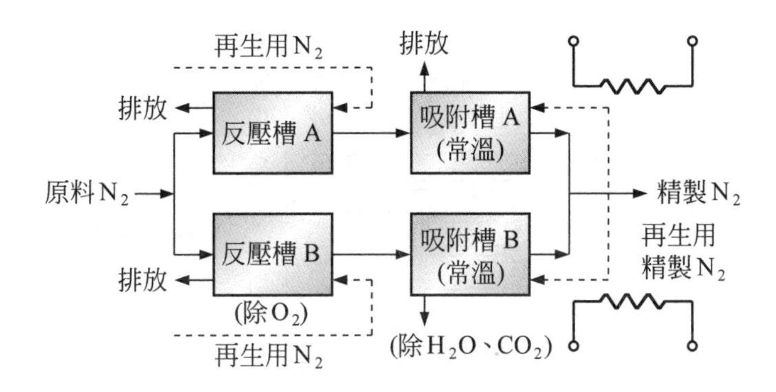

圖 4-4　N_2之精製

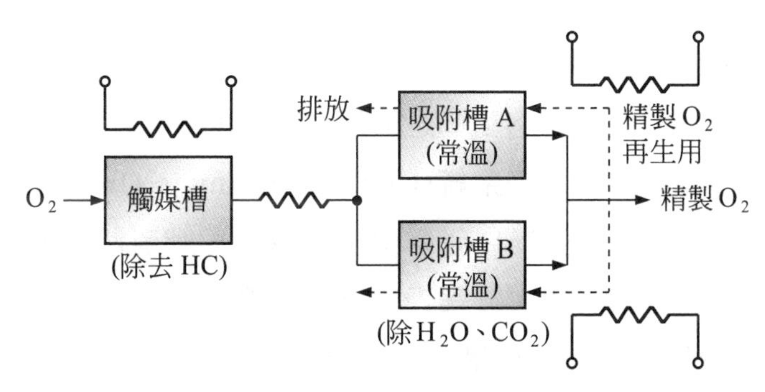

圖 4-5　O_2之精製

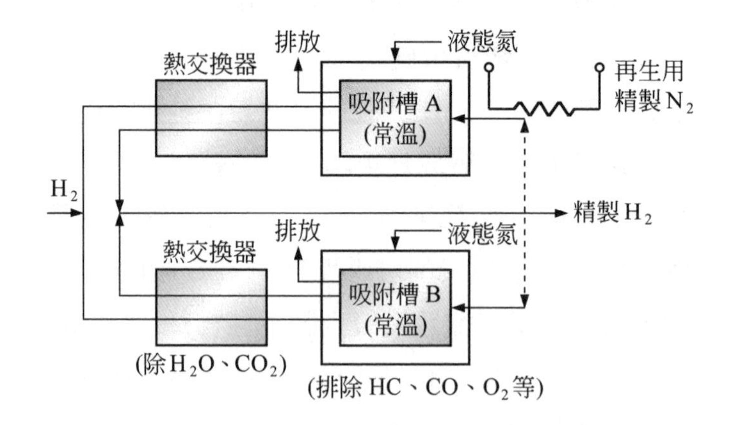

圖 4-6 低溫吸附式H_2精製法

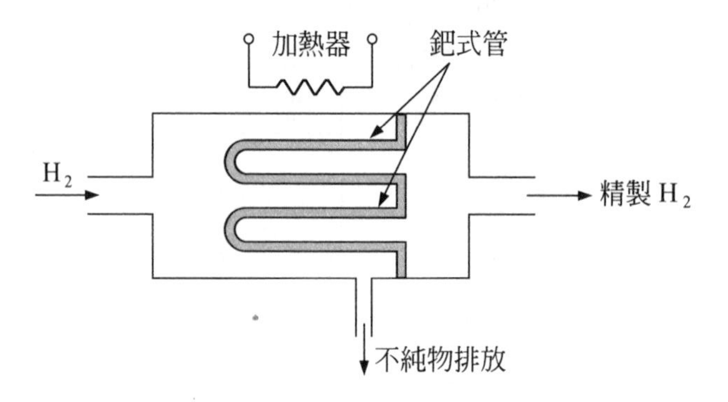

圖 4-7 鈀式膜H_2精製原理

CO、CO_2、H_2O和THC(總碳氫量 Total Hydrogen Carbon)等。表4-4爲大宗氣體中各氣體之純化原理方式和可除去之各項不純物。

4. 連續性線上品質監控系統(CQC：Continues Quality Control)：此系統之功能在於提供氣體供應系統之即時資訊，此資訊包括了流量、壓力、各週期日報表，歷史供應曲線、品質狀況等，是對廠務運轉人員相當有幫助且重要的資訊來源，其系統架構如表4-5所示。

表 4-4 各大宗氣體純化方式和不純物之去除

氣體種類	純化方式	H_2O	O_2	CO	CO_2	CH_4	N_2	H_2	Particle
N_2	觸媒及分子篩	◎	◎	◎	◎	◎		◎	◎
	Getter	◎	◎	◎	◎	◎		◎	◎
鈍性氣體(He、Ne、Ar、Kr、Xe)	與N_2純化器相同	◎	◎	◎	◎	◎		◎	◎
	Getter	◎	◎	◎	◎	◎	◎	◎	◎
He	低溫吸附	◎	◎	◎	◎	◎	◎		◎
H_2	低溫吸附	◎	◎	◎	◎	◎	◎		◎
	觸媒及分子篩	◎	◎	◎	◎				◎
	鈀合金薄膜	◎	◎	◎	◎	◎	◎		◎
	Getter	◎	◎	◎	◎	◎	◎		◎
O_2	觸媒及分子篩	◎		◎	◎	◎		◎	◎

表 4-5 氣體監視資訊系架構

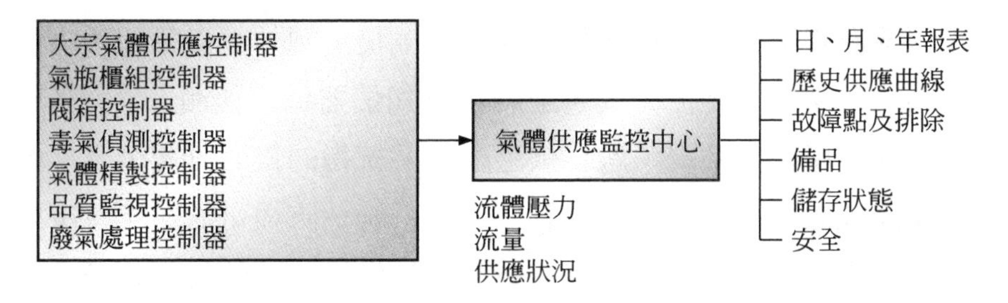

5. 危險性氣體監控系統 TGMS (Toxic Gas Monitoring System)：此系統之目的在監視氣體供應過程中有否洩漏或不正常現象發生，以便極早通知管理工程師做緊急之處置，免於危險之發生，是為氣體供應統中，人員生命的把關者，也是不可欠缺的系統之一，此系統將在後面之章節中再述之。

6. 廢氣處理系統(Dry Local Scrubber)：廢氣處理系統之設置目的是在處理更換鋼瓶時所排放出來之殘留氣體，或是氣體供應室之鋼瓶有洩漏現象時之緊急處理用途，是屬於安全和環保之處理系統。

7. 高等級氣體供應管線：此管路是爲氣體供應至製程設備之輸送管道。管線需考量輸送之距離，距離愈長，成本愈高，風險也越高。由於擴充性之不易，故需預留適當之閥組。流速設計一般氣體爲 20c.c/sec，可燃性氣體則爲＜ 10c.c/sec，腐蝕性和毒性氣體爲＜ 8c.c/sec，故一般之管路尺寸爲$\frac{1}{4}$"～$\frac{3}{8}$"最多。氣體管在惰性和腐蝕性之氣體中使用者爲一般之單層管；而具爆炸性和劇毒性之氣體如SiH_4、PH_3、AsH_3則使用雙層管，而管路材質之選用，在特殊氣體和經精製後之大宗氣體則使用 SUS316LEP 管(Electro-Polish 電解研磨拋光)，而與晶片或產品直接接觸但不參與製程反應之氣體如 GN_2(General N_2)和 CDA，則使用 SUS316LBA(Bright Anneal 光輝燒結)管；另一種未經特殊處理的 AP 管(Annealing & Picking)則用於雙層管之外套管。此處所用雙層管之目的在於保護內管避免直接受到外力撞擊和將由內管滲漏之氣體阻絕於外管，並利用檢知儀器進行偵測。

8. 廠務供應配合系統：廠務供應配合系統指的是於氣體供應室內所安裝設置的排氣管、氮氣管、消防系統、防爆電氣系統、冷氣空調和面罩式空氣管等，這些系統均是供應室運轉所需或是安全性器材。

9. 氣體鋼瓶儲存室：此儲存室是置放備用氣體和已用罄氣體鋼瓶之處，其一般依氣體性質之不同而分別置放，實瓶和空瓶分開，此室因基於安全因素，大都另闢空間設置，尤其是廠區角落遠離廠房之地區爲最常選用點，防爆門和牆，較脆弱性屋頂層結構和完善的消防設施系統是爲考慮重點和必備條件。

10. 氣體供應管理：氣體供應管理重點包含了⑴環境管理如溫、度濕度、壓力和微塵粒子之管制，⑵帳務管理如氣體鋼瓶更換記錄，設備檢修記錄等，⑶建物管理，含蓋受變電設備，空調、照明設備及排氣系統等，⑷保安管理，有消防設施、監視警報系統、指示表示設備等，⑸應變管理：緊急連絡系統、防護裝備、警告標示等均屬之。

4-5 供氣系統的安全技術

前已述及特氣系統各種物性和化性以及種種的危險性，因此如何保持供氣系統的安全性是另爲一重要性課題，可以⑴各種氣體的使用安全和⑵高壓儲氣瓶的使用安全分別述說。

1. 各種氣體的使用安全：

⑴ 可燃、易燃、易爆性氣體：此類氣體之混合氣達發火濃度和溫度即燃燒爆炸，故降低其濃度值和溫度即可避免此現象產生，排氣和抽風系統以及警報裝置是爲必備之系統。

⑵ 助燃性氣體：如氧氣和氟類等助燃性氣體，降低引燃之溫度和避免與油脂品之接觸，以免因氧化生熱而燃燒爆炸，禁油的零組件使用和除靜電裝置以及接地設施是不可不設置之考慮系統。

⑶ 窒息性氣體：屬無色、無臭、低毒性之氣體，但會降低空氣中之含氧量，若大氣氧含量低於 18 %，人身置其中便會感到頭昏不適、暈眩、意識形態不清而生窒息甚至死亡，良好的通風設備；將此類氣體直接以管引至室外排放和室內裝置含氧量監測儀是爲必備之措施。

⑷ 毒性氣體：可靠的通風裝置，以及廢氣處理裝置，毒氣漏洩警報裝置和嚴格執行管理操作程序與手則，可確保人員之安全。

⑸ 腐蝕性氣體：此類氣體遇水份即會增加其腐蝕性，故供應性的空調濕度控制，系統及管路以N_2吹乾，維持其乾燥之環境是為必備之法則。

2. 高壓儲氣瓶的使用安全：此部份可分為：⑴搬運，⑵貯存，⑶使用三方面說明。

⑴ 搬運：高壓鋼瓶搬運前，應檢查鋼瓶口閥完好性，並裝好保護帽，以專用氣瓶小手推車運送鋼瓶，裝卸時應輕放輕拿，並以鏈條或固定索固定。

⑵ 貯存：貯存場所應有良好的通風設備或空調，溫度維持在40℃以下，不受陽光之直曬，同時應依各種氣體之特性和要求分別存放，如可燃性氣體和氧氣瓶不得同置一室，週遭有腐蝕性之化學品或電線、電纜者避免存放之。貯室之氣瓶須直立放置或並用繩索或鐵鏈固定，且立各種警告標誌，如嚴禁烟火等，消防器具和防毒面具，物質安全資料表等亦均為不可少之用具。

⑶ 使用：氣體鋼瓶之使用場所應有空調系統，室內溫度須維持在40℃以下，氣瓶櫃內須有固定裝置，供氣中不得隨意操作開關凡而，所有輸送系統的零組件必須合乎安全規範，連接部份須檢查有否洩漏，氣體開始供應時必須緩慢打開凡而，不得急劇開啓或過分用力打開；停止供氣時，在關閉開關時，須同時關閉高壓氣瓶的瓶口閥。當氣體鋼瓶之氣體用罄時，氣瓶內應留有必要之餘壓，才能送回氣體工廠重新灌充新氣，否則容易造成空氣滲入，而使氣體品質下降或因空氣中之水份造成鋼瓶內壁生銹，而生事故。另外供應室內地震儀之裝設亦是為特氣供應系統標準安全配備。

4-6 氣體的供應輸送

氣體的供應輸送方式，可依大宗氣體(Bulk Gas)和特殊氣體(Specialty Gas)來分別說明。大宗氣體的供應方式，第一種大部以固定式的液態桶槽爲主，尤其是 N_2、O_2、Ar 等將桶槽置於廠區附近，有獨立土木架構基礎，以槽車定期進行充填，其充填頻率依生產線現場之使用量而定，而桶槽容量小則 30 噸，多則可達 300～400 噸以上，桶槽內之液態氣體經蒸發器、過濾器以及氣體精製器(Purifier)(部份不需精製器)至現場使用。第二種則爲在生產工廠另設立氣體生產工廠，直接以氣態經管線供應至現場使用，目前半導體和液晶顯示器廠因氮氣用量大，故大部以此方式執行之。第三種則爲氣體供應商在生產工業區附近設置氣體製造工廠，再由管線輸送到所有的各使用工廠；第四種則以多管式組合成之模組，以貨車送到現場之固定存放區域再以管線連結輸送到現場使用，此類以氫氣爲主要代表，其形式有二者，分別稱爲 Trailer Type(槽車式)

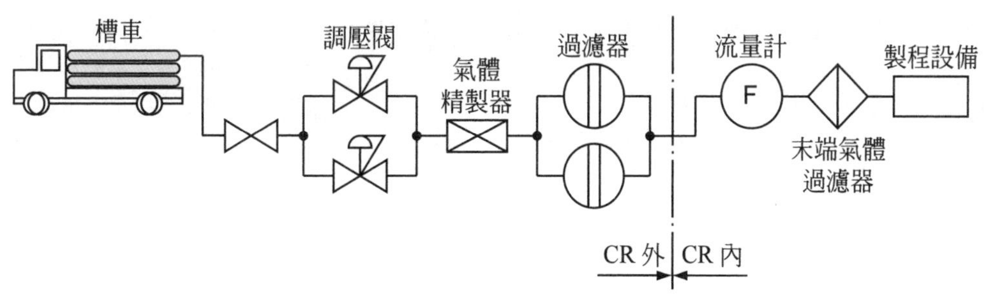

圖 4-8　Trailer Type(槽車式)之組成

及 Bundles Type(模組式)，如圖 4-8 所示。爲 Trailer Type 之組成，當然也有以鋼瓶之方式供給使用者，如氦氣等，表 4-6 爲以上各類供應方式之優缺點比較。

表4-6 各種供應方式之優缺點比較

項次	供氣方式	主要優缺點	適用範圍
1	液態桶槽	1. 輸送氣體量大 2. 輸送費較低 2. 輸送中不易受污染 4. 使用較方便 5. 成本較高 6. 充塡和貯存時，會有損耗	1. 工廠有一定之用氣量 2. 離液態氣生產工廠近
2	現場製氣供氣	1. 輸送量大，污染少 2. 使用方便，穩定可靠 3. 成本較低 4. 初期投資較大 5. 操作人員多	1. 工廠用氣量大 2. 離製氣廠遠 3. 附近有多家工廠均須用氣
3	氣瓶式供氣	1. 所佔空間小 2. 建設成本最低，但單價最高 3. 安全性較差 4. 品質不易控制 5. 操作靈活	1. 用氣量較小之工廠 2. 用氣點不多之設備
4	Trailer Typer (槽車式)	1. 輸送方便，可提供大量之用量 2. 須有較大之空間 3. 成本較低 4. 安全防護須週全	1. 以氫氣爲主 2. 使用在氫氣用量較大處
5	Bundles Type (模組式)	1. 空間需求較小 2. 須有良好之通風設備和安全監視機構	1. 使用在氫氣量需求較少之處

特殊氣體供應方式，只要以氣體鋼瓶供應爲主，一般常用的爲高壓鋼瓶，依其塡充的氣體特性又可分爲氣體與液態鋼瓶，一般氣體均爲氣態鋼瓶，其塡充壓力較高，氣體以氣態儲存於鋼瓶內；而屬低蒸氣壓之氣體則以液態儲存於鋼瓶內。氣體鋼瓶置放於氣瓶櫃(Gas Cabinet)內，

再透過管路將氣體供應至現場附近的閥箱(VMB：Valve Manifold Box)，而後再進入製程機台的使用點(POU：Point Of Use)，於進入機台反應室(Chamber)前，會有獨立之氣體控制盤(DP：Drop Panel，亦稱GB：Gas Box)與製程之控制系統連線，並以氣體質量流控制器(MFC：Mass Flow Controller)進行流量之管制及進氣的混合比例控制。而一般之惰性氣體部份則是以開放式之氣瓶架(Gas Rack)與閥盤(VMP：Valve Manifold Panel)進行供應，以上之氣體鋼瓶更換是以瓶內壓力降至某一設定值時爲換瓶供應之標準，此換瓶供應可爲全自動或半自動式。而空瓶之拆卸其排雜和稀釋在毒性、腐蝕性則是採用全自動排雜稀釋系統。至於鋼瓶或系統有洩漏而被偵測到時，此鋼瓶之瓶口閥會全自動閉鎖，以爲安全。

除此之外，氣體供應較特殊者爲低蒸氣壓氣體之供應，這些氣體如BCl_3、SiH_2Cl_2(DCS)、ClF_3、WF_6等均是。一般而言，在室溫下之飽和蒸氣壓小於30psig的氣體均屬之，由於此類氣體皆是以液態的型式儲存於鋼瓶內，輸送上相當不易，因此在管路流量設計時需特別考量，通常以加熱套或毯包覆於鋼瓶外面並連續性加熱保溫；而管路則以電加熱帶纏繞加外包覆保溫棉之方式加熱，從鋼瓶出口一直到尾端之機台均是，而加熱之溫度亦隨著供應的距離加長而逐漸提高，以預防氣體冷凝及可增高蒸氣壓，加熱帶須有獨立的溫度控制系統，一般其加熱溫度以不超過65℃爲原則，電源是以 UPS 輔助配置。由於當管路太長時，加熱的穩定性較不易控制，故最好的方式是將此類氣瓶櫃放置於製程機台附近的維修區域或Sub-Fab，以減少氣體無法氣化而生阻塞的現象發生，唯安全性需要考量周密。而這類液態式氣體無法以壓力之高低來檢視氣體之剩餘量，故一般是採用電子秤來檢知鋼瓶剩餘的氣體量。

4-7 氣體供應的規劃與設計

由前面之章節可得知氣體供應之重要性和其所特俱之危險性，因此在規劃和設計須特別注意。尤其是在經費和安全性上如何取得最佳平衡，是爲設計工程師的挑戰與追尋目標，若是在經費許可，則考慮二重、三重甚或四重之保護。氣體供應品質之控制則是設計時另一項重要考量，在管路與零組件之材質選擇、運送包裝、施工組裝、管路清潔、測試檢驗，乃至於日常管理，每一個環節的精確要求皆與供應之品質息息相關。另外爲避免已供氣之管路再次施工時之危險性，不能任意之修改或切管，而是於設計時預留適當之閥件或管路以利未來生產擴充之所需。

當工廠內潔淨室各製程區之規劃確定後，氣體供應室之選擇即可進行確認，與使用點近，有獨立之結構與空間區隔，避免與主廠房使用同一結構體，若是無法避免，則防爆區隔之規劃設計絕不可免，以降低運作時對整廠之風險。另外獨立之空調送風系統，供應室的負壓設計以防止氣體洩漏後溢散出外界；另外電力系統之規劃亦需設計獨立之電源和裝設UPS系統，連接緊急發電機電源；在可燃性氣體供應室之電源照明系統則採用防爆系統，以維安全。總之氣體供應之規劃設計需依製程上之需求和實務上之狀況，進行廣泛和深入之討論，以符合生產上之實際需要，使設計合理化，達到眞正經費與安全的最佳平衡和最佳設計，使危險之發生機率降至最低。

Chapter 5

廢水處理及回收

5-1 前 言

由於製程技術的不斷演進，使得化學藥品或純水、毒性氣體等系統之供應等級及品質日趨精密且複雜，但由於在不斷追求密集化、大型化之結果，除了使產品品質提升外，亦相對的衍生了環境污染排放控制問題的重要性，因此廢水處理便扮演了重要之角色。廢水處理其主要的功能與目的是將製程所產生排放出來之各種廢水加以回收處理，以避免大地之污染，盡地球村之一份子，同時將可回收之有機廢水加以再生回收，以達減廢及廢物再利用之目的。

爲達良好的廢水處理成效，首先須將設備排放之廢水進行分流的工作。由於半導體廠和光電廠其所使用之毒性氣體或化學藥品等原物料種類繁多，且各原料性質間差異程度頗大，所排放之廢水性質相對的益顯複雜，因此有效的廢水分類處理，回收再利用乃爲廢水處理的重要課題。表5-1爲半導體廠和光電廠所排廢水種類及水質成份。

表5-1　半導體及光電廠所排廢水種類及成份

名稱	排放種類	水質成份	排放方式
製程廢水	HF洗滌廢水	HF、NH_4F	收集至廢水廠中和排放
	HF濃之廢液	HF、NH_4F	收集至廢水廠反應處理
	酸性廢水	HCl、HNO_3、H_2SO_4、H_3PO_4、CH_3COOH、H_2O_2	收集至廢水廠中和排放
	鹼性廢水	NH_4OH	收集至廢水廠中和排放
	晶圓研磨廢水	矽粉粒	收集至廢水廠擠壓處理
	濃硫酸廢液	H_2SO_4	回收委外處理
	有機系廢液	光阻液、顯影液、IPA	回收委外處理
	DIR 70％	Acid、HF	回收直接利用
	DIR 90％	Acid、HF、Solvent	回收處理再利用
純水系統廢水	樹脂塔再生廢液	NaOH洗滌液、HCl再生液、洗滌液	收集至廢水廠中和排放
	R.O./UF濃縮液	純水濃縮液	回收直接利用
	鹼性再生廢液	NaOH再生液	回收直接利用
洗滌塔廢水	廢氣洗滌廢水	HF、HCl、H_2SO_4、HNO_3、NaOH、IPA、顯影液	收集至廢水廠中和排放

5-2 排放標準

高科技廠所排放之廢水成份與一般工廠如石化工業、染整工業、造紙工業、電鍍工業等所排的成份差異甚大，故國家規定的排放標準也無法一體適用，但其中某些相同的成份的排放標準則是一致的，如酸鹼值，化學、生物需氧量等，表 5-2(a)爲科學園區所規定的廠商排放標準和環保署 1998 年所訂之排放標準，及 5-2(b)大陸之污染物排放標準。

表 5-2

(a)廢水排放標準

項目名稱	F- ppm	PH	BOD	COD	SS
園區廢水排放標準(廠商處)	＜15	5～9	＜800	＜1,000	＜600
1998 年環保署排放標準	＜15	5～9	＜30	＜100	＜30

(b)大陸之污染物排放標準

項次	污染物	一級標準	二級標準	三級標準
1	PH	6～9	6～9	6～9
2	色度(稀釋倍數)	50	50	—
3	懸浮物	70	150	350
	城鎮二級污水處理廠	20	30	—
4	五日生化需氧量 BOD5	20	30	150
	城鎮二級污水處理廠	20	30	—
6	揮發酚	0.5	0.5	2
7	總氰化物(按 CN 計)	0.5	0.5	0.5
5	化學需氧量(CODcr)	100	100	300
	城鎮二級污水處理廠	60	120	—
8	硫化物(按 S 計)	1	1	1

表 5-2 (續)

(b)大陸之污染物排放標準(續)

項次	污染物	一級標準	二級標準	三級標準
9	氨氮	10	15	25
	城鎮二級污水處理廠	10	10	—
10	氟化物(按 F 計)	10	10	20
11	甲醛	1	2	5
12	苯胺類	1	2	5
13	陰離子表面活性劑(LAS)	5	10	15
14	總銅(按 Cu 計)	0.5	1	1
15	總錳(按 Mn 計)	2	2	5
16	總鋅(按 Zn 計)	2	4	5
17	彩色顯影劑	1	2	3
18	顯影劑及氧化物總量	3	3	6
19	三氯甲烷	0.3	0.6	1
20	四氯化碳	0.03	0.06	0.5
21	甲苯	0.1	0.2	0.5
22	甲醇	8	10	15
23	硼	5	5	10
24	總有機碳 TOC	20	30	—
25	磷酸鹽(排入蓄水性河)	0.5	1	—

F-：Flouride 氟離子

BOD：Bio Chemical Oxygen Demand 生化需氧量

COD：Chemical Oxygen Demand 化學需氧量

SS：Suspended Solid 懸浮固體

5-3 廢水種類

高科技廠廢水之來源主要有四種，分別爲：(1)生產的製程廢水；(2)純水系統的再生廢水及 RO 排放水；(3)廢氣洗滌塔中和液廢水和(4)公司一般生活排放廢水等。

1. 生產設備的製程廢水：此製程廢水因使用多種不同化學藥品，具有一定之濃度量，故一般可依排放種類及濃度而分爲HF濃廢液，HF 洗滌廢水、酸鹼廢水、晶片研磨廢水及製程 Rinse 廢水等，這些排放水依不同之分類管線收集而排放至廢水處理系統加以處理或回收。至於另外收集之有機廢液，如(Solvent，IPA)，H_2SO_4 等排放液則委外處理後再利用。
2. 純水系統的再生廢水：純水系統於再生時所產生的含塩酸與液鹼再生水及沖洗液則直接排放至廢水廠處理後排放。至於系統濃縮水，如逆滲透膜組(RO Membrane)和超限過濾膜組(UF)等則均于回收再利用。
3. 廢氣洗滌廢水：濕式洗滌塔於處理廢氣過程中，當循環液於達到飽和值時所更換排放之廢液或平時溢流之廢液則由排水管線收集後排放至廢水處理廠處理。
4. 一般生活排放水：衛生設備所使用排放之污水，先收集至預置之化糞池處理後，專管排放至廢水處理廠；而廚房之廚餘或清洗廢水，則須先經除油處理及截流殘留物後，再排入污水處理系統加以處理後排放。圖 5-1 爲半導體廠廢水處理系統流程圖。

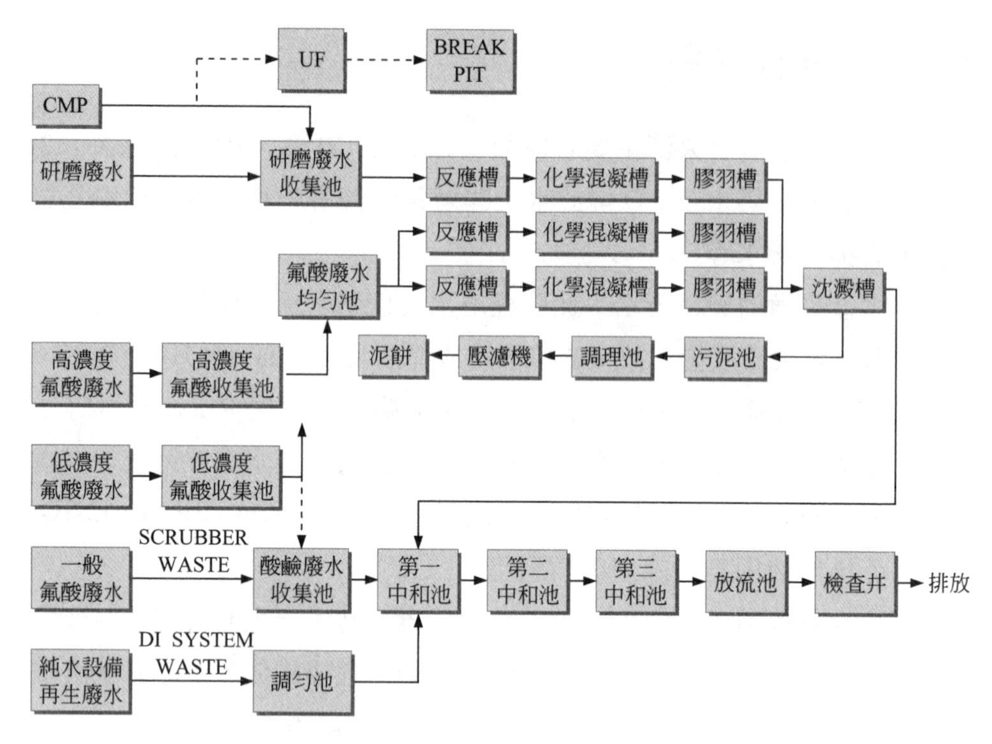

圖 5-1 半導體廠廢水處理系統流程圖

5-4 廢水處理系統介紹

在前節已談及，廢水種類繁多性質成份各異，故相對地不能用相同之處理方式處理不同之廢水，現就不同種類廢液之處理方式加以說明。

1. 高濃度氫氟酸廢水：此廢水主要源自晶片(IC)蝕刻用之HF原液，其原始濃度最高可達 49 %以上。這廢液經單獨管線收集至處理系統後添加 NaOH，使 PH 值提升至 8～10 後再加入$CaCl_2$，$Ca(OH)_2$等含鈣化合物使與 HF 反應生成CaF_2污泥，其反應方程式為：$2HF + CaCl_2 \rightarrow CaF_2 + 2HCl$ 或 $2HF + Ca(OH)_2 \rightarrow CaF_2 +$

$2H_2O$，藉此去除濃廢液中之氟離子濃度，而所產生之CaF_2污泥與製程廢水中之晶片研磨廢水混合，並添加 Polymer(凝集劑)增進其沈降性，再經污泥脫水機擠壓過濾脫水處理成泥餅，此泥餅則委託代處理業者處理，一般大部爲固化後做爲塡土掩埋物或少部提供煉鋼廠當助熔劑或催化劑或燃燒焚化。至於污泥液則注入調節池處理後排放。其處理流程簡圖如圖 5-2 所示。

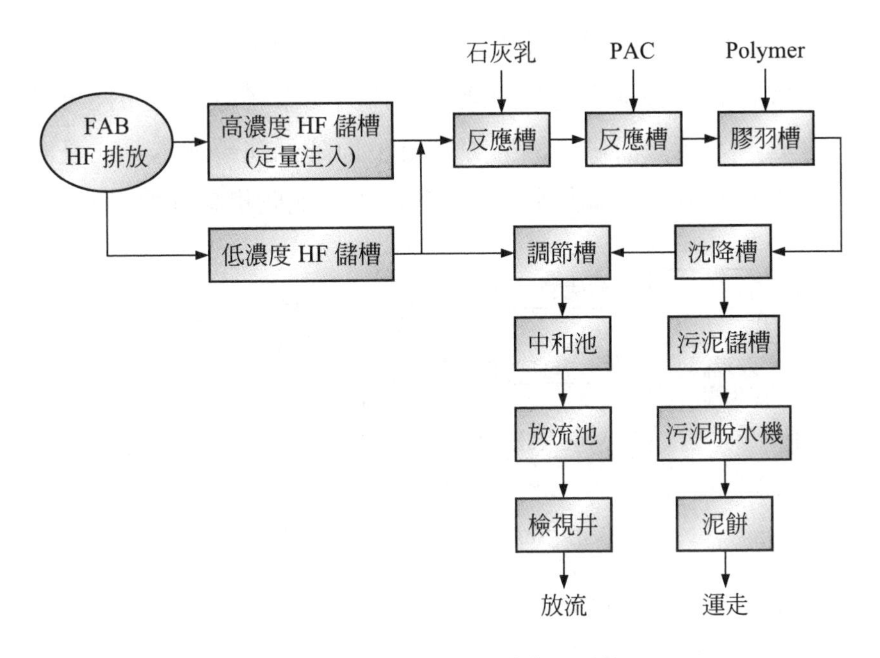

圖 5-2　高濃度 HF 廢液處理系統

2. 一般廢水：包括低濃度含氟廢水、酸、鹼性廢水、純水系統再生廢水、廢氣洗滌廢水等則由不同收集管線等排放進入調節池混合均勻，稀釋後再以泵打入 PH 調整池，添加H_2SO_4或 NaOH 等酸鹼中和劑調整PH值至6.0～9.0後放流入排水系統。其處理流程如圖 5-3 所示。

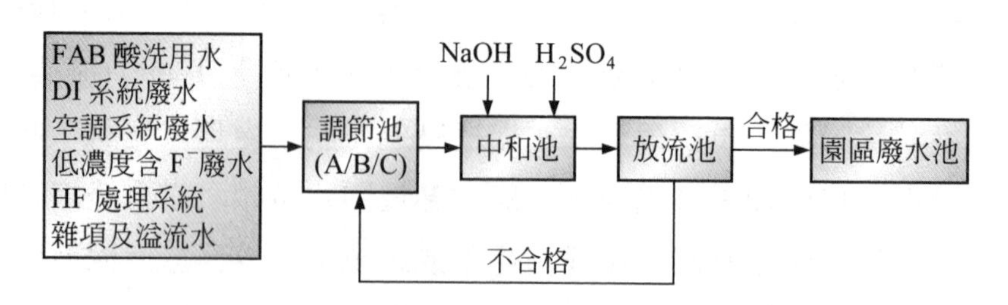

圖 5-3　一般廢水處理系統

3. 有機廢液回收處理系統：濃硫酸廢液、IPA、Solvent、顯影液等有機廢液以各別之獨立系統委託代處理業者處理，如此可減少廢水處理系統之設備、人力等配置，而降低運轉成本，並且減少處理廢水種類，增加處理廠之處理能力，此收集系統如圖 5-4 所示。

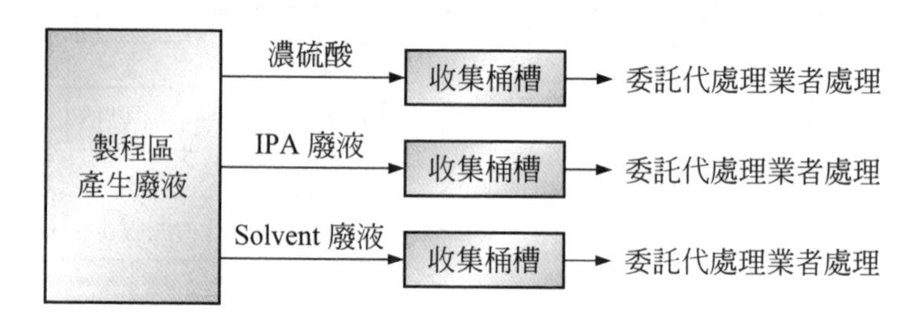

圖 5-4　有機廢液回收系統

4. 濃縮液及純水回收再利用系統：純水系統設備產生之濃縮液，除供應系統反洗，再生用水之用外，在冷卻塔系統補充其飛濺揮發之水更是一大來源，如此不只可降低排水量更可節省自來水用量，以上之濃縮液包含了逆滲透膜及超過濾膜所生之濃縮廢水，由於此廢水硬度值偏高，故在使用時須添加藥劑以控制其硬度值如圖 5-5 所示。另外在純水系統供應方面，部份製程之洗滌廢水(如 Rinse 廢水)於回收處理後可供應至冷卻水系統及製程用水和衛生用水。

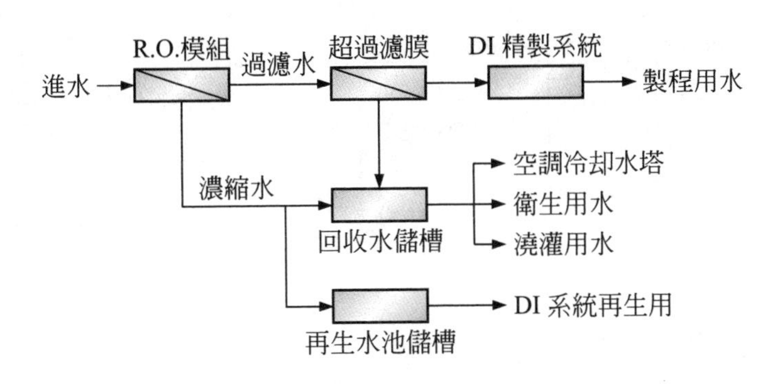

圖 5-5 濃縮廢水回收示意圖

5. 鹼性再生廢液：純水系統再生時所產生的鹼性再生廢水，將其收集後可應用於廢水處理系統的 PH 值調節用，如此不但可減少調節池之化學品用量，降低 PH 調節之難度，更可收緩衝調節之功效。如圖 5-6、圖 5-7 所示。

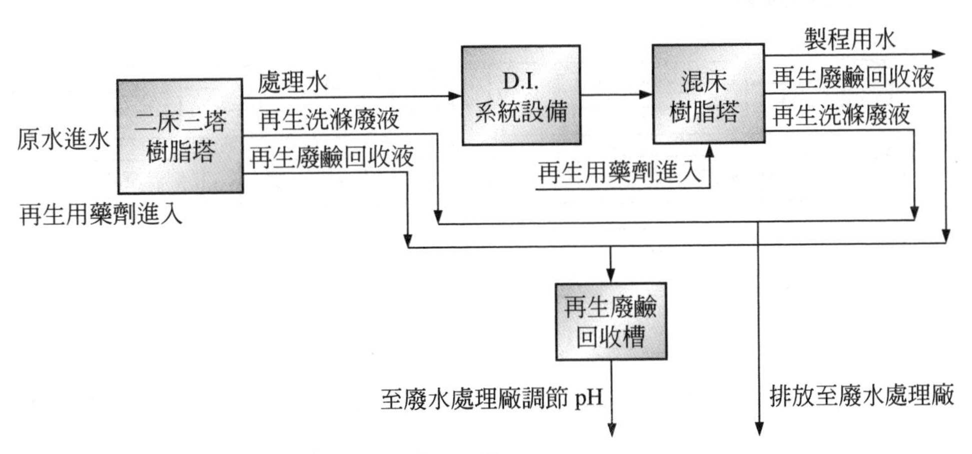

圖 5-6 純水再生鹼性廢液回收利用圖

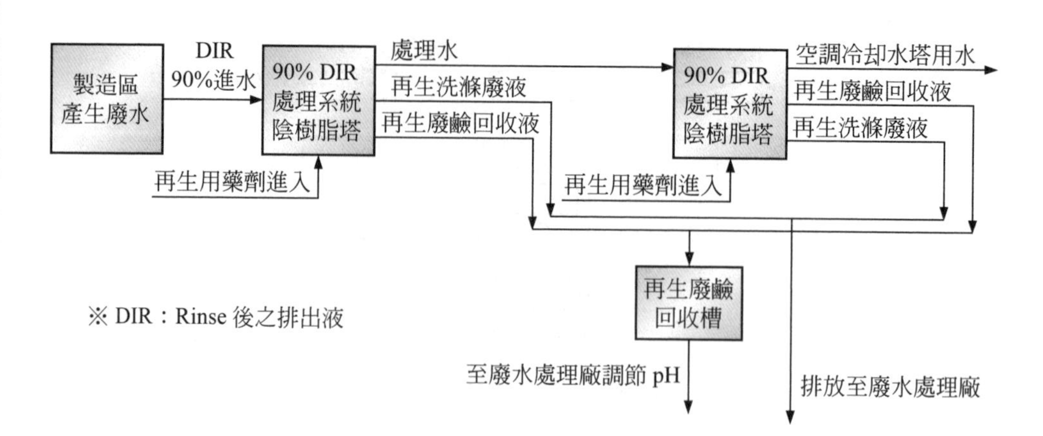

圖 5-7　純水系統回收再生廢液回收利用圖

6. 含氨性廢水：半導體和光電廠生產所排放之含氨廢水，屬中、低濃度的含氨廢水，可採用硝化－反硝化生物法進行處理，其處理流程為如圖 5-8 所示。

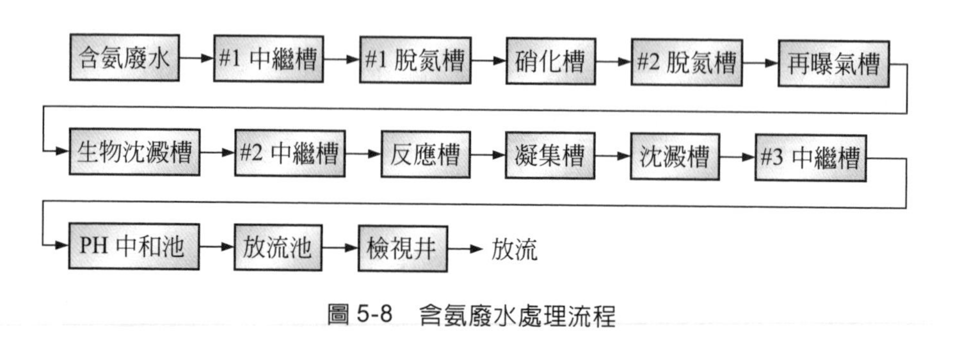

圖 5-8　含氨廢水處理流程

7. CMP 研磨廢水：CMP 研磨廢水可採用膜過濾法處理。在反應池設有攪拌器，透過投入高分子凝集劑進行凝聚反應而形成較大懸浮顆粒。將反應後的廢水用泵以較高之流速通過管狀膜組件，在操作壓力下，水分子通過膜，而懸浮物則被截留在循環的水流中，並回流到沈澱池。膜過濾系統主要去除廢水中大於 0.2 微米

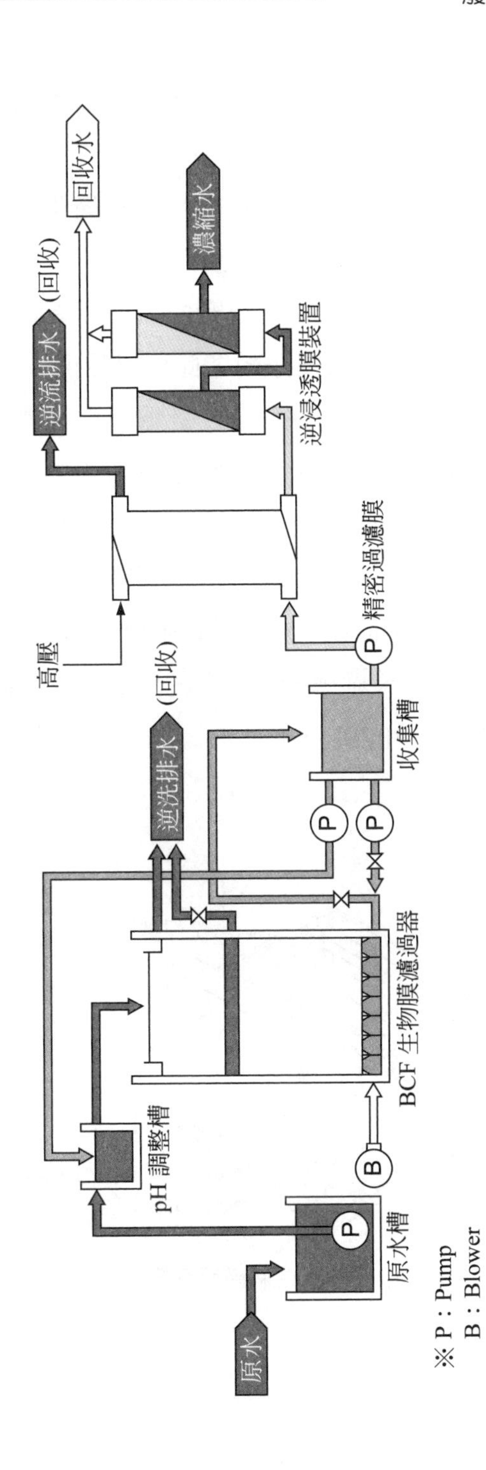

圖 5-9　DMSO 生物細菌處理流程

之微粒子。處理之出水進入廢水中和池，再與含氟之處理水一起進行中和達標準後再排放之。

8. 衛生及生活污水：此污水包括餐廳污水和衛生間污水等，其處理方式已在5-3節提及，此處不再說明。

9. 高濃度有機廢水：在液晶顯示器廠中，使用有高濃度之有機化學品，作爲製程之剝離劑和洗淨劑，此化學品簡稱DMSO(Dimethyl Sulfoxide二甲基颯；$(CH_3)_2SO$)，是爲一俱高濃度之有機物，故其使用後所排放之廢水，除部份作收集回收再製處理外，大部仍以廢水排放至廢水處理系統。而此高濃度之有機廢水非用一般之處理方式可加以處理，而是以生物細菌處理之方式處理。其處理流程如圖 5-9 所示；而圖 5-10 則此系統主設備 BCF(Biological Contact Filter生物膜過濾槽)之構造，此系統可使DMSO完全分解，濃度降低至0.5ppm 以下，而圖 5-11 爲 TFT-LCD 廠廢水處理流程圖。

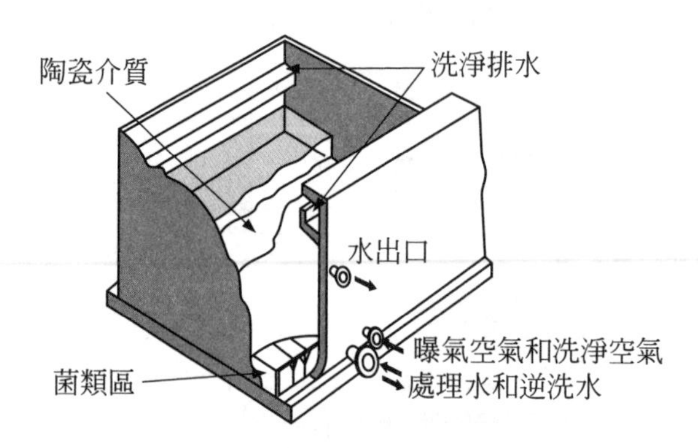

圖 5-10　BCF 生物膜反應槽結構

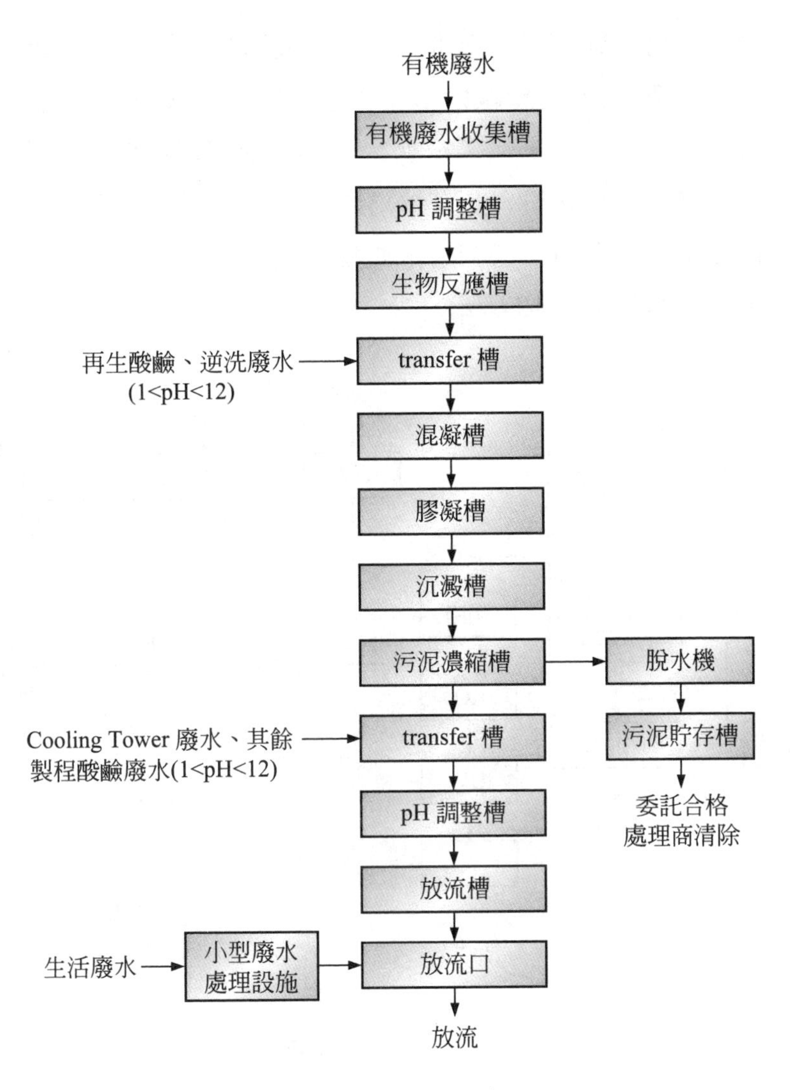

圖 5-11　TFT-LCD 廠廢水處理流程

10. 回收水處理：在台灣由於水資源管理不善，加上近幾年來全球氣候異常，台灣之降雨量偏低，使每年各水庫之儲水量大降，基於節約水資源之概念，科學園區各廠商在考慮自身需求和用水安全下，各高科技廠均設有回收水處理系統，一則合乎園區管理局之規定，另一則可減少用水量，目前園區規定製程之回收水率，舊廠須達 70 %，而新廠則須達 85 %以上，此對廠商而言是一大考驗。一般回收水，除了空調冷凝水、冷卻塔排放水、製程 Rinse 後之排水、無機廢水及有機廢水經生物處理過之廢水再回收處理後之水均含在內，甚至雨水收集系統亦是一大回收水源，其回水處理流程如圖 5-12 所示。

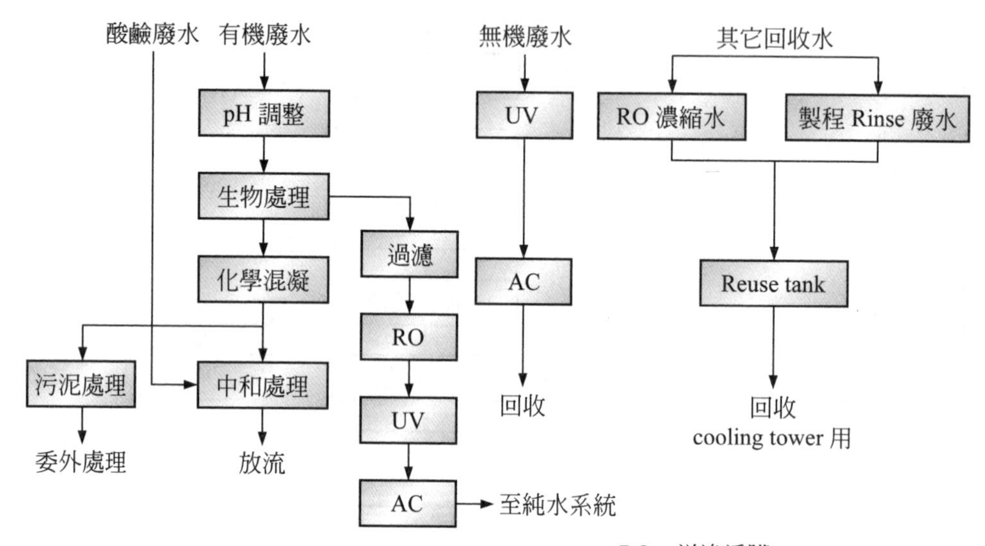

圖 5-12 回收水處理流程圖

5-5 廢水處理之規劃設計運轉

廢水處理系統初期的規劃良好與否以及運轉時的操作管理完善度，完全影響了該系統的效率和處理品質，因此無論是初期的設計規劃層面或是日後的運轉維護管理層面，均是相當重要的考量面。

一般廢水處理操作績效的管理重點包括了三部份，分別是：⑴污染源管理，⑵設施設計規劃，⑶運轉維護管理。現分別述說如下：

1. 污染源管理：包含廠內再利用，廢水分流規劃以及線上回收系統。廠內再利用部份含蓋含銅廢水、廢有機溶劑、廢硫酸和純水設施再生廢水等之回收處理再利用。廢水分流規劃則是將生產製程所產生的各種不同化學性質的廢液予以分流管路規劃，例如：廢氣處理廢水、純水再生廢水、研磨廢水、有機廢水、酸鹼廢水、高濃度含氟廢水、低濃度含氟廢水、銅製程廢水、空調設施所排放廢水、生活廢水和揮發性有機溶劑廢水等分流收集管設計。至於線上回收系統，則有硫酸廢液、異丙醇、剝離洗淨液(DMSO 二甲基亞碸)、剝離液(SPX)等和用水回收率之控制。
2. 設施設計規劃：如
   ⑴ 池體設計，其設有各種不同處理功能之池槽，像調節池、多段式反應池、酸鹼中和池、沈澱池和放流池等。
   ⑵ 監控設施設計如氟離子偵測點數規劃，多段式酸鹼值調整，電導度偵測點數和流量計偵測點等。
   ⑶ 機械規格設計如堰長度、高度、排污泥速度、混凝機和膠凝槽機之轉速控制等。
   ⑷ 防止操作中斷設計，包含有緊急電力之供應，緊急回收處理設計，N + 1 設備設計和備用處理系統規劃等。
3. 運轉維護管理：其含有四部份
   ⑴ 加藥策略，如酸鹼控制範圍操作、藥品種類及量、藥劑加入之方式、瓶杯試驗等。
   ⑵ 設施管理制度，人員訓練、異常處理標準程序完備性、內部控管標準，量測儀器管理與校正、校對和關鍵備品安全存量等均屬之。

(3) 水質管理制度，如氟離子濃度，電導度、氨氮濃度、懸浮微粒、化學需氧量以及排放總量等均是。

(4) 污泥處置，包括了污泥產量及性質、貯存和污泥含水率，以及污泥異味處理等均屬之，總之初期完善的規劃設計和最後的優質運轉操作，是廢水處理系統能否順利成功的不二法門。

Chapter 6

電力供應與中央監控

6-1 前　言

在高科技建廠規劃中，電力供應系統是佔有舉足輕重的角色，原因一為動力供應之心臟，在一切沒電免談前題之下，重要性可見而知；另一則其是為危險性因子存在點，因此電力系統看似簡單所需費用佔建廠成本約只有 10 %上下，然而電力工程人員面臨的壓力卻最大，只因電力系統是被要求須最早完工送電，以利其他系統的試車運轉，加上電力系統運轉中，即使停電一秒鐘也會造成生產線之嚴重後果；所以建廠過程中，如何準時將市電引進廠區及運轉時提供最可靠最安全之電力系統，是為當務之急，亦是重點所在。

6-2 電力供應系統組成

一般電力供應系統之組成成份有：(1)動力配電系統，(2)緊急電源系統，(3)照明插座系統，(4)避雷接地系統，(5)弱電及消防系統，(6)門禁管制及閉路電視系統，(7)警勤系統，各系統之重點內容分述如下。

1. 動力配電系統含：

(1) 配電電壓之選擇與需求，表6-1爲系統供應電壓使用內容。

表6-1 系統供應電壓使用內容

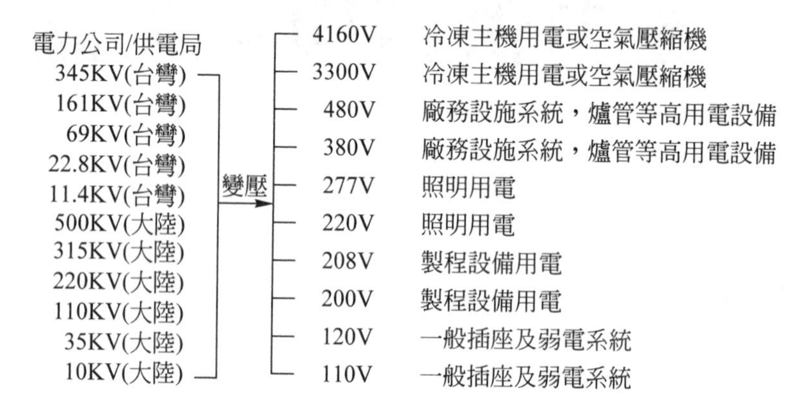

(2) 電源來源是採架空或地下回路，回路爲單回路或雙回路或環路供應。

(3) 氣體絕緣電路器(GIS：Gas Insulated Switchgear)；管路型(161KV以上)或盤裝型(69KV)。

(4) 主變壓器：油浸或模鑄式。

(5) 高、中低壓配電盤。

(6) 供應饋線。

(7) 區域變電站和馬達控制中心(MCC：Motor Control Center)。

(8) 匯流排或電纜線槽(Cable Tray)。

(9) 保護電驛(Relay)。

(10) 電力監控系統等。

2. 緊急電源供應系統：包含：
   ⑴ 緊急發電機：單機或並聯供電。
   ⑵ 自動切換開關(ATS：Auto Transfer Switchgear)。
   ⑶ 不斷電系統(UPS：Uninterrupted Power System)：靜態或動態系統。
   ⑷ 直流電源系統：電池組及充電機。
   ⑸ 控制盤等。
3. 照明插座系統：
   ⑴ 照度要求之標準值。
   ⑵ 燈具之選擇，含室內、室外庭園及景觀、路燈和安全指示燈、防爆燈、防塵燈等。
   ⑶ 插座：分有一般、專用、維修、電焊及特殊插座等。
   ⑷ 電線電管，包括EMT管、PVC管、壓條、束帶及標示牌等。
4. 避雷接地系統
   ⑴ 接地電阻值之規範：有三種，防靜電接地爲$<0.5\Omega$(歐姆)，防電磁干擾接地爲$<0.5\Omega$，避雷接地則爲$<5\Omega$。
   ⑵ 接地類別：系統接地或設備接地。
   ⑶ 接地方式：有接地棒、接地井及接地網三種。
5. 弱電及消防系統，包含：
   ⑴ 廣播系統：業務廣播和緊急廣播。
   ⑵ 電訊系統：有線電話、數位或類比式；無線電話，二哥大(CT-2)與基地台之位置配置；無線電、手機(大哥大)和收發主機等。
   ⑶ 消防系統：包括極早期偵煙警報系統(VESDA：Very Early Smoke Detector Apparatus System)，消防管路：水或泡沫、氣體、幫浦、灑水頭系統、消防栓、滅火器，差動、定溫、偵煙式偵測器，二段式消防灑水系統和監控系統等。

6. 門禁管制及閉路電視(CCTV)監視系統，此系統注意功能選擇、安裝位置、數量需求評估和管理運作之模式。包含了：

(1) 中央控制主機:內有主機、軟體、監視器和印表機。

(2) 讀卡控制器。

(3) 讀卡機:有磁卡刷卡機，磁卡感應機、陽極鎖、按鈕開關和緊急斷電開關、電源供應器等。

(4) 攝影機組，形式為室內、室外、固定、旋轉、黑白或彩色等不同樣式，內含鏡頭標準或伸縮，旋轉台、控制解碼器、偽裝防護罩，除濕器及散熱風扇，垂吊燈桿等。

(5) 控制主機，含字幕顯示裝置、軟體、電腦主機和印表機等。

(6) 搖桿式功能鍵盤(附對講功能)。

(7) 控制信號分配器和警報介面器。

(8) 影像壓縮處理機。

(9) 錄放影機及監視器。

(10) 緊急對講按鈕及閉路監視系統整合主機組。

(11) 電視牆、機櫃和操作桌等。

7. 警勤管制系統，此系統含括有：

(1) 主機。

(2) 巡邏對講機。

(3) 巡邏回報鈕。

(4) 巡邏回報信號收集器。

(5) 電源插入器等。

6-3 受電供電設備

電力供應系統組成中，各受電及供電設備提供了電源的穩定性及安全性，同時也影響供電系統之供電效率，今就其各設備架構與功能述說如下：

1. 氣體絕緣開關(GIS)：係由數節密封之金屬箱體組裝而成，包括斷路器(CB：Circuit Breaker)、隔離開關(DS：Disconnect

Switch)、比壓器(PT：Potential Transformer)、比流器(CT：Current Transformer)、避雷器、匯流排及電纜終端封閉箱等，每節密封之金屬箱體需相互完全隔離且充填 SF_6氣體，GIS 提供了電力公司來電之承接受電體功能。

2. 受電變電站：為自電力公司/供電局引進變電站後之受電設備，此設備包含了油浸式自冷或強制風冷屋外型變壓器及特高壓配電盤等。
3. 主饋線配電盤：此配電盤使用於受變壓器二次之供電迴路主盤及高壓(最高至 22.8KV)各饋線分路，有高壓裝甲及隔間閉鎖型配電盤等型式。
4. 高低壓配電盤：使用於高壓轉低壓之變壓器盤及低壓(600V以下)各迴路之主斷路器電源供應，有低壓閉鎖型型式，此配電盤使用之電壓類別為 11.4KV/480-277V；11.4KV/380-220V；11.4KV/220-110V；4.16KV-3.3KV/380-220V 等種類。
5. 不斷電系統(UPS)：是當電力公司異常斷電或電壓降或ATS切換時UPS能立即偵測異常瞬間將供電負載轉由電池組供電，使重要負載設備或危險性運轉設備(如毒氣洗滌塔等)不受壓降或斷電影響而能繼續運轉。
6. 急電供應系統(EPS)：對某些系統設備，須使用到緊急電源，但尚不須使用不斷電系統者使用之。
7. 自動切換開關(ATS)：在電力公司電源供應中斷時，負責將負載自動切換至緊急電源；當電力公司恢復正常供電時，則自動脫離緊急電源切回至電力公司供應側，目的用於重要負載之雙電源切換。
8. 緊急發電機：提供電力公司瞬間壓降或斷電時，重要設備或危險性運轉系統緊急電力的來源，其一般與 UPS 和 ATS 等系統構成工廠的緊急電源供應系統。

6-4 建廠電力系統規劃

建廠工程開始規劃之初，如何推論出未來工廠的電力系統架構模式，非憑空想像即可得結果，一般有一定的規劃步驟順序，此順序為：⑴推估用電量，⑵選定供電系統，⑶供電可靠性，⑷用電申請，⑸用電分類及電量分配。

1. 推估用電量：建廠規劃時首先要推估用電量需求要多少，一般推估之方法有二種：

⑴ 設備廠務量表(Utility Matrix Table)，用電量需求最好是有整個生產線之廠務需求表，加上廠務及其它附屬系統如電腦整合製造系統(CIM：Computer Integrated Manufacture)和資訊管理系統(MIS：Management Information System)等需求，有了這些資料後，再以製程設備用電量除以0.3～0.4或廠務設備用電量除以0.5～0.7之係數即可得規劃設計之全廠總用電量，如表6-2中，Power欄設備用電量共為803KVA，故全廠將來之總用電量推估約為2008KVA(803.5/0.4，係數取0.4)或1807KW(2008×0.9)，然考慮運轉供應之安全係數，通常乘以1.2～1.5倍安全係數來規劃電力系統，亦即2008KVA×1.5≒3000KVA。

表 6-2　某光罩廠設備廠務需求量

			Power					DIW			CDW				CAD			HV			N_2			Exh-G		Exh-A		Exh-S	
Item	Equip description	Qty	Type	Phase	V	KVA	ΣKVA	LPM	ΣLPM	P	LPM	ΣLPM	P	Temp.	LPM	ΣLPM	P	LPM	ΣLPM	Kpa	LPM	ΣLPM	P	LPM	ΣLPM	LPM	ΣLPM	LPM	ΣLPM
1	E-beam	4	UPS	3.1	200/100	27	108	—	—	—	5	20		10-25	270	1080	6-7	10	40	<34	50	200	2-7	1000	4000	—	—	—	—
2	Laser beam	1	UPS	1	480	100	100	—	—	—	114	114	2.1	10+/-2	227	227	7.7~9.8			<85	—	—	—	1472	1472	—	—	—	—
3	E-beam Developer	3		3	380	20	60	—	—	—	20	60			50	150		20	60		10	30	5	—	—	—	—	20000	60000
4	Environment Chamber	3		3	208	15	45	—	—	—	18	54			—	—	—	—	—	—				3681	11043	—	—	—	—
5	Optical Developer	3		3	380	20	60	19	57	4	—	—	—	—	50	150		—	—	—	10	30	5	20000	60000	—	—	—	—
6	Etcher	3		3	380	20	60	19	57	4	—	—	—	—	50	150		—	—	—	10	30	5	—	—	20000	60000	—	—
7	Oven	2		1	208			—	—	—	3.8	7.6			—	—	—	—	—	—	15	30	2	—	—	—	—	—	—
8	Plasma	1		1	208			—	—	—	7.6	7.6		12.5+/-3	—	—	—	566	566		—	—	—	7.8	7.8	—	—	—	—
9	Cleaner	2		3	208	4	8	76	228	4	19	38	4		500	1000	5.5	—	—	—	20	40	5.5	—	—	20000	40000	—	—
10	C.D.-1	2				3	6	—	—	—	—	—	—	—	20	40		—	—	—	—	—	—	—	—	—	—	—	—
11	Metrology-N	2		3	200	21	42	—	—	—	46	92	5	16-32	50	100	4~7	50	100	<33	—	—	—	—	—	—	—	—	—
12	Defect-K	8		3	208	14	112	—	—	—	—	—	—	—	15	120	0.5~15	—	—	—	—	—	—	—	—	—	—	—	—
13	Defect-O			3	208	7.5		—	—	—	—	—	—	—	85		6	—	—	—	—	—	—			—	—	—	—
14	Deect-L			1	120	5	0	—	—	—	—	—	—	—	—	—	—			66	—	—	—	—	—	—	—	—	—
15	FIB	1		3	208	10	10	—	—	—	0.68	0.68	2~4	10~25	35	35	5.2~10	—	—	—	15	15	15~3	1000	1000	—	—	—	—
16	Laser repair	1		3	208	16.5	16.5	—	—	—	—	—	—	—	—	—	—	—	—	—	30	30	5	20000	20000	—	—	—	—
17	U-scope	3		1	110			—	—	—	—	—	—	—	—	—	—	—	—	—	—	—	—	—	—	—	—	—	—
18	Auto-Mount	2		3	200	14	28	—	—	—	—	—	—	—	50	100	29.5	50	100	40	20	40		—	—	—	—	—	—
19	Particle detector	1				2	2	—	—	—	—	—	—	—	—	—	—	50	50		—	—	—	—	—	—	—	—	—
20	Fine clean	1		3	208	36	36	76	76	4	20	20			500	500	5.5	—	—	—	20	20	5.5	—	—	2000	2000	—	—
21	MPM-1	2		1	100	1	2	—	—	—	—	—	—	—			5~6	—	—	—			1~5	2000	4000	—	—	—	—
22	Dry etcher	2		3	208	22	44	—	—	—	4	8	2~3.5	20~25	1	2	4~6	—	—	—	—	—	—	—	—	—	—	—	—
23	SEM	1		3	200	14	14	—	—	—	—	—	—	—	—	—	—	—	—	—	100	100	5~7	50000	50000	—	—	—	—
24	Coater	2	—	—	—	—	—	—	—	—	—	—	—	—	—	—	—	—	—	—	—	—	—	—	—	—	—	—	—
25	Tencor	5		1	117			—	—	—	—	—	—	—	—	—	—			67	—	—	—	—	—	—	—	—	—
26	Others	1				50	50	—	—	—	20	20			500	500		50	50		100	100		10000	10000	—	—	—	—
	Subtotal						803.5		418			441.88				4154			966			665			162223		120000		60000

Remanrk
1. CDW：chillered Water.　*2.* CTW：City Water.　*3.* DIW：DI water.　*4.* CDA：Dry Air.　*5.* HV：Hight Vacuum.
6. N2：Nitrogen Cas.　*7.* Eexh-G：Exhaust General.　*8.* Eexh-A：Exhaust Acid.　*9.* EExh-T：Exhaust Toxic.
10. Eexh-S：Exhaust Solvent.　*11.* LPM：Liter per Minute。　*12.* P：Pressure Kg/cm^2.　*13.* Temp. C.

⑵ 運轉經驗值推估：由於建廠規劃之初，廠務需求表往往因生產設備尚未決定，或設備人員無法提供設備之廠務需求，甚至可能有新一代的製程，但其設備可能尚未開發出來，例如 TFT-LCD之第8代或8.5代或10代、10.5代製程，此時廠務日常運轉之經驗數據，將是一大主要參考來源。表6-3爲IC及TFT-LCD各代製程，每片Wafer或每片玻璃產能耗電量值，依此耗電單位再乘以投片數，即可預估規劃全廠用電需求數。

表6-3 不同產品及製程單位用電量參考表

產品＼製程	6"	8"	12"	6代	8代	10代
IC	182	324	730	—	—	—
TFT-LCD	—	—	—	835	1230	1820

※⑴ IC：W／Wafer
⑵ TFT-LCD：W/Glass

其計算方式爲：⑴ 6"IC 廠滿載時耗電量運轉數據值約爲0.18～0.225KW／片；⑵ 8"則爲0.324～0.42KW／片；⑶ 12"可以$0.324 \sim 0.4 \times \left(\frac{12}{8}\right)^2 = 0.73 \sim 0.9$W／片推估；⑷ 6代 TFT-LCD 運轉數據約爲 0.84～0.92KW/Glass；⑸ 8 代廠則約爲1.2～1.5KW/Glass，至於10代或10代以後之單位用電量則可用如下之式試算出，$(1.2 \sim 1.5) \times \frac{(10\text{代或}10\text{代後}\cdots)\text{玻璃尺寸}}{8\text{代廠玻璃尺寸}}$，以上所得之數據加上 10 %之裕度供擴充或瞬間大用量，即可得規劃之用電量。圖6-1爲台灣某8"半導體公司用電量與 Wafer out 之關係；而圖6-2則爲台灣某TFT-LCD 3.5G用電量。例如欲新建 8" FAB，其產能爲40K／月，其用電量推估如下：

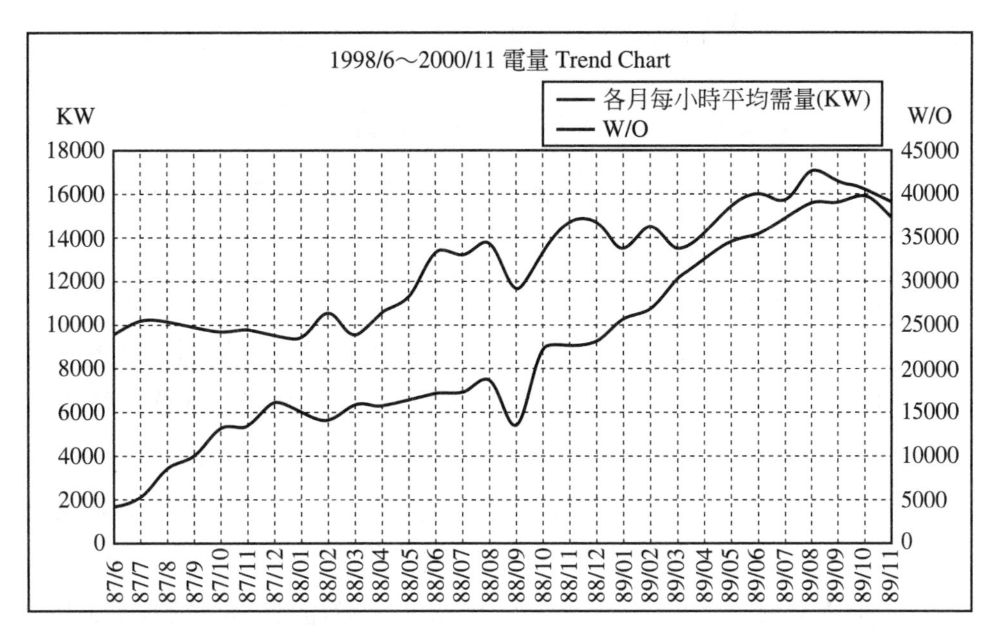

圖 6-1　台灣某 IC 8"廠用電量與 Wafer Out 關係 (W / O：晶片產量)

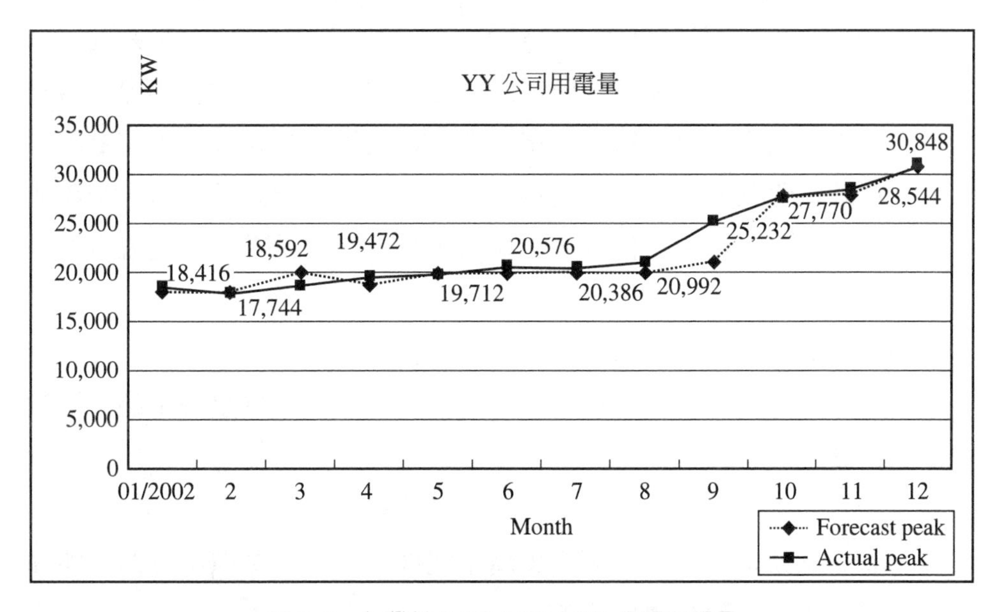

圖 6-2　台灣某 3.5G TFT-LCD 公司用電量

$\left(\frac{0.324\sim0.42}{2}\right)\times 40{,}000\times 1.1 = 16{,}400\text{KW}(20{,}500\text{KVA})$，此爲新廠載之最終用電量，故其主變壓器容量爲$\frac{20500}{0.9}\doteqdot 23{,}000\text{KVA}$，其中0.9爲功率因素，(一般高科技廠其功率因素均在0.95以上)，如此全廠之用電量即大致決定。

2. 選定供電系統

在台灣，依台電之營業規則規定，契約容量未滿7500KW可採11.4KV供電；7500～15000KW採22.8KV供電；超過15000KW者需採69KV或161KV/345KV供電。而在大陸地區，因幅員廣闊，各區分供電局規定各有不同，一般而言6000KW以下容量使用10KV；6000～25000KW則須使用35KV；25000KW上採110KV或220KV或315KV供電。一般而言，8"晶圓廠以上或TFT-LCD廠，因用電量均甚高，故皆採用特高壓供電系統即69KV/161KV/345KV或35KV/110KV/220KV/315KV系統。

由於用電量愈高，所需之線徑愈粗，且電流愈大其線路電量損失也愈高，故爲提高用電效率，均使用較高等級之供電電壓，唯其電費雖較便宜，但因絕緣等級愈高其各項設備費用，初設成本較高，故用電最佳方案之如何選擇，是爲重點。現先就電費部份做一探討。

(1) 台灣地區：台電公司

電費＝基本電費＋流動電費＋功率因數調整費＋超約罰款

其中：

① 基本電費爲：用戶向台電申請之契約容量。

② 流動電費爲：每個月尖峰用電度數×尖峰電價＋每個月離峰用電度數×離峰電價。

③ 功率因數調整費：台電爲鼓勵用戶提高用電功率因素，以80％爲標準，如用戶功率因素改善超過 80 ％則減免電費，其計算方式：該月電費(基本＋流動)×0.15％×(該月之功率因素－80％)。

④ 超約罰款：該月尖峰用量超過契約容量 10 ％內，則超過之部份KW值×2倍基本電價；如超過10％以上，則超過之部份×3倍基本電價。表6-4爲台電電價表。

表6-4　台電電價表

	分類		22.8KV 高壓供電		69/161KV 特高壓供電	
			夏天	非夏天	夏天	非夏天
基本電費	經常契約	KW／月	213	159	207	153
	非夏季棄約	KW／月		159		153
	離峰契約	KW／月	42.6	31.8	41.4	30.6
流動電費	尖峰時間	每度(KWH)	1.96	1.89	1.95	1.88
	離峰時間	每度(KWH)	0.77	0.71	0.76	0.7

⑵ 大陸地區

由於大陸各省各項電費營業規則皆不盡相同，唯大工業用電電價則相似即電價＝基本電費＋流動電費＋功率因數調整單價。

① 基本電費：有二種方式選擇，一爲以用戶受電變壓器容量計費，費率爲18RMB/KVA；另一則以最大需量計費，費率爲27RMB/KW，若實際用電不足報裝容量之40％，則以40％計費。

② 流動電費：依各省各區電網之銷售規則不同而有各不同之費率制度。

③ 功率因數調整電費：依用戶每月算出之平均功率數若高於0.9，則減少部份電費之優惠；若低於0.9則會增加部份之電費。表6-5為大陸地區流動電費計價及功因優惠表。

⑶ 台灣與大陸電費比較

兩岸電費計算雖不同，但大陸電費平均每度約NT2.4元，較台灣之每度1.7元貴約40％以上，且缺電嚴重常有限電或停電發生，故如何爭取各項優惠措施或補償條件以及列入不受限電和停電之優先項目，是為到大陸投資時，建廠人員重要的任務之一。

表6-5　大陸地區流動電費計價及功因優惠表

35KV大工業用電	費率制	1.電度電價	2.兩費率峰谷電價		3.三費率尖峰谷電價		
			峰電價	谷電價	尖峰電價	高峰電價	低谷電價
	區間	00:00-23:00 24HR	08:00-22:00 14HR	22:00-08:00 10HR	19:00-21:00 2HR	08:00-11:00 13:00-19:00 21:00-22:00 10HR	11:00-1300 22:00-08:00 12HR
	費率	0.503	0.601	0.379	0.923	0.68	0.313

月平均功因(PF)	0.95～1	0.94	0.93	0.92	0.91	0.9	0.89	0.88	0.87	0.86	0.85
+-電費%	-0.75	-0.6	-0.45	-0.3	-0.15	0	+0.5	+1	+1.5	+2	+2.5

第二部份則須考慮高壓及特高壓設備安裝成本，由於電費是長期運轉成本，在台是以符合台電法規及長期運轉成本來考量，但在大陸投資，則須考慮資金因素，故要以降低建廠成本爲優先，亦即初期建設成本是一重要考量因素。故變電站系統是以高壓或特高壓(如 35KV/110KV)爲主，須做成本及工期和安全因素分析，以爲選擇方案之參考。如圖 6-3 及 6-4 分別爲大陸地區 35KV 及 110KV 變電站架構圖。

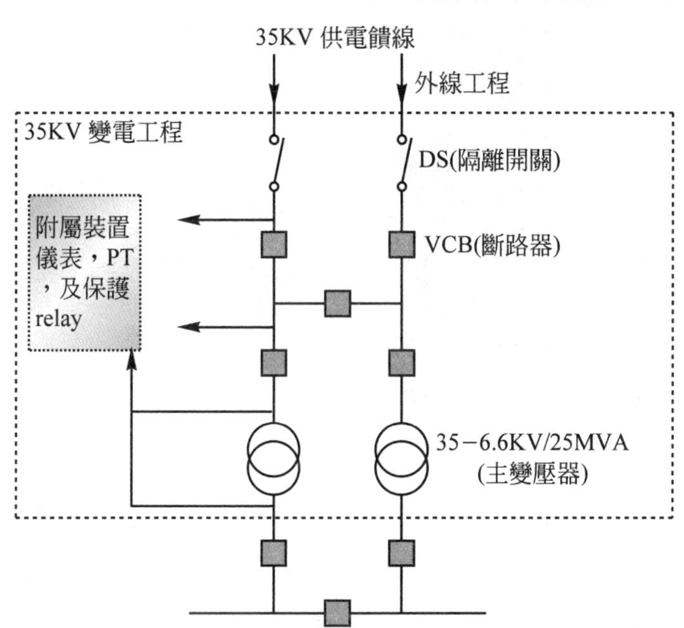

圖 6-3　大陸 35KV 變電站架構圖

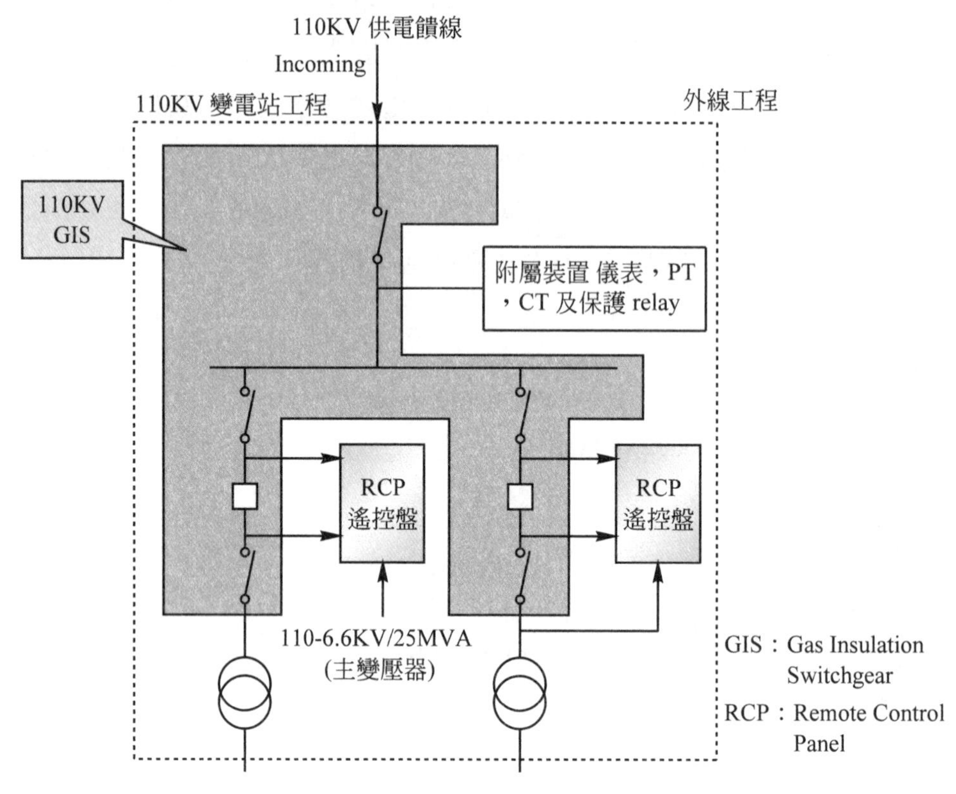

圖 6-4　大陸 110KV 變電站架構圖

3. 供電可靠性

IC 廠或 TFT-LCD 廠投資動輒數百億台幣，生產線之瞬間或短暫中斷，其損失都是以仟萬台幣計算，故任何公司均不允許有短時間或長期停電，因此供電系統的可靠性就相當重要，供電來源任何可能發生之故障，均必須未雨綢繆，事先防範於未然。供電可靠性可有三方面考慮，一爲供電來源饋線，另一則爲供電設備備用模式；第三則爲緊急電和不斷電系統。

(1) 供電來源饋線：即從台電或大陸供電局供應過來之外線回路，亦稱之爲配電系統，常用的有三種，爲單回路、雙回路及環路架構系統。

① 單回路是電力公司提供一條線路給用戶如圖 6-5 所示。當這條線路故障或該線路上游源頭有問題時，系統就無電可用，全廠將停擺，此非高科技廠所使用。

② 雙回路供電系統是電力公司提供兩條饋線給用戶如圖 6-6 所示。當任一條線路故障或上游源頭有問題時，可藉旁通開關拉上，使系統能正常供電，此爲大陸地區主要高科技廠之設計供電模式，其缺點爲因不同電源，故平常不能操作旁通開關，需先將乙饋線停掉後，才能操作旁通開關作乙饋線設備及其上游電源保養維修。

③ 環路供電系統是電力公司提供兩條饋線給用戶，如圖 6-7 所示。甲乙兩饋線平常互相供電，當乙饋線需要維修時，只要將乙開關打開即可作其上游側維修，因此不至於有需先停電之問題，此爲目前竹科園區二、三期特高壓用戶之供電系統，是爲最可靠之供電系統。

(2) 供電電力設備備用模式

供電饋線是指供電源頭之可靠性，若用戶端內部某些重要供電設備發生故障或例行維修保養時，可能會產生用電中斷之風險，故爲避免此風險之發生，於建廠設計時通常以 N + 1 爲設計準則，一般有二種模式，即①爲 100 %備用，又稱全供全備模式，另一則爲② 50 %備用，亦稱全供半備式。100 %備用：即台灣常用的 100 % Back up，大陸則稱之全供全備，亦即風險爲$\frac{1}{2}$(50 %)，例如圖 6-7 所示，若主變壓器#1 及#2 之設

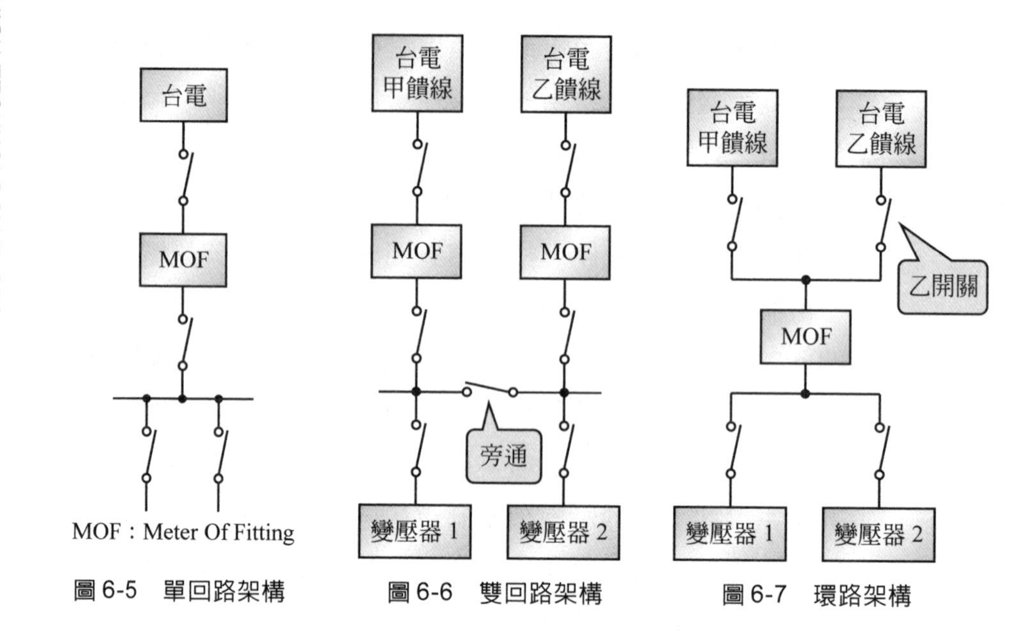

圖 6-5　單回路架構　　圖 6-6　雙回路架構　　圖 6-7　環路架構

計容量各爲 30MVA，正常使用時各主變壓器平均分擔總用電量，當主變壓器#1 及其上下開關或線路發生故障時，可將之隔離完全由#2 主變壓器供應，此種#1 主變壓器故障停供而由#2 主變壓器全數轉供應之模式，稱之爲全供全備式。此種模式優點爲可達 N + 1 之風險目的，且佔廠房空間及投資費用也較低，是爲目前大多數之半導體或 TFT-LCD 廠採用，缺點則風險較高。50 %備用，在台灣稱之 50 % Back up，大陸則稱爲全供半備，風險爲$\frac{1}{3}$(33.3 %)，此架構如圖 6-8 所示。若全廠用電爲 30MVA，而#1、#2、#3 之變壓器其設計容量各爲 20MVA，於正常使用時各主變壓器平均分擔下游 10MVA 之用電，當#1 主變壓器及其上下開關或線路發生故障時，可將之隔離，完全由#2 及#3 主變壓器來供應，此種供應模式稱之爲全供半備模式，此模式優點是風險可降低至 33 %，唯其需較大之建築空間和一套設備費用和操作變複雜是爲其缺點。

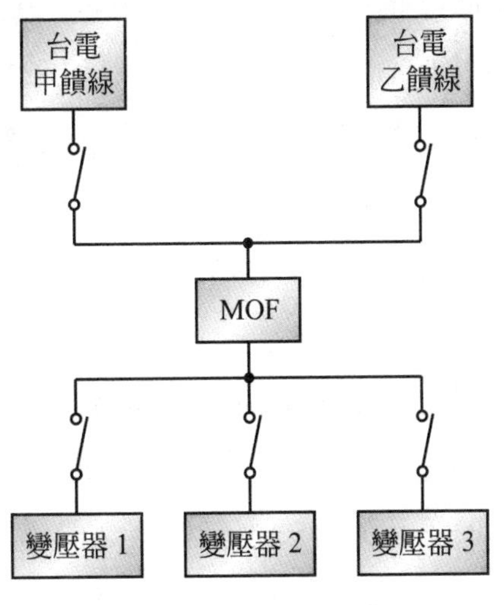

圖 6-8　50 %備用架構圖

(3) 緊急電和不斷電系統

緊急電和不斷電系統是提供當電力公司供應之電源中斷，此中斷包含了事先已計劃和無預警或限電或瞬間壓降時，某些特殊製程設備和具危險因子之運轉系統以及重要資料儲存系統之用，此系統在高科技廠之電力供應中是相當重要之一環。

一般而言，愈多系統使用急電和不斷電系統對生產之保障愈高，但相對的設備投資成本也提高，造成生產之產品成本升高，市場競爭力因而下降，因此如何評估何類需搭接急電或不斷電系統，是為設備、製程、廠務等工程師責無旁貸之責任，其主要引接考慮點為：

① 停電或瞬間壓降時將造成生產線機台之半成品或成品損失很大之設備，如 IC FAB 之爐管或 TFT-LCD 廠之化學槽(Wet Bench)。

② 停電時雖產品損失量不大，但機台在復電時，其再開機恢復至生產規格時需很長時間之設備如 CVD(化學氣相沈積設備)、Sputter(濺鍍機)等眞空度漏失之恢復。

③ 廠務系統之監控系統之核心控制電源，工廠之CIM和公司之MIS系統電源，避免整個電腦或伺服器(Server)之資料流失，所有控制系統錯亂。

④ 政府法令規定，當工廠停電時需有急電之設備，如電梯、消防系統等。

⑤ 對潔淨室環境及人身安全有傷害之設備，如排氣系統，毒氣偵測系統等。

依IC廠和TFT-LCD廠之運轉經驗，不斷電系統(UPS)之需求電量爲緊急電電量之 50 %，而緊急電約爲正常供電系統之50%，其中UPS電源一般規劃維持10～15分鐘，超過此時間，蓄電池便放電耗盡，UPS電源便無電可供，故需有緊急發電機電源來備用，亦即停電瞬間先由UPS不斷電電源供應，隨後緊急發電機啓動而取代UPS之備用電源，但若UPS系統爲動態 UPS，則 UPS 本身即可維持電源供應設備系統，此時發電機之需求容量可相對減少。圖6-9及6-10分別爲重要負載緊急供電之規劃和並聯供電系統規劃，圖 6-11 則爲半導體廠電力最終架構圖例。

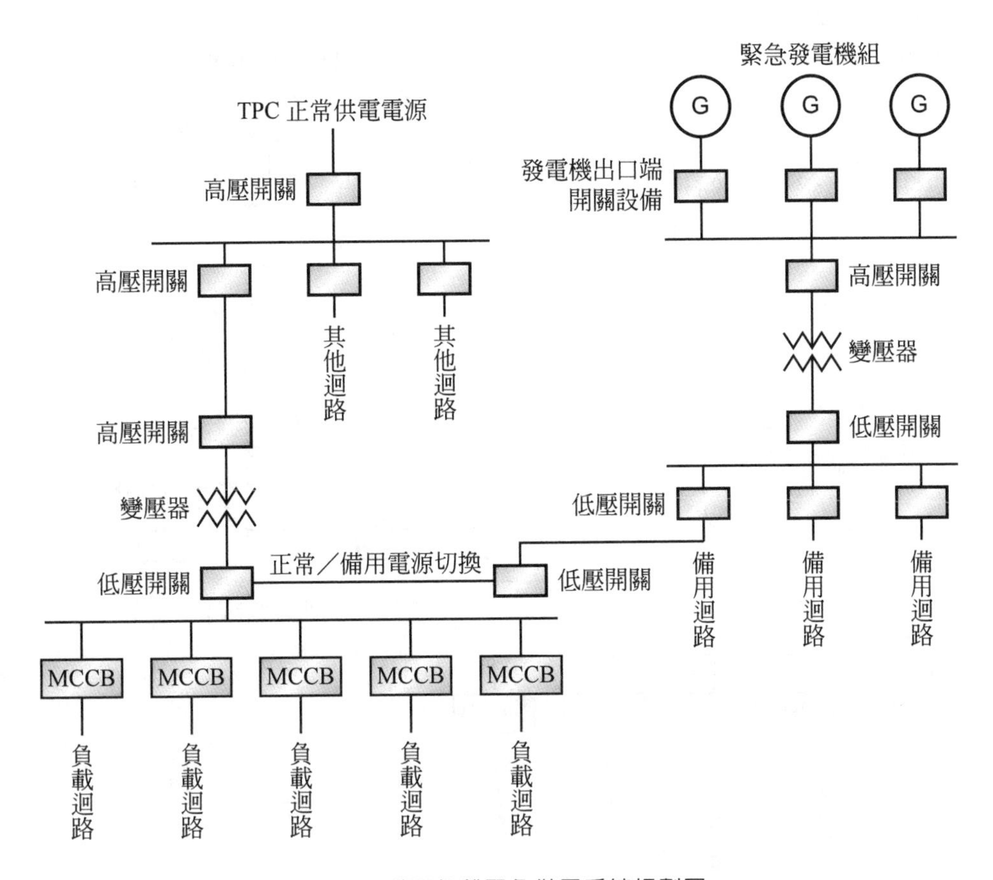

圖 6-9　重要負載緊急供電系統規劃圖

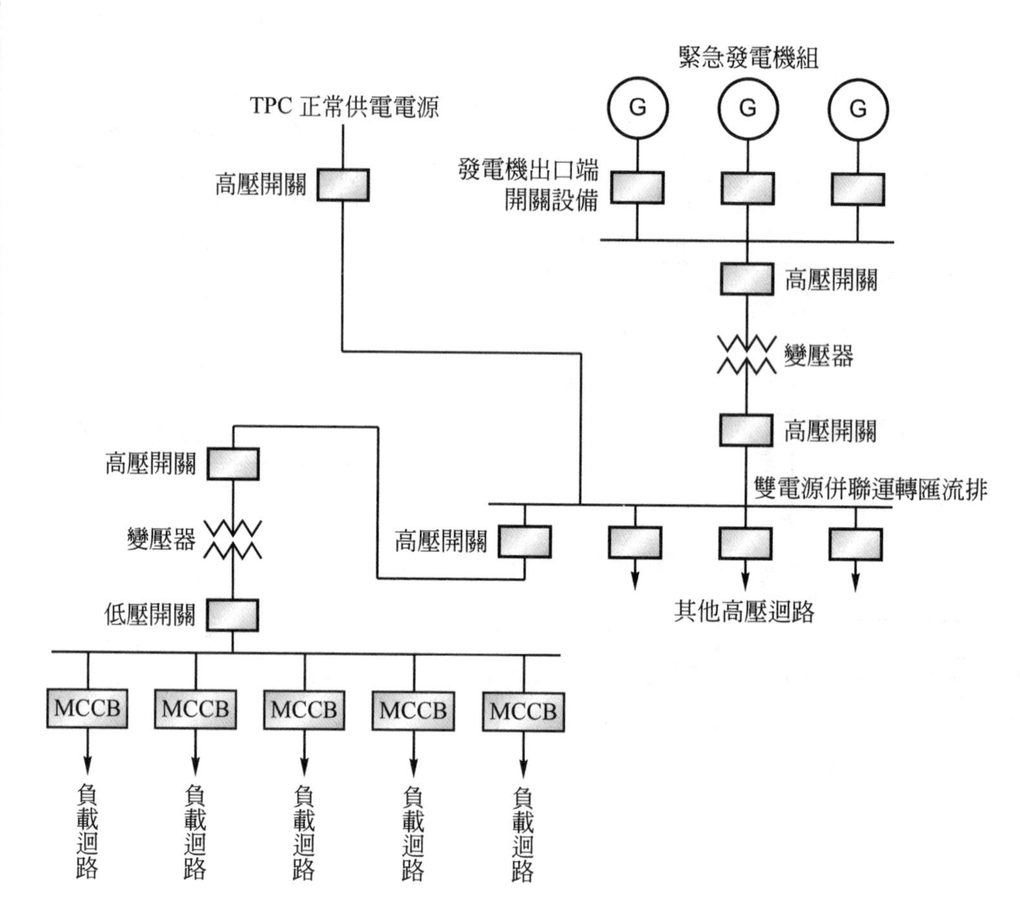

圖 6-10　並聯供電系統規劃圖

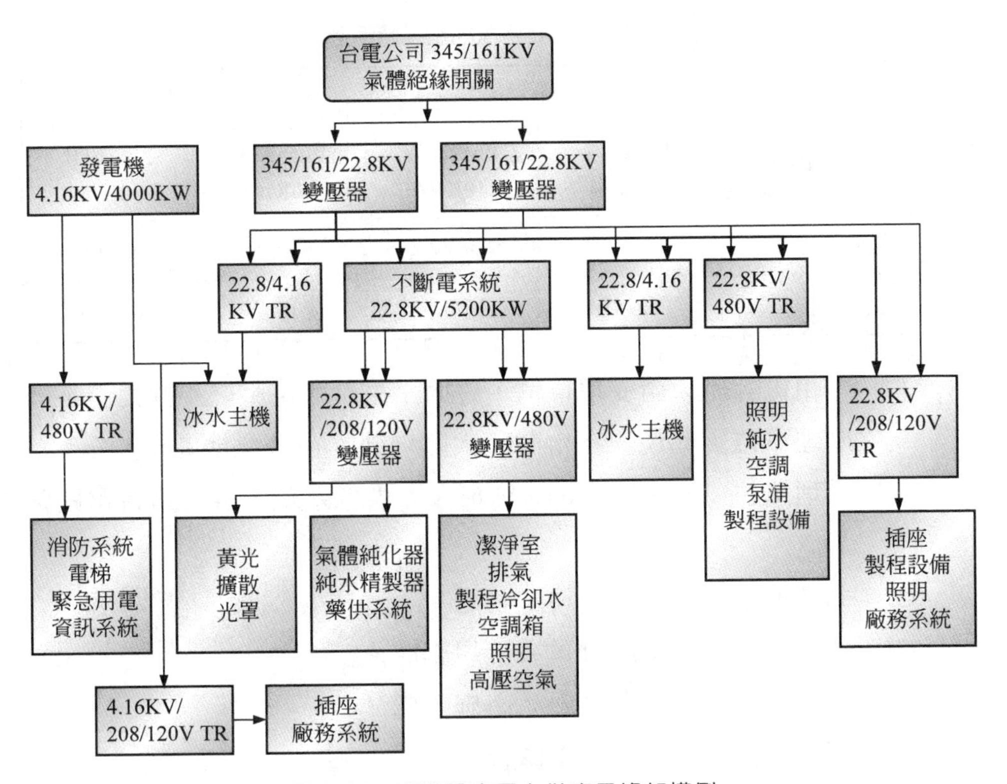

圖 6-11　半導體廠電力供應最終架構例

4.　用電申請

當建廠需求之用電量，供電電壓和饋線回路等基本資料確定後，接續便是向台灣電力公司或大陸之供電局提出用電申請。用電申請所須提送之物件，在台電為：新增設用電及售電力計劃書；而大陸地區則為：非居民生活用電開戶登記表，表中所示各期增設用電部份，可依建廠擴充時程之預估用電量列入，以做為電力公司電源調配之參考，唯所填用電量是預估預電量，而非日後所訂之契約用量。表 6-6 所示為用電量預估及時程參考例(此二新廠均在同一地塊)。

表6-6 預估用電期別及時程例

Item	FAB	FAB Ⅰ		FAB Ⅱ	
	Phase	Phase-Ⅰ 30K/M	Phase-Ⅱ 40K/M	Phase-Ⅰ 30K/M	Phase-Ⅱ 40K/M
預估時程		10/2001	10/2002	6/2004	6/2005
用電量		25MW	30MW	50MW	60MW

用電計劃申請受理單位，會因用電量、電壓之不同而有不同之處理單位，此現象在台灣和大陸均同。在台灣地區：

⑴ 受理單位：345KV/161KV/69KV 供電系統，各縣市台電區營業處。
⑵ 協調單位：台電總公司業務處。
⑶ 線路規劃：台電總公司系統規劃處。
⑷ 施工單位：台電北／中／南施工處。
⑸ 運轉單位：各縣市台電區營業處。

在大陸地區其受理單位有二：

⑴ 直轄市：35KV及35KV以下供電系統爲各區供電局；35KV以上供電系統爲市供電局。
⑵ 各省：10KV 以下供電系統爲各縣市各區供電局；110KV 及35KV爲各省轄市供電局；220KV以上則省供電局。

用電計劃申請時，須同時說明受電設備容量，實際負荷及要求用電時間以及上級部門批准項目的有關文件和 1：500 或 1：1000 廠區平面圖、地下綜合管線圖、受電變電站和配電站之位置等。一般而言，其從提出用電計劃申請到施工測試送電在台灣短者半年，長者可長達 1.5 年以上；而在大陸則約須 1 年左右，此時間之長短，端依用電電壓種類和當地電力公司主變電站容量充足與否和施工難易度而定。表6-7爲台灣地區用電申請流程圖；表6-8則爲大陸地區用電申請流程。

表6-7 台灣地區用電申請流程

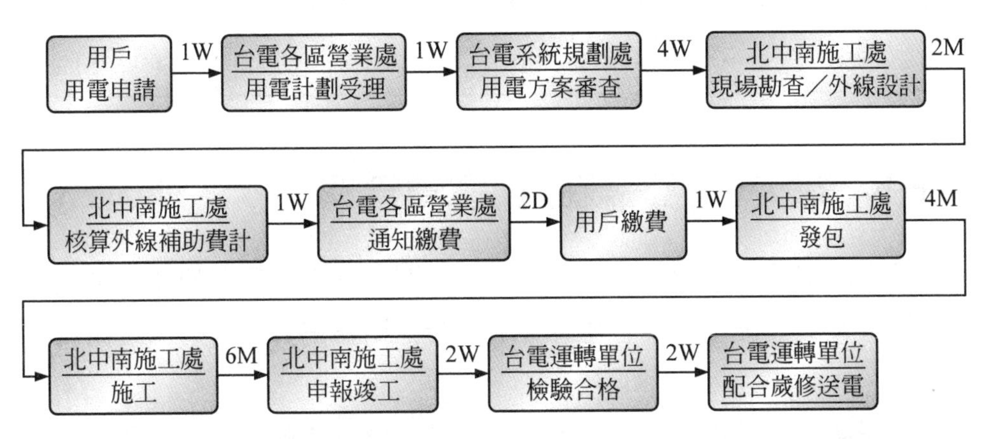

表6-8 大陸地區用電申請流程

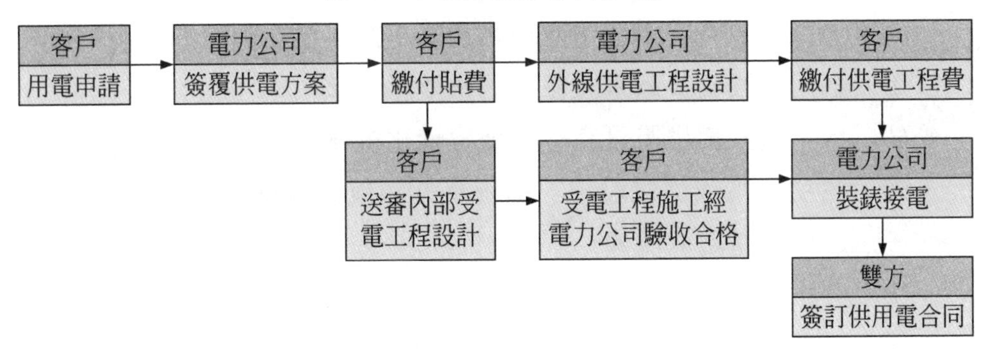

在供電系統規劃後，從高壓側以次之各系統設備用電電壓種類相當多，此已在表6-4示出，不再說明。在此處特別須提及者是台灣與大陸用電規格不同，例如在台灣插座用電爲單相110V，而大陸則爲單相220V，電頻率在台灣爲60Hz，在大陸則爲50Hz，其差異如表6-9所示。

表6-9 台灣與大陸地區電壓規格比較

地區	頻率 Hz	插座電壓	低壓	高壓	特高壓
台灣	60	110V	220/110V，480/277V	22.8/11.4kV	69/161/345kV
大陸	50	220V	380/220V	35/10kV	110/220/315kV/500kV

6-5 電力供應系統設備運轉管理

電力設備運轉管理可由三方面加以說明，一為值班運轉注意事項，另一則為電氣設備操作安全注意事項，第三則為電力系統的保護協調功能。

1. 電氣設備值班運轉注意事：電氣設備值班運轉人員職責為提供穩定之電源供應，各項設備之巡查及緊急應變處理，平時深入了解電力系統，時時俱危機處理之意識，其主要之執行要點有：

(1) 各用電設備負載量查核或總量變化查核。

(2) 各用電設備供電量查核或總量變化查核。

(3) 各項用電或供電設備、巡查及外觀或感官檢查或儀器檢測(如紅外線電纜測溫儀)。

(4) 各供電設備定時抄錶，並檢視能量變化情形。

(5) ATS各Switch位置確認(含各項供電設備Switch位置確認)。

(6) 緊急應變處理及各項故障維修排除。

除了以上之各項工作要點外，值班人員亦必須注意如下各項事項：

(1) 個人工具及儀錶需齊備，並可隨時使用。

(2) 熟知各項備品存放位置及支援人員相關位置。

(3) 熟知各項緊急應變程序及故障排除方法。

(4) 交接班時須能即時掌握各設備狀況及問題點。

(5) 巡檢時需確實了解各設備運轉情形。

(6) 須熟知各設備PM之資料，以掌握各項狀況。

2. 電氣設備操作安全注意事項：操作安全注意事項包括了：

(1) 高低壓電氣接點需注意絕緣距離，低壓電氣接點則需注意勿碰觸。

(2) 注意負載容量及負載狀況，以避免造成操作上的危險。

(3) 比壓器(PT)不可短路，比流器(CT)不可開路。

(4) 高壓無消弧裝置之設備(如 DS 隔離開關……等)，在有負載時不可切斷或投入。

(5) 高壓線路維護時，絕緣防護器具等級需大於或等於高壓電壓等級。

(6) 於停電維護高低壓設備時需先掛地線以防止設備放電而引起感電事故。

(7) 依電工法規須於年度維修時確實量測設備或線路絕緣情形，以防止事故發生。

(8) 高低壓斷路器操作時須注意其附近有無可能造成短路事故之雜物。

(9) 須了解高低壓設備各PM資料，以增加操作安全。

(10) 操作高低壓設備時，須注意有無緊急停止開關，危急時需按下以保障人員安全。

(11) 操作高低壓設備時，應於操作前檢視設備狀況。

(12) 操作高低壓設備，應先有專業之訓練，並經考核取得操作許可方可操作。

3. 電力系統的保護協調：電氣設備於供電狀況下本身便是一危險性的設備，一則電無形無臭和無味；另一則爲負載時之保護協調功能若設定不當，極易造成爆炸或停電事故。因此電氣設備於供電或受電前，必須就整體之供電系統詳細計算與規劃，調整與設備各電驛開關之保護協調數據，並隨時依負載容量之變化而不定時查核，遇有失真立即重新設定調整，以保護供電系統之安全，此保護協調之設定一般均由俱執照之電氣技師或經驗與專業知識均豐富的工程人員擔任，一般人避免執行，免生意外。

6-6 廠務中央監控系統

廠務供應系統受限於空間因素，有些則配合生產製造或是考慮安全因素而分置不同地點，加上各項供應系統所要控制及監視之品質要項繁多，在人力要求精簡之要因下，欲使所有系統能完全掌握運轉及品質狀況，對值班運轉工程師是一大考驗，此時得有賴廠務中央監控系統(Facility Monitoring Control System-FMCS)來輔助，方能竟其功。因此FMCS可說是工廠運轉的眼睛，其不但告知供應的品質和系統運轉狀態，也提供了安全的事先預警。

FMCS 系由監控系統(SCADA)。可程式控制器(PLC)設備(含硬體及軟體)、監視器(Monitor)、電腦主機(含伺服器)、遠程 I/O(Input/Output)接口櫃、過程儀表、控制盤、控制電纜、驅動器、印表機、操作控制台及相關附屬設備等所組成。其控制及監視對象包括生產區FAB主廠房不同潔淨區的空氣處理調節系統、高效率過濾器風扇組、潔淨室內之溫濕度，壓差等：CUB動力廠房的純水製造系統、冷凍機及冰水運轉狀況、熱水供應系統、製程冷卻水(PCW)系統、氣體供應系統、真空和壓縮空氣、廢水、廢氣處理系統、化學品供應、生命安全系統(含消防警報、毒氣洩漏警報)以及電力供應狀況等，可說含蓋了廠務的八大系統。

監視或控制模式是由控制儀表、傳感器及驅動器、壓差傳感器、差壓開關、信號轉換器、液位感知器等將從現場所收集或感測到之相關資料、參數和狀態信息、測量值、警報訊號等，以 Ethernet TCP/IP 之網路通訊協定規則，以區域網路(LAN)之方式傳送到中央監控室之電腦主機，並以圖表、表格等方式透過電腦終端機而呈現整廠的廠務系統運轉狀況。圖 6-12 爲 FMCS 之架構簡例。

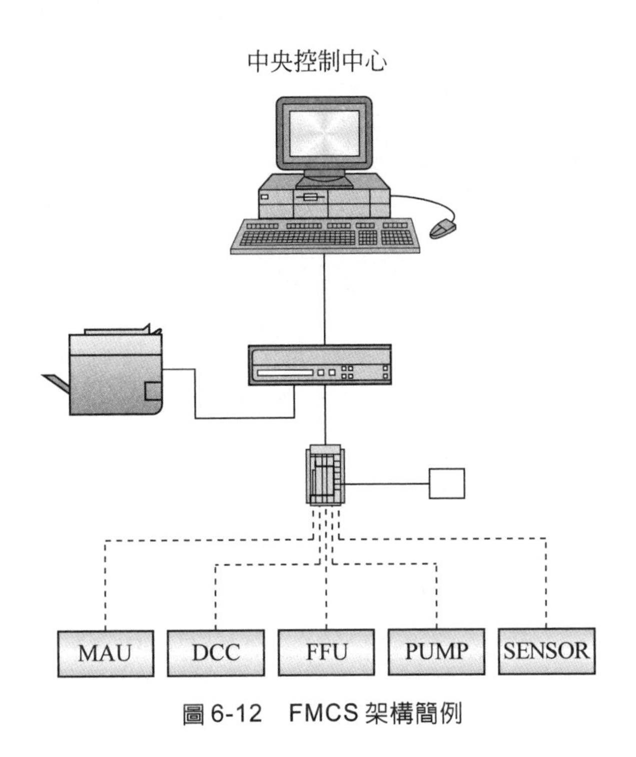

圖 6-12　FMCS 架構簡例

Chapter 7

廠務設施架構

7-1 前 言

半導體等高科技廠房除了潔淨室、氣體、純水、化學品供應等主要系統外，一般廠務設施亦是不可或缺之系統，這些廠務供應系統包含了冰水、冷凝冷卻水、製程用冷卻水、高壓空氣、製程眞空、清潔用眞空、呼吸用壓縮空氣和熱水、蒸氣、柴油及瓦斯供應系統等。

7-2 冰水及冷凝冷卻水

冰水是製造並提供給空調及廠務系統所需之低溫冷水，冰水系統產生冰水過程中所釋放之熱由冷卻水系統帶走，並藉由冷卻水塔將熱釋放於大氣中。

由於大冷凍噸之需求，故冰水主機均採用高效率之水冷離心式機，而冷媒採用不含氯不會造成臭氧層破壞的 HFC-134a 或 123 冷媒。在冰水機數量之計算上一般是採用極端夏日溫濕度條件，以符合潔淨室全量運轉之需求，不至於因夏日於極端氣候時產生冰水不足之情形。設計上配置一部備用冰水機以備冰水機維修時填補之用。附屬之設備如冰水泵、冷卻水泵、冷卻水塔等均依此概念作規劃設計。有時爲求節約能源而採用熱回收式冰水主機，以減少熱水鍋爐之負載。

冰水泵之設計採用一次側定流量，二次側變流量之方式，並以可調式變頻器配合差壓感測器將二次側泵浦維持在較低之轉速以節省能源。冰水及冷卻水之流速以 2～3m/s 爲依據參考，以節省設備設置成本和運轉成本。

至於冷卻水塔則採用方形低噪音，並以維護方便性爲主，同時盡可能將外氣空調箱冷凝水回收使用，以減少冷卻水系統所需之補給水，降低運轉成本。圖 7-1 爲冰水／冷卻水之流程規劃圖。

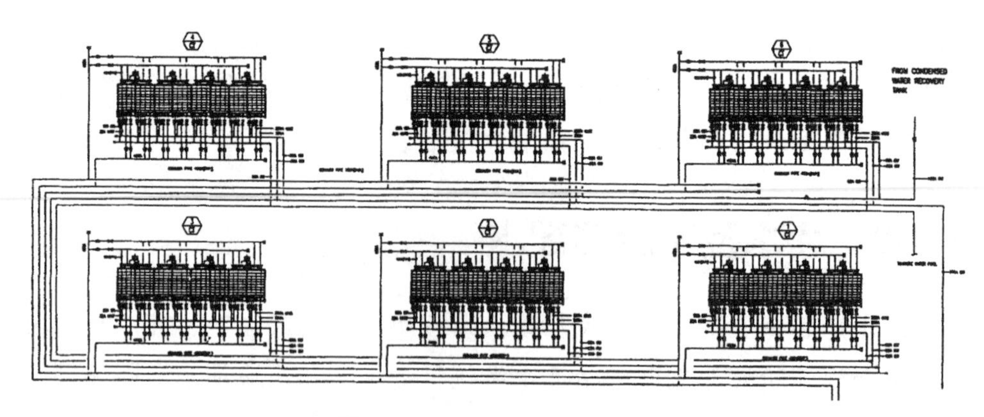

圖 7-1 冰水／冷卻水流程圖

7-3 熱水、蒸氣與柴油、瓦斯供應系統

熱水系統主要是供應外氣空調箱之熱盤管以及超純水系統中熱純水之熱需求。在大陸地區因冬天溫度較低，故可用此熱水或蒸氣系統，以調節輸出之氣溫，供應辦公室或生產區之溫度控制需要，此系統組成爲熱水鍋爐、熱水泵浦、補充水槽、日用柴油箱、化學加藥系統、管路及控制系統等。其熱水容量和溫度需求，依現場需求條件而定，一般使用之熱水溫度爲出水 90℃，回水 70℃附近。圖 7-2 爲其架構圖。

柴油系統之功能只要是將柴油供給至鍋爐或緊急發電機、柴油消防泵浦等使用。各系統之日用油箱之容量應爲各系統全載耗油運轉至少八小時以上之儲油量。一般而言，本系統柴油桶槽設置於機械棟室外，桶槽材質爲FRP或碳鋼，除桶槽之外尚含柴油泵浦、輸油管路以及加油機構，桶槽儲油量應至少維持七天之全耗油量。

由於目前之鍋爐燃燒機設備大都是油氣兩用式，因此瓦斯供應系統亦須同時設置，此系統除了瓦斯加壓站、管路、控制系統外尚須注意緊急切斷器等安全裝置。

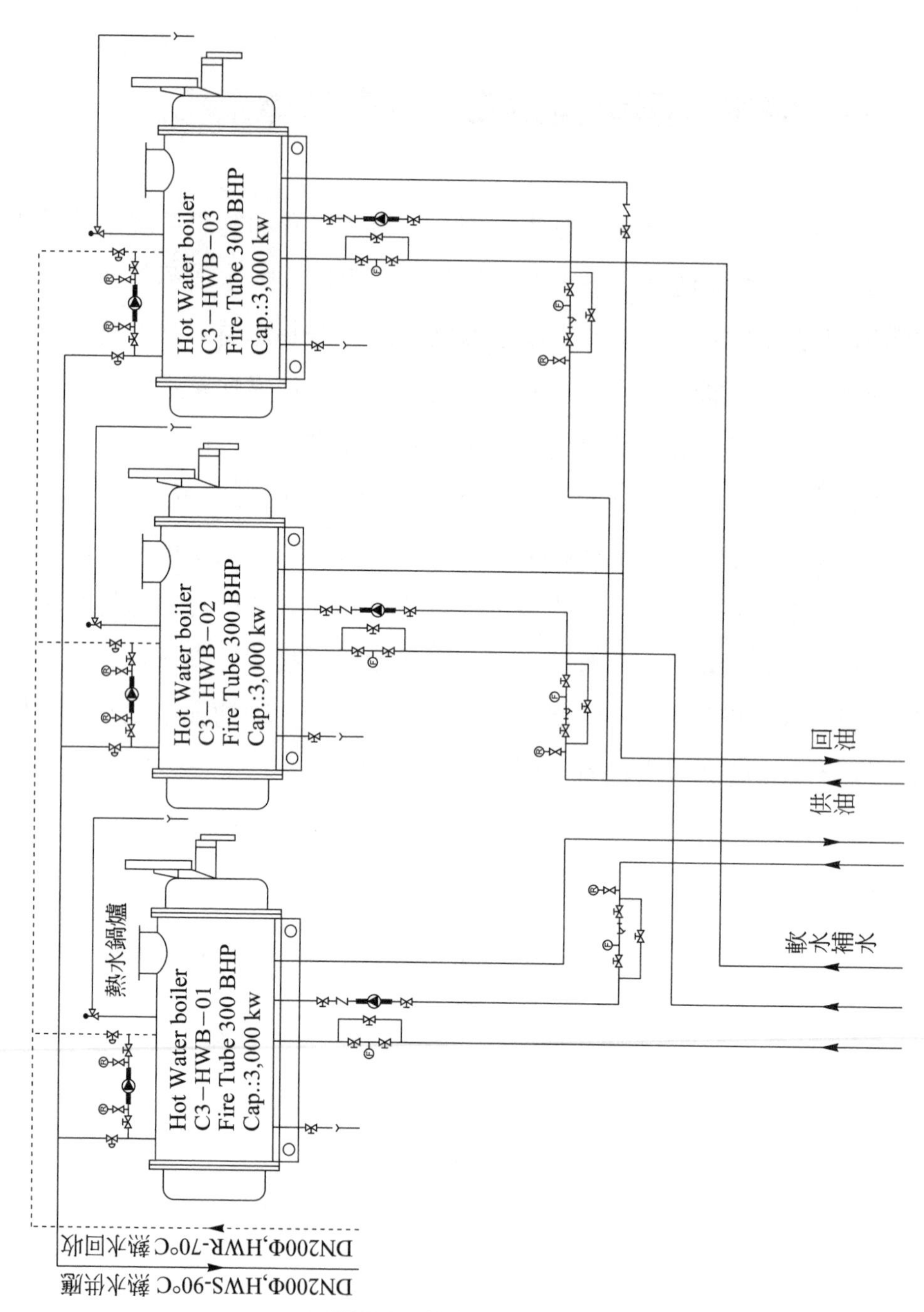
Hot Water boiler
C3－HWB－03
Fire Tube 300 BHP
Cap.:3,000 kw
Hot Water boiler
C3－HWB－02
Fire Tube 300 BHP
Cap.:3,000 kw
Hot Water boiler
C3－HWB－01
Fire Tube 300 BHP
Cap.:3,000 kw
熱水鍋爐
回油
供油
軟水補水
DN200Φ,HWR-70°C
DN200Φ,HWS-90°C 熱水供應

圖 7-2 熱水系統架構圖

7-4 製程冷卻水

製程冷卻水爲高科技生產工廠中動力命脈之一，舉凡氧化、濺鍍薄膜、擴散、黃光、離子植子、蝕刻、液晶充填、玻璃切割等製程均須使用此系統。此系統主要作爲製程機台與遠端設備部份廢熱之移除用途，依各機台之需求溫度不同而大部控制在 18～21℃之間，冷卻水供應壓力大約在 4～6kg/cm^{2}之間屬常壓回水循環系統並做水質監控，同時以板式熱交換器進行溫度調節。

本系統之組成有儲水槽、板式熱交換器、管路系統(含供應之冷卻水和冰水管路)、泵浦、過濾器、水質監視器、保溫材等，表 7-1 爲此系統主要元件之規範。

表 7-1　冷卻水元件及水質規範

主要元件		規範
熱交換器		板、殼體及框架均爲 SS304 材質
儲存槽		FRP 或 SS304 材質
冷卻水循環管路材質		SS304
濾網組	粒子過濾	聚酯濾材，≤ 25μm
	殼體材料	SS316 或 glass-filled PP
水質	導電度	100μs/cm
泵浦組	型式	臥式、單段、離心
	殼體、葉片	黃銅
	軸	鉻鉬鋼；機械軸封
保溫		氣密覆以鋁皮或密封橡皮

7-5 乾燥壓縮空氣／呼吸用空氣

壓縮空氣主要用途有二，一爲供潔淨區之製程機台及其遠端設備操作所需，另一則爲供應廠務系統中各項儀控設備如控制閥等操作運轉所需之壓縮空氣。此系統所使用之壓縮機均爲無油式，其形式有往復式、螺旋式和離心式，但以離心式或螺旋式爲主，圖 7-3 即爲螺旋式壓縮機之外觀圖。此系統之主要元件內容和規範如表 7-2 所示，爲避免此系統於設備故障或停電時造成氣源之中斷，故常與 GN_2系統並聯，令GN_2做爲 Back up 之用。

呼吸系統用空氣功能是爲供應廠區人員因應特殊情況下工作時，如製程設備維修、更換毒氣鋼瓶等所需呼吸之空氣，系統包含空壓機、初級濾網，後段過濾器、乾燥機、供應管路、呼吸面罩等，其規範如表 7-3 所示，此系統須特別注意的是要獨立設置，而不能與CDA系統並聯使用，以免發生 N_2倒灌而危及人員安全。

圖 7-3 螺旋式壓縮機外觀

表 7-2 CDA 系統元件組成及規範

主要元件		規範
空氣壓縮機		水冷室無油壓縮機
緩衝桶槽		不銹鋼材質
供氣管線(CDA)材質		最終濾網前／後：SS304/SS316L-BA
供氣管線(IA)材質		SS304 ／末端乾淨銅管
前置濾網組	油水粒子	大於 1.0μm，油水 0.5mg/m^3
	殼體材料	SS316
次級濾網組	粒子	大於 0.1μm
	殼體材料	SS316
乾燥機	型式	Heatless，吸收式
	露點	−70℃
最終濾網組	濾網	大於 0.01μm、水氣 0.003mg/m^3、油 0.01mg/m^3
	殼體材料	SS316L-BA

表 7-3 呼吸系統空氣元件規範

主要元件	規範
前級濾網	碳鋼殼體，水氣去除效率至 0.5mg/m^3
乾燥機	冷凍式乾燥機，露點：2℃
最級濾網	過濾＞ 0.01μm 粒子，水氣去除效率至 0.003mg/m^3
管路材質	SS304

7-6 製程真空和清潔用真空系統

製程眞空系統之功能是爲因應如光阻塗佈時之晶片吸著或玻璃板清洗時之吸附等，以避免晶片或玻璃基板在製造過程中破損，此系統主要包含有：眞空泵、緩衝桶槽、管路系統及冷卻水等，眞空泵以水冷或油冷之螺旋泵爲主，管路材質則爲 U-PVC Sch80，避免管路因眞空度過高而變形。

清潔眞空系統是爲潔淨室之潔淨狀態維持在規範內或生產及設備維修時人員清潔之用而設置，此系統之組成元件和規範如表 7-4 所示。

表 7-4 清潔用真空元件規範

主要元件	要求
眞空清潔單元	包含：離心分離器、集塵帶、風扇、滅音設施及眞空控制器與管路等
管路	PVC-U Sch.80
排風管至屋頂	鍍鋅鋼材質

Chapter 8

環境保護與工業安全維護

8-1 前 言

半導體與光電產品製造過程當中，使用了大量的化學品，其包含了液態和氣態，而反應後的生成物即成爲一般事業廢棄物，此些廢棄物包含了無毒性與有害性，這些廢棄物若未加以處理而直接排放至大地，無疑地將衝擊我們的生活環境品質與安全，也造成了工業污染問題，影響全球的環境變化，包括了臭氧層破壞、溫室效應、生物滅種、土地沙漠化及酸雨等，作爲地球村一份子的我們能不負責自己的一份責任。因此環境保護管理現已是各高科技產業納爲公司的政策方針之一。同樣的，各高科技產業，尤其是半導體和液晶顯示器業均大量使用了危險性的原料，這些無色且俱高危險性的物質，稍一不愼將危及工作人員的生命安全，加上建廠的大規模及時程緊湊，以及超高壓電力的使用，可說從建廠開始至生產運轉，無不存在危險因子，隨時有致人命之虞，因此工安規劃建立與管理是另一重要的執行項目。

8-2 環保與工安之功能目的

環境保護與工業安全之執行，其功能目的有：

1. 維護人員的安全：包括了施工廠商人員，設備運轉及操作人員。
2. 維護設備的安全：此含蓋了生產線的製程設備和廠務設施供應系統設備。
3. 維護廠房的安全：含施工中的廠房及生產中的廠房。
4. 生產環境的正常：包括意外的控制以及廢棄物的管理等。
5. 大地環境的維持：污染物、廢氣、廢水排放控制等以避免危及地球的生存要因。
6. 空氣品質的管制：避免破壞大氣層，人類的空氣需求品質，盡地球村一份子的責任。

環境保護與工業安全之規劃除了在建廠前之整廠規劃設計時就必須列入考慮外，在建廠施工時期，則是另外一執行重點。規劃之執行除了必須依據法規外，人員教育與在職訓練，制訂相當守則、罰則和監測系統以及各申請文件表格，而所制訂之這些規章守則，確記務必嚴格執行，環安人員也必須在執行上立於超然地位，以利整個建廠計劃之執行，更可免於人員及財產等之受危害與損失。

8-3 半導體與光電廠廢氣處理規劃

在半導體和薄膜液晶顯示器製造過程當中須經歷甚多的化學處理程序，而這些化學處理程序中所使用之藥品及氣體多達數十種，包含了俱有毒、有害和危險性爆炸性等。而這些在密閉室空間使用後之化學材料須利用廢氣處理排放措施將其排出屋外並於排放端實施無害化之處理，以保室外環境空氣之清潔及安全，故可知廢氣處理設備是以上二產業製造過程中的重要附屬設備，詳密的規劃，正確的運轉使用，安全方面的確保，未來之擴張性等均是其相當重要的一環。

廢氣處理的規劃，我們可由半導體或液晶顯示器之製造流程的步驟程序中來規劃，如下表 8-1 所示爲半導體生產流程示意。

表 8-1 半導體生產流程示意

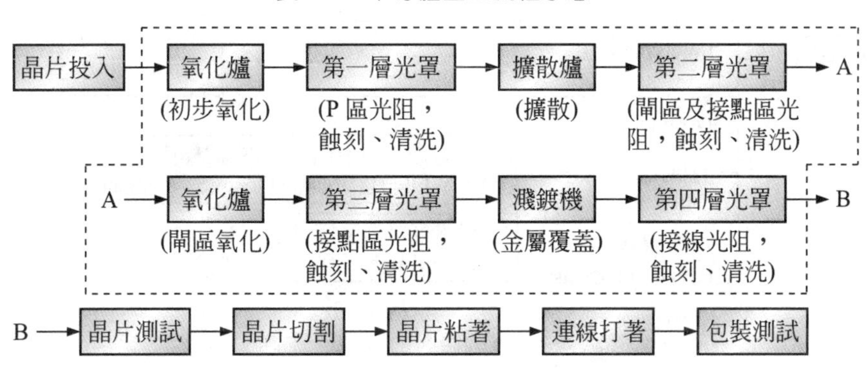

※虛線內之步驟爲多次重覆，重覆之次數因產品種類不同而有所不同。

在以上之製程中，會產生廢毒氣之部份爲：特殊毒性氣體、氧化爐、擴散爐、濺鍍機；產生酸鹼廢氣者：光罩、蝕刻及清洗；產生有機溶劑廢氣者：光罩製程中之清洗。針對以上各項製程之廢氣處理規劃，所使用之廢氣處理設備有乾式及濕式和有機碳吸附與濃縮燃燒或流體化床吸附再生等多種，一般之廢氣處理規劃如圖 8-1 所示。

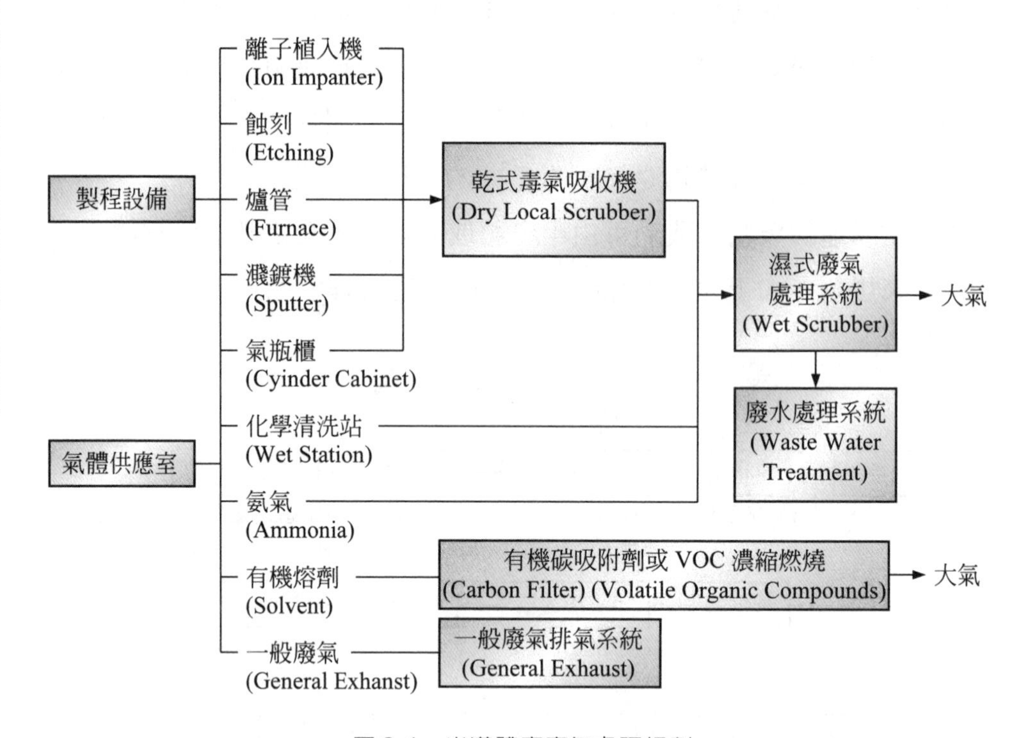

圖 8-1 半導體廠廢氣處理規劃

8-4 廢氣種類與排放標準

無機廢氣(酸、鹼等化學品之蒸發氣)；有機廢氣(有機溶劑之蒸發氣)；特殊氣體廢氣(化學氣相沈積—CVD、乾蝕刻、擴散、離子植入、金屬濺鍍等所使用之氣體)以及一般氧化爐及烤爐所排出之熱廢氣是半導體和液晶廠所排出之廢氣種類，這些對環境有危害或對人體生命有危險之廢氣在排出到大氣之前，均須經有效的處理管制，才能排放。

針對以上之廢氣，政府訂有一序列之管制規範和管制排放標準，如表 8-2、8-3 所示分別爲管制規範和排放管制標準。

表 8-2　半導體業廢氣管制規範

行業別	污染源	污染排放型式		主要排放污染種類				管制措施			削減率	
		固定排放源	溢散性排放源	VOC	SOx	NOx	其他	排放標準	設施規範	申報許可	VOC	酸鹼
半導體光電業	晶圓製造、磊晶、封裝測試、面板蝕刻、清洗、濺鍍……	◎	○	◎	○	○	○	◎	○	○	> 90%	> 95%

◎：主要
○：次要
VOC：Volatile Organic Compounds 揮發性有機溶劑化合物

表 8-3　半導體業廢氣排放管制標準

種類	排放標準(濃度表示)	排放內容物含量標準(總量表示)
氫氟酸	≤ 10ppm	1200kg ／年
鹽酸	≤ 80ppm	1700kg ／年
硫酸	≤ 650ppm	300kg ／年
NOx	≤ 500ppm	—
磷酸	—	1700kg ／年
硝酸	—	1700kg ／年
VOC	≤ 100ppm	1700kg ／年

8-5　廢氣處理方式

目前半導體及光電廠中所需處理的污染源可分爲酸鹼性氣體如NH_3、HCl、HF 等；氯化物或氟化物如：BCl_3、BF_3、CF_3、CCl_4等；毒性及爆炸可燃性氣體如SiH_4、AsH_3、PH_3、B_2H_6…等；以及有機溶劑及VOC

如：IPA、Acetone、DMSO及NMP……等，因此其處理方式亦依據其排放之特性而區分爲酸性、鹼性、有毒性、有機溶劑與一般性之排氣。

酸鹼性之廢氣主要來自製程化學清洗站於清洗晶片或玻璃時化學品所產生的揮發性氣體以及來自特殊製程氣體之廢氣，此廢氣部份含有濃煙對呼吸系統具有刺激性作用，有害人體。因此此類廢氣均須經濕式洗滌塔(Wet Scrubber)水洗處理後才排放至大氣中。其基本作用原理是利用氣體與液體間的接觸，把氣體中之污染物傳送到液體中，後再將清淨的氣體與污染的液體分離，而達處理之目的。洗滌塔利用床體及濕潤的表面可去除0.1～1.0微米之粒子，對1.0～10以及10～50微米尺寸的粒子更有最佳的處理效果。

濕式洗滌塔一般可分爲噴霧式、噴嘴式、頸式和拉西環式等四種，如圖8-2所示。此四類之處理原理大同小異，均爲廢氣經塔內之循環水接觸處理後帶走廢氣中之酸鹼性氣體再排出大氣中，而塔內之循環水則以水泵浦輸送，水質則以HCl或NaOH控制PH值，並以液位控制器控制補水源。

噴霧式洗滌塔：泵浦將水抽送至塔內之噴霧管，使水霧和氣體接觸，除去氣體中之殘留酸鹼氣，其特點是構造簡單、成本較低，同時氣體之壓損較小。

頸式洗滌塔：循環水由中央頸部進入塔中，並與進氣接觸增加吸收效果，液量雖小但可處理大量氣體。

拉西環式洗滌器：塔內充塡大量之拉西環，以增加循環水和氣體接觸之時間，此式處理效果甚佳，缺點則爲其壓損較大。

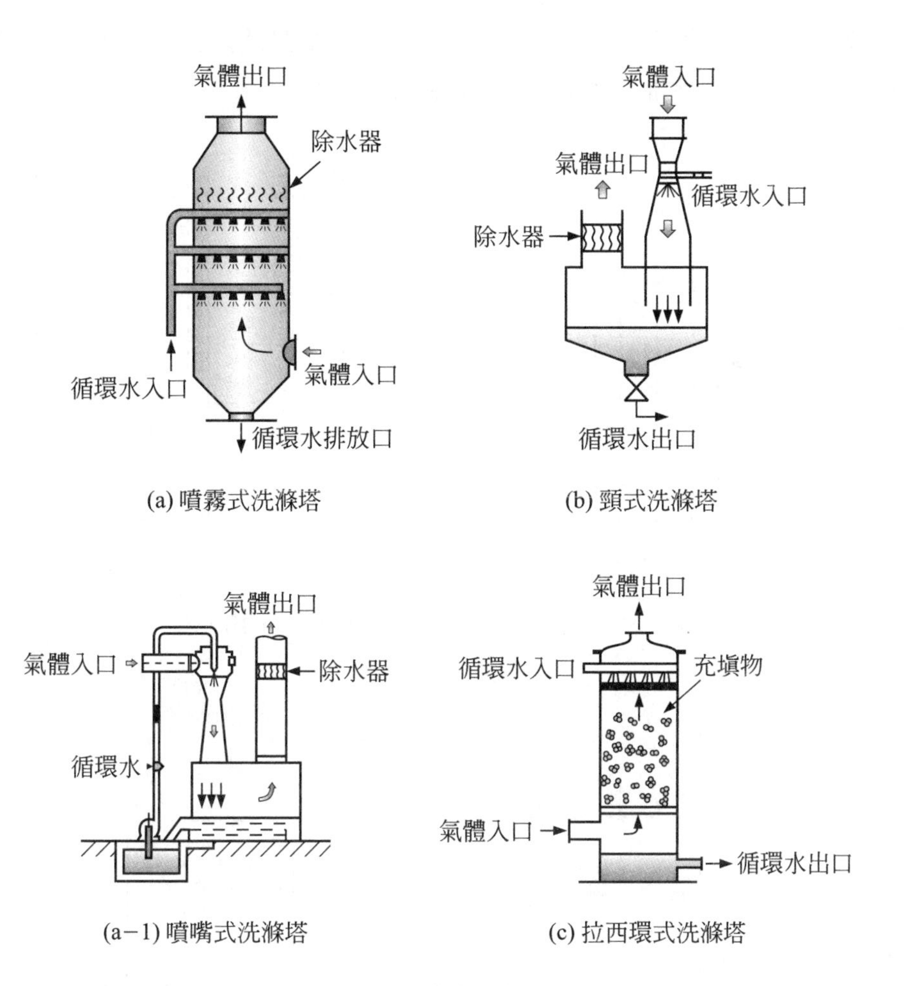

(a) 噴霧式洗滌塔

(b) 頸式洗滌塔

(a－1) 噴嘴式洗滌塔

(c) 拉西環式洗滌塔

圖 8-2 濕式洗滌塔種類

濕式洗滌塔若依氣體和液體接觸之方式，可分爲三類，分別爲：⑴同向流式，⑵逆向流式，⑶交叉流式(亦稱十字流)，如圖 8-3 所示。同向流式：氣體與液體流向均相同，由上而下，使排放處理之氣體與液體發生接觸。逆向流式，在處理塔中，液體由上而下，而氣體則自下而上，二者交互接觸，使即將排放之氣體與進入之液體有最後之接觸。交叉流(十字流)式：此形式可分平行交叉流及垂直交叉流，平行交叉流爲氣體與液體同由側向進入，但因重力現象使氣體和液體在塔內之流向成相互垂直，而交叉處理；垂直交叉流則為氣體與液體自相互垂直之方向進入使二者在塔中進行接觸，而達處理之效果。

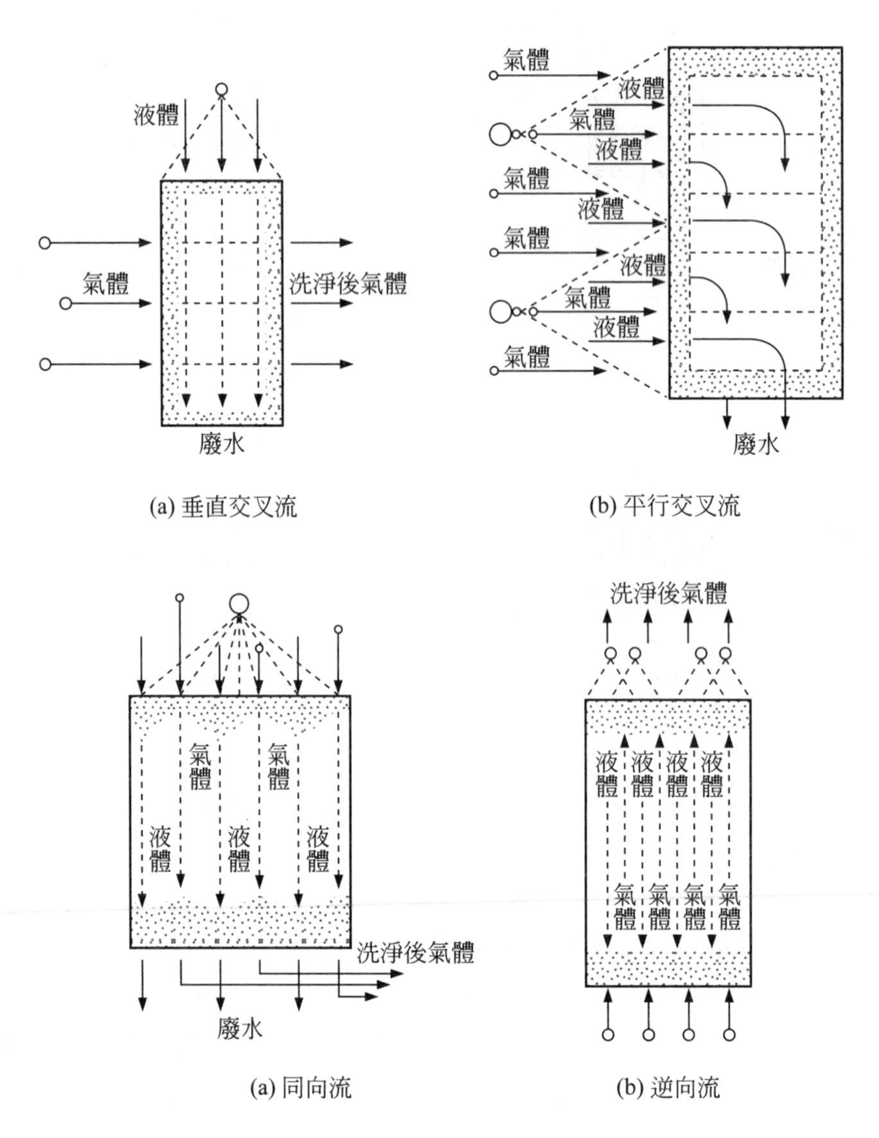

圖 8-3　濕式洗滌塔氣、液接觸方式

爆炸性及有毒性廢氣，主要來源爲化學氣相沈積設備(CVD)、乾蝕刻機(Dry Etching)、擴散(Diffusion)、離子植入機(Implanter)及磊晶(EPI)等製程所產生，由於以上之製程使用大量之有毒性氣體，因此一般在機台本身即附設有乾式洗滌器(Local Scrubber)作初步之處理，其處理方法常用者爲燃燒式(Burning Type)或吸附式(Adsorbent Type)以及化學反應法(Chemical Reaction Type)。各形式如圖 8-4、8-5 所示。以上所處理的代表性氣體廢氣爲AsH_3、PH_3、B_2H_6、BF_3、NF_3、CF_4、C_2F_6及WF_6、SiH_4、SiH_2Cl_2等。其中SiH_4、H_2爲薄膜長成和磊晶製程時所使用之氣體，因其俱有可燃性或爆炸性，故一般之設計處理方式是將

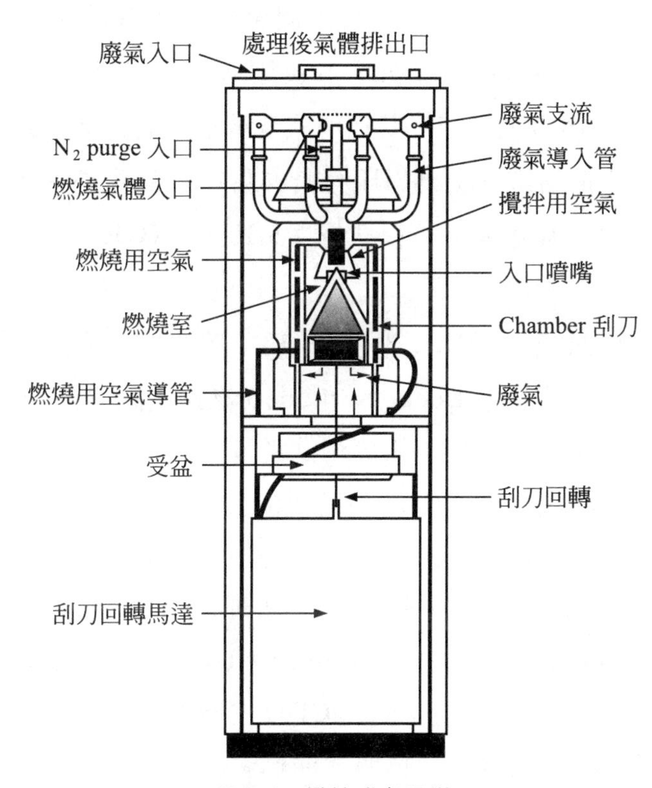

圖 8-4 燃燒式處理塔

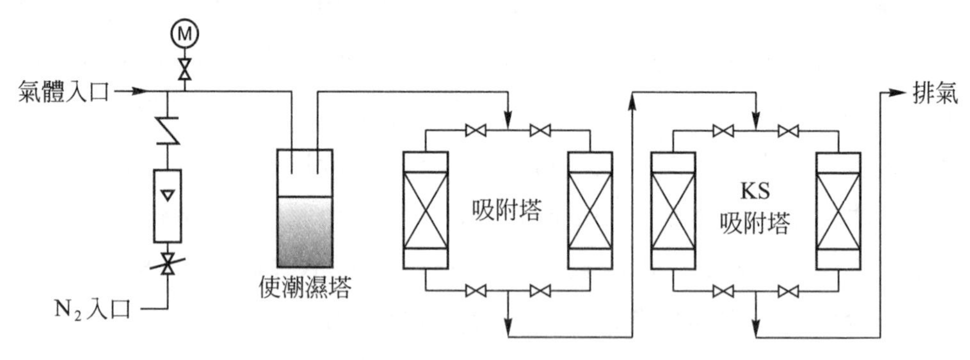

圖 8-5 RSK 型除毒系統

其排氣管路單獨配管至密閉且堅固之燃燒室(Burn Box)，同時此室內通入空氣以稀釋SiH_4廢氣之濃度，當此濃度到達燃燒濃度時在此室內燃燒，後再經濕式洗滌塔排出室外。其反應方程式為$SiH_4 + 2O_2 \rightarrow SiO_2 + 2H_2O$，其中$SiO_2$為白色粉末，其在濕式洗滌塔中易造成管路之堵塞及污染系統，故須定期清洗。另外SiH_4有時亦可用氫氧化鉀水溶液以化學反應之方式來處理，其處理之方程式為：$SiH_4 + 2KOH + H_2O \rightarrow K_2SiO_3 + 4H_2$。

至於劇毒性氣體如AsH_3、PH_3、B_2H_6…等之處理方式大都以化學反應方式處理，亦即廢氣經 Local Scrubber(乾式洗滌器)之化學物質吸附反應後生成無毒性之生成物，再經濕式洗滌塔處理後排出室外。此運轉原理為利用高溫燃燒(≈850℃)將設備所排放之有毒廢氣體于以分解氧化成無毒害之生成物(水溶性粉末或無害氣體)，此生成物經濕式水洗系統處理後排至廢水處理系統，此形式之處理方式亦稱之無火焰氧化法(Controlled Decomposition Oxidation，CDO)＋濕式洗滌法。

CDO 之架構分為二部份：一為 CDO 主機本體即為高溫分解氧化系統；另一為 CDO 循環水槽是為濕式沖刷系統。一般其最高可接四種不同氣體，當處理之內容物達飽和狀態時，差壓指示燈及警報信號即會動作，此時應立即更換內容物，此內容物爲無害之生成物，不致於造成二次公害，此系統架構如圖 8-6 所示。圖 8-7 爲特殊氣體處理系統的另一模式。

一般性廢氣主要來自爐管(Furnace)或烤爐(Oven)、烤箱之熱排氣，處理方式爲直接以排氣管抽送排至大氣中，是所有廢氣處理中最易處理的系統。

有機溶劑廢氣(Solvent 和 VOC)通常處理之方法有五種：⑴活性碳吸附法，⑵冷凝法，⑶直接燃燒法，⑷觸媒燃燒法，⑸化學吸收法。活性碳吸附法(固定床式)是以活性碳直接吸附經過之廢氣中之有機溶劑，爲最簡易和省成本之處理方式，唯其有活性碳易粉化引起壓損；活性碳會因水氣吸附而降低性能；活性碳孔易受顆粒雜質堵塞等之缺失，加上

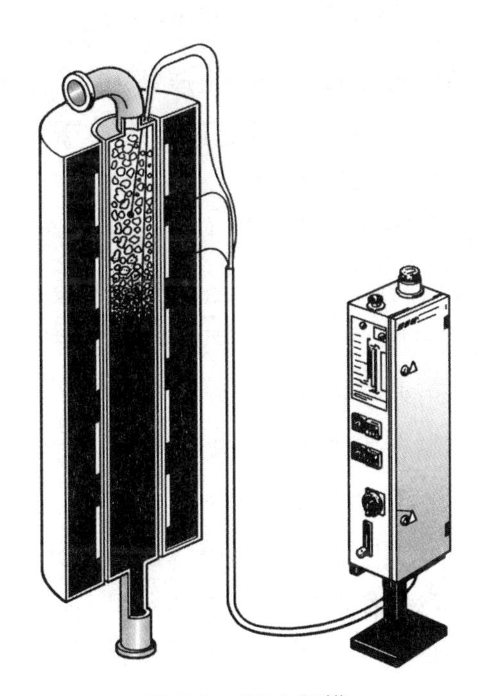

圖 8-6　CDO 架構

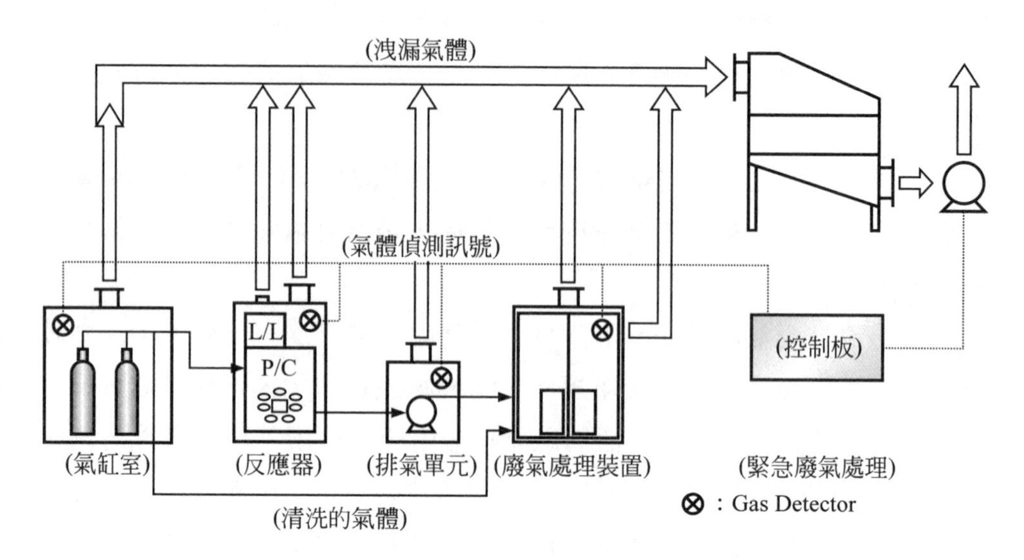

圖 8-7　特殊氣體除害系統

活性碳吸附達飽和濃度時，若系統停止運轉，加上外面溫度高極易引起自燃，此為另一重大缺憾，加上其處理效率已漸不符合目前的環保需求，故現已漸被淘汰不使用。

冷凝法是將氣體之溫度下降至其中某溶劑化學成份之蒸氣壓相對溫度以下，使該化學成份凝結而達分離之目的，一般使用在高濃度廢氣(大於 1 %)及高沸點低蒸氣壓之有機溶劑的廢氣。其優點為可回收較純的溶劑產品，而冷凝水亦可循環使用；缺點則為氣態污染物去除效率較差。一般冷凝式的考慮重點在：(1)熱交換器之選用。(2)省能源的設計。(3)回收溶劑產品的移除。(4)安全方面考量。

直接燃燒法是將氣體中之化學成份直接利用高溫燃燒而分解為二氧化碳及水份，其優點為操作簡單可回收熱，而去除率也高，唯操作費用高，有回火及爆炸之危險，若不完全燃燒會造成二次污染以及 NOx 問題等是為其缺點。至於觸媒燃燒法是在燃燒反應時加入觸媒輔助燃燒，其在操作安全性上較直接燃燒安全、費用低，也不會有 NOx 產生之問題。唯若溫度過高，觸媒易劣化，及觸媒易被硫、氯等物質毒化等是為其缺點。

化學吸收法是藉由氣體與固體間之接觸，將氣體中某些成份因產生化學吸附或物理吸收(凡得而力)而移除，一般之吸附劑有：活性碳、沸石、樹脂、白土等。其處理之優點為可回收溶劑、製程操作可彈性、系統可全自動化、維護簡單和去除率高，而吸附劑需再生，廢氣溫度須<50℃和再生時需使用蒸汽或氮氣是為其缺點。表 8-4 為 VOC 各處理方式之優缺點比較。

表 8-4　VOC 處理方式優缺點

方法	優點	缺點
吸附法	1. 可回收 VOC 2. 可適用於低濃度 3. VOC 操作範圍大 4. 適用高沸點之 VOC	1. 操作程序較麻煩 2. 初設費用高
冷凝法	1. 可回收 VOC 2. 回收之 VOC 品質較高 3. 處理鹵化 VOC 效率高 4. 操作保養簡單	1. VOC 之濃度大 2. 對於低分子量、低沸點之 VOC 不適合
直接燃燒法	1. 去除效率高 2. 初設費用較低 3. 燃燒熱可回收	1. 操作費用高 2. 操作不良時有二次污染之虞，危險性較高 3. 無法回收 VOC 4. 處理鹵化之 VOC 效率較低
觸媒燃燒法	1. 溫度較低，節省燃料費 2. 較直接燃燒法不會產生 NOx 之污染	1. 初設費用高 2. 觸媒易阻塞、毒化 3. 操作技術較高 4. 適用範圍較小

表 8-4 VOC 處理方式優缺點(續)

方法	優點	缺點
吸收法	1. 對於突增負荷可經由調整水量而獲得 2. 具有集塵作用 3. 效率較高	1. 將空氣污染轉換成水污染 2. 吸收液需定量檢測並控制 3. 排出廢氣濕度高，易造成後段管路凝結，有漏液之虞 4. 用水量大，增加操作成本

對於揮發性有機溶劑(VOC)廢氣之處理方式雖有以上之多種處理方式，但均有不同之缺點，加上目前環保意識抬頭以及環保法規和排放標準日趨嚴謹，故現在大部份在半導體廠或光電廠所使用之揮發性有機廢氣淨化處理方式為：⑴沸石濃縮轉輪＋焚化處理方式，⑵液體化床吸附系統處理方式，今分述如下：

沸石濃縮轉輪＋焚化處理系統：此系統是利用吸附及加熱氧化將 VOCs 分解為CO_2及H_2O，吸附設備係以陶瓷纖維為基材做成蜂巢狀之大圓盤輪狀系統，如圖 8-8 所示。在其轉輪表面塗佈有疏水性的沸石做為吸附劑，整個輪面分吸附區、再生區及吹冷區三個部份，以齒輪帶動。含有 VOCs 之廢氣以風車送入轉輪之吸附區，在 VOCs 被吸附去除後成乾淨之氣體排出至大氣中，輪子吸附飽和後轉入脫附再生區，以 170～250℃之溫度加熱使被吸附的溶劑脫附出來，經再生後的輪子，再轉入吹冷區，降溫後繼續進行吸附功能，而被脫附出來的濃縮 VOCs 氣體(約被濃縮 10～13 倍)，再送入燃燒機焚化處理。其形式外觀架構，如圖 8-9 所示。

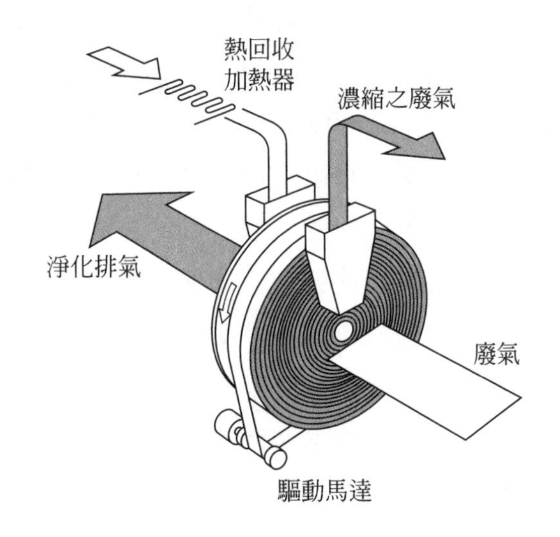

圖 8-8　逆流操作式沸石轉輪

圖 8-9　沸石轉輪 VOC 處理設備外觀

沸石濃縮轉輪其燃燒機之操作溫度一般均在 700℃以上，因此VOCs的破壞去除率均大於 99 %以上，而影響此系統去除效率的因素全依轉輪的操作條件而定，而影響轉輪性能的因素，包含了廢氣進入轉輪的線速度(一般保持在 2.5m/sec以下)，廢氣的特性、轉輪的轉速，再生溫度和設計的濃縮倍數等。

液體化床吸附系統是利用吸附冷凝技術，將廢氣中之VOCs先以活性碳吸附，當活性碳吸飽和後，以加熱方式將活性碳孔洞內之VOCs吹出，使 VOCs 之濃度提高至1000倍以上，再以冷凝方式凝結液體而去除。處理的流程是將廢氣送經吸附塔之底部，而活性碳則由吸附塔之上端落下，形成活性碳在吸附床內的各層浮動的流體化床吸附系統。廢氣中的有機溶劑經活性碳吸附後成爲乾淨的氣體排出入大氣中，而吸附飽和的活性碳則以氣體輸送方式進入再生爐，以約 300℃之熱氣(N_2)脫附再生後，再送回吸附床繼續使用。脫附出來的高濃度氣體，經冷凝器將其中之溶劑冷凝爲液體，此冷凝之液體可再回收利用或焚化處理，液體化床之流程如圖 8-10 所示。

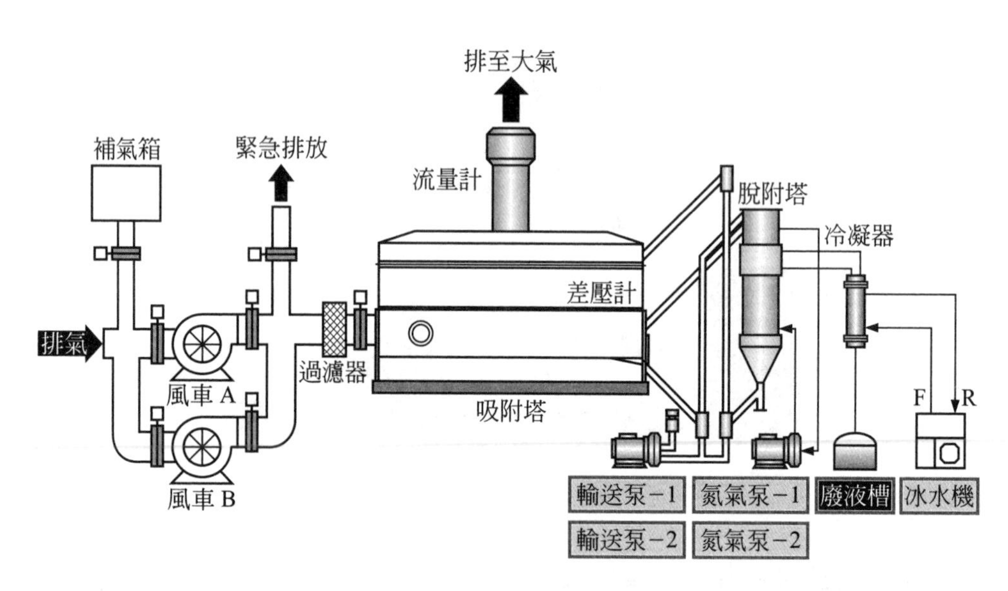

圖 8-10 液體化床吸附系統

由於採流動式的吸附床散熱效果較佳，在處理高活性溶劑時，不會因反應而局部蓄熱，造成碳床著火。由於所處理的有機溶劑均爲易燃之化學品，爲避免熱處理時造成危險，在脫附塔部份設有N_2氣體，使其操作流程均在低氧含量之狀態下(＜2 %O_2)進行，此為此系統在設計時須特別注意之處，亦即須設有隨時可監控系統含氧量的設備，以保安全。

此系統一般之去除效率均在 90 %左右，影響其作效率之因素為廢氣內容物，吸附塔及脫附塔之設計，脫附塔之加溫功能，溫度分佈的均勻性等。目前國外(日本)已設計改良將原先之蒸氣加熱方式改為電熱分段

表 8-5 轉輪濃縮和活性碳流體床性能比較

項目＼種類	轉輪濃縮	活性碳流體化床
操作用範圍	1. 進氣線速度：2～4m/s 2. 再生溫度：＞180℃ 3. 風量：40000CMH，輪子大小 4200m/m$^{\phi}$× 45m/m^{t} 4. 適合低濃度 VOC 使用，濃縮倍數：5～40 倍 5. 去除率≥ 95 %	1. 進氣線速度 0.8～1.2m/s 2. 每一層床保持 20～40m/m 3. ΔP：100～180mm H_2O 4. 適合濃度≥ 600ppm 以上之溶劑回收用 5. 溶劑回收率：90 %左右 6. 以N_2再生
優點	1. 去除率高 2. 不燃性材質(沸石之陶瓷纖維轉輪)安全性高 3. 壽命長 4. 操作簡單、維修容易 5. 不受製程變動影響	1. 高溶性溶劑回收時，碳床散熱較快，可降低著火機率 2. 濃縮倍數高，1000 倍以上適合溶劑回收
缺點	1. 初期投資稍高 2. 流程設計須考量 3. 操作危險性大	1. 操作成本高 2. 活性碳必須耐磨性高，每年易有耗損 3. 操作難度較高

間接加熱方式，而大大提升活性碳之再生效益。表 8-5 為轉輪濃縮式和活性碳液體化床吸附式之比較表。

綜合以上半導體廠和光電廠對廢氣處理的各項處理方法，現將其歸納如下表 8-6 所示。

表 8-6　各類廢氣處理總成

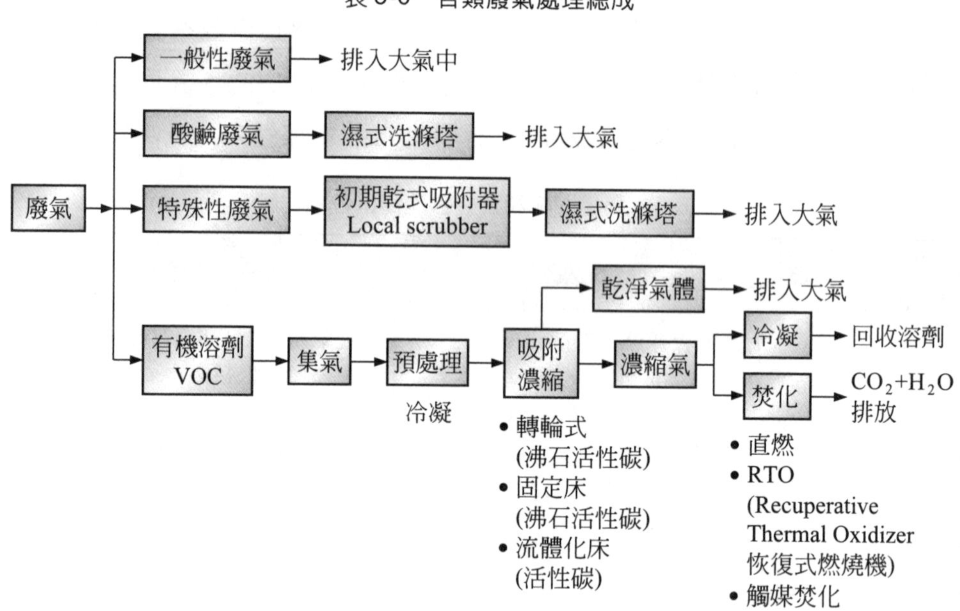

8-6　廢棄物處理與減廢

半導體和光電產業是結合機械、電子、物理、化學、電機、光學、材料及管理科學的高科技工業，也是電子工業產品的最上游技術產業。而此產業在元件製程中，前已提及須使用多種酸鹼、有機溶劑及特殊氣體，這些原物料不但可能是工作人員的潛在性危害源，其製造過程中所產生的廢氣、廢水及毒性物質也具污染性，此污染性又隨製程技術的提升而更趨複雜，因此如何對以上的廢棄物進行處理和減廢措施是從事此行業的工程人員重要課題之一。於今在世界各國環保意識日益抬頭之下，孕育了綠色消費的時代，在ISO 14001國際環境管理標準系統(EMS：Environmental Management System)規範之下，以污染預防與資源節用的綠色生產過程，生產綠色產品，並藉著持續不斷在每個步驟改善，進而改善整體環境品質，亦即廠商必須從製造流程上就開始減廢、回收、資源再利用，直到管末，使廢水、廢棄物處理也都「物有所歸」。除此之外上下游廠商均要推動ISO 14000的驗證，形成一條上、下游互相帶動的鏈條。另外上下游廠商製程的結合及相關廢液回收再利用亦是發展重點。像在半導體和光電廠，對原爲高純度的溶劑於使用後對該廠商來說如同廢液，但對其他產業卻可能做爲生產之原料。如製程中清洗乾燥過程所使用的異丙醇(IPA)，就可以利用冷凝回收的方式，收集給其他電子或印刷等純度要求較不高的產業使用，此乃執行生態產業體系的觀念，除了解決廢棄物的最終處理困擾，也提供物質與資源的有效利用，若能做到零污染則是最高理想境界。

半導體製程中所產生之廢棄物除了廢水、廢氣，如圖 8-11(製程簡例和廢水、廢氣污染源對應)外，尚包括了貯運器材、清洗廢液、泵浦廢油、污染、空氣處理廢料、潔淨室用之廢口罩、手套、鞋套、髮套、生活廢棄物、包裝材、廢損晶片等。

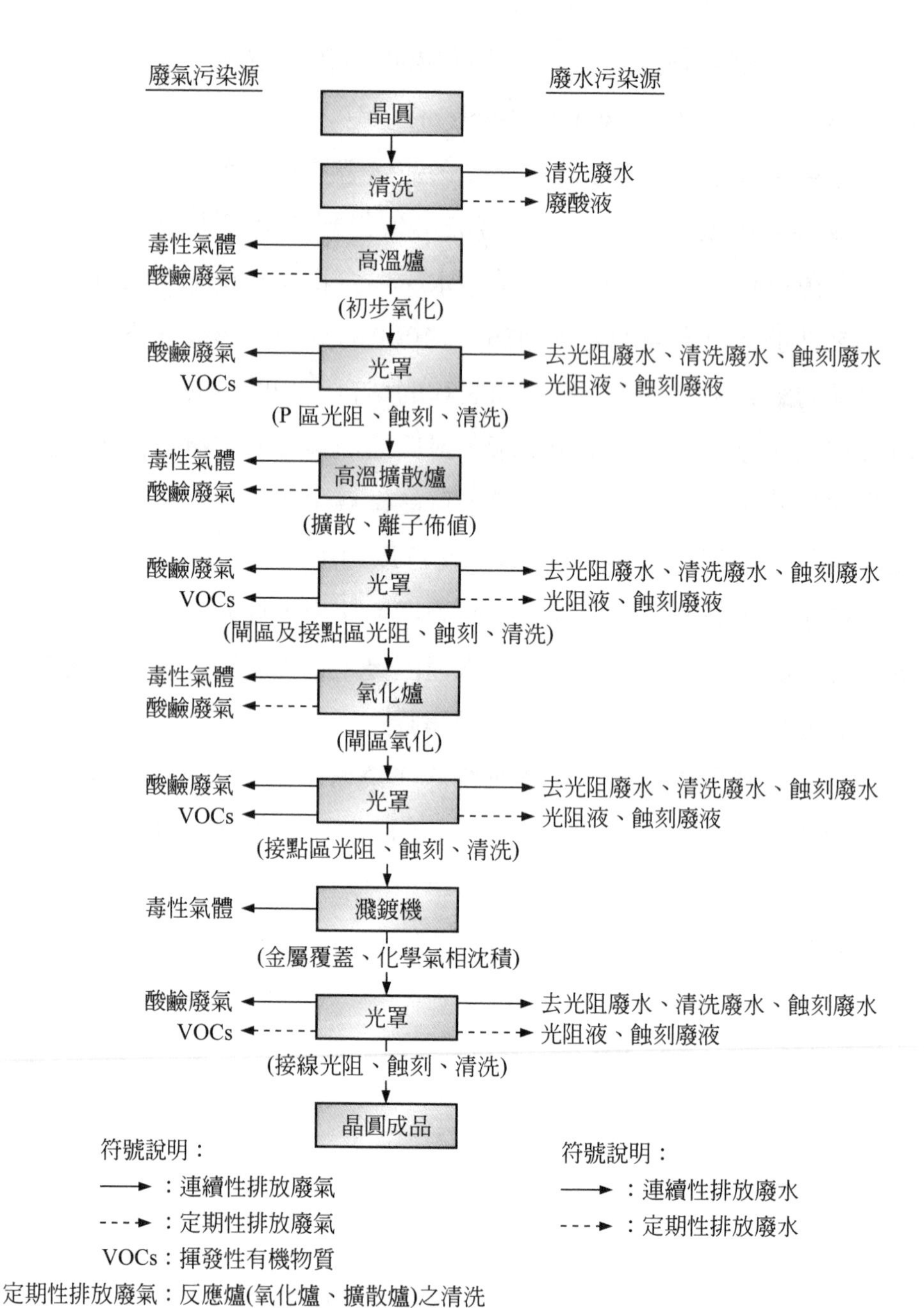

圖 8-11　半導體製程廢水／廢氣污染源對應

而光電產業，尤其是薄膜液晶顯示器廠，其製程和廢水、廢氣之相對應，如圖 8-12 所示。

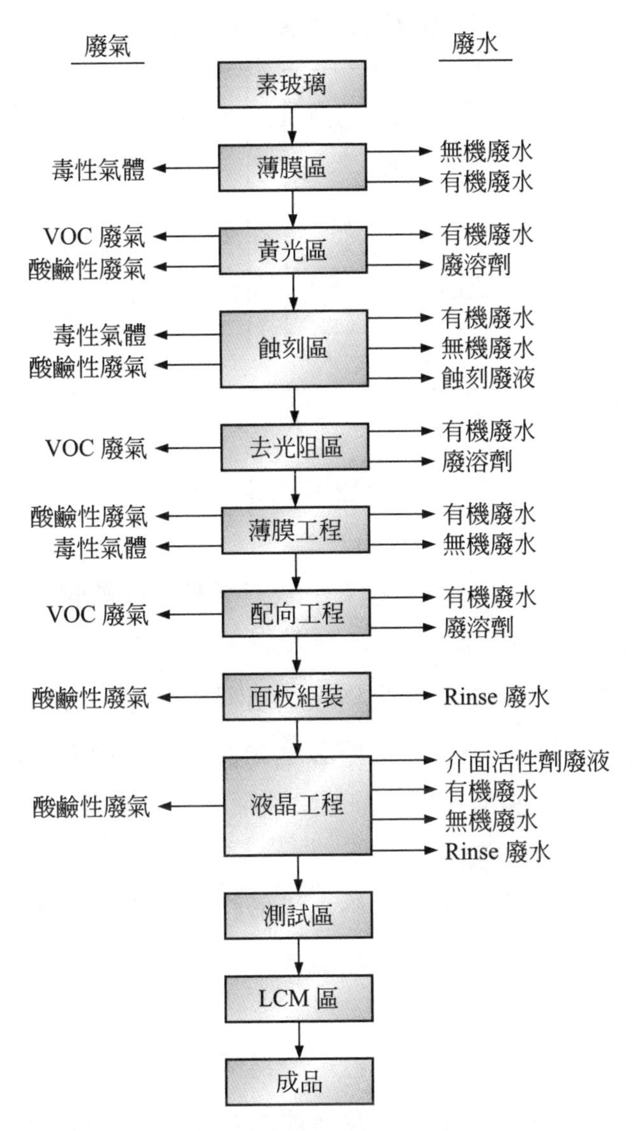

圖 8-12　液晶顯示器製程廢水／廢氣污染源對應

以上各製程和事業單位所產生之廢棄物其管理和處理方式應依事業廢棄物貯存清除處理方法及設施標準等相關規定處理。表 8-7 所示爲廢棄物的管理模式。

表 8-7 廢棄物產生源到委外處理之流程

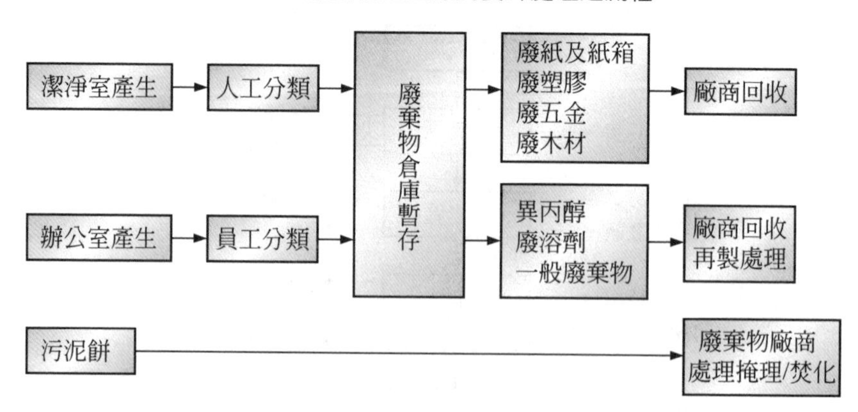

今就各項廢棄物之貯存及處理方式述說於下：

1. 貯存

⑴ 一般事業廢棄物：採密閉式、不滲漏之貯櫃收集貯存後，由合格業者清除處理。

⑵ 廢溶劑：採用專用且合格之金屬桶槽貯存，置於工廠內之化學供應房或貯存室內。此貯存室應設置Epoxy Coating及FRP之防溢堤、收集溝、攔截閘、陰井泵、液位監測及洩漏監測Sensor與監視器等設施。

⑶ 廢酸鹼類：採用專用合格之桶槽貯存，放置於廠內之化學供應室或儲存室內，其配置設施與廢溶劑類相同。

2. 處理方式

廢棄物處理方式，一般可分爲減量、再利用、循環、回收、廢棄物交換、管末處理、及掩埋和焚化。減量(Reduce)：以有效的作業減少廢棄物量；再用(Reuse)：以廢棄物當作生產原料；循環(Recycle)：將廢棄物轉爲有用之產品；回收(Recover)：抽取廢棄物中有用的成份或能源；廢棄物交換：以廢棄物交換達成4R(Reduce，Reuse，Recycle，Recover)；管末處理：經過 4R

後所剩下之餘物；掩埋及焚化：無法再回收利用之餘物最後處理方式。如表8-8所示。

表8-8　廢棄物處理方式

項次	廢棄物種類	貯存方式	清除方式	最終處理方式
1	一般垃圾	地上貯存	委託環保服務公司或自行處理	資源分類回收及焚化
2	廢玻璃	地上貯存	委清除機構或自行清除	回收再利用
3	污泥	地上貯存	委清除機構或自行清除	再利用加工爲製磚原料或培養土或藝術塑像
4	廢溶劑	地上貯槽	委清除機構或自行清除	加工再利用或水泥廠燃料用
5	廢蝕刻液	地上貯槽	委外處理	回收再利用
6	廢紙	打包堆置	委外處理	再利用
7	廢塑膠	地上貯存	委外處理	再利用
8	保麗龍	地上貯存	委外處理	再利用或焚化
9	廢木材(板)	地上堆置	委外處理	資源回收利用
10	混合五金	地上堆置	委外處理	資源回收利用

由上表可知，廢棄物可回收再利用者，均應經政府環保單位核准之回收廠商進行回收再利用；至於不可回收之一般性廢棄物則委外界代清除處理業者進行清運至焚化廠進行最終處理。至於委外處理，應隨時列管追蹤代處理公司是否依約清理廢棄物至合格處理場所處理，並作稽核記錄留存，同時建立廢棄物管理記錄，以供政府單位隨時查對，和上網申報等。

另外就回收再利用部份，可分爲廠內自行回收及廠外委外處理回收二部份。

廠內回收部份，如：

(1) 顯影液(Developer)循環回收再利用，此是於設備排放端(Drain)裝設一套 Developer 循環系統，濃度調整後再回製程使用。
(2) 製程用水減量及製程排放水回收再循環利用。
(3) 純水系統中之 RO 濃縮水回收供冷卻水塔使用。
(4) 冷卻水塔排放水(Blow Down)再利用於廁所沖刷系統中。
(5) 空調冷凝水之收集回收。

廠外委外處理回收部份，如污泥、廢溶劑、廢化學藥品等，最典型之一些應用例子，如下所簡述：

(1) $HCl/FeCl_3$回收再利用：此廢液回收後可作印刷電路板業的酸性蝕刻液。

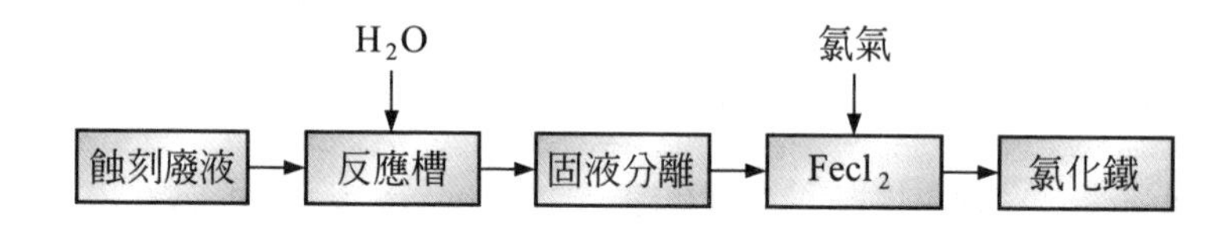

⑵ 廢磷酸回收再利用：回收處理後作爲磷酸鈉之原料，其處理方式如下圖 8-13 所示。

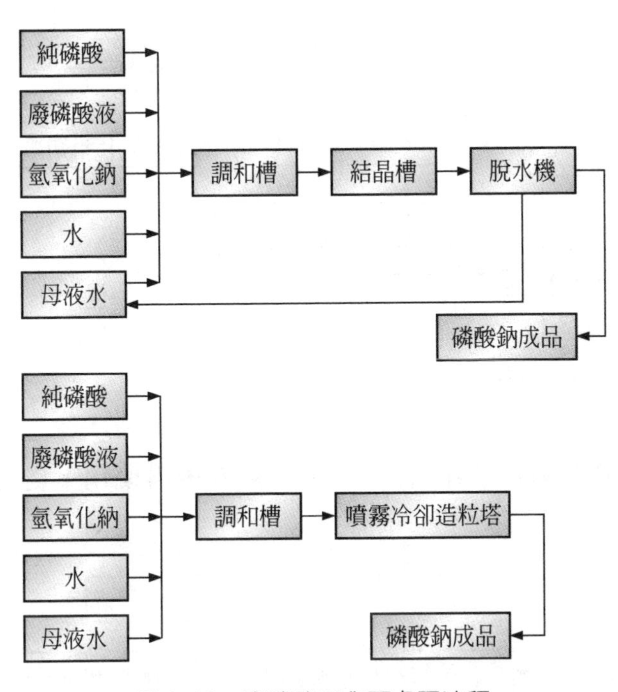

圖 8-13　廢磷酸回收再處理流程

⑶ 廢異丙醇(IPA)回收再利用：將廢 IPA 經精餾處理後，再賣回給晶圓廠或液晶顯示器廠使用。其處理流程爲：

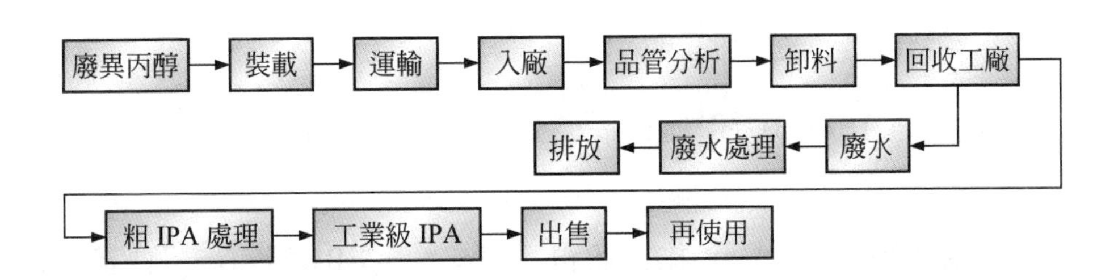

(4) 廢 DMSO 回收再利用：將廢 DMSO 精餾處理後再賣回生產工廠使用，其處理流程如下：

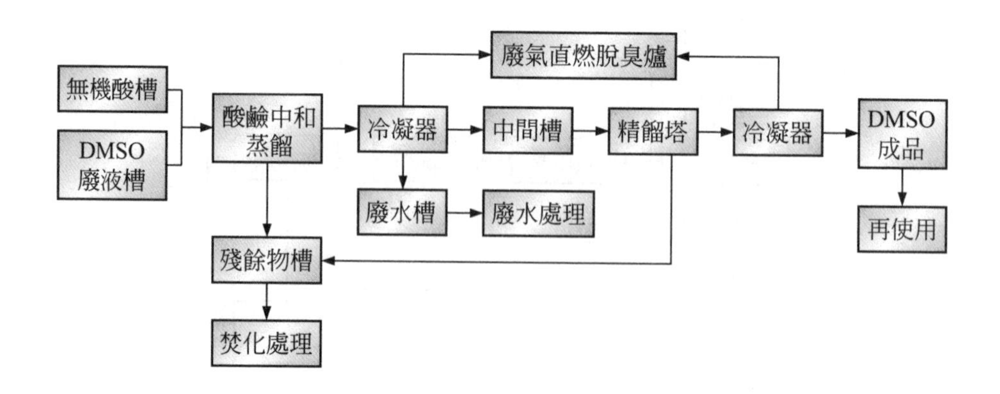

(5) 廢 SPX(剝離液)回收再利用：精餾後再使用，處理流程如下：

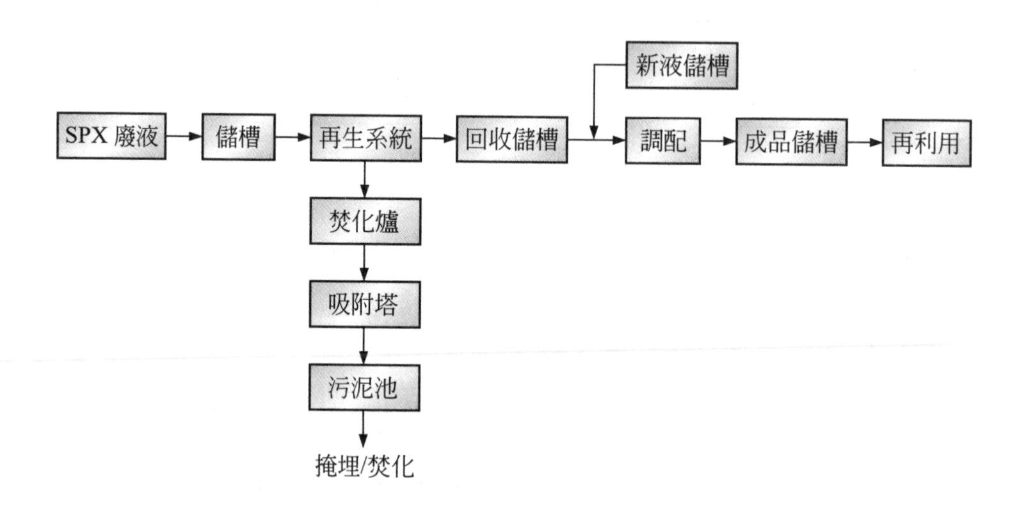

(6) 廢EBR(光阻去除劑)回收再利用：將廢EBR精餾後再賣至工廠使用，其處理流程如圖 8-14 所示。

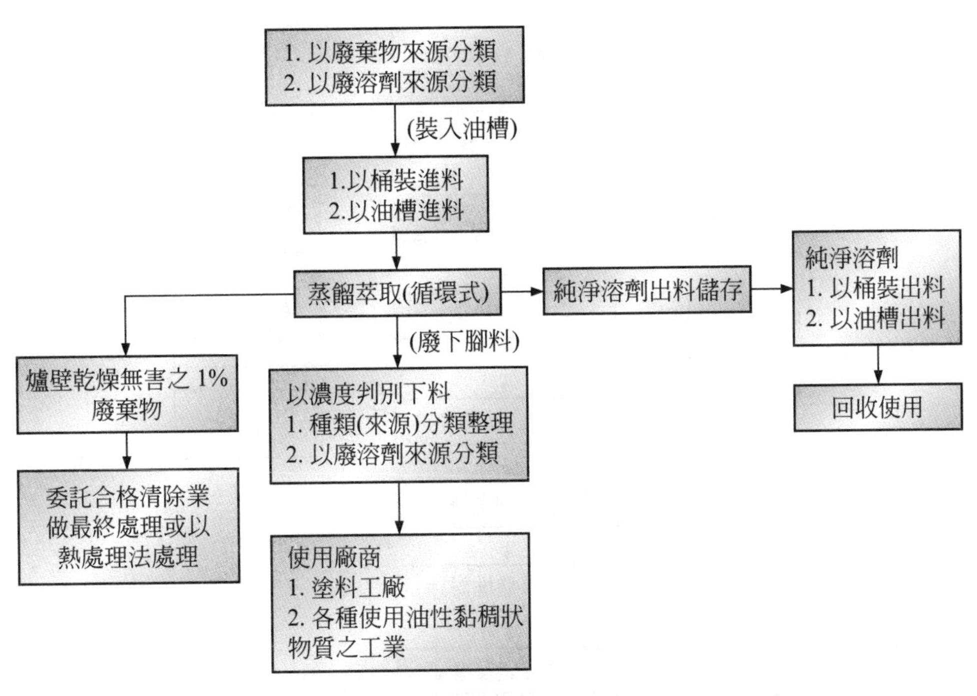

圖 8-14　EBR 處理流程

(7) 污泥：與資源再利用廠商合作，將所生之污泥做處理後作爲培養土或土壤改良劑，甚至藝術塑品等或燃燒焚化，其處理流程如圖 8-15 所示。

3. 減廢計畫

在半導體和 TFT-LCD 廠，此行業之污染源主要來自生產過程中所使用之化學品廢溶液，針對上述之污染源，與其事後處理的事倍功半和增加處理成本，不如在製程中即融入減廢觀念，做爲最佳之製程設計，提高材料利用率，減少製程所帶出來之廢棄物，同時可於生產過程中提高良率，相對減少材料投入後所產生之污染。

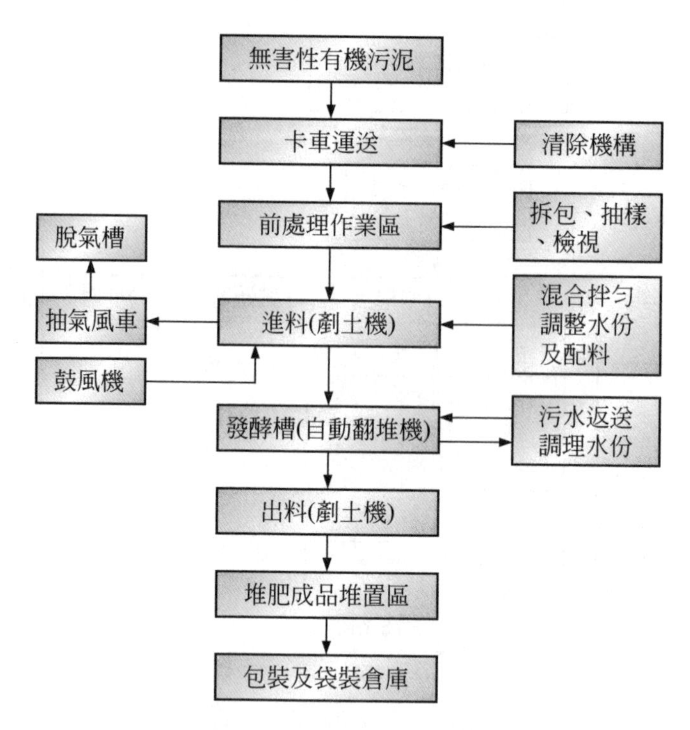

圖 8-15 廢污泥處理流程

此減廢計劃可由污染防治、回收再利用及節約能源和製程改良等步驟進行，現分述如下：

(1) 污染防治：

① 製程中所使用之化學品全數分流，並區分各種不同之濃度原液、水洗液等，從源頭就進行污染防治工作，以利後續之回收再利用。

② 廢水生物處理系統選擇適當之處理方式(如生物膜固定床＋流體化床取代傳統活性污泥法，減少生物污泥量並節省操作空間。

③ 以低污染性原料代替高污染性原料，如以 CxFy 氣體乾式蝕刻取代 HF 濕式蝕刻，減少廢水 F 離子排放濃度與氟化鈣(CaF_2)污泥之產生。

④ 裝置使用產生較少量或無廢棄物之新設備，如油式幫浦改爲乾式幫浦等，以減少油料的消耗及廢油產生的污染。

⑤ 廢水分流收集：雨、污水分流收集減少廢水處理廠負荷，同時雨水可做爲工廠用水補充用；氮、磷系列廢水分別收集，利用其各自之特性提供生物處理時適當之方式。

⑥ 廢酸、鹼廢水之合併收集：純水再生酸、廢水合併收集至收集池，待 PH 值穩定後再打至廢水處理系統的中和處理槽，以利達到降低酸、鹼加藥量與廢水處理系統負荷。

(2) 回收再利用，此部份已前面述及，此處不再說明。

(3) 節約能源。

就節約能源方面，所含及可處理之內容眾多，現就一般性較易執行的部份說明：

① 壓縮空氣系統：計劃性檢修連接點洩漏如閥、氣槍、壓力錶等及乾燥機之壓差調整。

② 排氣系統：手動控制開關加設及不必要的抽氣空間減少。

③ 空調系統：使用熱回收式冰水主機，加裝變頻器；冷卻水塔出水加設溫控開關及過濾系統等。

④ 其他：如減少不必要之照明，養成隨手關燈及關電腦之行爲…等。

⑤ 電力系統之改善：電力系統之改善如表 8-9 所示。

表 8-9　節約能源電力系統之改善

減廢目標	可採用的減廢措施	預期效益
改善功率因數	‧設置電容器，提高電力系統運轉功率因數	‧減少負載電流、減輕線路損失、減少電壓降、增加設備容量
改用變頻器控制	‧空調設備供電系統、冷卻水塔風扇、大樓冰水泵，改用變頻器控制，能隨設備負載變化調整輸出電流大小	‧促進系統穩定、減少設備負荷、延長設備壽命、減小啓動噪音、減小所需瞬間電流
設備改善	‧使用熱回收式冰水主機 ‧選用高效率長壽型省電燈具 ‧選用高效率風車系統、風管和管路保溫保濕 ‧設置汽電共生系統	‧回收熱能、節省電能 ‧節省電能 ‧降低風管壓損、減少漏氣、減少熱能損失、節省能源 ‧提高用電穩定性、節省購買能源費用
用電設備管理	‧下班後，辦公大樓用電／照明於警衛室，集中監控管理、關閉部份電腦機台或其他耗電設備 ‧設定空調溫度及定時關閉；檢討製程空氣排放量 ‧購買設備時，需考慮其用電量 ‧增建儲冰系統	‧增加設備使用壽命、節省電能 ‧節省用於潔淨室的清潔及空調能源 ‧節省電能 ‧充份利用離峰電力、節省電費、增加操作彈性

(4)　製程改良及工廠運轉管理：我們知道工業減廢是產業推動環境保護及降低製程成本最有效的方法，以下所述爲針對半導體廠和液晶顯示器廠在製程改善和工廠生產管理方面可參酌執行的內容。現以優點表示將其分爲：

① 增加產能例。

② 減少控片、晶片、玻璃使用量例。

③ 減少原物料使用。

④ 減少用水量。

⑤ 資源回收再利用例。

⑥ 工廠管理例等內容將分別說明如下：

❶ 增加產能例：如表8-10所示。

表8-10　製程改良——增加產能

減廢目標	可採用的減廢措施	預期效益
促進工廠自動化	・生產程序最佳化；工作人員紀律要求；置自動化輔助操作系統	・避免誤操作、增加操作時間、提高良率
改良生產設備	・部分設備的原始設計材質，可能易斷裂，可研究改用相容且耐用的材質 ・在管路上加裝管件，防止有害性化學物質洩漏，造成機台的銹蝕 ・使用加熱式管路及閥件，使管路中的微粒污染不易沈積在管路上，以免微粒污染回流至製程管路中 ・改良離子源絕緣材質與結構	・減少設備故障、減少維修時間、增加操作時間 ・減少設備損耗、減少維修時間、增加人員安全 ・減少產品微顆粒污染、降低重作率 ・改善絕緣特性，防止污染物覆著、延長離子源維修週期、增加產能
調整操作條件	・設備預熱溫度最佳化：如更換複晶薄膜製程機台注射器長度，可使底端溫度增加、厚度均勻改善 ・改進機器的控制軟體：如促進去除光阻槽的效能 ・增加批次操作處理量	・增加良率、增加產品可靠性、增加產能、降低生產成本 ・提升產品進送速率、降低化學品(硫酸)的使用量、降低生產成本 ・增加作業速率、減少處理時間、減少各種氣體使用量

表 8-10 製程改良——增加產能(續)

減廢目標	可採用的減廢措施	預期效益
調整作業程序	・改進配方中的選擇比：簡化配方；調整各設備的清潔／測試週期；集中處理相同清洗程式的產品；簡化需分多道程序完成的工作 ・設計最佳工作流程及機台位置	・縮短循環時間、節省單一程序中，所需使用的原物料量 ・減少傳遞時間、促進產能
調整(機台)控制原理	・利用機台曝光及對準的歷史資料，自動回饋至製程機台 ・異常分析、增加機台監測、分析機台異常數據／頻率；如最大損耗原因及損耗量	・減少測試時間、改善生產效率、增加生產量 ・減少故障、增加操作時間
改變產品型態	・研究降底各層(LAYER)厚度的可行性：如降低沈積厚度 ・統一不同晶圓的厚度	・減少物料、節省光罩、降低反射率、增加產能速度 ・簡化晶片監控程序
改變原物料使用方式	・買入高純度化學品，於廠內自行配製(ON-SITE GAS TO CHEMICAL GENERATION,GCG)	・減少藥品於運輸過程的污染、增加良率、節省藥品成本

❷ 減少控片、晶片、玻璃使用量如表 8-11 所示。

❸ 減少原物料使用如表 8-12 所示。

❹ 減少用水量如表 8-13 所示。

❺ 資源回收再利用如表 8-14 所示。

❻ 工廠管理如表 8-15 所示。

表 8-11 製程改良——減少控片、晶片、玻璃使用

減廢目標	可採用的減廢措施	預期效益
增加控片使用次數	・控片降級重複使用：如先用量測微顆粒污染量，再重複使用於量測總污染量 ・減少測試頻率、測試頻率最佳化	・減少控片用量
減少晶片報廢	・加強設備維修；加裝酸氣偵測儀；加裝化學過濾器 ・利用自動連線，自動檢查機台及配方，分析缺陷原因	・減少腐蝕、破損而報廢的晶片 ・避免人為疏忽造成危害
加強管理	・檢視控片使用流程；建立流程圖；每日清查控片記錄	・控制控片用量
控片重複使用	・原本使用全新的控片，改為使用其它模組用過的控片：如將佈植控片使用於濺渡機台	・充分利用晶片
控片回收再利用	・回收清洗後再使用：如用熱磷酸蝕刻去除 SiN 控片的氮化矽膜；用氫氟酸去除氮化矽底層的氧化膜；清洗晶片上的微粒，以回收晶片 ・送至國外處理後，回收再利用	・減少控片使用量 ・減少材料的資源消耗

表 8-12　製程改良——減少原物料使用

減廢目標	可採用的減廢措施	預期效益
化學品回收再利用	・評估不同作業單元所需之不同等級化學品，並降級重複使用：如冷凝機台所排放的異丙醇蒸氣，可用於清洗零件	・節省原物料購置費用
設備改善	・以乾式泵取代油壓泵 ・減少化學桶藥品殘存量：如加長沾附管長度；使用較大容量之包裝容器 ・減少洗淨製程的酸液用量，或完全不使用酸液	・減少潤滑油用量、節省濾油器、減少維修時間 ・充分使用原物料 ・節省原物料購置費用、增加良率、減少廢水處理成本
改善供料系統	・由小瓶裝／人工更換，改爲自動添加系統 ・導入即時供料系統；導入全面性化學管理(total chemical management, TCM)	・充份使用原料、提升機台操作時間、減少輸送過程的污染 ・減少輸送過程的污染；促進化學品管理層次
零／附件、物料回收再利用	・延長零件的更換時間；清洗噴射孔口、更換彈簧，重複使用；離子交換樹脂降級重複使用；汰換不斷電系統內部電池，而不需要整部更換；使用長壽型汞燈；改用壽命較長的零、附件	・節省原物料購置費用、減少設備維修成本、減少更換設備次數、減少報廢的設備、產能增加、減低工作負擔、減少廢棄物處理費用

表 8-12 製程改良——減少原物料使用(續)

減廢目標	可採用的減廢措施	預期效益
調整操作、維護條件	・延長機台、設備清洗頻率 ・研究調整操作條：如評估不同製程及使用的光阻液所需的顯影液，以減少用量；對可能節省光罩的製程步驟，進行模擬分析，決定最佳製程條件，以減少光罩數目 ・晶片在磊晶(epitaxy)後立即進行眞空包裝(vacuum pack) ・減少研磨液的使用量：如降低研磨液的流量	・節省原物料、充份使用原料、提升機操作時間、增加良率 ・減少光阻覆蓋、顯影及光阻去除所用之原物料 ・免除氧化前的清洗程序、減少使用化學藥物 ・減少使用化學藥物
氟化鈣污泥減量	・改變含氫氟酸廢水處理配方，使用 $CaCl_2$溶液取代 $Ca(OH)_2$	・減少原料用量、減少所需鹼液、減少粉態 $Ca(OH)_2$逸散、節省污泥處理費、操作較簡單、硬體投資少、處理量大
研究發展微影新技術	・減低閘極氧化層(gate oxide)厚度及縫道(channel)長度，以增加胞密度(cell density) ・選用正(positive)光阻替代負(negative)光阻	・減少元件的材料、化學藥品用量、增加良率 ・可用水溶顯像沖洗，減少使用有機溶劑
選擇最適製程技術	・選用不同製程方式：如高頻超音波清洗；乾洗替代濕洗；選用雷射清洗；選用電漿蝕刻	・減少化學品用量

表 8-13　製程改善——減少用水量

減廢目標	可採用的減廢措施	預期效益
提高去離子水的回收率	‧根據製程中去離子水的特性(如導電度)，控制廢水排放時間 ‧製程排出的超純水，可回流至源水槽，或供作空調之用 ‧冷及熱去離子水分流回收	‧減少對水源的需求、降低去離子水操作成本、減少廢水處理費用
回收純水製造系統的排放水	‧砂濾逆洗程序的流水、RO濃縮程序的濃縮廢水或溢流水、外部再生式樹脂再生廢水及各測試點的排水，予以分流回收	‧充份利用水資源、節省用水量
減少冷凝水排放	‧將空氣調節設備的冷凝水，收集回收，可作爲冷卻水塔補充水	‧充份利用水資源、節省用水量
減少自來水使用量	‧裝設省水馬桶、感應式水龍頭 ‧冷卻水塔的補注水、排氣洗滌塔循環水、或灌溉／澆花的用水，改用回收水 ‧規劃收集雨水，應用於園藝灌溉	‧節省用水量
製程改善	‧改進逆滲透膜效率 ‧修改研磨機暖機方式，由試磨晶片來穩定機台，改爲不需磨到晶片 ‧減少製程(薄膜沈積、電漿蝕刻、離子佈植、熱處理等)中沾污，以避免粒子沈積	‧減少清洗用水量 ‧降低去離子水用量、減少廢液產生 ‧減少清洗次數

表 8-14 工廠管理——資源回收再利用

減廢目標	可採用的減廢措施	預期效益
原物料包裝容器、儲運材料回收、再利用	・原物料用完後的包裝容器(如化學藥品桶)，交由供應商回收再利用；成品包裝容器、儲運材料，於廠內或廠外循環使用 ・製程中晶片盛裝容器，清洗後再利用；測試中用以裝置報廢物料的容器，可再利用	・減少購買原料的成本、減少廢物量及處理成本
更換設備	・原物料的盛裝桶，改用較大容量的容器，並循環再利用	・減少貯運成本、減少盛裝桶使用量
紙張減量、回收	・充份利用紙張，如雙面影印，利用廢紙做爲草稿紙；減少用紙，如以網路系統進行文件傳閱、利用佈告欄及電腦管理理系統文件、在影印機旁設置回收箱、專人整理使用過的廢紙、宣導並獎勵使用回收紙	・減少使用影印紙、廢紙回收
廠外回收處理	・一般事業廢棄物交由清除、處理廠商分類回收 ・將廠內有害事業廢棄物(如廢棄光阻液、有機溶劑)，收集交由清除、處理廠商分類回收：如將異丙醇及二氯甲烷外售作爲油漆、油印及玻璃清洗劑；將磷酸外售作爲肥料原料	・回收有用資源、減少垃圾量 ・減少廢溶劑，增加物料生命週期、節約最終處置費用
危害性原物料回收再利用	・將製程琉酸廢液蒸餾純化，以利回收再利用；裝設線上硫酸過濾設備；在異丙醇蒸氣乾燥製程後，回收異丙醇溶；在氮化矽熱磷酸蝕刻製程後，回收磷酸溶液	・符合環保法令、減少物料成本、減少潛在危害

表 8-15 工廠管理——工業安全

減廢目標	可採用的減廢措施	預期效益
原物料取代	‧以危害性較低的原物料取代危害性較高者	‧使工作環境更安全、減少毒性氣體的逸散與排放
降低噪音量	‧在泵、冷卻水塔、鼓風機周圍加裝隔、滅音設施 ‧使用變頻器	‧降低噪音量、改善作業環境 ‧減少泵啓動時瞬間噪音
減少溶液蒸氣排放、洩漏	‧於設施排放口加裝冷凝器 ‧於化學品室配移動式抽氣管線；引用潔淨室出來的空氣進入化學品室，以改善室內相對濕度與灰塵量 ‧金屬蝕刻機台加裝乾式洗滌塔；使用連結式有害氣體偵測器，或定期測漏；使用有害原物料區域加以隔離或圍封；管件以焊接方式安裝；使用雙套管輸送有害氣體；氣體鋼瓶裝設超流警報設備 ‧裝設停電、火災及地震時的自動關閉系統	‧使工作環境更安全、減少毒性氣體的逸散與排放 ‧避免室內的空氣被酸氣污染、防止腐蝕問題、避免酸桶遭受空氣中的金屬污染、改善化學品室內的工作環境 ‧減少危害性物質洩漏的機率、維持環境衛生、增加人員安全 ‧增加工作場所安全性、減少危害擴大
工廠管理	‧設置緊急用水、供電系統 ‧增加單一鋼瓶容量，減少換瓶頻率 ‧與藥品供應商共同擬訂即時(just-in-time)送料計畫 ‧制定全廠緊急應變系統，加強員工工業安全訓練及緊急應變演練	‧增加作業安全性

由上可知，工業減廢可爲廠方帶來極爲可觀的總體經濟效益，更可因之順應國際環保標準或綠色產品的潮流，同時也驗證了工業減廢、污染防治預防，不僅可減少事業廢棄物的產生，更能降低製造成本，改善企業體質，促使產品更具市場競爭力。綜括而言，環境保護體系中廢棄物處理，應推動使用環保標準制度，鼓勵廠商生產「可回收、低污染、省資源」之產品，同時倡導消費者愛用有環保標章之產品及觀念之落實，亦即透過整合性之有害廢棄物管理系統，有效地管理廢棄物，執行從源頭就把廢棄物減少，於該原物料評估階段及產品設計之初就考慮4R來達成，使得其對人類健康和環境之影響能被預防或減至最低程度。除此之外，爲達環保之最終目標，工廠生產管理時的減廢策略以及執行運作之組織是不可欠缺之項目。圖 8-16 爲工廠減廢策略流程圖；圖 8-17 則爲一般高科技廠執行減廢之組織架構圖。

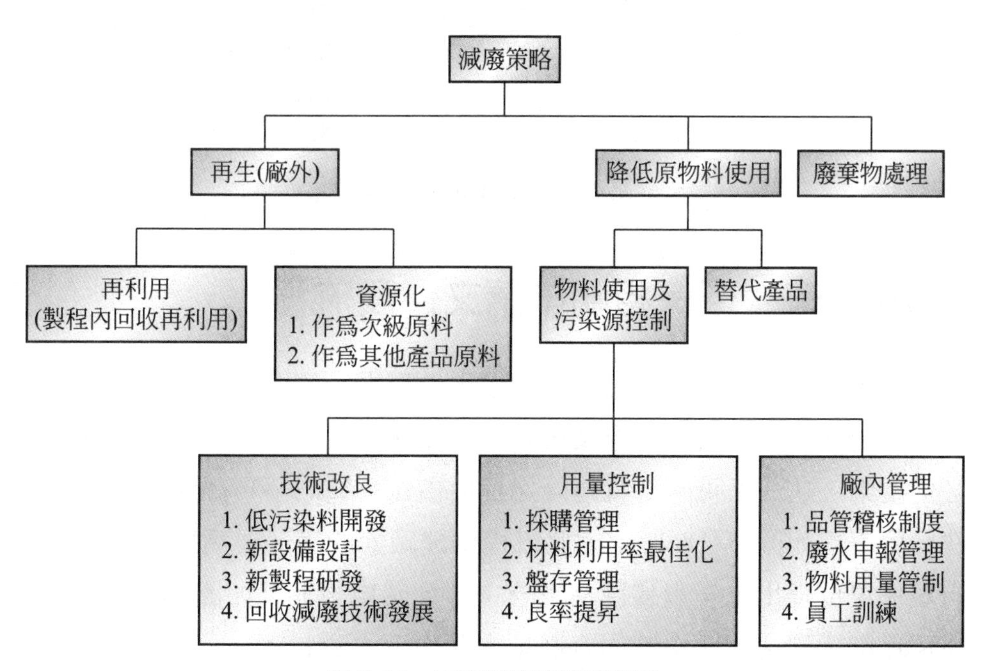

圖 8-16　工廠減廢策略流程圖

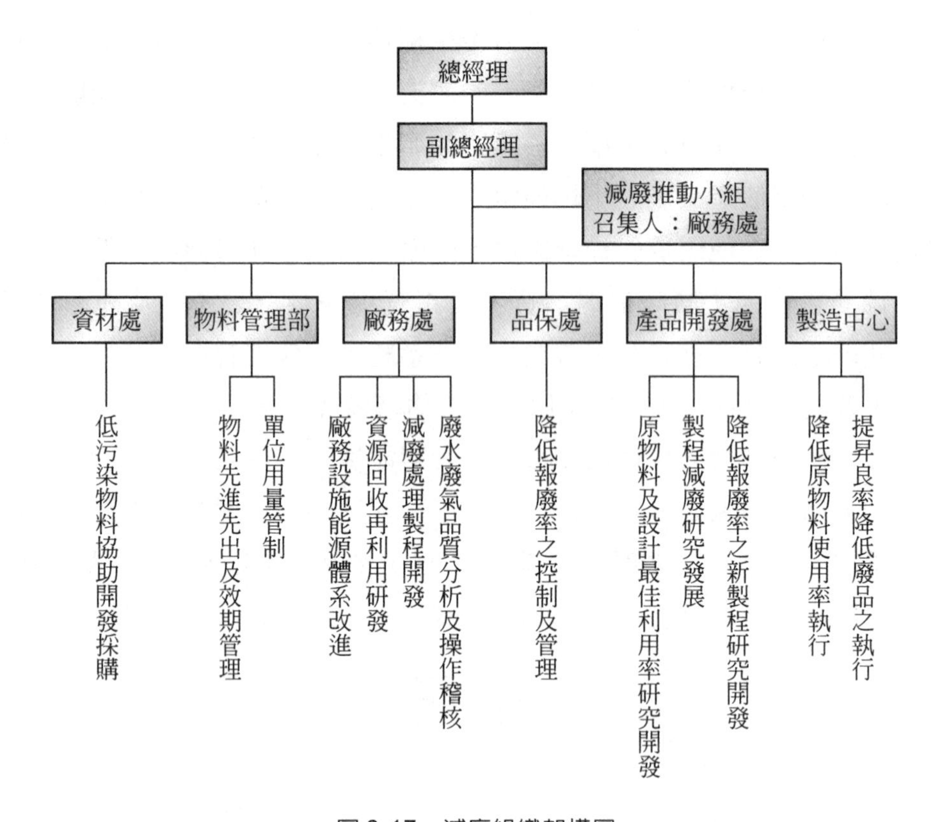

圖 8-17　減廢組織架構圖

8-7 有關環保相關申請文件及流程

高科技廠房於計劃蓋廠前，除了土地取得、資金籌措、團隊招募等重要事項外，對蓋廠前、中及後之有關環保法規、檢核文件申請等亦為必備要素，缺一不可。現就建廠過程與環保有關的事項說明於後。一般建廠的流程如圖 8-18 所示，此流程中建廠前的第一要項即是針對建廠向環保單位提出環境影響評估審查申請，其申請流程如圖 8-19 所示。在環保影響評估說明中其內容必須含蓋如下之資料：

1. 開發單位名稱及其營業所或事務所。
2. 事業單位負責人之姓名、住居所及身份證統一編號。
3. 環境影響說明書綜合評估者及影響項目撰寫者之簽名。
4. 開發行爲之名稱及場所、目的及其內容。
5. 開發行爲可能影響範圍之各種相關計畫及環境現況。
6. 預測開發行爲可能引起之環境影響。
7. 環境保護對策、替代方案。
8. 執行環境保護工作所需經費。
9. 預防及減輕開發行爲對環境不良影響對策摘要表。

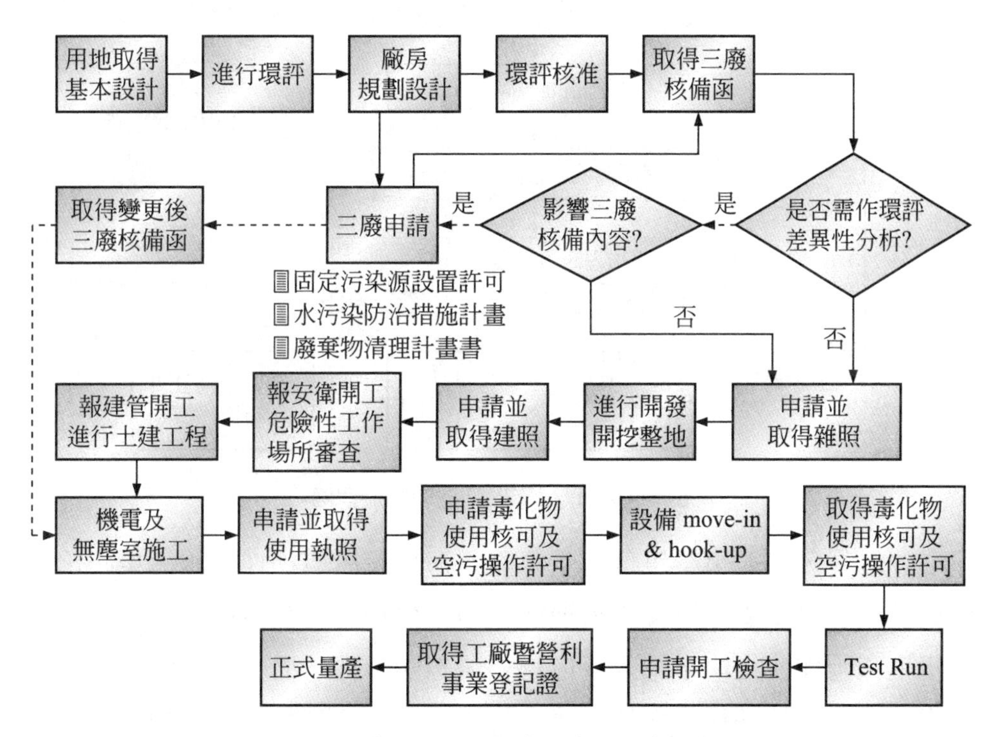

圖 8-18 符合環安相關法令規定之建廠標準流程

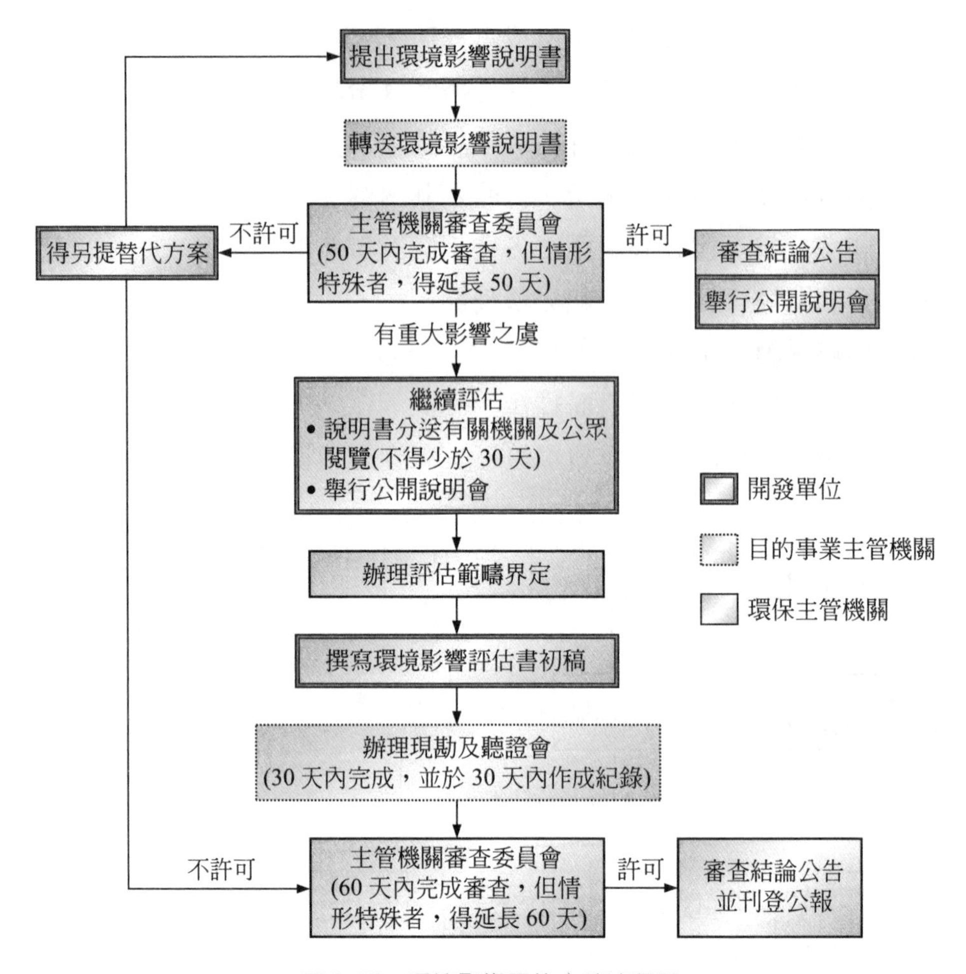

圖 8-19 環境影響評估申請流程圖

除環評之外，工廠事業單位對空氣固定污染設置與操作；水污染防治設置與排放許可；事業廢棄物清理計畫等文件和許可證也必須於建廠期、試車期和營運前提出申請，以取得相關證明文件，而完成正常的建廠運作程序，以免誤觸法規而使已蓋好的生產線無法運轉操作。相關的各項申請流程和所需文件及計畫書內容如下列各圖及表所示，可作爲建廠人員的參考。

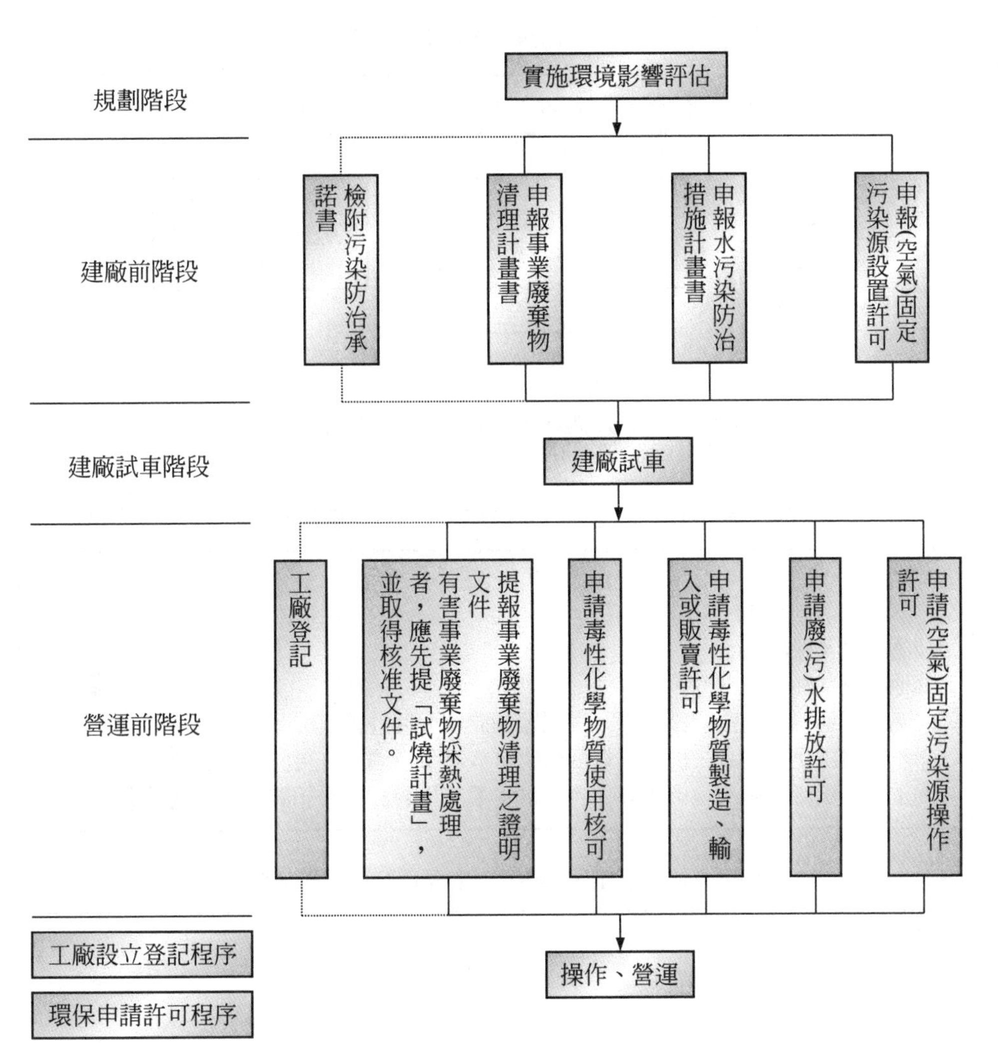

圖 8-20　事業單位申請環保相關許可架構圖

表 8-16 所示爲固定污染源(空氣)設置許可應附文件，圖 8-21 爲固定污染源(空氣)操作許可申請流程，表 8-17 則爲固定污染源(空氣)操作許可應附文件。

固定污染源(空氣)設置許可申請流程

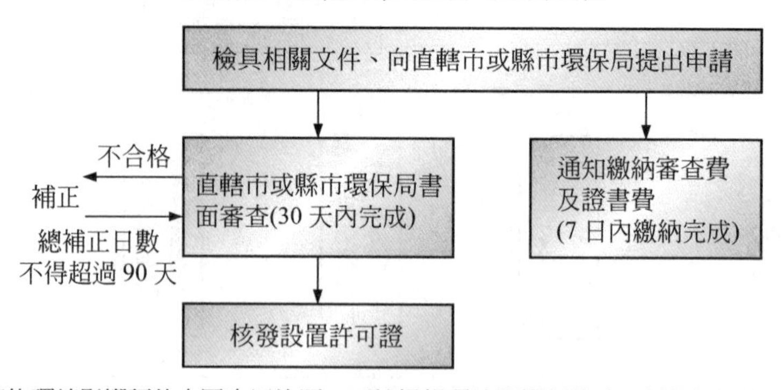

※ 1. 應實施環境影響評估之固定污染源，可於提報環境影響評估時，併提設置許可申請。
2. 固定污染源設備之安裝或建造時間在三個月內者，得依規定同時申請設置及操作許可。

表 8-16　固定污染源(空氣)設置許可應附文件

1. 申請表 2. 空氣污染防制計畫 3. 技師簽證及保證書 4. 其他相關文件 (1)應設置連續自動監測設施者，併提監測設施設置計畫 (2)應申請總量管制者，併提空氣污染物排放總量及濃度許可證明文件 (3)依環評法應實施環境影響評估者，併提環境影響評估之相關承諾及核准文件

表 8-17　固定污染源(空氣)操作許可應附文件

製造試車前： 1. 申請表 2. 設置許可影本 3. 目的事業主管機關核發之文件(設立許可或相關證明文件影本) 4. 空氣污染防制措施說明書(既存污染源) 5. 試車計畫書 6. 空氣污染物排放檢測計畫書 7. 其他相關得提報文件 (1)經公告應設置連續自動監測設施者，併提監測措施說明書 (2)申請總量管制者，併提空氣污染物排放總量及濃度許可證明文件 (3)販賣或使用生煤或其他易致空污染之物質者，併提販賣或使用許可申請

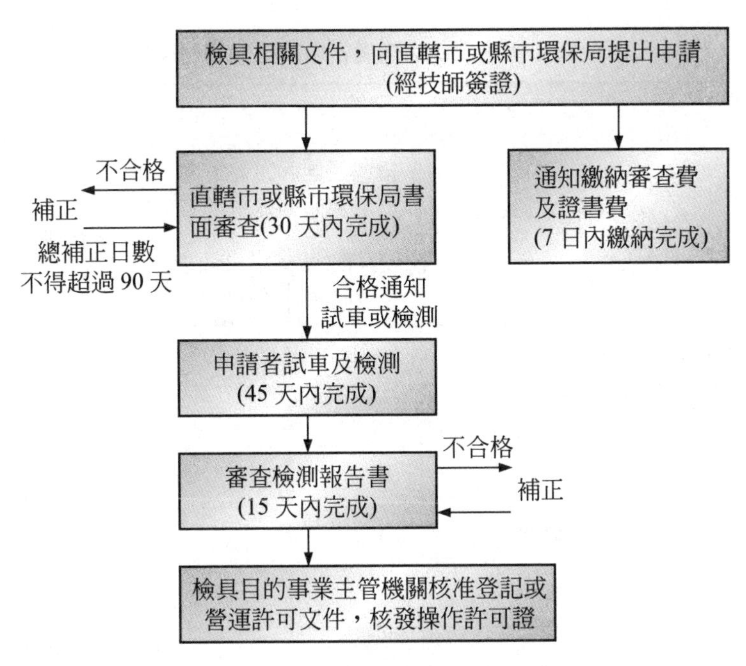

圖 8-21　固定污染源(空氣)操作許可申請流程

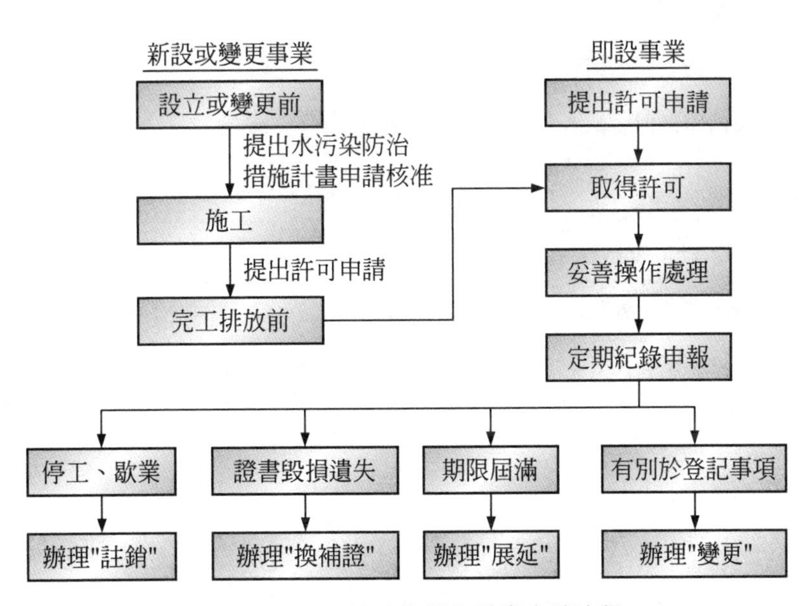

圖 8-22　水污染防治措施計畫申請流程

表 8-18 水污染防治措施各項許可申請所需文件

檢附文件及表格名稱	許可行為			
	排放至地面水體許可(含海洋放流許可)		貯留許可	排放於土壤許可
	無其他特殊行為	尚具備稀釋行為		
事業水污染防治許可審查申請表	√	√	√	√
事業基本資料表	√	√	√	√
事業水污染防治許可摘要表(1)	√	√	√	√
事業水污染防治許可摘要表(2)	√	√	√	√
事業水污染防治許可摘要表(3)	√	√	√	√
事業廢(污)水貯留資料表	×	×	√	×
事業廢(污)水稀釋資料表	×	√	×	×
事業廢(污)水土壤處理資料表	×	×	×	√
事業廢(污)水海洋放流資料表	●	●	×	×
功能測試及檢測記錄報告書	√	√	×	×
環境影響說明／評估報告書	×	×	×	●
水污染防治措施或污泥處理工程計畫書	●	●	×	●

符號說明：√：必須檢附 ×：不須檢附 ●：視實際狀況檢附

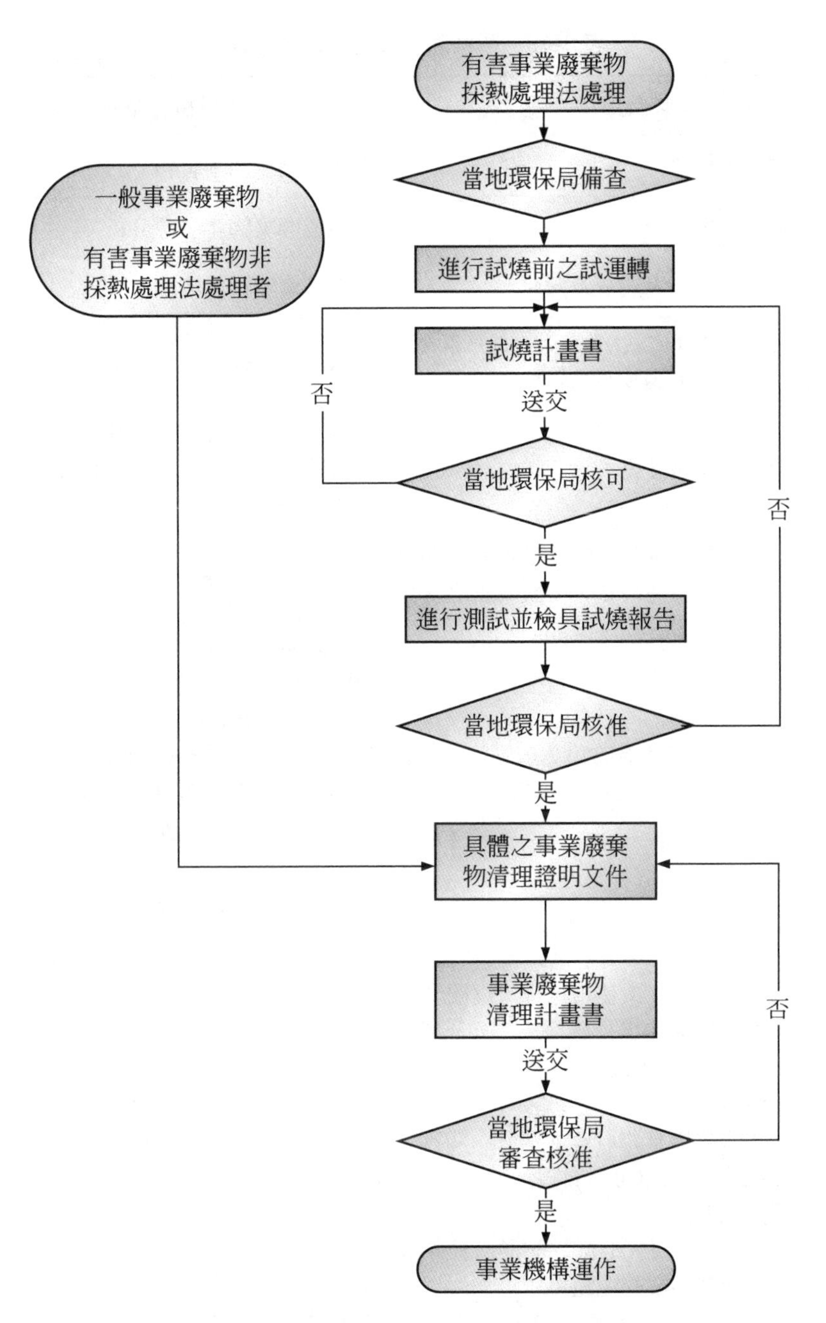

圖 8-23 廢棄物清理計畫書申請流程圖

表 8-19　事業廢棄清理計畫書內容

事業廢棄物	醫療廢棄物
1. 事業機構基本資料	1. 事業機構基本資料
2. 產品製造或使用過程	2. 事業廢棄物產生源分析
3. 事業廢棄物產生源、成分及數量	3. 事業廢棄物之清理方式
4. 事業廢棄物之清理方式(請分別依有害事業廢棄物、一般事業廢棄物填寫)	4. 事業廢棄物之減廢計畫
5. 事業廢棄物之減廢計畫	5. 停業／歇業計畫：事業機構停業或宣告破產時，對於尚未清理完竣之事業廢棄物之處置
6. 遷廠(關廠)計畫：事業機構停業或宣告破產時，對於尚未清理完竣之事業廢棄物之處置	6. 緊急應變計畫
7. 緊急應變計畫(請產生有害事業廢棄物之事業機構填寫)	7. 必須檢附之資料： 附件一、現行事業廢棄物貯存設施平面圖 附件二、現行自行中間處理方式流程圖 附件三、現行自行最終處置掩埋場平面圖 附件四、未來事業廢棄物貯存、清除、處理、處置改善方式(可以簡圖示之) 附件五、其他必要資料
8. 必須檢附之資料： 附件一、現行製造流程或使用過程流程圖 附件二、請簡述廢棄物自行處理／或委託處理方式(可以流程圖表示)及述明處理量(公噸／月) 附件三、未來事業廢棄物貯存、清除、處理、處置改善方式(可以簡圖示之) 附件四、廠區配置圖 附件五、其他必要資料(工廠登記證、公司執照、營利事業登記證影本)	8. 事業機構提出事業廢棄物清理計畫書之保證
9. 事業機構提出事業廢棄物清理計畫書之保證	

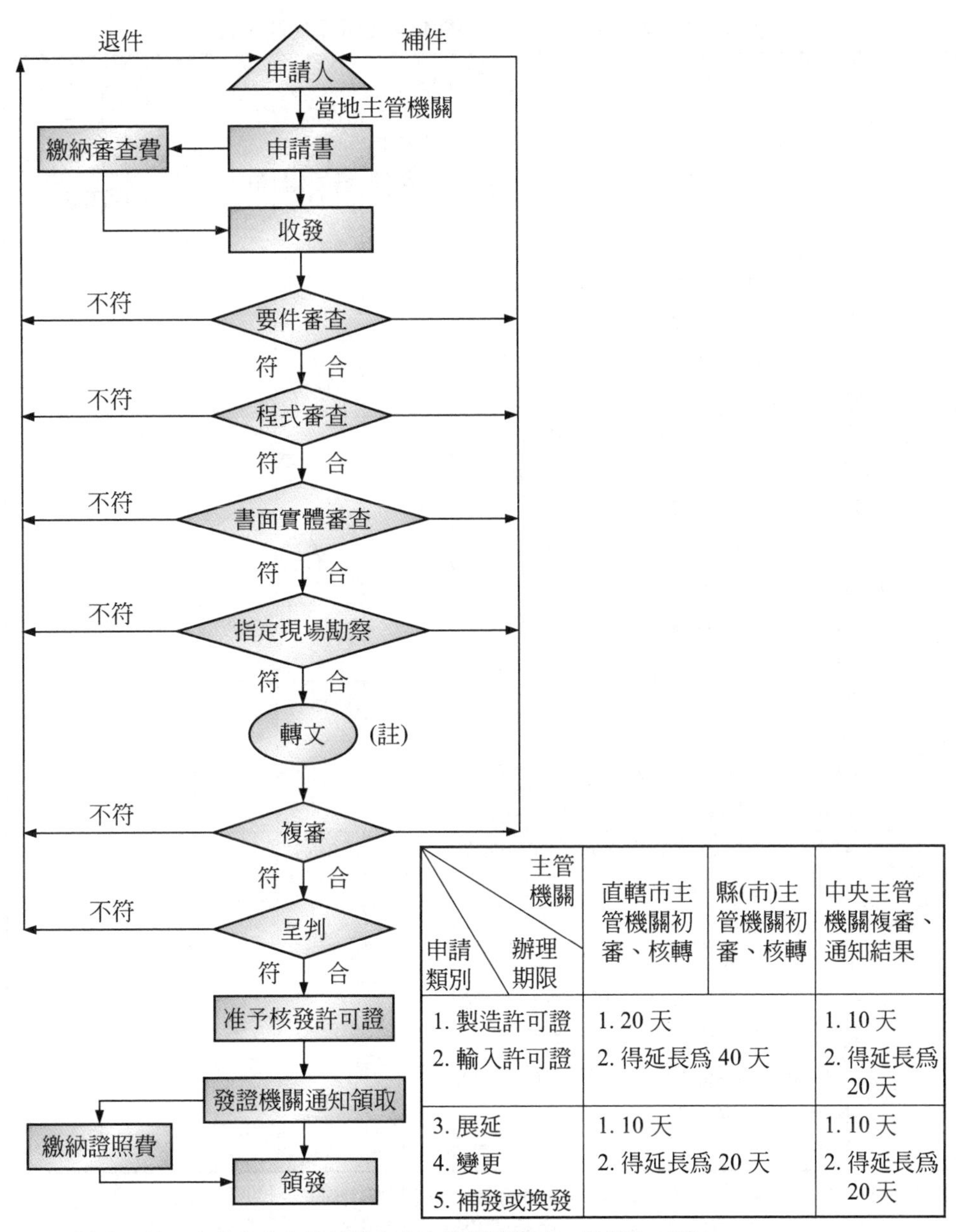

申請類別 ＼ 辦理期限 ＼ 主管機關	直轄市主管機關初審、核轉	縣(市)主管機關初審、核轉	中央主管機關複審、通知結果
1. 製造許可證 2. 輸入許可證	1. 20 天 2. 得延長爲 40 天		1. 10 天 2. 得延長爲 20 天
3. 展延 4. 變更 5. 補發或換發	1. 10 天 2. 得延長爲 20 天		1. 10 天 2. 得延長爲 20 天

註：製造、輸入申請案應申請核轉中央主管機關複審、核發許可證、製造、輸入許可證之展延、變更、補發或換發案亦同。

圖 8-24　毒性化學物質許可證申請作業流程流程圖

表 8-20 毒性化學物質許可證申請案所需文件、資料

格式	申請書、文件或資料項目名稱	申請類別			
		製造許可證	輸入許可證	販賣許可證	許可證展延、變更、補發或換發(請參閱備註)
1	毒性化學物質許可證申請書(含附表)	√	√	√	√
2 之⑴	工廠登記證或工廠設立許可證明文件影本黏貼用表(非工廠者免附)	√			
2 之⑵	公司執照影本黏貼用表(非公司者免附)	√	√	√	
2 之⑶	營利事業登記證影本黏貼用表	√	√	√	
2 之⑷	負責人身分證明文件影本黏貼用表	√	√	√	
2 之⑸	專業技術管理人員設置核定文件影本黏貼用表(不須設置者免附)	√	√	√	
3 之⑴	物質安全資料表(含成分、性能)	√	√	√	
3 之⑵	分析方法說明書	√	√	√	
3 之⑶	產品之製造流程說明書(非申請製造者免附)	√			
3 之⑷	管理方法說明書	√	√	√	
3 之⑸	標示	√	√	√	
3 之⑹	污染防制設備說明書(未規定設置者免附)	√	√	√	
3 之⑺	貯存設備說明書(未規定設置者免附)	√	√	√	
3 之⑻	偵測、警報設備及緊急應變系統說明書(未規定設置者免附)	√	√	√	
3 之⑼	來源說明書	√	√	√	
3 之⑽	運作場所略圖	√	√	√	
4 之⑴	毒性化學物質運作防災基本資料表(輸入、販賣場所無貯存毒化物者免附)	√	√	√	
4 之⑵	其他中央主管機關指定之有關文件或資料(未指定者免附)				
5	聲明書	√	√	√	√

備註：⑴許可證展延申請案，除填具申請書外，應檢附中央主管機關規定之文件或資料。
⑵許可證變更申請案，除填具申請書外，視申請變更之事項、內容檢附相關之文件或資料。
⑶許可證補發或換發申請案，除填具申請書外，應檢附當地主管機關指定之文件或資料。

8-8 工業安全與衛生維護

前已提及半導體和光電產業之製程所使用的各原材及物料內容，而這些原材物料基本上均是屬於俱危險的東西，相對地也使工廠處在一個危險的環境之中，因此工業安全及衛生，在此行業之重要性不言可喻。工業安全衛生應包含財產、環境及人員的保護，在積極方面應做好防範事故發生的所有準備工作；在消極方面則要避免在作業及活動中，不發生有造成損傷事故的事件，以保障所有從業人員的健康與安全。

一般而言，在半導體等高科技業中，其危害源有如下所述：

1. 化學工作站(Wet Bench)之火災危害。
2. 管路、閥件、電線和建材之可燃性塑材火災及煙危害。
3. 矽甲烷(SiH_4)氣體的爆炸火災危害。
4. 電氣設備之危害。
5. 製程設備的氣體洩漏、地震、輻射、雷射、電弧危害。
6. 廠務供應系統的漏水、漏氣、漏化學品、漏電等危害。

針對以上之各項危害，可將其分類為：(1)火災及煙之危害；(2)化學物質之危害；(3)作業環境之危害；(4)安全規章及標準作業程序；(5)個人防護用具；(6)設備安全；(7)製程安全管理以及(8)緊急應變處理等項目來加以分析說明。

1. 火災及煙之危害預防控制首先在建廠設計時建築物及廠房的防火結構及佈置規劃即須列入考慮；在主廠房部份應以鋼構塗佈防火漆或 RC 構造，且設有防火牆計 3 小時阻絕效果，而防火漆則至少須 1 小時以上(一般為 2 小時)的防火效果。廠房構造則為重疊式，潔淨室 2～3 層，所有相關資源及供應設備在同一樓層；廠房佈置分為主廠房；中央公共設施供應大樓(廠務機房 CUB：Central Utility Building)；廢棄物處理大樓；氣體供應區；辦公室棟以及支援棟等。CUB 與變電站一般為鋼構或 RC 建築，為3～5層與主廠房設有空橋相通，以利管路及電纜線之設置和人員緊急搶修用。而廢棄物處理大樓為鋼筋混凝土建築設於地面上或地下室均有；氣體供應區則可分為氮氣、氧氣製造儲存區、氫氣儲存區、危險性鋼瓶儲存或作業區，而化學品供應亦同氣體供應，有專屬的供應空間。以上之建築物及空間其材料均選用不燃材質、防火門、防爆牆、建物間的安全距離、穿牆面、地板孔洞的防火填塞、防煙垂蔽等均是必須列入考慮的設計因素。

另外消防保護設備系統更是不可缺的設施，此部份將做更詳細之說明。在我們常見的消防護設備及系統分為：⑴火警偵測系統；⑵滅火設備及系統；⑶緊急排煙系統。

⑴ 火警偵測系統依物理性或化學性之變化有如下之各類型：①定溫式；②差動式；③火焰式；④煙式(又可分為光電式和離子式)；⑤極早期煙霧偵測系統(VESDA)。

⑵ 滅火設備及系統則依操作方式而有：手提滅火器、消防栓、固定式自動滅火系統三種。

① 手提滅火器：此種滅火器簡單、輕便、經濟是一種有效的滅火設備之一，其對初期的火災撲滅最有效，種類有乾粉滅火器(A、B、C 類火災適用)；泡沫滅火器(B 火災適用)；CO_2 滅火器(B、C類火災適用)，海龍／海龍替代品(FM200)滅火器(B、C 類火災適用)。

② 消防栓：對於初期的火災撲滅具功效，組成配件為加壓送水裝置、配水帶、噴水頭等，有室外及室內二種常見之消防栓。

③ 固定式自動滅火系統，是所有消防設施中最可靠、最有效和多方面效益的最佳財產保護與生命安全設施，類別有自動灑水系統、水霧自動灑水系統、自動泡沫灑水系統和氣體式滅火系統(CO_2、FM-200)等種類。

(3) 自動灑水系統組成爲灑水泵浦、消防水箱、灑水系統配管、各控制閥及灑水頭等。圖 8-25 爲灑水管及頭之架構。

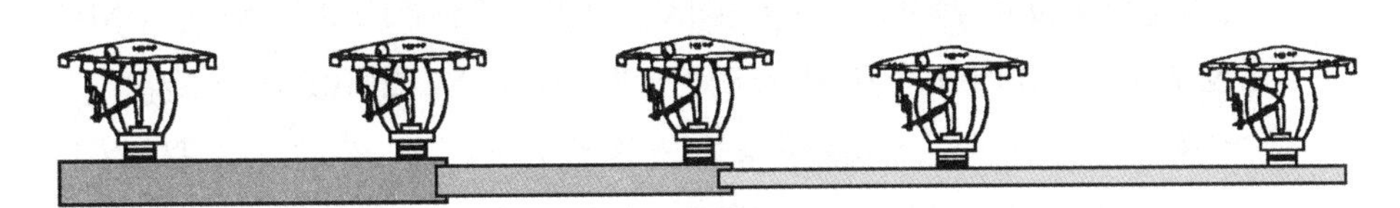

圖 8-25　灑水系統架構

由於國內曾發生過多次晶圓廠之火災案例，且損失慘重，也造成國內外保險公司和再保公司的保險費率提高，相對地也提高了防災方面的意識，因此對於高科技廠房(尤其是晶圓廠和液晶顯示器廠)的防火工程設計已列入建廠規劃的主要項目之一。一般其防火工程設計理念爲：

(1) 以財產防護及人命安全並重之防火設計目標：
  ① 財產防護目標：期望在火災初期及早發現火源位置並控制火及煙的擴散，將煙流侷限在單一區域避免擴散，進而將煙排出室外。
  ② 人命安全：將侷限於起火區域，時間如可大於避難所需時間，則可滿足人命安全之避難，此時間定義爲煙沈積至 1.8 公尺高度之所需時間。
(2) 運用空調系統及排煙設備，控制煙流之設計系統。
(3) 多重消防防護設計：
  ① 於回風層回風處設置極早期煙霧警報系統。
  ② 設置定址式高感度偵煙型探測器。
  ③ 螢幕監控系統。
  ④ 防災指揮中心之功能。
  ⑤ 製程設備CO_2自動滅火系統。
  ⑥ 排氣風管使用耐酸鹼之不銹鋼材質內襯 Teflon 管材。
(4) 火災緊急應變程序。

(5) 避難逃生計劃。

在消防設計法規方面，除了國內須依據國內「各類場所消防安全設備設置標準」外，美國 NFPA(如 NFPA318)及 FM(如 FM7-7、FM1-56、FM7-78)，SEMI(如 S2-2000)均為設計依據之參考基準。在高科技廠房之設備均為精密且貴重之儀器設備，由於火災初期伴隨的是大量的濃煙，此濃煙不只造成儀器之損壞，也威脅工作人員的生命安全，當然更會破壞了整個潔淨室系統，因此如何在火災才起徵兆時即時發現立即處理而得免發生災害，是另一重大課題，而VESDA系統(Very Early Smoke Detection Apparatus)，極早期煙霧偵測設備補足了此一課題。圖8-26為火災發生過程的四階期。此四階期現象分別為第一階：熱力增加，大量的次微米粒子產生；第二階：煙霧產生；第三階：火焰產生；第四階：大量的熱發生。

一般傳統偵煙器只能在可見煙階段才能發揮探測煙霧作用而發出警報，此時現場已是煙霧瀰漫，錯失滅火的第一黃金時間，亦即錯過將火撲滅在萌芽階段的良機，損失已無法挽回。而極早期火警煙霧偵測器系統則能夠在火災的初始階段發出警示，而眞正達到早期預警的目的。在國外的消防法規中，VESDA 系統被稱為空氣取樣式煙霧偵測系統(Air Sampling Type Smoke Detection Apparatus System，NFPA72)或者是抽氣式(Aspirating Smoke Detection System，BS5839)。其偵測原理是依靠主機內部的抽氣泵，透過延伸至偵測區域的空氣取樣管路將空氣樣品抽回偵測室進行檢測，當空氣中之煙霧濃度達到一定程度時系統即發出警報。整個VESDA系統包含空氣取樣管路及VESDA主機兩大部份。

(1) VESDA主機：主要系統為偵測室，偵測室之前則設有過濾網，其使用雷射為偵測光源，偵測原理為光散射方式，亦即當煙霧粒子通過雷射光束時，將會產生散射光，藉由散射光的強弱大小，即可知道煙霧濃度之大小。此濃度大小達預測之等級時顯示面板上將會顯示相對應的火災警報。

(2) 空氣取樣管路可依保護區域或對象做彈性配置，以保證達最佳火災偵測效果。取樣管路配置在天花板下方，而在適當位置開取樣孔，使空氣經取樣孔及取樣管路而送回偵測主機。表8-21爲早期火災預警系統與火警偵煙探測器之比較表。

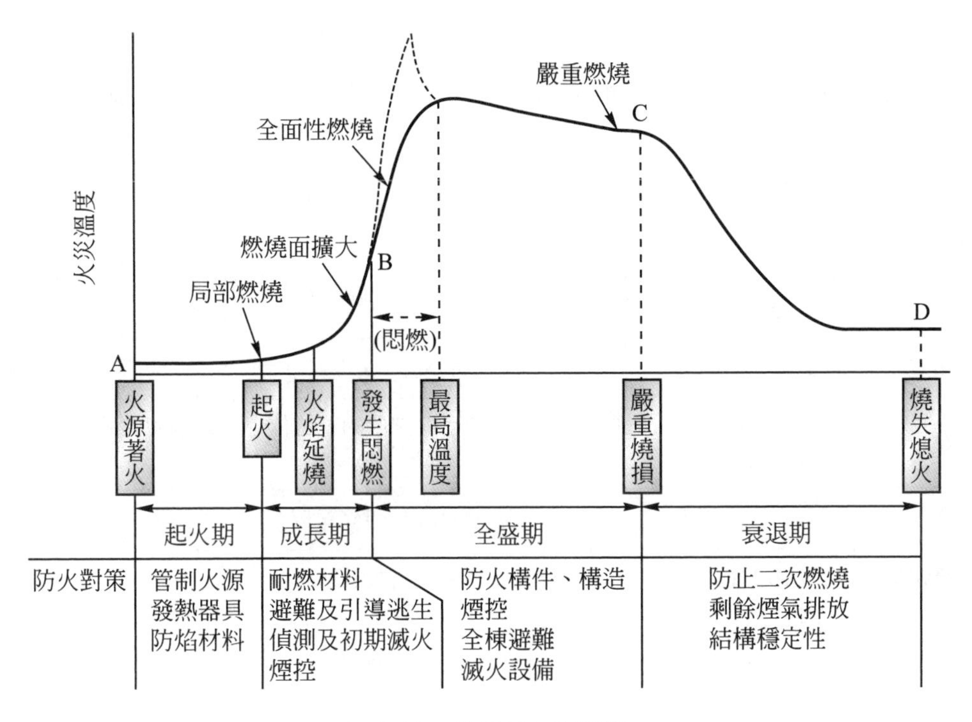

圖8-26　火災發生四階期

表 8-21 VEDSA 與一般偵煙器之比較

	空氣取樣探測系統	傳統典型偵煙探測系統	
		離子	光電
取樣方式	主動抽取外界的空氣，只要空氣中有煙霧，就能及時警報，屬於主動式探測	外界煙霧擴散至偵測室裡，並達到一定濃度才能探測並警報，屬於被動式探測	
探測原理	激光散射	電離方式	紅外散射方式
探測範圍	各種材料的煙霧，探測範圍寬 粒子直徑：0.001-20μm。	天然物質的煙霧 粒子直徑：0.01-0.1μm	合成材料的煙霧 粒子直徑：1-10μm
靈敏度	0.005-20％ obs/m(每米遮光率)連續可調	5-9％obs/m(每米遮光率)	5-9％ obs/m(每米遮光率)
探測部件	高穩定、高強度激光源、三個光接受器	α放射源、一個收集器	紅外發光管、一個光接受管
測量方式	絕對測量	相對測量	
顯示部件	20 段光柱圖及即時顯示環境煙霧含量	只顯示達到值的警報信息，末端值的狀況不顯示	
警報方式	可設定四級警報值	一般只設一個警報值	
警報時間	火災形成前數小時，早期預警	火災形成前數分鐘，先預警	
事件記錄	18000 事件、時間、地點、警報、故障原因詳細	記錄火警和故障	
安裝方法	標準、回風口、毛細管等多種取樣形式形式可橫向、縱向	天花板下安裝，不可水平安裝，沒有回風口和毛細管取樣方式	
安裝維護	一次工廠校准，十年不准維護	每兩年要清除、校准一次	
應用場合	適於各種場合：潮濕、粉塵、高氣流、電磁干擾、大空間	不適合粉塵、潮濕、	
		離子型不適合風速大於5米／秒的場合	光電型不適合電磁干擾強的場合

表 8-22 及 8-23 分別爲一般火警探測器之分類和火災初期與火警探測器之關係。

表 8-22　火警探測器之分類

種類			靈敏度等級	動作原理概要
感熱式探測器	差動式	集中型	第 1 種 第 2 種	周圍溫度達一定溫度上昇率以上時即能動作，且肇因於局部處所之熱效應者。
		分布型：空氣管式、熱電偶式、熱半導體式	第 1 種 第 2 種 第 3 種	周圍溫度達一定溫度上昇率以上時即能動作，且肇因於廣範圍所累積之熱效應者。
	定溫式	集中型	特種 第 2 種 第 3 種	局部場所之周圍溫度達一定溫度以上時即能動作者，其構材有使用雙金屬片、半導體、可熔絕緣物等。
		感知線型	第 1 種 第 2 種	動作原理與集中型同，但外觀爲電線狀者，爲非再用型。
	補償式	集中型	第 1 種 第 2 種	因局部場所周圍溫度之變化而感知者兼有差動式及定溫式之功能。
偵煙式探測器	離子式	非蓄積型 蓄積型	第 1 種 第 2 種 第 3 種	因煙粒子之存在導致離子電流起變化而動作之型式。所謂蓄積型者，係指一定濃度以上之煙粒子，在一定時段內須以高於該濃度持續進入、存在，始將火災信號傳出之構造。
	光電式	非蓄積型 蓄積型	第 1 種 第 2 種 第 3 種	因煙粒子之存在，致光電素子之受光量產生變化而動作之型式。

表8-23 火災初期與火警探測器之關係

火災初期成長過程分成以下4個重要階段：(先後順序由1至4)	火災特性參數	探測器的分類
1. 可燃物因熱解而釋出不可見之生成物	煙	離子式偵煙探測器
2. 可見的濃煙出現	煙	光電式探測器
3. 伴生火焰及亮光	光	偵燄式探測器
4. 周圍溫度急速上升抵某一定值	熱	感熱式探測器

前曾提及的法規NFPA318標準，是用於潔淨室系統的保護標準，與從事高科技行業工程師息息相關，故須特別說明。NFPA即國際防火協會(National Fire Protect Association，簡稱NFPA)，是國際知名且廣為各建築消防及保險界接受的單位，該協會制定了很多的防火標準，包括建築物防火規定、材料規定、防火設施與設備之標準、防火器材標準、材料與原料及化學品的儲存標準、材料與器材測試方法等。而NFPA318就是半導體廠潔淨室的保護標準，此乃為免大量高價值的製程設備以及成品與半成品毀之一旦而訂定的防護標準，透過事前的防範以減少災害損失。

NFPA318內容包括：(1)自動滅火系統。(2)排氣系統。(3)儲存與供應安全。(4)製程與支援設備四大部份。目前此標準已廣泛的被國內外保險公司(包括Factory Mutual)列為半導體廠設廠的必要基本要求之一。其主要內容概述如下：

(1) 自動滅火系統：鋼瓶櫃、製程設備區、幫浦及管路區、送風區須依NFPA13規範安裝自動滅火系統，標準為在3000ft^{2}面積中須有0.2gpm/ft^{2}之撒水密度。＞10吋以上之風管則須0.5gpm/ft^2，每一撒水頭之水量至少20gpm，且依水平方向間距20ft，垂直方向間距12ft原則安裝，排氣管內部亦須加裝自動撒水系統，撒水動作為無論是自動或手動信號須均傳送至中控室。

(2) 進氣與排氣系統：潔淨室內須設置 VESDA 系統：HEPA 過濾器不可燃材質且符合標準UL586；供氣管路須通過建築材料表面燃燒特性測試標準 NFPA255；潔淨室內須設專用之排煙系統或附加在空調系統中。管路穿牆須設置防火塡塞，排氣流量需足以淡化可燃性蒸氣濃度，火災發生時排煙系統要啓動，不可關閉；若排煙系統與排氣系統共用，亦同。圖 8-27 爲消防設備系統整合圖。

(3) 儲存與供應安全：一般物料儲存所自動撒水系統依 NFPA231 標準設置，貨架儲存區則爲 NFPA231C 標準：化學品及氣體之儲存室及供應室須配備手提式洩漏偵測器，石蕊試紙、手提滅火器、自動撒水系統、化學品外漏處理車或處理套件、緊急沖身洗眼器、化學物質安全資料表(MSDS)及管線式自給空氣呼吸器，腐蝕性、可燃性、惰性三類氣體及有機溶劑、酸鹼溶液以 RC 牆隔成不同房間儲存或供應。同時供應及儲存區防溢堤設置、漏液溝渠和緊急用儲槽亦爲所必須，另外設置一面易爆牆或三面防爆牆，採用防爆電氣或距離廠務 5m 以上之獨立建立爲另一注意事項。氣體房之抽氣風量要達到 450Cfm，可燃性氣體供應鋼瓶系統上加裝限流閥、流量控制器、緊急切斷閥。

(4) 製程與支援設備：製程設備須符合 SEMI S_2、S_3 之 SEMI Standard。製程設備內使用可燃性化學品須使用防爆電氣或符合NFPA70。在零件清洗、爐管清洗之工作台和製程用化學站下方須設置危害標示、漏液承盤、安裝漏液偵測系統、火焰探測器以及自動二氧化碳滅火器或自動水霧系統。潔淨室內不可放置異丙醇(IPA)或丙酮(Aceton)之小瓶裝化學品，若因工作上需要，則須放置於防爆儲存櫃內。

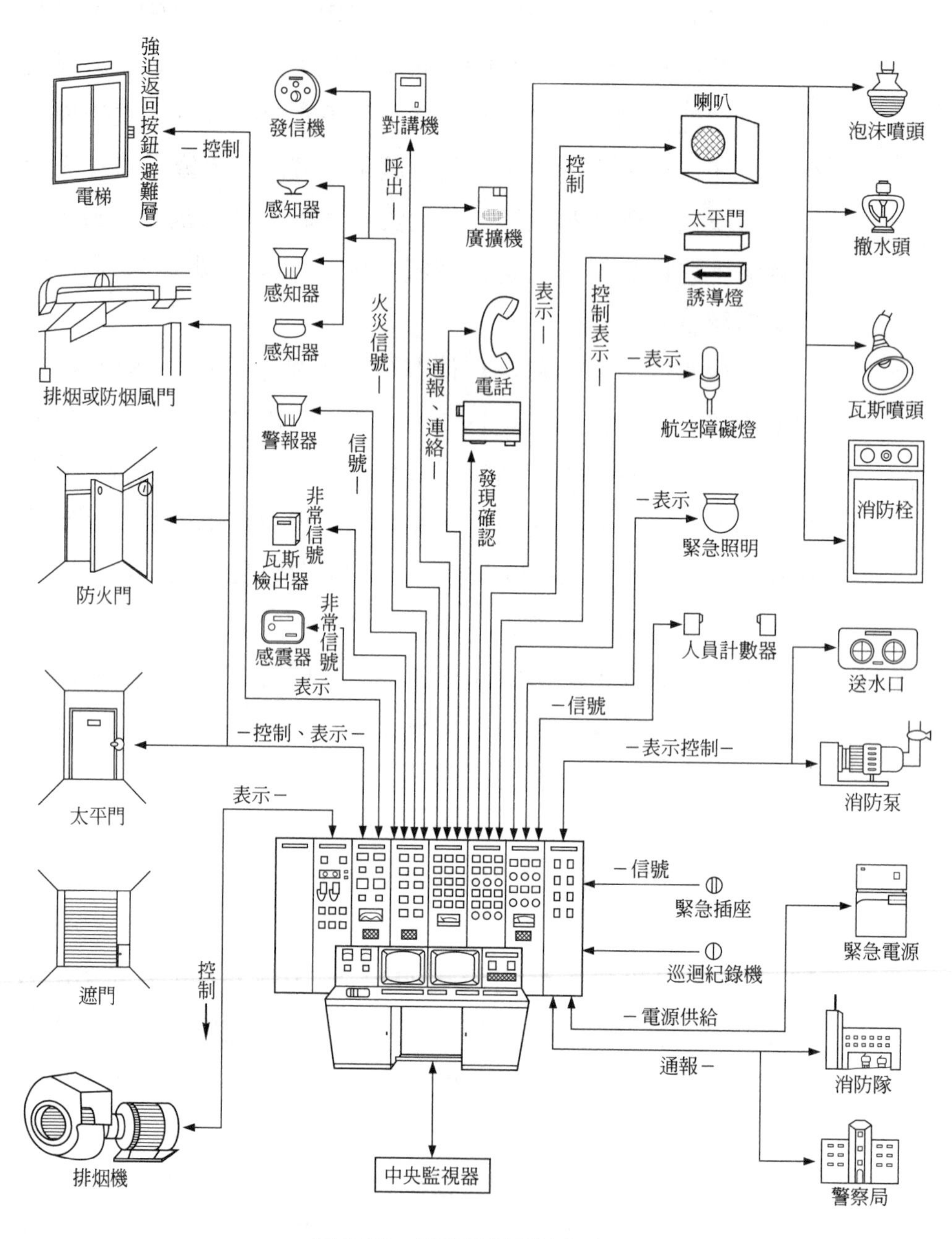

圖 8-27 消防設備系統整合圖

2. 化學物質危害預防控制

化學品供應與使用在前面章節中已有述及，分爲一般酸鹼類及有機溶劑類，此二類必須隔離，由不同之供應室提供。在一般酸鹼的供應系統室中，須設有通風排氣系統及溢流控制之止洩溝的裝置，以保障人員操作安全及防止化學品洩漏，同時裝設Leak Sensor以爲隨時監測。有機溶劑供應設備均裝置在有機溶劑供應室，由於這些有機溶劑均屬高揮發性易爆易燃化學品，故室內所有電氣設備均須使用防爆等級1級之物品，且本身供應系統內部設有自動滅火裝置，此裝置爲符合 FM/UL 認證之CO_2自動滅火系統，供應系統及管線均爲不銹鋼材質，承漏盤、緊急停止按鈕是爲必備裝置，管線接頭及閥裝設在閥箱中，閥箱亦設有抽氣及洩漏偵測裝置和有機溶劑濃度偵測器，以隨時監控狀況。另生產機台亦裝有承漏盤和洩漏偵測器，而這些監視器亦與中央控制系統連線，以便發生洩漏時立即處理，緊急遙控切斷各供應系統。

在化學物質危害預防控制中，特別重要因素之一是爲化學物質安全資料表(Material Safety Data Sheet，MSDS)之使用，另外則爲化學品危害標示。

MSDS是提供作業場所中有害物質的認知，以保護作業者的安全，以便在緊急情況時，能迅速提供有效的應變資訊，它可說是化學品的身分證，此表須放置於工作場所中易取得之處，每三年更新一次。MSDS的內容可爲下列九項：⑴製造商或供應商資料。⑵辨識資料。⑶物理及化學特性。⑷火災及爆炸危害資料。⑸反應特性。⑹健康危害及急救措施。⑺洩漏及廢棄物處理。⑻運送資料。⑼製表者資料。

(1) 製造商或供應商資料：包含了二者的公司名稱、地址、諮詢者姓名及電話和緊急聯絡電話與傳真電話。

(2) 辨識資料：含化學文摘社登記號碼CAS NO：10碼(Chemical Abstract Service)；中文、英文的品名及俗名；危害等級如反應性、毒性、可燃性。

(3) 物理及化學特性：含外表及狀態，氣味、蒸氣壓、沸點比重及蒸氣密度。

(4) 火災及爆炸危害：包括閃火點、自燃溫度、爆炸或燃燒上下限；危害生成物；滅火劑及滅火要領等。

(5) 反應特性：物品本身之不穩定性、聚合危險性、不相容性和危險分解物。

(6) 健康危害及預防急救措施：進入人體之途徑；健康危害之處理；曝露之徵兆及症狀，個人防護器具、通風設備、操作及庫存注意事項與個人衛生。

(7) 洩漏及廢棄物處理：洩漏之緊急應變；廢棄物處理方法。

(8) 運送資料：聯合國期例，危害性分類和所需圖示種類。

(9) 製表者資料：包括製表單位的名稱、地址和電話以及製表日期和製表人。表8-24爲MSDS之樣本。

表8-24 MSDS樣張

物質安全資料表

1. 物品及廠商資料

物質名稱：氫氧化鈉(SODIUM HYDROXIDE)，NaOH
物品編號：
製造商或供應商的名稱，地址和電話號碼：
緊急聯絡電話／傳真號碼：

表 8-24 MSDS 樣張(續)

物質安全資料表

2.成分辨識資料

純物質：

中英文名稱：氫氧化鈉(SODIUM HYDROXIDE)，NaOH
同義名稱：苛性鈉、燒鹼(CAUSTIC SODA、SODIUM HYDRATE、LYE、CAUSTIC FLAKE、LIOUID CAUSTIC)
CAS No.：01310-73-2
危害性成份(%)：100 %

3.危險辨識

最重要危害效應	健康危害效應：會引起失明、永久性傷痕和死亡、燻霧可能引起肺部傷害。
	環境影響：高濃度對水中生物有害
	物理／化學性危害：不會燃燒，高反應物質，會與水和許多一般常見物質起激烈反應產生足夠之熱而引燃可燃物質。與許多有機、無機物質接可能引起火災、爆炸。與金屬反應釋放可燃性氫氣。極具腐蝕性。
	特殊危害：無
主要症狀：刺激感、水腫、水腫、潰瘍、嚴重發紅、瘀傷、嘔吐、腹瀉。	
物品危害分類：8，腐蝕性物質	

表 8-24 MSDS 樣張(續)

物質安全資料表

*4.*急救措施

不同曝露途徑之急救方法
吸入：*1.*移走污染源或將患者移到空氣新鮮處。 *2.*立即就醫 皮膚接觸：*1.*避免直接與該化學品接觸，必要時需戴防滲手套。 *2.*儘速以溫水緩和沖洗至少 30 分鐘，並在沖水時脫去污髒的衣物。 *3.*若刺激感持續，反覆沖洗，立即就醫。 *4.*受污染的衣服，須完全洗淨方可再用或丟棄。 眼睛接觸：*1.*立即撐開眼皮，以緩和流動的溫水沖洗污染的眼睛 30 分鐘。 *2.*立即就醫。 食入：*1.*若患者即將喪失意識已失去意識或厥攣，不可經口餵食任何東西。 *2.*以水徹底嗽口。 *3.*切勿催吐。 *4.*給予患者喝 240-300 毫升的水，以稀胃中的物質。 *5.*若患者自然性嘔吐，讓患者身體向前傾以避免吸入嘔吐物。 *6.*反覆給予喝水。 *7.*立即就醫。
最重的症狀與危害影響：嚴重灼傷、永久性傷痕、可能會引起失明。
對急救人員的防護：獨立的呼吸裝備與防護衣

在 MSDS 表中，於辨認資料欄中所見的容許濃度 LD50、LC50 及 TLV-TWA；TLV-STEL 等危害資料定義均代表不同之含意，現說明如下：

① LD50：表示由統計所得的劑量，物質的此劑量，經由消化或其他方法吸收預期將有 50％之實驗會死亡。

② LC50：由統計上所得的一種空氣中物質濃度，在此特定濃度和曝露時間下，預期將有 50％的實驗會死亡。

表 8-25　各有毒氣體 TLV 值及其危險性

氣體名稱 ＼ 化學性質		TLV-TWA 8hours	TLV-STEL 15min	顏色	氣味	分子量	燃點空氣中	毒性	腐蝕性	可燃性	爆炸性	窒息性
砷化氫	AsH_3	50ppb	—	無色	大蒜味	77.95	4-10%	◎	—	◎	—	—
二硼化六氫	B_2H_6	100ppb	—	無色	維生素	27.67	0.9%～	◎	—	◎	◎	—
磷化氫	PH_3	300ppb	1ppm	無色	腐臭味	34.0	1.79%～	◎	—	◎	◎	—
矽化氫	SiH_4	5ppm	—	無色	不快臭	32.12	1.0%～	◎	—	自燃	◎	—
二矽化氫	Si2H6	0.5ppm	—	無色	刺激臭	62.22	4.1%～	◎	—	自燃	—	—
氯氣	Cl_2	1ppm	3ppm	綠黃色	刺激臭	70.91	助燃性	◎	◎	—	—	—
溴化氫	HBr	1ppm	3ppm	淡黃色	刺激臭	80.91	不燃性	◎	◎	—	—	—
氟化氫	HF	3ppm	6ppm	無色	刺激臭	20.00	不燃性	◎	◎	—	—	—
三氟化硼	BF_3	1ppm	2ppm	無色	臭味	67.81	不燃性	◎	◎	—	—	—
四氟化矽	SiF_4	AsHF	AsHF	無色	刺激臭	104.0	不燃性	◎	◎	—	—	—
六氟化鎢	WF_6	1mg/l	3mg/l	無色	刺激臭	297.84	不燃性	◎	◎	—	—	—
氯化氫	HCl	5ppm	—	無色	刺激臭	36.46	不燃性	◎	◎	—	—	—
三氯化硼	BCl_3	AsHCl	—	無色	刺激臭	117.1	不燃性	◎	◎	—	—	—
四氯化矽	$SiCl_4$	5ppm	—	無色	刺激臭	169.9	不燃性	◎	◎	—	—	—
三氯氧化磷	$POCl_3$	0.1ppm	0.5ppm	無色	刺激臭	153.35	不燃性	◎	◎	—	—	—
二氯二氫化矽	SiH_2Cl_2	0.5ppm	—	無色	刺激臭	101.0	4.1%～	◎	◎	◎	—	—
氨氣	NH_3	25ppm	35ppm	無色	刺激臭	17.03	15%～	◎	◎	◎	—	—
三氟化氮	NF_3	10ppm	—	無色	無臭	71.0	不燃性	◎	◎	◎	◎	—
四氯化碳	CCl_4	10ppm	—	無色	甘臭味	153.81	不燃性	◎	—	—	—	—
四氟化碳	CF_4	—	—	無色	無臭	88.0	不燃性	—	—	—	—	◎
氦氣	He	—	—	無色	無臭	4.0	惰性	—	—	—	—	◎
氫氣	H_2	—	—	無色	無臭	2.02	4.1%～	—	—	—	◎	—

表 8-26 有毒氣體對人體傷害之可能部位

氣體名稱 \ 危害部位		身體作用															
		刺激性、腐蝕性					窒息性				內臟傷害性						
中文名稱	化學式	皮膚	眼	氣管	廢水腫	齒酸蝕症	呼吸困難	頭痛頭暈	嘔吐	溶血	癌症	腦神經	肝臟	心臟	腎臟	胃腸	骨
砷化氫	AsH_3				◎		◎	◎	◎	◎		◎	◎	◎	◎	◎	
二硼化六氫	B_2H_6		◎	◎	◎		◎						◎		◎		
磷化氫	PH_3		◎	◎	◎		◎	◎	◎	◎		◎	◎	◎	◎	◎	
矽化氫	SiH_4		◎	◎				◎	◎								
二矽化六氫	Si_2H_6	毒性氫化物略同															
氯氣	Cl_2	◎	◎	◎	◎							◎					
溴化氫	HBr	◎	◎	◎	◎												
氟化氫	HF	◎	◎	◎	◎	◎						◎	◎	◎	◎	◎	◎
三氟化硼	BF_3	◎	◎	◎	◎	◎						◎	◎	◎	◎	◎	◎
四氟化矽	SiF_4	◎	◎	◎	◎	◎						◎	◎	◎	◎	◎	◎
六氟化鎢	WF_6	◎	◎	◎	◎	◎						◎	◎	◎	◎	◎	◎
氯化氫	HCl	◎	◎	◎	◎	◎											
三氯化硼	BCl_3	◎	◎	◎	◎	◎											
四氯化矽	$SiCl_4$	◎	◎	◎	◎	◎											
三氯氧化磷	$POCl_3$	◎	◎	◎	◎	◎	◎	◎	◎			◎		◎	◎		
二氯二氫化矽	SiH_2Cl_2		◎	◎	◎	◎											
氨氣	NH_3	◎	◎	◎	◎	◎											
三氟化氮	NF_3					◎					◎						◎
四氯化碳	CCl_4	◎	◎	◎				◎	◎		◎	◎	◎		◎		
四氟化碳	CF_4						◎										
氦氣	He						◎										
氫氣	H_2						◎										

③ TLV(Threshold Limit Value)：恕限值，以PPM(mg/m^3)表示，用來表示工作場所中，氣體濃度的最大值，在此值以下，幾乎所有人員在每天的工作中，都不會有有害的影響。

④ TLV-TWA(Threshold Limit Value-Time Week Allowance)：時間量平均濃度或稱曝露極限值，表示每天工作8小時或每週40小時之容許濃度值。

⑤ TLV-STEL(Threshold Limit Value-Short Term Exposure Limit)：瞬間容許濃度或連續15分鐘曝露之容許濃度，(每天最多四個時程，且至少須間隔60分鐘以上)，此濃度不得超過TLV-TWA值。表8-26爲各有毒氣體TLV值及其危險性之參考資料；表8-27爲有毒氣體對人體可能害之部位參考資訊。

化學品危害標示最早來源自美國防火協會，爲了對危害之物料能加以區分其危害程度而製作了危險標誌，以識別之。其將危害分危害健康，可燃及易燃性、化學反應(爆炸性)性三類，並按其危害程度分爲四個等級，以第4級最嚴重，依次爲3、2、1級，並以顏色區別其危害的性質，藍色表示健康危害；紅色表示可燃易燃性；黃色表示化學反應性(爆炸性)，其樣式如圖8-28及表8-27、8-28、8-29所示。

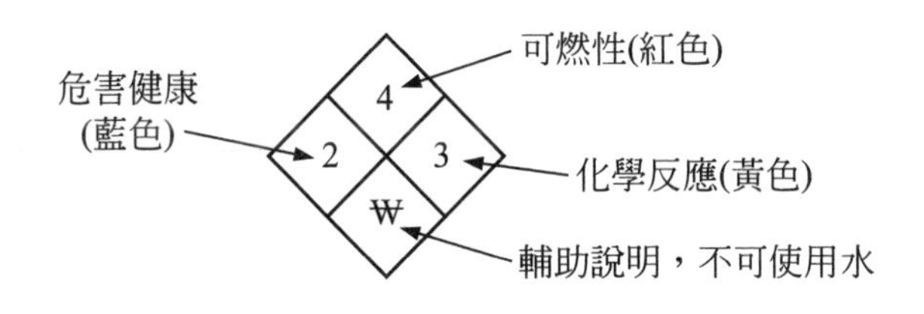

圖8-28 危害標識

表 8-27 危害健康物質之識別(顏色標示：藍色)

符號	傷害的程度
4	此物質對消防隊員曝露太危險，吸入幾口就會導致死亡。 其蒸氣或液體如貫穿透消防隊員之普通防火衣時亦導致死亡。 消防隊員一般所用之防火衣並不能對呼吸或皮膚觸及此類物品時提供保護。
3	此物品對身體極度危害，但極小心仍可進入其曝露地區。 應佩帶整套防火衣，包括供氣式呼吸器上衣褲、手套、長靴以及圍繞手背腿部與腰部之綁帶，皮膚表面不可曝露。
2	此類物質危害健康，但如佩帶能保護眼部之供氣式呼吸器，則可自由進入其洩漏地區。
1	此類物質輕微刺激身體，最好佩帶供氣式呼吸器。
0	此類物質遇火災外洩時對身體之危害與普通可燃物相同。

表 8-28 易燃程度之識別(顏色：紅色)

符號	易燃性
4	為極易著火之氣體或極易揮發與著火之液體。 火災時須切斷來源並以水柱對儲存槽或容器噴灑以使冷卻。
3	此類物質正溫度下可著火，因此類閃點低，故用水滅火無效。
2	此類物質須中度加熱才能燃燒，噴水可使此類物質冷卻至其閃火點以下而滅火。
1	此物質須預熱才能燃燒，水如進入液面下可能產生氣泡。 但如以水霧輕輕施用於液面之上則生泡沫而可滅火。
0	此類物質不會燃燒。

表 8-29 反應活性之識別(顏色：黃色)

符號	易燃性
4	此類物質在常溫常壓下容易爆炸或起爆炸性反應。 包括對熱衝擊或局部熱震敏感的物質在內。 此類化合物如發生可遇見的或大規模火災，應作地區性之撤退。
3	此類物可能爆炸、起爆炸性之分解或起爆炸性之反應，需有強烈起動源或著火前於禁固狀態下受熱。包括在高溫高壓下對熱或機械振動敏感的物質或與水起爆炸反應的物質。
2	通常不穩定及易起強烈化學變化，但不爆炸之物質。包括在常溫常壓下發生化學變化而快速釋放能量之物質。另亦包括與水劇烈反應或與水生成潛在性爆炸混合物之物質。
1	此類物質本性穩定，但在稍高溫度或壓力下能與水反應而釋放出能量但不激烈，接近火及用水撲救火災時需小心。
0	此類物質甚至在火場中亦甚穩定，不與水作用。著火時能使用一般滅火方法。

而圖 8-29 爲另一危害標示之圖示例。

3. 作業環境之危害預防控制

作業環境危害預防控制包括二大部份，爲設備本身安全，如作業場所的防護裝置及危害標示，儲存注意事項與原則；另一則爲環境偵測系統，包括了各危險性氣體之偵測系統和環境的定期測定採樣分析等。在作業場所方面，各化學品應懸掛危害標示看板，清楚標示名稱、危害性種類等，緊急處理及個人防護設備應清楚標示，所有作業人員應知道放置點及使用方法；場所須備有緊急沖身及洗眼器。另外緊急逃生口位置亦須明確標示。MSDS 資料表放置於明顯易取之處；不相容物質分類儲存，保持適當空間距離，放置應儘量低於眼線。作業場所應隨時保持通風良好，避免日光直射，若能有溫濕度控制則更佳。在使用危險性化學品或氣體時，區域內勿使用火源；勿使用直接火焰加熱，作業員本身應穿戴防護器具，如衣、口罩、手套、護目鏡等。

第一類：爆炸物		第四類：易燃固體；自燃物質；禁水性物質	
第二類：氣體		第五類：氧化性物質；有機過氧化物	
	 FLAMMABLE LIQUID 2	第六類：毒性物質	 FLAMMABLE LIQUID 6
第三類：易燃液體		第八類：腐蝕性物質	

圖 8-29　危害標示圖示

在作業環境偵測系統方面，可分爲化學品和氣體二類。化學品除了於系統本身配置有洩漏監視器外，於作業場所亦設置有洩漏攔截堤和漏液收集溝渠，以免洩漏液擴散至外界大環境中。至於有毒氣體和危險氣體方面，除了最基本的消防系統外，各供應點和使用點另安裝洩漏監視系統，此系統與中央監控系統連接，以利漏洩時可作緊急之處置。圖 8-30 爲氣檢知器之佈置圖；圖 8-31 則爲一種偵測系統的圖例。

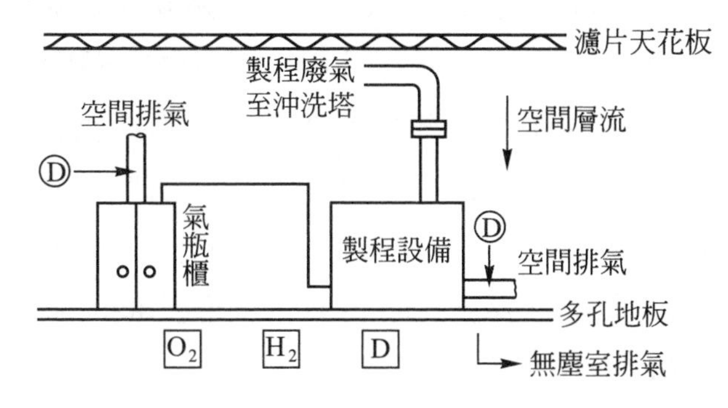

圖 8-30　毒氣檢知器佈置圖

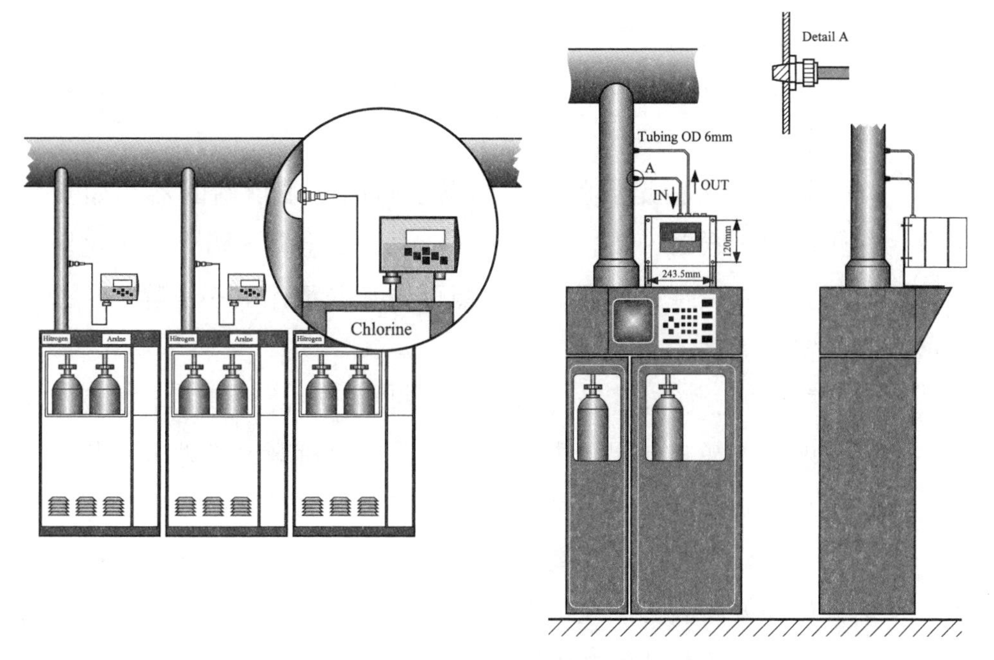

圖 8-31　氣偵測系統外觀圖例

毒性氣體監控系統在半導體和液晶顯示器廠扮演了維護人員生命和設備財產的重要角色，其監控點位置一般選擇如下：氣瓶櫃組、氣體槽車、氣體鋼瓶儲存室、氣體分配箱(VMB-Valve

Manifold Box)、製程設備機台作業區，排氣管路和廢氣處理排放管路等。目前業界常使用之廠牌有 MST、MDA、RIKEN、News Commos…等分別來自歐、美及日本等國，這些廠牌其設計和偵測方式各有不同及優劣點，如訊號傳輸方式有數位式和類比式；取樣方式有擴散式與抽氣式；偵測原理則有電化學(Electrochemical)膠態電解質和液態電解質；化學式紙帶(Chemcassette)與半導體式(Semiconductor)等。

4. 安全規章及標準作業程序之執行

內容包括工業安全衛生之工作原則及教育訓練；化學物質安全守則；作業環境安全規章；承攬商安全規章及管理辦法；設備安全標準和毒氣系統安全規範；以及建廠工程施工安全管理等。

5. 個人防護用具準備

此部份所指是於執行工作勤務時所必須俱備的器具如安全帽、口罩、眼罩、防護手套、安全索、安全鞋、防火衣、化學品防護衣、防火毯、呼吸器、空氣面罩和破壞用具……等。

6. 設備安全管理

設備安全管理，首先著重於工程設計，故設備安全在設備安裝前做好，最有效果，尤其正當擴廠或建新廠，設備未安裝前，讓所有設備及生產人員認識設備的安全，以得到更多的保護，而減少 FAB 內因設備而產生的意外。新設備在採購計畫之初，設備人員即要將設備安全的條件納入，設備人員要要求設備製造商根據 SEMI-S2、93 之設備安全準則及廠內性質特別安全需要而設計所需要的設備，在採購合約上也訂上安全標準。其安全管制流程如下：

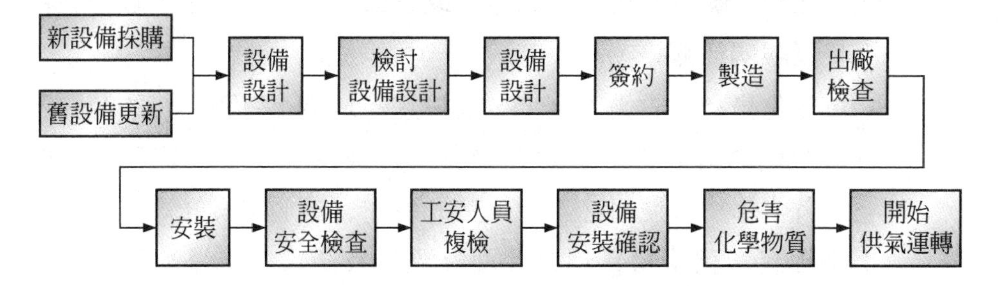

設備本身非是件對人體有害的物體。在設備一般安全方面，設備的外表，除了符合所謂的美觀外亦必須符合基本的安全原則，如表面須光滑不能有粗糙刮手的部份、尖銳的角或銳利的邊，設備之組成材質，不可有散發出有害或有毒物質；熱、燙之表面須加一層防熱層，設備之設計要有防呆裝置及緊急切斷按鈕，免因設備某一零件之失效或操作失誤，而使人員或環境曝露在危險之中。另外在對人可能發生危害之處均必須貼上標示，如高溫、輻射、化學物質、電氣或中毒與粉塵之處、危險性輸送管路等除標示內容物外，流向亦要標示清楚。

在電氣裝置安全方面，爲避免人員在無意中碰觸帶電設備觸電，必須將所有裸露之接頭以絕緣膠帶包紮，接線端子及裸露電路，必須用不導電之壓克力板蓋住，以防止人體碰觸或因物件掉落造成短路，所有高壓配電箱須有連鎖裝置或以鎖鎖上並貼上高壓電氣危險標誌，同時外殼連結接地線，製程設備則視需求安裝漏電斷路器或接地棒。另外，設備電氣開關之額定容量，必須比設備的用電量大，並且要有過負載跳脫保護裝置，電線統一且一定的識別顏色，相位不可接錯，設備上供電與停電之指示燈須俱備。電氣上鎖及標籤制度是電氣管理上之非常重要措施，凡使用30安培以上之電力者，須依規安裝上鎖裝置；於電氣維修時，須於開關處掛上「危險，請勿供電」之標示牌，免因受電擊而生危險，在有不斷電系統供應之電盤或設備亦須標示清楚，以免在停電時因誤觸而觸電。

於化學物質設備安全上，要注意的是防止有害物質的洩漏，有機溶劑的可燃性、酸鹼等物質的腐蝕性及化學物質曝露等問題。有化學物質使用之設備，首先要注意是通風良好、防漏、防止不相容的化學物質相接觸而反應以及防火、防爆和防腐蝕措施。一般而言，管路與設備之材質，在酸鹼等腐蝕物質使用非金屬之PE、PP、PVC、PFA或塗上防腐蝕劑之金屬材料，以防腐蝕；至於異丙醇(IPA)、丙酮等容易爆炸燃燒之有機溶劑，則使用不銹鋼等金屬材料，此除可防止被溶解外，亦有防火及防靜電火花產生之功能。另外爲了防止化學物質洩漏到潔淨室地面或地下回風室，所有使用化學物質的設備機台必須在設備底部安裝防漏盤，並在盤上安裝洩漏偵測器，以爲監測用。通風排氣系統在防止化學物質洩漏方面是不可或缺的系統，其作用乃避免設備或泵箱及儲存櫃內漏洩之化學物質濃度不超過1％之TLV值。有機溶劑清洗槽之電氣設備(含電線)均應爲防爆裝置；至於腐蝕化學物質設備機台，須安裝防腐蝕裝置。

在輻射設備安全方面，在會產生輻射源區域須在明顯處標貼「輻射危險」的標示，而這些機台必須裝設在管制區域內，非經允許及非操作人員禁止進入此管制區，而進入此管制區之人員必須佩戴輻射佩章，以測定其所曝露之輻射劑量。離子植入機(Implanter)雖非輻射機台，但因其在運轉時會發出強烈之X光，故以輻射機台處理。至於雷射機台必須有保護蓋，並有連鎖裝置，且標示「眼睛不得直視雷射光束」等警語，以防眼睛不慎灼傷。

最後談及有毒氣體設備安全，一般而言，有毒氣體設備之危害有四，爲：

(1) 氣體洩漏可使人中毒。

(2) 氣體洩漏會產生異味或使人窒息。

(3) 腐蝕氣體洩漏可使設備及管路腐蝕。

(4) 可燃氣體洩漏將發生火災。

因此氣體設備安裝時最好隔離，分室安裝，室內並裝有偵測系統，及抽氣風扇。其他主要的安全考量已在安全防護內容提及，不再敘述。至於惰性氣體(Inert Gas)一般認爲是最安全，但仍必須注意缺氧問題，任何使用液氮之機台或狹小空間，必須備有抽氣或通風系統和含氧量偵測器，以量測空氣中之含氧量，避免人員進入室內時因缺氧而生危險。表 8-30 爲危險物品儲存管理方式內容。

表 8-30　危險性物品儲存管理方式

種類	管理要點	
溶劑及化學品儲存	‧分類標準及分開存放 ‧獨立空調系統 ‧電氣防爆措施 ‧廢氣處理	‧全套 SCBA 防護措施 ‧安全巡查(作業主管) ‧抽氣系統(桶槽及室內分閥) ‧消防系統(水霧及灑水)
氣體鋼瓶儲存	‧分類儲存 ‧廢氣處理 ‧抽氣系統(獨立) ‧氣體偵測系統	‧電氣防爆措施(環境及相關) ‧安全巡查(作業主管) ‧消防系統(CO_2及水霧灑水)
廢容器儲存	‧儲存於廠房內 ‧蓋緊避免外漏 ‧分開存放 ‧消防系統(灑水)	‧滅火器 ‧廢料廠房及定期清理 ‧安全巡查(作業主管)

總之設備安全之管理防護，除了保障人員之生命安全和財產安全外，亦有防範環境污染或防止設備、產品的損壞以及產品的品質，故重要性不言可喻。

7. 製程安全管理(Process Safety Management，PSM)

製程安全管理係用以防止與製程相關的化學重大事件之發生，以避免員工傷害、廠外抱怨以及環境之衝擊或是導致企業重大之損失，亦即使用一套管理方法於生產製程，以預知危害的來源，瞭解危害，並事先加以控制。這套管理方法可分三方面即技術、人員和設施。技術方面是指生產產品的科學與工藝，包括了：

(1) 製程技術如設計基準、危害資料、管線與儀錶之工程圖面、流程圖等。
(2) 製程危害分析如製程危害評估和後果分析。
(3) 操作程序與安全程序如標準操作程序，入槽程序、上鎖與標示。
(4) 變更管理，如技術修改記錄等。

人員方面包含了：

(1) 訓練與績效：完整的人員訓練與記錄。
(2) 包商安全即合格安全績優包商。
(3) 事件調查與報告，調查事件原因，以防止事件再發。
(4) 變動管理：人員變動訓練。
(5) 緊急應變與計劃，含火災、化學品洩漏及緊急事件。(6) 稽核亦即PSM之稽核等。

設施方面包括：

(1) 品質保證，如設備安裝須符合設計規範要求。
(2) 啓用前安全檢查，即新設或修改設備之啓用安全。
(3) 機械完整性，如預防與預知保養、測試與檢查及可靠性。
(4) 變更管理亦即設備修改記錄。

圖 8-32 為製程安全管理轉輪之模式。一般而言，為使製程安全管理能確實全面落實執行，可依下列之步驟進行實施即：

(1) 建立安全之文化。
(2) 管理階層之領導與承諾。
(3) PSM 推廣之活動規劃。
(4) 製程運轉之操作紀律等。

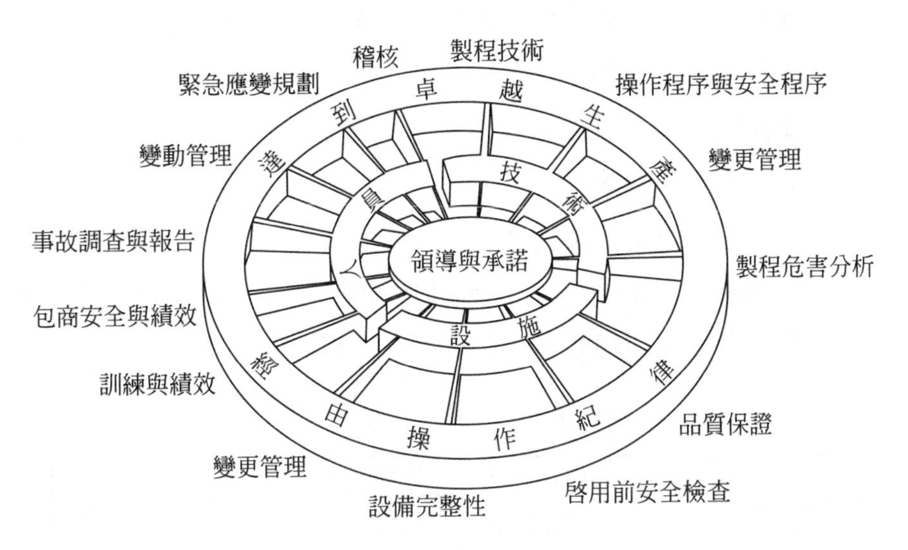

圖 8-32 製程安全管理轉輪

8. 緊急應變管理

在半導體及液晶顯示器等高科技廠房其投資額往往是一天文數字，任何一災害所造成之損失，無論是在有形的財產及產品和無形的商譽與員工士氣，往往是難以估計，因此為因應火災、爆炸及有害物質洩漏等事故狀況發生時，能進行適當正確且及時的緊急處理，使災害損失控制到最低，故在一般公司內部均擬有緊急應變計劃，此應變計劃除了廠內外，亦須考慮連合廠外之計劃，廠內之應變計劃組織成員是由公司所有部門挑選適當人員組成所稱之緊急應變小組(ERT：Emergency Response Team)，一般由環安衛部門主管做召集人；而廠外應變小組則由廠內ERT連合消防、警察、醫療等政府單位以及民間的救援團隊與相關廠商所組成。

緊急應變計劃管理之目的不外有如下數種：

(1) 確保工廠所有動力的正常供應與品質維持。
(2) 避免生產工程的中斷。
(3) 製程設備的財產保護工作人員生命安全。
(4) 抑制災害的擴大。
(5) 免於企業形象的遭扭曲。

緊急應變計劃之擬訂，可分四個階段，分別為準備期、預防期、應變期與復建期。如表 8-31 所示。

表 8-31　應變四階段

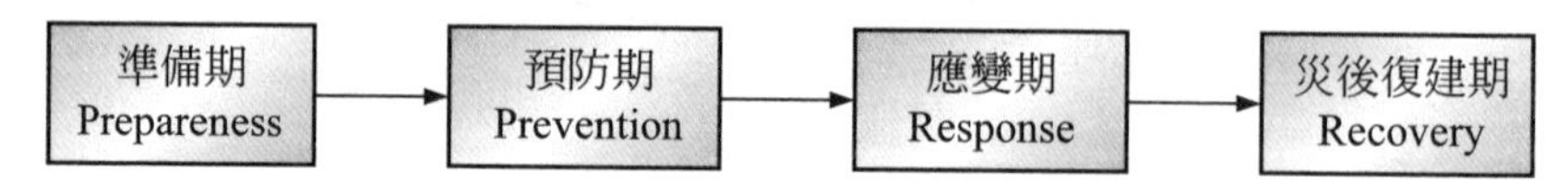

在各階段期所準備之事項內容分述如下：

(1) 準備期：
① 擬訂組織圖及功能目的。
② 規劃緊急應變人員如表 8-32 及架構如圖 8-33 所示，表 8-34 則為緊急應變組織功能表。
③ 書面文件計劃及程序。
④ 危害及風險評估。
⑤ 指揮及控制計劃。
⑥ 員工緊急事故反應及防護計劃。
⑦ 教育訓練計劃。

表 8-32　應變組織人員表

組織	人員分配
總指揮官	副總經理
對外發言人	行政部協理
現場指揮官	設備主管或資深人員
現場指揮官助理	事故單位人員之資深工程師、安衛工程師
1. 搶救班	製程工程師、設備工程師、廠務人員
2. 通報班	警衛、製造部值班人員
3. 避難引導班	製造部課長、領班、警衛
4. 安全防護班	警衛
5. 救護班	護士、急救人員
6. 後勤班	廠務、IT 工程師、製程工程師

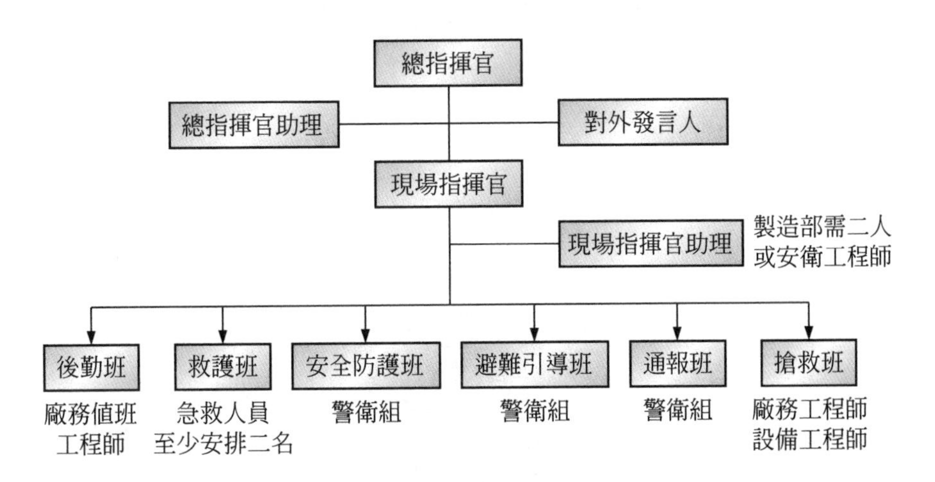

圖 8-33　緊急應變組織架構圖

表8-33　緊急應變組織功能表

組織	人員分配
總指揮官	負責對整廠評估危害及統領所有人員
對外發言人	負責對外單位接待及發言
現場指揮官	負責對於現場統領命令及各班運作協調
現場指揮官助理	負責協助現場指揮官處理各項事務
1. 搶救班	負責處理各種事故應變中止及檢測
2. 通報班	負責對內及對外通報請求支援協助
3. 避難引導班	負責事故發生時人員之疏散引導及交通管制
4. 安全防護班	負責戒護及管制危害區域人員進出
5. 救護班	負責救護事故人員及提供醫療建議
6. 後勤班	負責供給及協助所有各班人員之需求

圖 8-34～8-39 爲各類災害緊急變應之計劃處理程序。

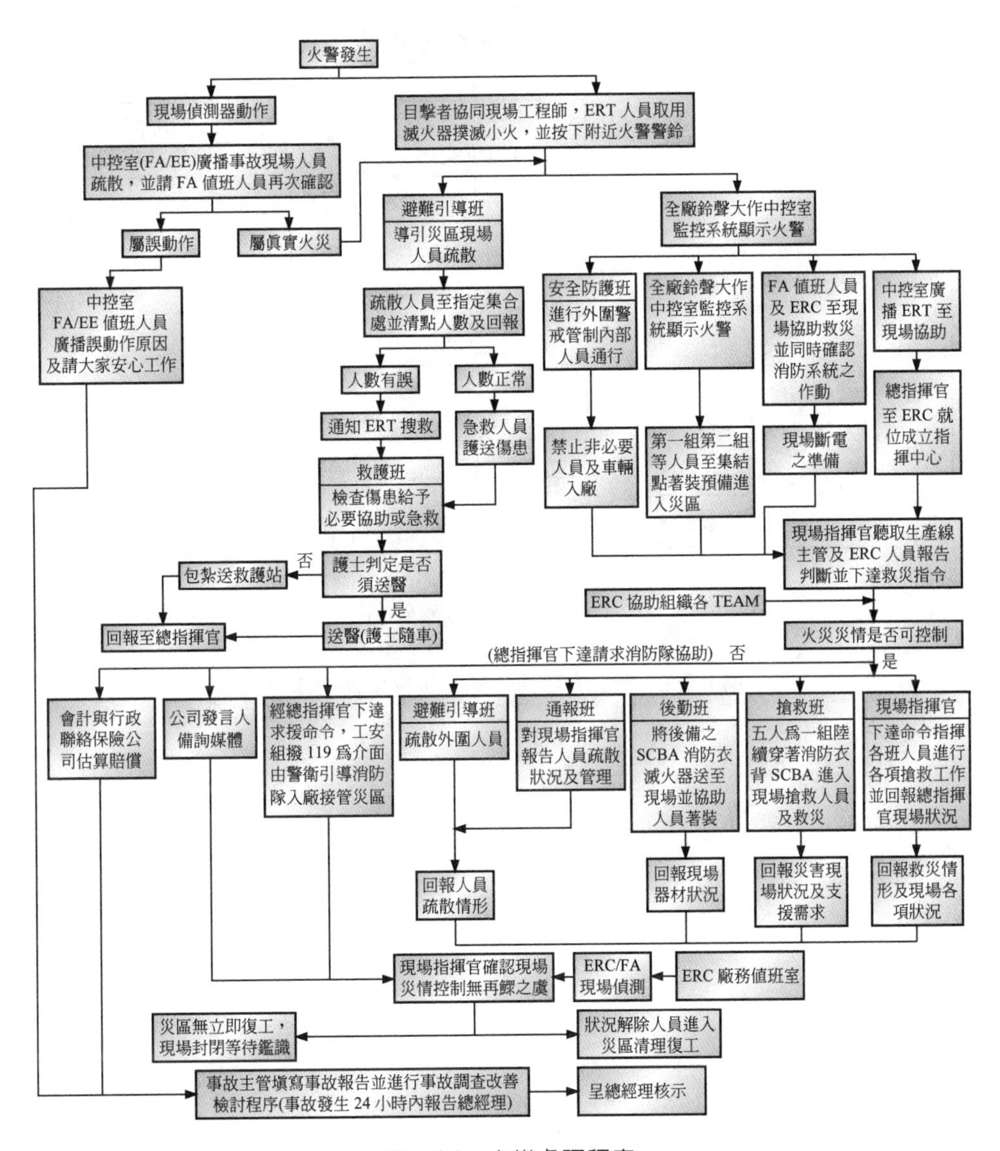

圖 8-34　火災處理程序

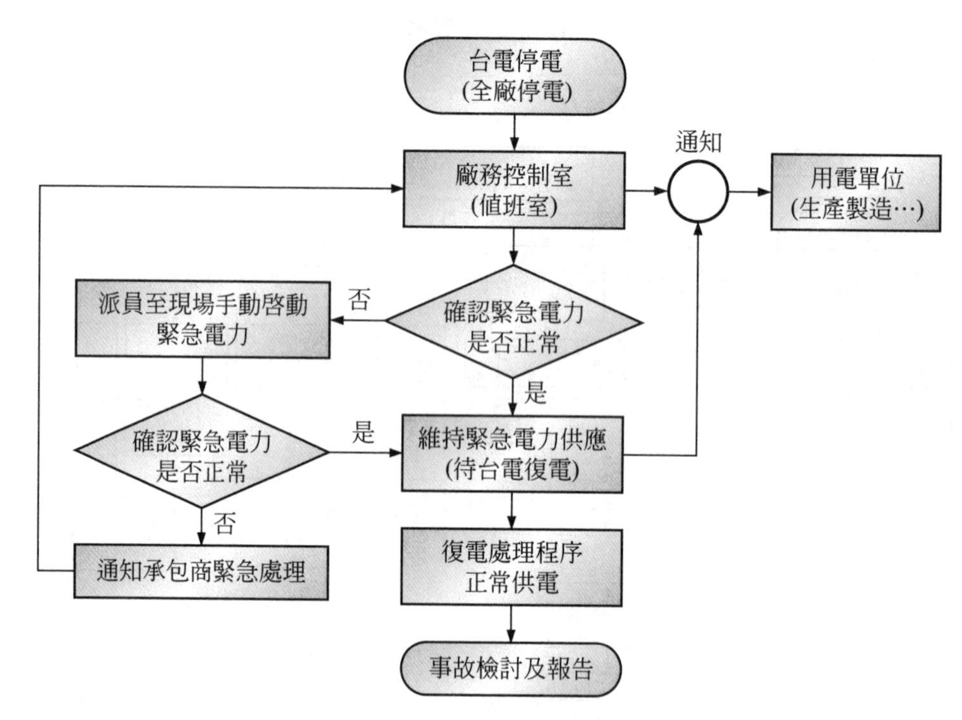

圖 8-35　電力公司停電緊急應變操作流程圖

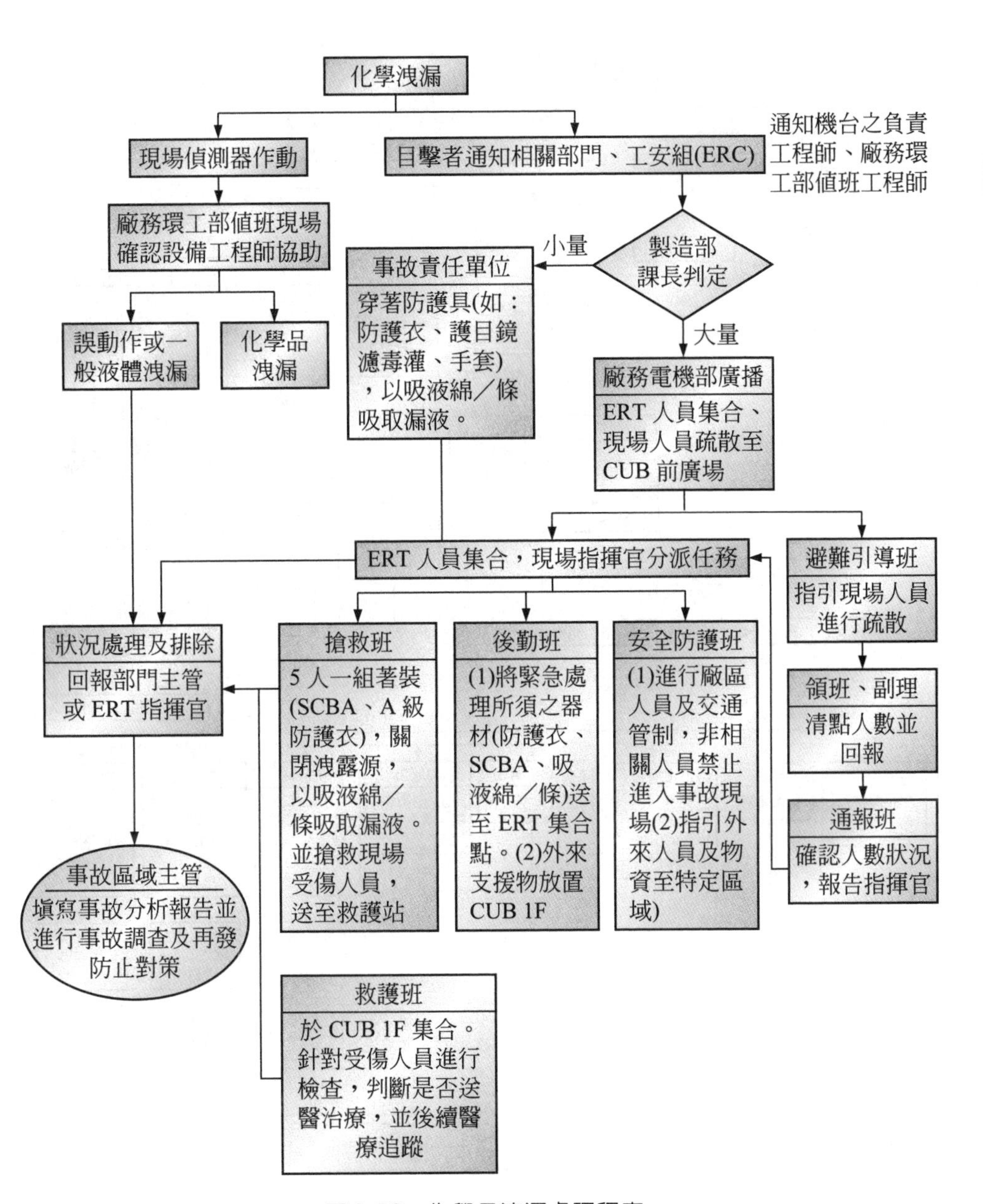

圖 8-36 化學品洩漏處理程序

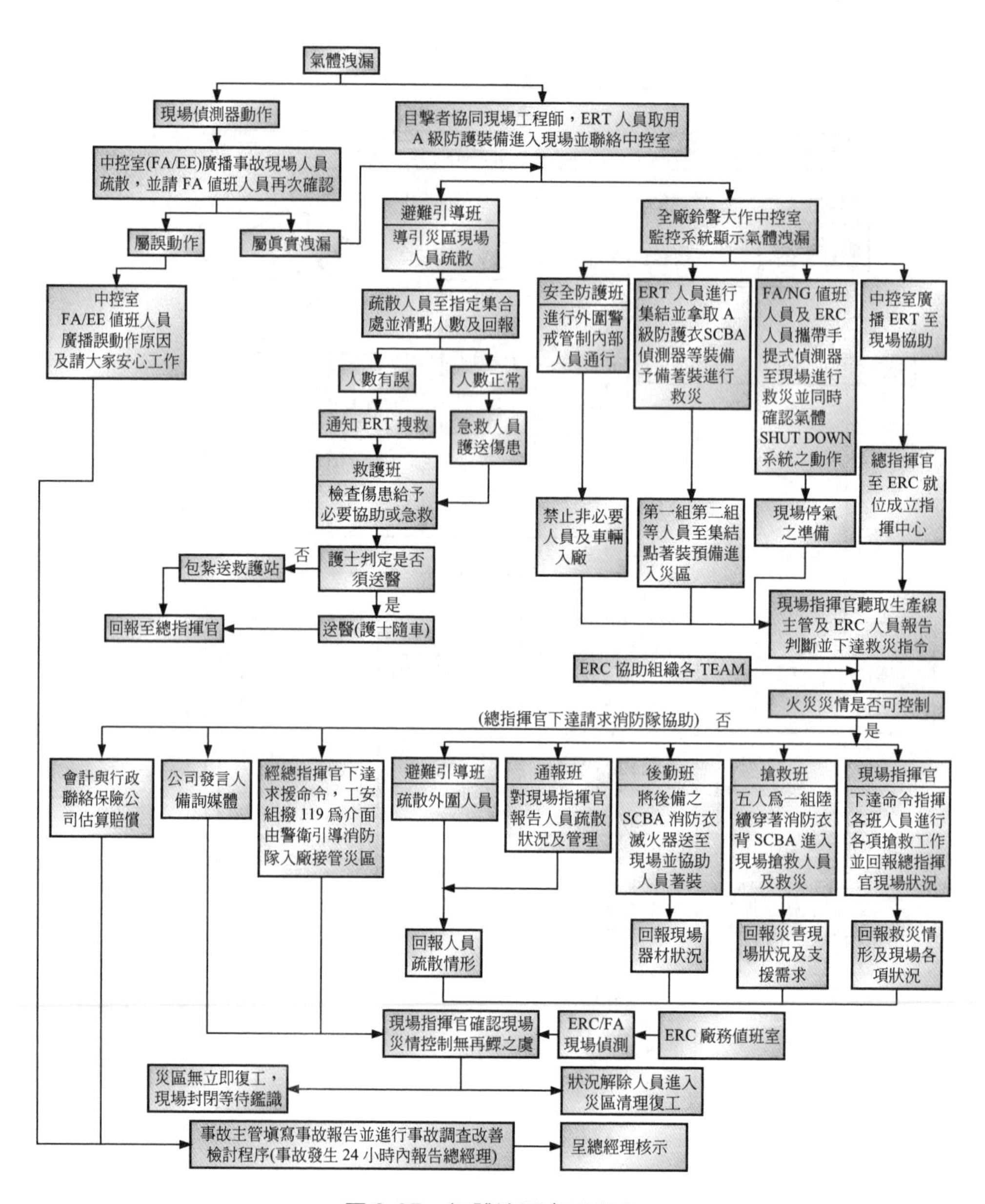

圖 8-37 氣體洩漏處理程序

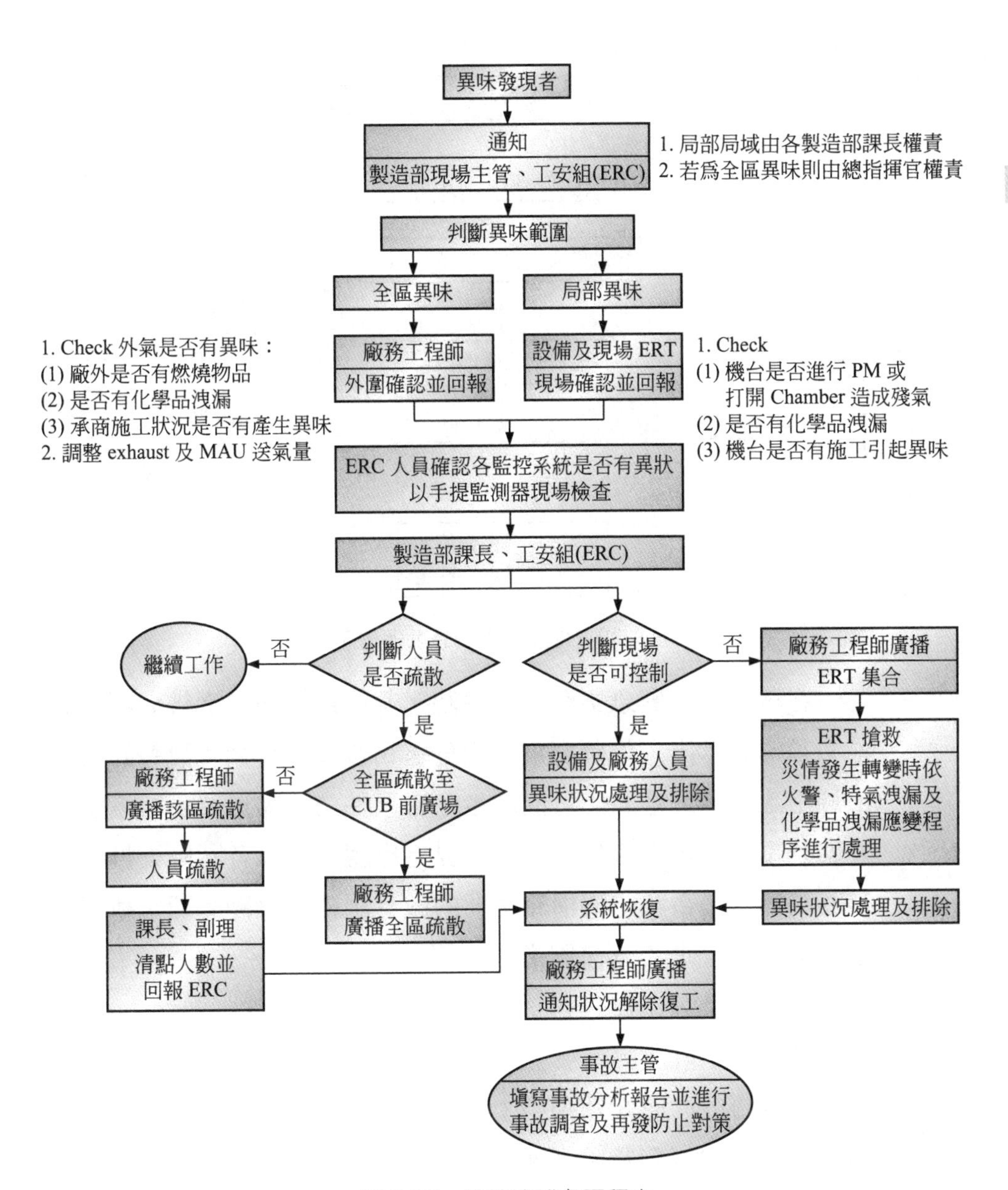

圖 8-38　異味追蹤處理程序

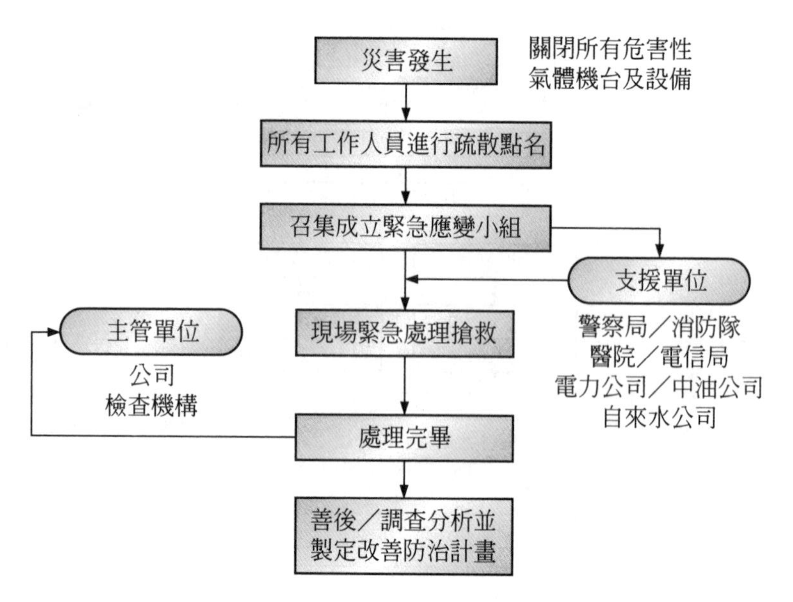

圖 8-39　地震災害緊急處理程序

在著手擬訂緊急應變計劃書時，其計劃書內容之幾個關鍵要素必須明確示出，如確實辨識出危害物質及其存量；清楚的辨識出適用之場所或地點；可能發生危害事件之地點以及可能發生意外緊急事件之本質特性；明確的界定出應變組織各階層人員的職掌及指揮作業系統的架構和必要的教育訓練及應變演練之執行；定期稽核和管理審查機制之執行等。

⑵ 預防期：準備工作包含：

① 危害減少計劃。

② 緊急事故的認知及預防。

③ 緊急應變規劃及協調通報的流程。

④ 規劃安全距離及避難地點。

⑤ 規劃疏散路徑及程序。

⑥ 緊急事故演練及檢討。

⑦ 緊急應變計劃修改等。

(3) 應變期：此部份計劃含括：

① 緊急疏散程序。

② 重大機械設備緊急停機程序。

③ 緊急應變小組的安全及掌握。

④ 疏散後清點員工之程序。

⑤ 除污流程。

⑥ 緊急醫療與救護。

⑦ 緊急通報及善後措施。

⑧ 人員照料及食物補給。

(4) 災後復建期：

① 現場環境復原。

② 損失調查。

③ 保險理賠申請。

④ 復工計劃。

⑤ 人力調配。

⑥ 生產線產品及產能規劃。

⑦ 災害搶救支援單位致謝函。

⑧ 災害事件總檢討。

至於在廠外緊急應變計劃方面，因工廠內之所有原料，包括了各項危險性之化學物質，均是由外界供應商或生產商所供應，若在運送過程中出狀況，是無法由公司內之ERT協助處理，因此此時須有賴外界之搶救單位支援，而運送人員應隨車攜帶各項貨品資料，如物質安全資料表等，而洩漏處理工具，如吸液綿、收集桶、滅火器、警示三角錐及警示帶、安全手套、面罩及呼吸防護具、防護衣具等亦須隨車備用。另外要求供應提供其運輸事故緊急應變程序及處理方法，每年定期演練檢討而提供改善建議或要求，並依所定之頻率，擇期稽核或審查應變計畫及紀錄。圖 8-40 爲工廠所在地 5 公里內之緊急應變程序；圖 8-41 爲化學槽車運輸事故緊急應變處理程序。

以上所談及之工業安全是以工廠正運轉中爲主，其實在工廠建廠過程當中，工安亦爲重要之一環。諸如開挖作業時，擋土支撐的安全措施；施工時模板支撐和施工鷹架之搭設；管路的安裝拆卸及支架之使用；機台設備搬運及定位的安全防護等；焊接、切割時的動火作業申請；入槽或密閉室空間進入作業預防措施和吊掛與高空作業等無不須特別注意。另外在施工現場環境之管理和與承攬商之互動，亦甚爲重要，如工安協議組織之設置；施工安全守則公佈遵守；工安警告標示製作安裝；工安專責人員執行任務；工安週會議檢討；安全設施及安全工具之確實執行使用；施工廢棄物之分類堆置與清除；工安環保基金之編列和違反工安環保罰則訂定等。

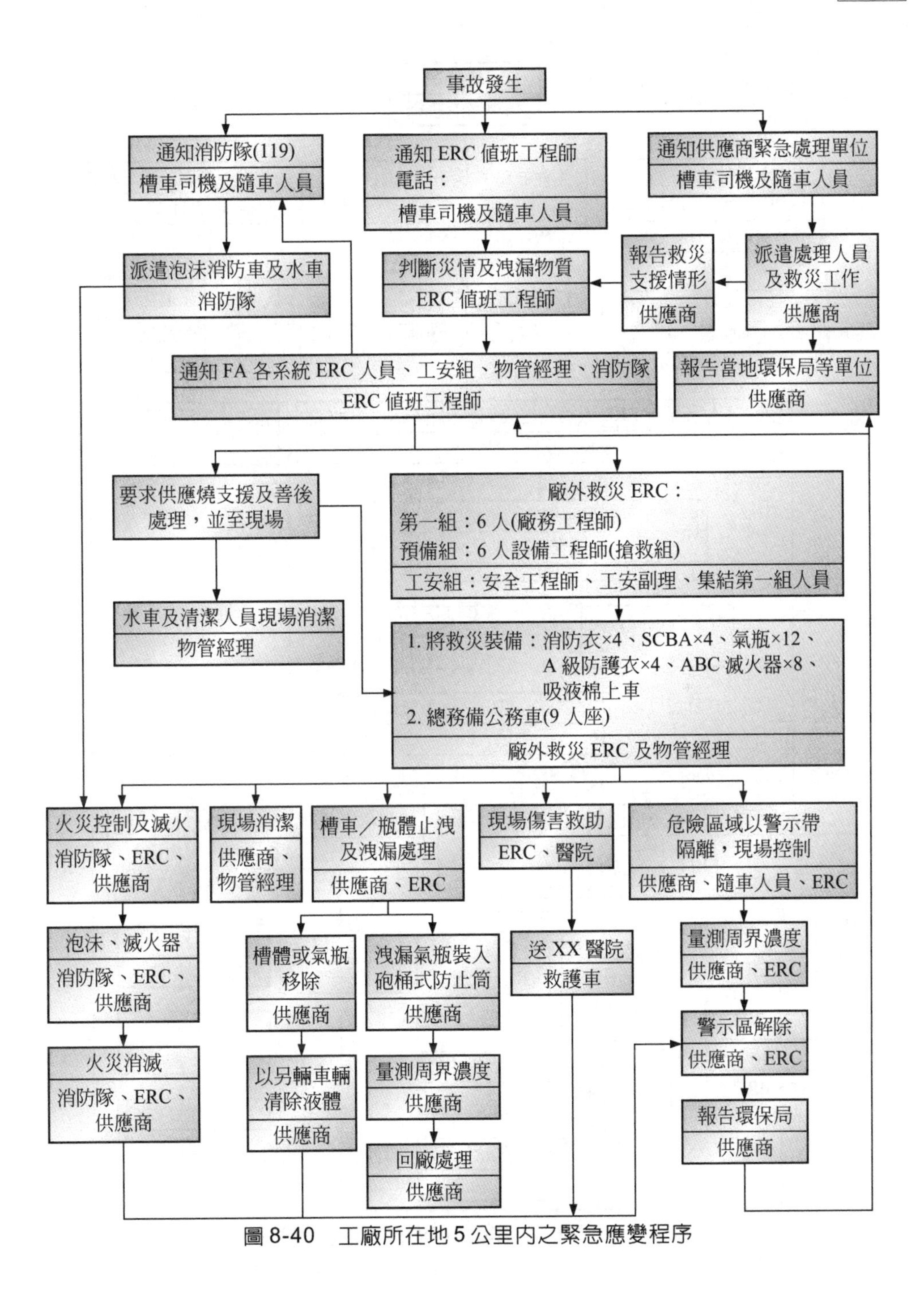

圖 8-40　工廠所在地 5 公里內之緊急應變程序

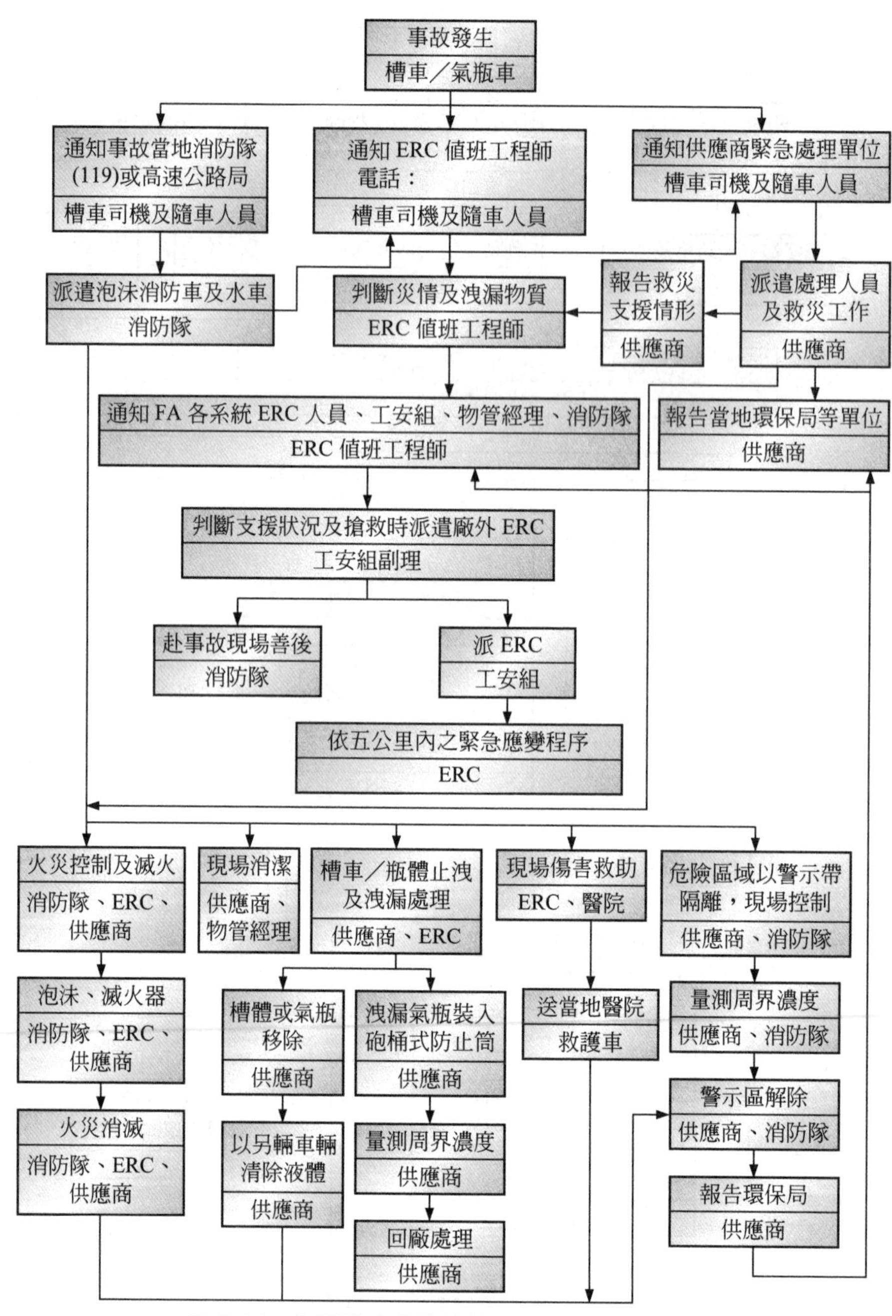

圖 8-41　化學槽車運輸路線事故緊急應變程序圖

Chapter 9

管路設計及空間佈置規劃

9-1 前言

潔淨室中供應製程使用的各種管路系統繁多，其包括了超純水循環管路，製程冷卻水管路、製程眞空、清潔用眞空、高壓空氣管、儀錶控制空氣管、呼吸用空氣管、各種氣體管等大大小小不同管徑、不同材質、不同承載流體之數目不下近百種，這些管線均是廠務供應系統之命脈，如同人體血管一樣，角色功能重要性可見一般。如何使這些承載不同流體之管路，使用正確之材質，系統有條不紊地加以安排配置，使空間佈置不致相互排擠，以最經濟的空間獲得最大的利用，免於施工錯誤或不利配管之施工，此爲管路設計和空間配置的另一門學問。

9-2 管路材質選用

管子之用途主要在於輸送氣體或液體，一般產業及製程上所常用之管材有下面幾種：

1. 鑄鐵管(Cast Iron)：價廉、耐蝕性，一般均用於自來水、都市瓦斯等地下管線輸送配管。
2. 鋼管(Steel Pipe)：鋼管分爲有縫及無縫二種鋼管，可用電弧熔接、焊條焊接或牙口接合。市面上常見的有鍍鋅鐵管(GIP)、黑鐵鋼管(SGP)二種，並依耐壓及厚度不同又區分爲A、B等級。
3. 銅管(Copper Pipe)：銅管可區分爲黃銅管及紅銅管二種，紅銅管富撓曲性、耐蝕性及耐壓性等特徵；黃銅管比紅銅管便宜，但延展性比紅銅管差，工程上大多採紅銅管配管，黃銅管則用於凝結器、蒸發器上。
4. 不銹鋼管(Stainless Steel Pipe)：其主要成份爲鉻和鎳，市面上常見者爲 SUS304、304L、316、316L，一般用來輸送化學藥品、氣體、眞空、製程冷卻水等系統，是目前金屬管線中最廣泛使用之防腐蝕管材。
5. 塑膠管(Plastic Pipe)：塑膠管具有腐蝕性、容易加工、輕巧、不易傳熱、不易導電等優點，用於工程配管上者則屬於熱塑性塑膠，在高科技廠製程供應系統單元中所常見者有PVC、C-PVC、U-PVC、PP、PE、PFA、PVDF、PTFE、PS、HDPE等。

在半導體和液晶顯示器廠中各類輸送或排放管，因流體物性和化性之不同而須選用不同類別之管材，如 UPW：使用 PVDF，製程氣體以SUS316LBA或316LEP爲主；廢水排放管則有HDPE、SUS304及PVDF等，排氣管則有PP、PE、GIP和SUS + ECTFE(或ETFE)Coating等，主要使用分表如表9-1所示。而以上材料之選用須符合耐溫、耐壓、耐酸鹼腐蝕、表面平滑度高、符合流體之使用規格且施工和搬遷容易、經濟效益佳和可靠性與安全性佳等要素。

表 9-1　各種管路使用材料對照表

種類	管材	PFA	PVDF	PVC	μ-PVC	HDPE	PP	PPS	鍍鋅	304	316	316L BA	316L EP	SUS+CTFE (ETFE)
Water	自來水			√										Coating
	軟水				√					√				
	PCW				√					√				
	DI Water		√		√									
Chemical	一般酸鹼(含 HNO_3)	√												
	H_2SO_3(濃)	√												
	HF(含 BOE)	√												
	Solvent												√	
廢水	一般酸鹼			√		√	√							
	H_2SO_4		√											
	Solvent									√				
	HF(DHF，HHF)			√		√	√							
Gas	CDA											√		
	Low Vacuum				√					√				
	High Vacuum				√					√				
	Air Mask										√			
	GN2											√	√	
	PN2，PO2，PH2												√	
	Special Gas												√	
Exhaust	一般排氣						√		√					
	Ammonia						√							√
	Solvent								√					
	可燃性＋酸鹼性													√
Exhaust Hook-Up	一般排氣								√					
	Ammonia													√
	Solvent						√	√	√	√				
	可燃性													√
	一般酸鹼性								√	√				√

9-3 氣體管路配管

氣體管路包含高壓空氣，大宗氣體和特殊性氣體，在管路系統中是屬於較特殊的一群，其主要原因在於其俱有危及人員生命安全之危險性，因此此系統之設計和施工管理及完工測試須特別予以考量。氣體等供應品質的良劣與供應設備之性能及輸送管件材質，管內壁粗糙度和焊接技術有相當重要之關係，故在管材材質處理和成份方面，內外部洗淨，降低會污染管材的化學成份，金屬材料的主要成份控制以及抑制雜質成份的釋出均爲重點所在。

科技廠生產過程中，粒子之去除是一件相當重要的工作，爲盡量去除 Particle 必須考量管件內部的平滑度，以防止塵埃之滯留。目前在管件生產過程中，化學處理，抛光處理，電解研磨等製造加工處理技術已相當成熟，所生產出之管件已廣爲半導體和光電廠等氣體輸送系統所採用。一般氣體管材之加工處理依JIS-0601 規範分爲五種，其目的是防止微塵粒子的沈積及增加 Purge 之效率與防止水份之滯留，分述如下：

1. 素管(引拔管)AP：此管是指未經處理之管，其內部表面粗糙度 R_{max}爲 20～50μm (R_{max}：表測定部基準長 0.5～0.8mm 間的最大山高標準)，如圖 9-1 所示。此管適用於一般冷卻水管、冰水管和眞空管路等。

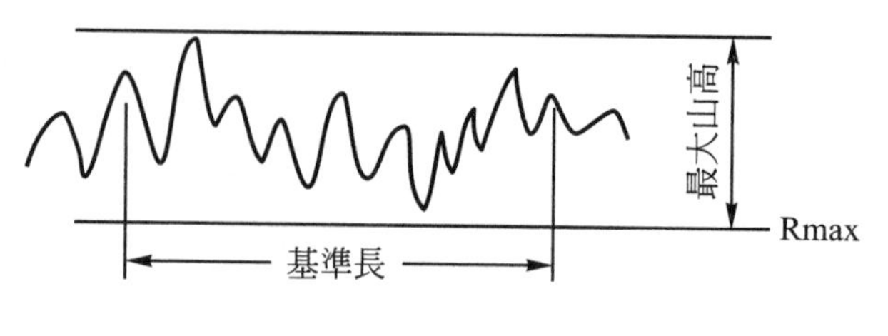

圖 9-1　R_{max}之表示圖

2. 化學處理管CT(Chemical Treatment)：表面粗糙度爲10～20μm，適用在冷卻水管、冰水管、眞空管和一般之壓縮空氣管。
3. 光輝燒鈍處理(拋光處理)BA(Bright Anneal Treatment)：表面粗糙度 3～8μm，適用於需求較高等級之壓縮空氣及氣體精製器(Purifier)前之 N_2、O_2、H_2、Ar、He 等之配管。
4. 化學研磨處理CP(Chemical Polish)，表面粗糙度爲0.5～1.0μm，適用場所同BA管。
5. 電解研磨處理EP(Electro Polish)：表面粗糙度0.3～0.8μm，適用在 Purifier 後之 N_2、O_2、H_2、He、Ar 以及所有特殊氣體管線。圖9-2及9-3分別爲素管表面和電解拋光研磨處理後之表面圖。

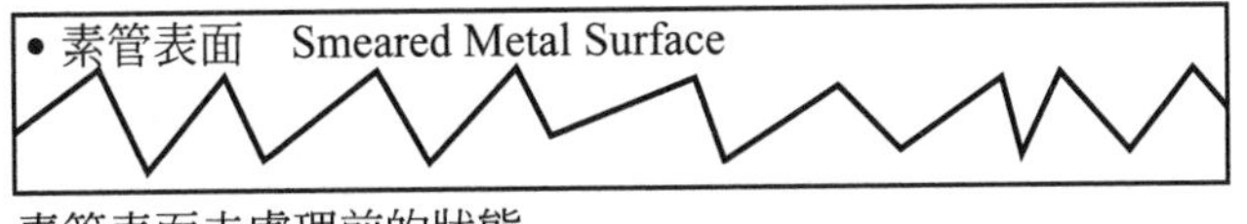

圖 9-2 素管表面

• 電解拋光處理後 Surface after Electro-Polishing

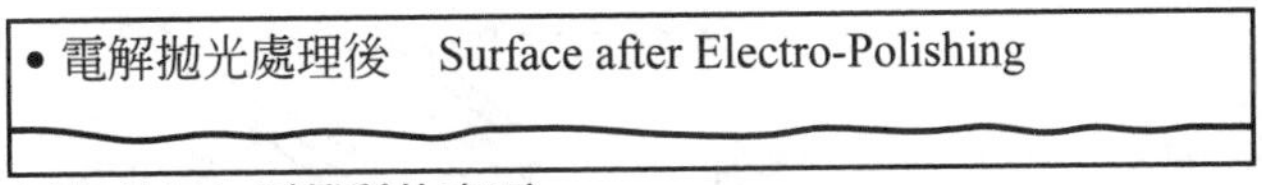

平坦且無包覆雜質的表面

圖 9-3 電解研磨拋光後之表面

圖9-4則爲各種加工處理之程序，圖9-5則爲 BA、EP 管之內部表面圖。

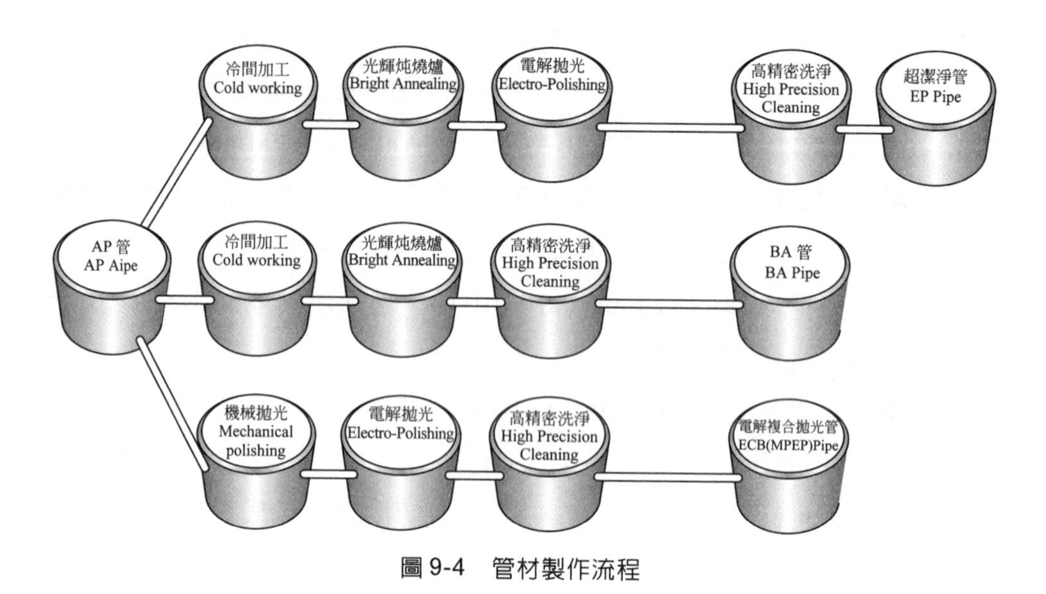

圖 9-4 管材製作流程

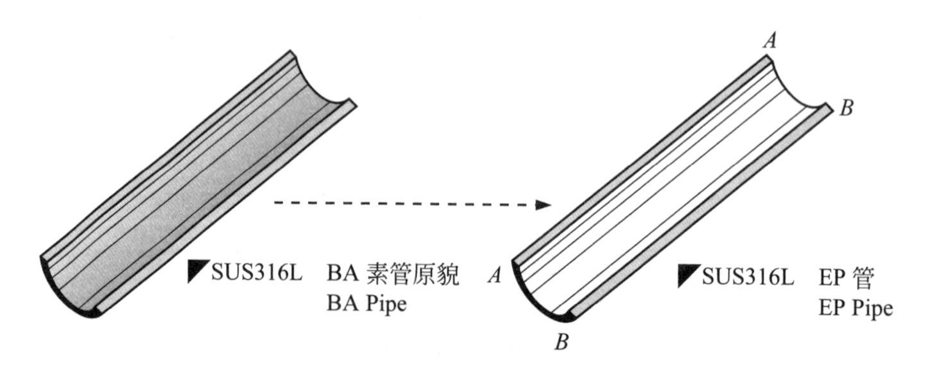

圖 9-5 BA/EP 管內部表面圖

管路於加工處理完成後，尚須經各項之清潔、清洗和包裝等過程，而這些清洗和包裝過程部須在潔淨室內執行，其潔淨室等級約在 Class 10～10000 之間。包裝過程中須充填N_2氣體並以雙層保護膜包裝，其清洗流程如圖 9-6 所示；而管材之包裝充填程序如圖 9-7 所示。

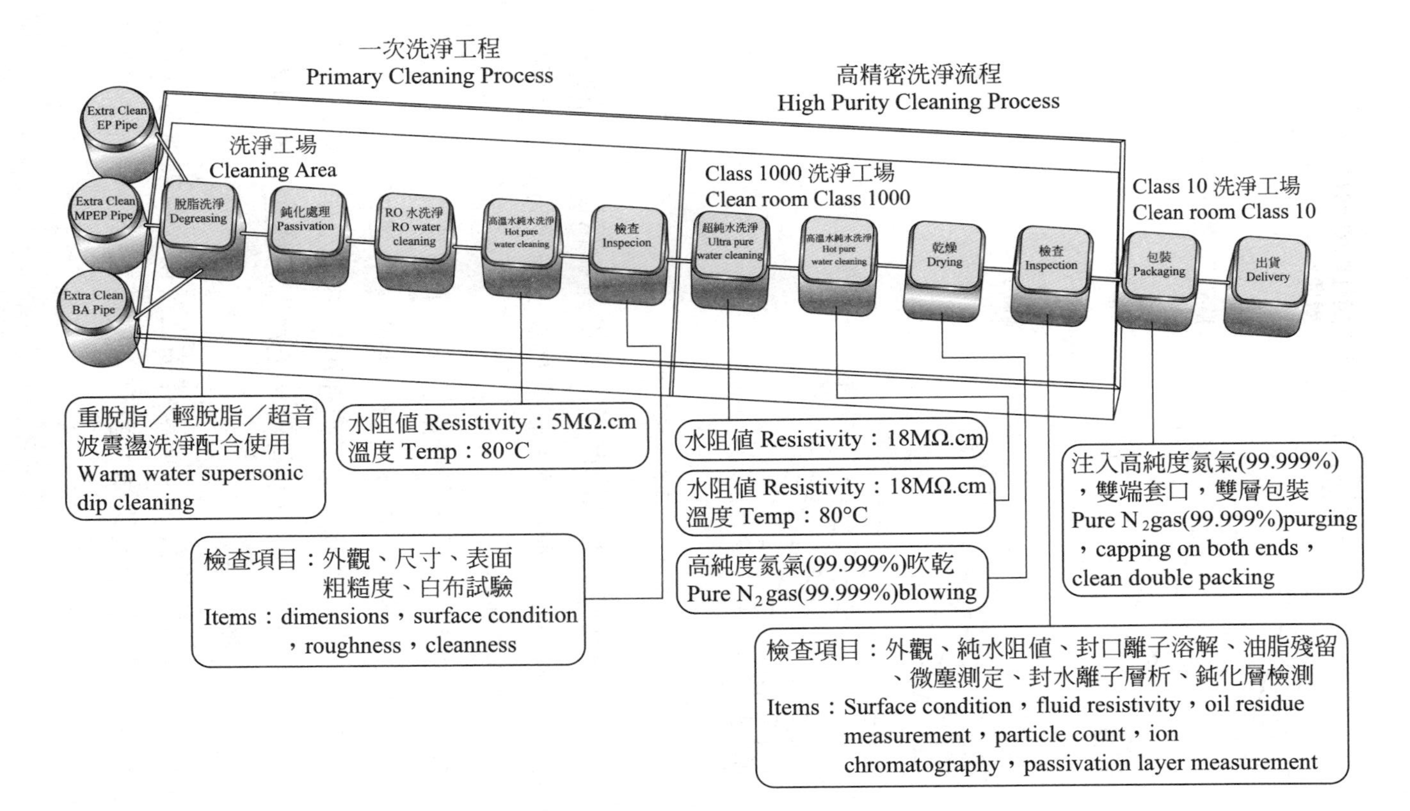
一次洗淨工程
Primary Cleaning Process
高精密洗淨流程
High Purity Cleaning Process
洗淨工場
Cleaning Area
Class 1000 洗淨工場
Clean room Class 1000
Class 10 洗淨工場
Clean room Class 10
Extra Clean EP Pipe
Extra Clean MPEP Pipe
Extra Clean BA Pipe
脫脂洗淨 Degreasing
鈍化處理 Passivation
RO 水洗淨 RO water cleaning
高溫水純水洗淨 Hot pure water cleaning
檢查 Inspecion
超純水洗淨 Ultra pure water cleaning
高溫水純水洗淨 Hot pure water cleaning
乾燥 Drying
檢查 Inspection
包裝 Packaging
出貨 Delivery
重脫脂／輕脫脂／超音波震盪洗淨配合使用
Warm water supersonic dip cleaning
水阻值 Resistivity：5MΩ.cm
溫度 Temp：80°C
檢查項目：外觀、尺寸、表面粗糙度、白布試驗
Items：dimensions，surface condition，roughness，cleanness
水阻值 Resistivity：18MΩ.cm
水阻值 Resistivity：18MΩ.cm
溫度 Temp：80°C
高純度氮氣(99.999%)吹乾
Pure N2gas(99.999%)blowing
注入高純度氮氣(99.999%)，雙端套口，雙層包裝
Pure N2gas(99.999%)purging，capping on both ends，clean double packing
檢查項目：外觀、純水阻值、封口離子溶解、油脂殘留、微塵測定、封水離子層析、鈍化層檢測
Items：Surface condition，fluid resistivity，oil residue measurement，particle count，ion chromatography，passivation layer measurement

圖 9-6　管材清洗淨流程

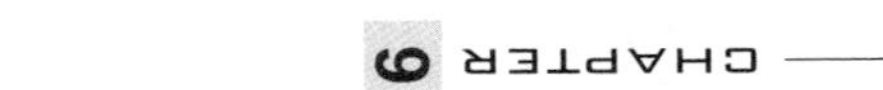
CHAPTER 9

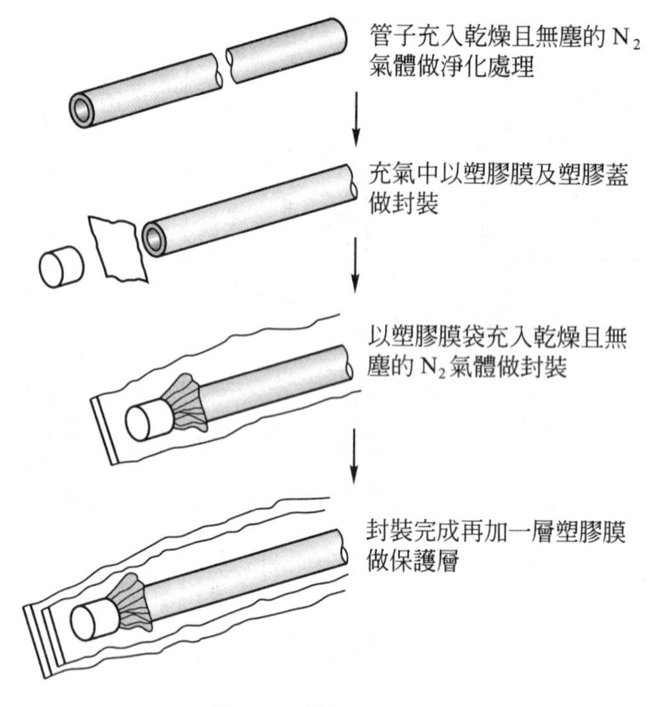
管子充入乾燥且無塵的 N_2 氣體做淨化處理
充氣中以塑膠膜及塑膠蓋做封裝
以塑膠膜袋充入乾燥且無塵的 N_2 氣體做封裝
封裝完成再加一層塑膠膜做保護層

圖 9-7　管材包裝流程

至於管材在加工處理時，必須隨時做品管監視和檢核，其品檢項目內容、檢驗方式、合格標準和測試標準依管材加工處理方式不同而有不同之規範，內容如表 9-2 所示。

除了材料加工、包裝問題外，氣體配管所要求的品質和程序也相當嚴格，尤其是施工場所的環境和技術人員之要求，分述如下：

1. 對環境之控制：施工預製或加工須在潔淨室區工作；配管人員必須穿戴潔淨衣及手套；工具及材料必須清潔方能進入工作間；工作室禁止飲食、吸煙等。
2. 對施工技術人員的資格要求：從事焊接之技術人員須擁有此不銹鋼專業焊接技術之執照或經業主認可之技術人員方可執行工作任務。

表 9-2　EP/BA 管加工品管檢核內容

Item	項目	EP	BA/ECB	檢驗方式	合格標準	測試標準	備註
1	目視檢查	O	O	以白色日光燈由管另一端照射，再以目視檢查管內及端口狀況	無管內刮傷、白漬、蝕孔、凹陷、殘酸、焦黃、色澤不均	內部及端口	
2	無塵布擦拭檢查	O	O	使用無塵布用IPA浸濕後擦拭	不可有目視可見之髒污現象	管件內部	
3	尺寸檢查	O	O	游標卡尺量測外徑，分厘卡尺量測壁厚，捲尺量測總長度(已增購超音波測厚儀，可不破壞管材情況下，精準量取各部位厚度)		JIS3459	
4	粗糙度測度	O	O	使用觸針式表面粗糙度計，量測管端口共4點(0.90,180,270度)之Ra平均值	BA/ECB 管 OD≦0.5A，Ra≦0.3μm OD≦65A，Ra≦0.5μm EP OD≦1/2"，Ra≦0.1μm	SEMATECH# 90120400B-STD	
5	油脂殘留測定	O		管內充填定量正己烷後封管，並來回震盪 10 分鐘，取出蒸餾分析	BA ＜ 0.1(mg/ft²) EP≦0.01(mg/ft²)	管內表面之油脂	
6	微塵測定	O	O	用 Filter(0.03μm)過濾乾燥純淨之氮氣，Purge 管件並記錄其微塵量	(BA/ECB)0.1μm 微塵≦10 顆 (EP)0.1μm 之微塵≦1 顆	SEMATECH# 90120390B-STD	

表 9-2 EP/BA 管加工品管檢核內容(續)

Item	項目	EP	BA/ECB	檢驗方式	合格標準	測試標準	備註
7	線上離子溶解測定	O		將測定管置 18MΩ之超純水流動洗淨後測其管末端之阻抗	> 17.5MΩ (EP)	管出口阻抗值	EP
8	封口離子溶解測定		O	將測定管置於 18MΩ超純水充滿試件後封口置放 30 分鐘後量測其阻抗值	> 0.5MΩ (BA/ECB)	管出口阻抗值	BA/ECB
9	離子分光儀測定	(O)	N/A	將測定管置於 18MΩ之超純水後封口 24hr後在Class1000 環境下取出以離子層析儀測定各離子含量	各離子含量小於 0.5ng/ cm^2	SEMATECH#9 0120399B-STD	
					Na、Mg、K、Ca、F^-、Br^-、$No2^-$、$No3^-$、Po_4^{3-}、So_4^{2-} 單位面積當量溶出量公式＝液分析值 ppb× 抽出水量 ml÷ 表面積cm^2		
10	鈍化層檢測	(O)	N/A	用手工具切取大小 1cm× 1cm 之試件再利用 ESCA.AES 檢測分析	Cr_2O_3layer > 20 Å	SEMATECH# 90120401B-STD	
					Cr/Fe > 2.0 Å	SEMATECH# 90120403B-STD	
					CrO/FeO > 3.0 Å		

O：Standard inspection item.

(O)：Optional inspection item.

3. 管路施工規範：所有管線施工前，皆須預先規劃清楚，以免日後產生施工上之困擾及增加費用；所有管線必須存放於特別指定之倉庫存放；施工工具於施工前均須預先處理乾淨；管材在未施工前不得拆封，以防受污染，工程現場須備有消防滅火設備。

於氣體配管時須注意連接處空間死點必須爲最小值；以金屬密墊取代塑膠類氣封以防氣體外漏；避免使用螺紋式之接合而採用自動氬焊，施工完畢避免再次拆卸元件，以降低氣體洩漏率。

管路施工完畢，接續工作即爲管路完工測試，測試工作項目計有：

1. 耐壓測試。
2. 氣密測試。
3. 水份測量。
4. 微粒子測量。
5. 含氧量測試(微氧濃度測試)。

各項測試標準如下：

1. 耐壓測試：
   ⑴ 瞬間壓力爲使用壓力之1.5倍，持壓30分鐘。
   ⑵ 24小時壓力測試爲使用壓力× 1.5倍，持壓24小時。

   以上測試在該需求時間內均無壓降，方爲合格。
2. 氣密測試：使用 He(氦)測漏儀抽眞空測試，漏率值爲 $\leq 1\times 10^{-9}$ atm.cc/sec則爲合格，此部份在腐蝕性、毒性、可燃性氣體配管是爲必要之檢測項目。
3. 水份測試：使用露點儀測量管路中之水份含量，其露點溫度須在≤−80℃(0.54ppm水分含量)以下方爲合乎標準，表9-3爲露點和ppm對照表。

表 9-3　露點和水份含量對照表

DEW POINT \ ppm	0	1	2	3	4	5	6	7	8	9
−100°C	0.014									
−90°C	0.095	0.079	0.067	0.055	0.045	0.037	0.031	0.025	0.021	0.017
−80°C	0.510	0.460	0.390	0.330	0.280	0.230	0.200	0.160	0.140	0.110
−70°C	2.580	2.220	1.910	1.650	1.410	1.210	1.030	0.880	0.750	0.640
−60°C	10.700	9.320	8.120	7.070	6.150	5.340	4.630	4.010	3.460	2.990
−50°C	38.800	34.400	30.300	26.700	23.600	20.700	18.150	15.910	13.950	12.200
−40°C	126.600	113.000	100.800	89.800	79.900	71.100	63.200	55.900	46.600	44.000
−30°C	374.900	337.600	303.800	273.300	245.500	220.400	197.600	177.100	158.500	141.700
−20°C	1190.000	924.800	839.200	760.900	689.400	624.000	564.500	510.300	460.800	415.800
−10°C	2564.000	2345.000	2144.000	1958.000	1787.000	1631.000	1487.000	1353.000	1232.000	1120.000
0°C	6029.000	5551.000	5106.000	4695.000	4315.000	3962.000	3637.000	3335.000	3057.000	2800.000

4. 微粒子測量：使用微粒子測量儀，測試數據以測試 10 次後取平均值，所測之值為$\geq$0.1μm，$\leq$10pcs/ft^3，或$\geq$0.05μm，$\leq$5pcs/ft^{3}為合格標準。
5. 微氧濃度測試：以氧濃度測試計測試管路中之含氧量，值為$\leq$100ppb時為合格標準。

氣體配管工程中另有一真空排氣配管(Pumping Line)系統，是為設備反應槽(Chamber)抽取真空之單元，此系統與其他管路系統之較大差異點在於此管路之管徑較大，管材元件也較不同如管夾(Clamp)、鏈夾(Clamp Chain)、伸縮軟管(Bellows)等，同時為使反應槽在抽取真空時，其真空度能在短時間內順利達到製程所需求之真空度，故在配管時

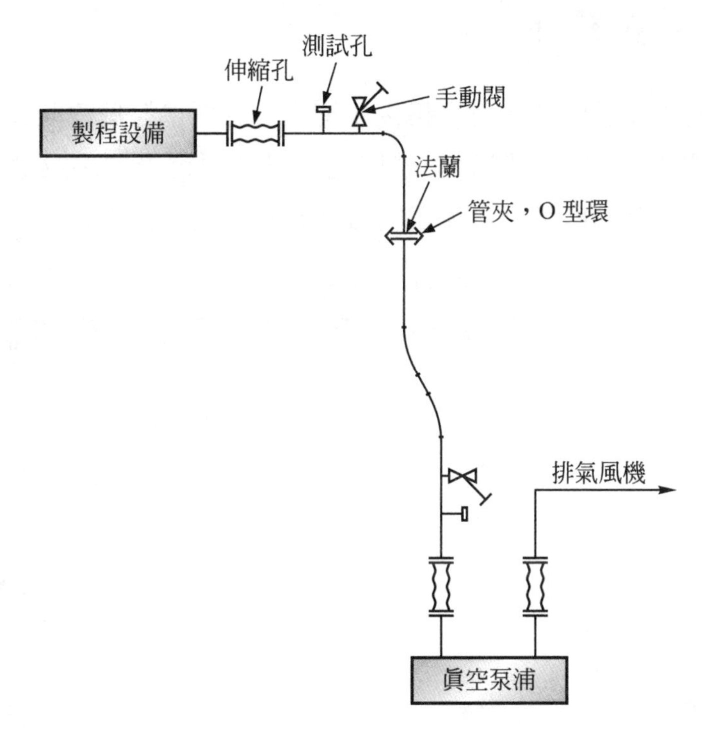

圖 9-8　真空排氣管路架構

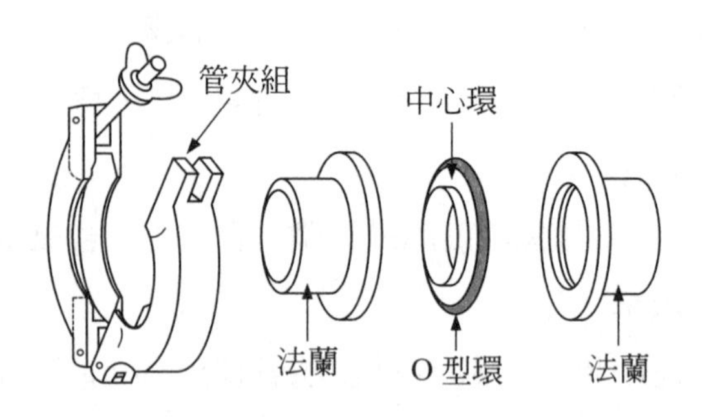

圖 9-9 管夾 Clamp 外觀

其彎頭數量以不超過 4 個爲原則，此彎頭包含了 45° 及 90° 二種。此系統之架構如圖 9-8 所示；圖 9-9 則爲管夾(Clamp)之外觀。

9-4 管路標示

管路施工完成並經試壓合格後，均須於管面塗裝底漆及面漆或以俱顏色防水之自黏貼紙貼附於管外壁上，以便顏色管理，並標示流體流向，作爲識別管內所承載之流體物質種類和性質，以增進安全，減少操作之錯誤發生。除此之外，有時在管路上再以壓克力製作之吊牌標示做爲輔助，此壓克力標示牌有時明示管中內容物之危險性說明。

表 9-4 管路標示規範

管別	顏色	管別	顏色
送排風管	淺灰色	自來水管	綠色
有機溶劑管	橙色	冷卻水管	淺綠色
酸鹼管	灰紫色	消防水管	紅色
蒸汽管	暗赤色	氫氣管	橘黃色
空氣管	白色	氧氣管	黑色
眞空氣體管	棕色	氮氣管	黃色

不同承載流體之管路，以不同顏色區分和標註符號，其內容如表9-4所示，作爲參考；吊牌和標示紙如圖9-10及9-11所示。

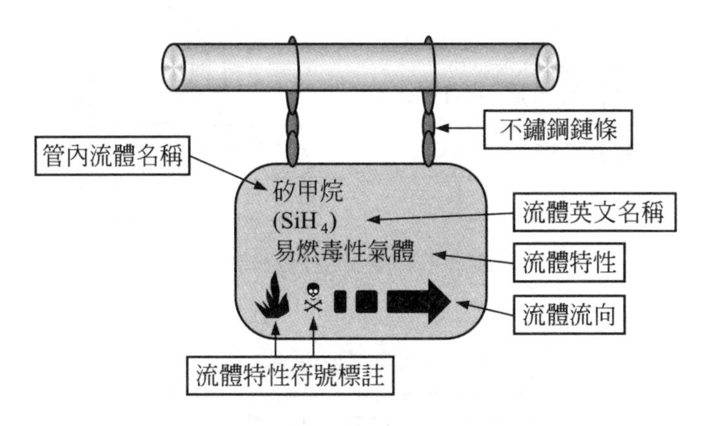

圖9-10 管路吊牌

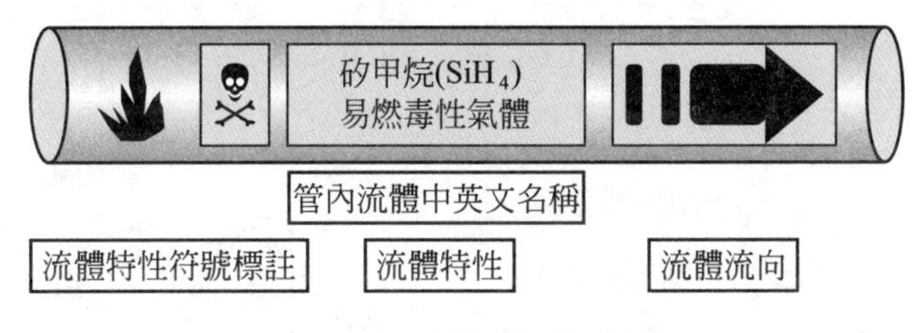

圖9-11 自黏式標示貼紙

管路施工時爲防止管路因承載物因素造成管路彎曲或熱脹冷縮以及地震因素之考量，故在一定間隔內須配置管架支撐(Support)，其架構如圖9-12所示。支持架於設置時，其間距須依設計基準施工，U型管束安裝時不可太緊，同時爲防震動須在支架和管路之間放置防震墊片，另爲防因地震或管路內流體運動時所產生之震動，造成相距間隔較小之管材相互磨擦而造成破損，須在空間較窄且間距較小之各管路處額外增加管固定架。至於配管固定材料之間的電蝕、腐蝕性質相容與否，是爲另一選材之考慮要素。圖9-13爲管架支撐各種不同之固定方式設計參考圖。

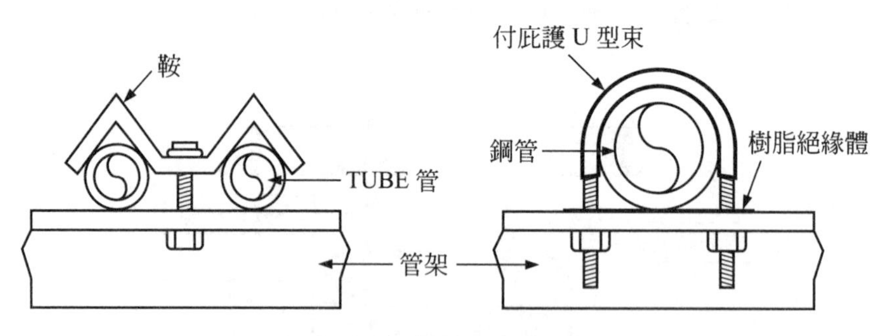

圖 9-12　管路支撐架結構

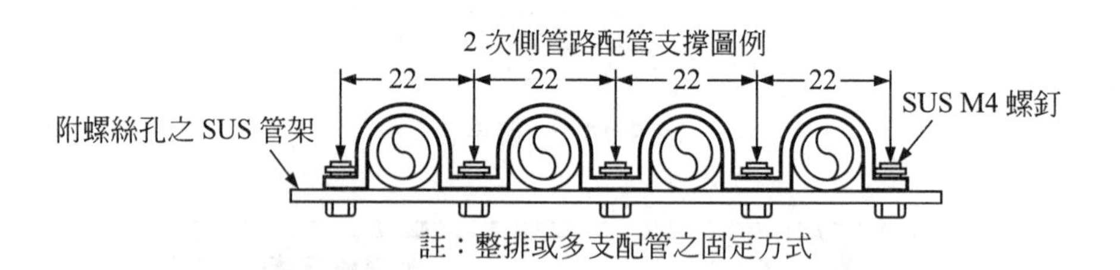

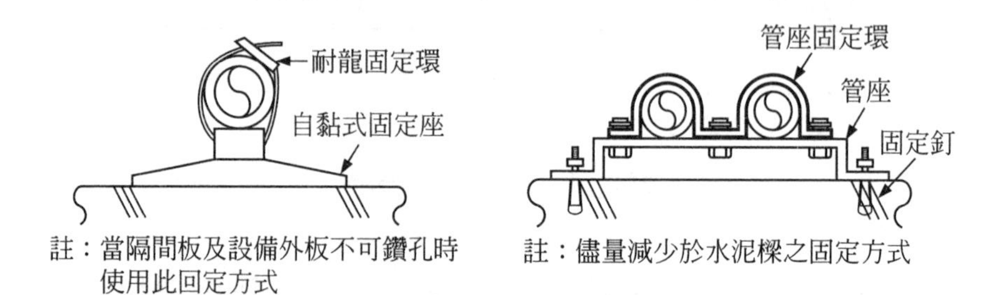

圖 9-13　各種不同支架設計方式

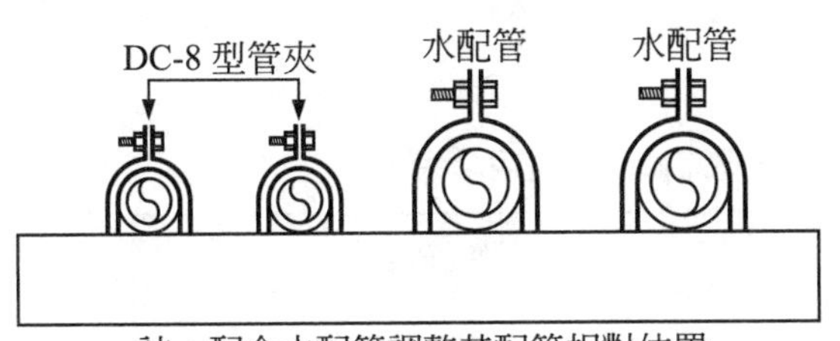

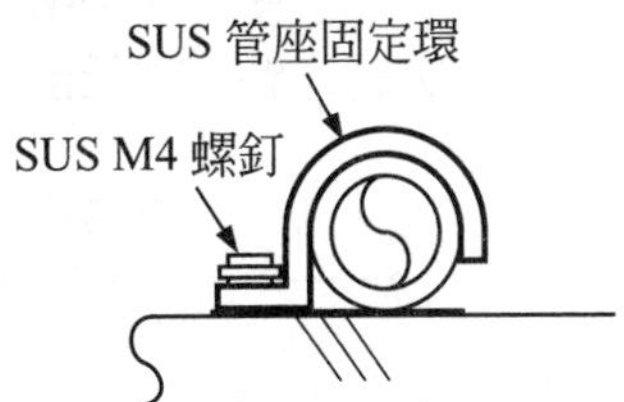

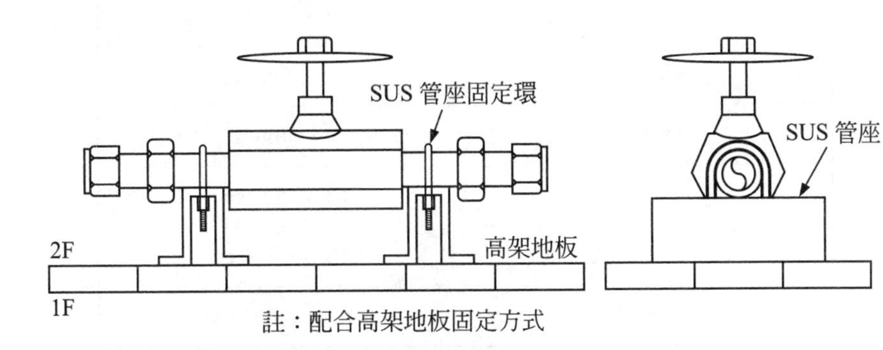

圖 9-13　各種不同支架設計方式(續)

9-5 管路設計規劃

管路設計時基本要件須先確認，如流體種類，是爲給排水、氣體、送排風、化學品或蒸汽等類；次爲流量，此流量大小數據一般來自業主所提供之資料；再則爲流速，依不同流體而選擇適當之流速，流速參考如表 9-5 所示，最後則爲管徑之確認。既知流體之流速和流量，即可依公式$Q = A \cdot v$計算得管徑。

$$Q = A \cdot v$$

$$= \frac{\pi}{4} D^2 \cdot v$$

Q：流量 m^3/sec

v：流速 m/sec

A：管路截面積：m^2

D：管路直徑 m

表 9-5　各類不同流體流速選用參考表

區分	速度
一般水管	1.2～3m/sec
熱水管	0.6～1.2m/sec
一般氣體管	8～15m/sec
低壓蒸汽管	20～50m/sec
送／排風主管	15～25m/sec
送／排風分歧管	10～15m/sec
排水管	0.3～1.4m/sec

爲維持高品質氣體之供應，除了在管材及各相關元件之選擇上要特別留意之外，管路的規劃設計適當與否也直接影響到供氣品質與安全。一般而言在高科技廠的氣體管路設計上，須考慮到以下幾個基本重點：

1. 施工之便利性：如空間、高層、分層、管線路徑之規劃。
2. 未來管路延伸或修改之可能性：如延伸閥門及空間之預留，排雜及測試口(Port)之規劃等。
3. 有效減少管路系統之死點空間(Dead Space)：模組式閥件之使用，環路式管路(Loop-Type)之設計等，均可降低滯留空間。
4. 其他品質上之考量：如各種不同元件品質等級之一致性，減少焊接點及彎角之數量，曲率半徑之規定等。

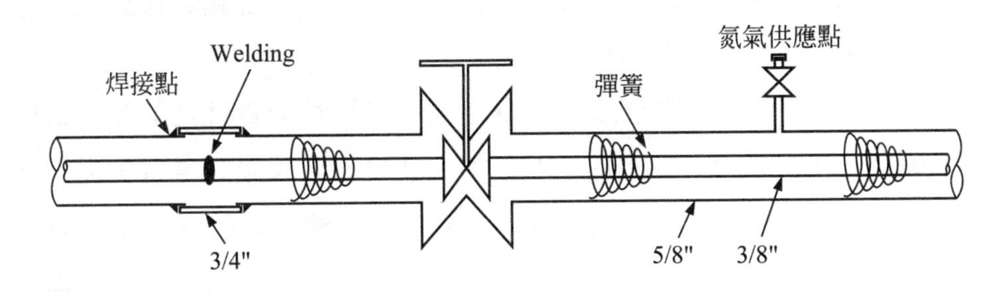

圖 9-14 雙重套管架構

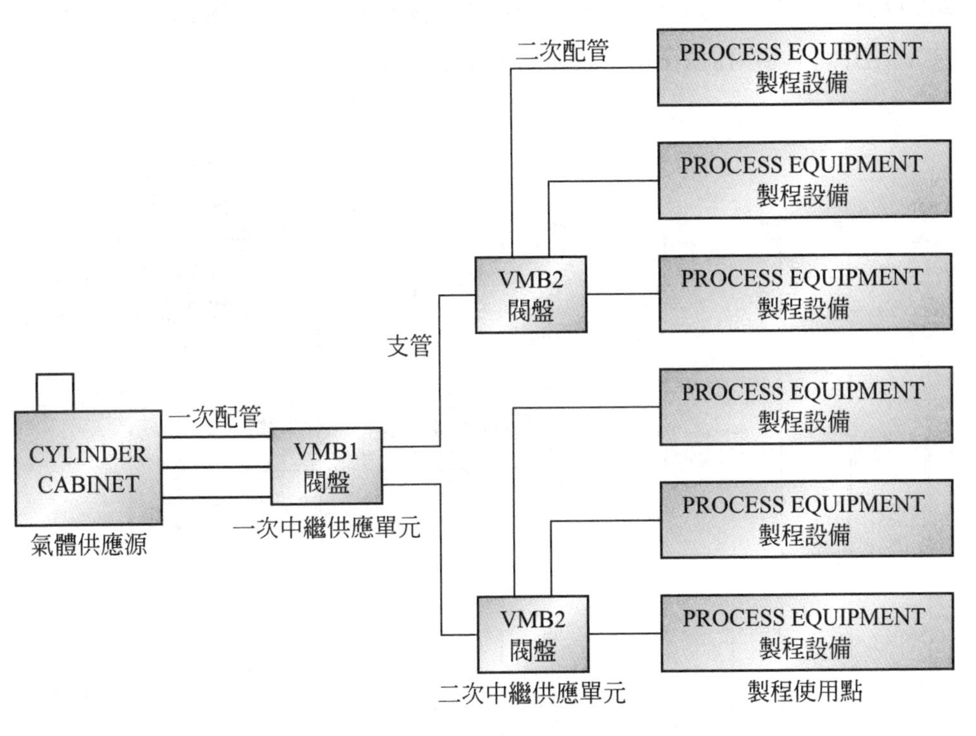

圖 9-15 特殊氣體管線圖

5. 安全之考量：材質選用、施工規範、空間佈置、遮斷系統等。

6. 配管途徑之環境：耐壓、耐蝕、外力、溫濕度、化學藥品和電氣等。

7. 操作及維護性：閥之位置、壓力計、流量計、排雜系統容易性和接頭、零件之位置與檢查等。

半導體廠中有部份之危險性、爆炸性、可燃性或毒性之氣體如SiH_4(矽甲烷)、PH_3、B_2H_6、AsH_3、H_2…等，基於安全因素之考量，而以雙重管的配管方式施工，其結構圖如 9-14 所示。雙重套管之使用優點在於安全性佳，缺點則在於較高之成本(含材料及施工費用)；焊接技術不易控制；特殊材料及零組件之交貨期延長，甚至部份可能須訂做，施工期同時也會加長。圖 9-15 爲氣體供應系統管路設計架構圖，圖 9-16 則爲 VMB(Valve Manifold Box)之管線設計圖。

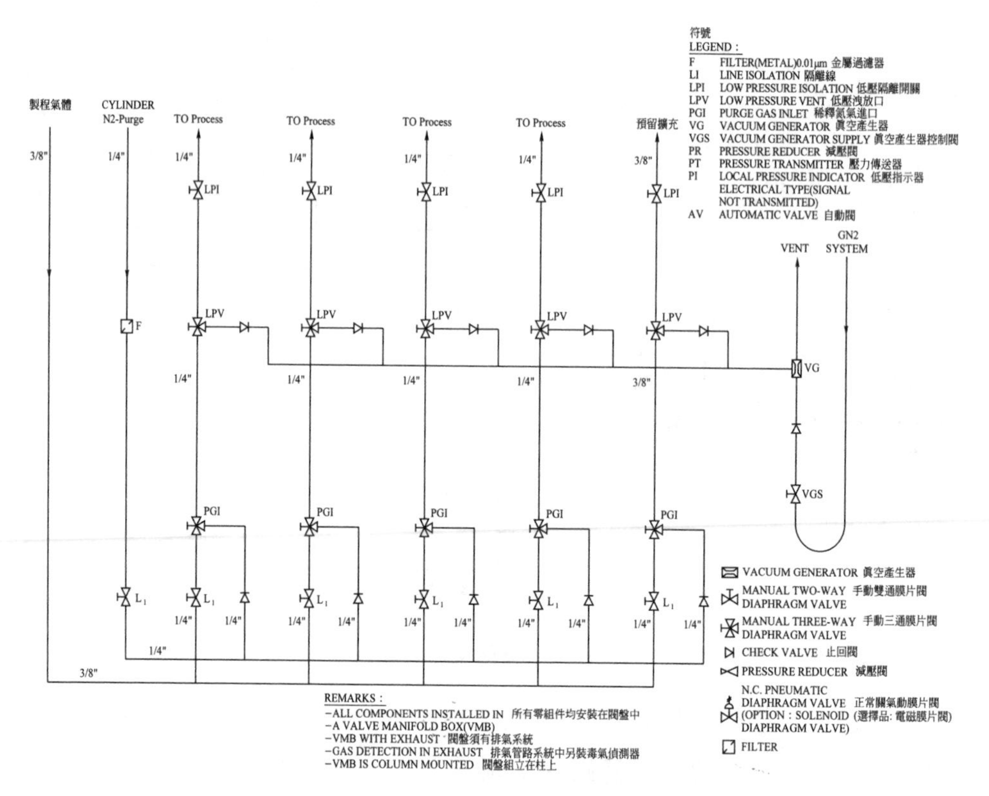

圖 9-16　VMB 內部管線設計圖

9-6 管路之空間佈置

管路的空間佈置規劃原則有四：

1. 整齊性：由上而下，由左而右排列。
2. 安全性：依系統性質歸類。
3. 彈性：預留施工之空間。
4. 管理性：依管徑大小及施工材質區分。

以3層(Layer)爲例：最上層爲放置電氣管及電纜線；中層則爲各氣體管、化學品管線和純水管線等；最下層則爲廢水管、排氣管和眞空排氣管等。其配置圖如圖9-17所示。

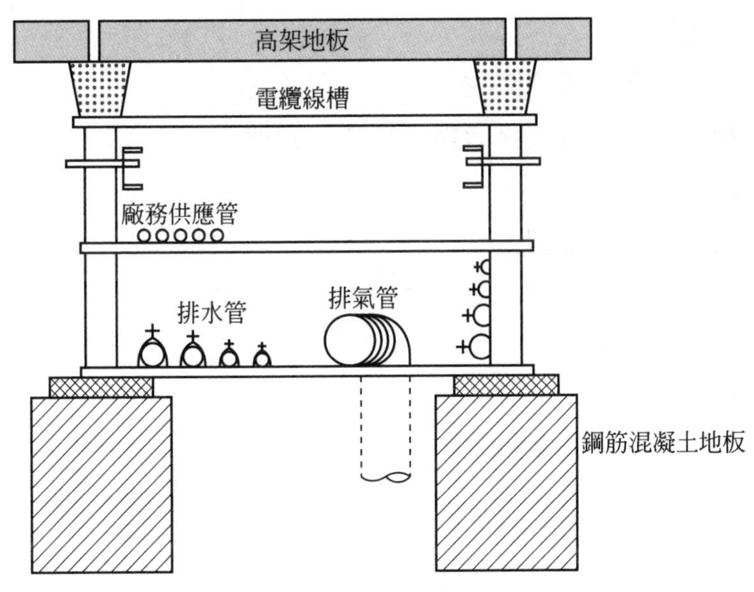

圖9-17 高架地板下方管路配置

至於管路施工時其施工配管程序亦有一定之原則，以避免造成管路之相互干擾，空間錯亂而無法施工。施工之優先順序爲：

1. 眞空幫浦管路(眞空排氣管)。
2. 超純水管。
3. 排氣管路。
4. 化學品輸送管。
5. 氣體輸送管。
6. 廢水排放管。
7. 電力系統線路。
8. 一般管線等，若依以上之順原則施工，將不致造成部份管路無法施工之問題發生。

總之管路工程從規劃、設計到應用，原則上必須俱備以下條件：

1. 製程的需求量。
2. 製程的需求壓力。
3. 場地平面圖及流程圖說。
4. 製程設備位位置及接合點口徑及接頭型式。
5. 管路走向佈置。
6. 草圖、流程圖繪製。
7. 統計需求量，管徑計算。
8. 主供應系統計算。
9. 管材及另件選擇。
10. 配管方式及管路圖繪製。
11. 管支持架設計。
12. 成本分析。
13. 工程發包與施工。
14. 監造、測試、供應。
15. 驗收、施工完成圖整理移交點收。

Chapter 10

建廠設計評估及施工監造管理

10-1 前言

半導體和液晶顯示器之建廠工程本身即是一件浩大的工程，高額的建廠費用以及建廠時程的緊迫性對建廠和施工人員而言即是一個大挑戰，畢竟建廠時程一旦延遲，對成本和日後的產品商機，即可能遭致莫大的金錢損失。緊繃神經，與時間賽跑是從事建廠的廠務人員和施工工程人員必須有的意識和觀念。

然而如何令建廠工程能依里程碑準時完工，甚至提前，則必須有賴事前的完整建廠規劃設計和施工中的工程監造管理及工程尾段的收尾工作與試車運轉，三個時段的相互協調搭配，方能竟全功。本章即是針對建廠工程的各細節事項以及工程監造做一說明。

10-2 建廠工程規劃

IC和TFT-LCD建廠工程主要項目內容有如下數項：⑴前期規劃，⑵先期作業，⑶設計工程，⑷土木建築與結構工程，⑸廠務八大系統，⑹二次配工程(Hook up)，⑺相關雜項工程等。

1. 前期規劃：建廠首先要了解的是要建何種性質的廠房，是半導體廠或液晶顯示器光電廠？亦是一般的高科技廠？這些廠房之考慮要因均不相同，因此首要確認以下之各項內容，即：

⑴ 產品之種類、產能和產品設計規範。

⑵ 潔淨室面積需求計算。

⑶ 氣流及潔淨度、潔淨室類別考量。

⑷ 製程設備之佈置。

⑸ 製程設備之廠務用量資料收集分類。

⑹ 製程設備搬遷、原物料、產品之進出貨、人員出入等動線之安排。

⑺ 廠務糸統及機電設備之位置安排與安全性、方便性考量。

⑻ 建廠經費與里程碑時程規劃。

⑼ 製程產品對環境之特殊需求調查。

⑽ 未來發展及擴充預留。

⑾ 環境保護影響評估計畫等。

2. 先期作業：先期作業指的是建廠前預備作業，包含了：

⑴ 建地地質鑽探資料收集分析。

⑵ 建地區域內之震動量測，包括自然震動量測和負載動態量測。

⑶ 建地周遭空氣品質收集分析。

⑷ 建廠環境影響評估開始進行。

⑸ 週遭人文、景觀、地理等環境調查。

3. 設計工程：此部份含括了：

⑴ 土木建築及結構設計、景觀、道路和內裝工程。

⑵ 潔淨室與空調和機電系統工程設計。

⑶ 廠務各供應系統工程等。此設計工程之優良和完整性與否，直接影響了建廠成本和日後產品之良率高低，重要性可見一般。設計規劃之程序將於下節說明之。

4. 土木建築與結構工程：土木建築是所有建廠工程系統中最先進行之項目，其項目內容有：

⑴ 整地工程。

⑵ 基樁工程。

⑶ 施工安全圍籬工程。

⑷ 土方開挖。

⑸ 防水及預力混凝土結構。

⑹ 鋼構工程系統。

⑺ 帷幕牆外觀工程。

⑻ 內裝(隔間)工程。

⑼ 鋼骨防火漆塗佈及被覆。

⑽ 電梯升降機系統等。

土木建築結構工程之施工時程和品質控制，對整體建廠工程里程碑之達成與否是最重要的一環，因在土木建築未達適當進度之前，潔淨室系統組裝和廠務系統是無法入廠施工的，往往因土木建築的進度遲延而擠壓到後續廠務等系統的施工時程，給廠務系統施工廠商帶來莫大之壓力困擾，整體建廠時程受影響在所難免，故不可不加以重視。

5. 廠務八大系統：廠務系統在半導體廠和液晶顯示器廠等高科技廠房中，居於心臟樞紐地位，其除了提供整廠的動力來源外，也是主導產品良率高低的要因之一，重要性不言可知。此八大系統為：

(1) 潔淨室與空調系統。

(2) 電力與監控系統，包括特高壓、高、中、低壓與弱電、消防、廠務中央監控、門禁管制等系統。

(3) 超純水系統。

(4) 廢水處理與回收系統。

(5) 氣體供應系統，含大宗氣體(Bulk Gas)、特殊有毒害性氣體(Special Gas)以及氮氣供應站(Jobsite N_2 Plant)等。

(6) 中央化學品供應系統。

(7) 一般廠務設施與管路。

(8) 工安與環保，如廢氣處理、毒氣監測、緊急防護救難系統等。以上之各系統已在前面之節提及，此處不再多述。

6. 二次配工程(Hook up)：二次配工程是於製程設備移入生產區域時前後所配合執行的配電、配氣或配水工程，基本上它是屬於所有建廠工程的最後一道施工工程，其施工時程是依設備搬遷計劃而配合執行。其內容和規劃分爲：

(1) 設備搬遷程序之擬訂。

(2) 製程設備位置標示。

(3) 二次配空間規劃。

(4) 執行二次配之水、電、氣、化……等工程項目。

7. 相關雜項工程：建廠工程，除了主要的工程之外，尙有一些次要或是各系統工程之間的界面工程，以及配合設備需求或辦公需求而衍生且無法併入主系統工程者均歸類爲雜項工程，如道路工程、景觀綠化工程、工地工安衛及環保管理工程、共同管架、設備系統基礎座、穿牆及地板開口之防火塡塞、裝璜及辦公桌椅、工務所設置、物料暫存區設置，停車場空間等均是屬於通稱之雜項工程。

10-3 建廠工程設計及施工執行流程

完成了建廠的所有企劃，緊接著便是進行建廠所有工程的設計和擬訂工程施工管理計劃。基本上此部份可分二方面進行：⑴建廠條件之需求設定，⑵工程計劃之推進執行。

1. 建廠條件之需求設定：分為五個階段：⑴調查企劃階段(Investigation Plan)，⑵基本計劃(Basic Plan)，⑶基本設計(Basic Design)，⑷實施設計(Preliminary Design)，⑸細部設計(Detail Design)。在此五個階段中，分別有其必須執行之內容，述說如下：

⑴ 調查企劃：內容有：

① 周邊環境之調查，包括鄰近方圓直徑500公尺之空氣品質，地下水質以及地理和自然、人文環境等。

② 公共設施調查：含給排水系統、電力、電信、瓦斯、網路和公共交通網、人力資源、產品上下游廠商分佈狀況等。

③ 廠址測量，如平面及海拔高程、周界定樁等。

④ 地質鑽探調查：含土壤性質分析、地下水位狀況、土壤承載力分析等。

⑤ 震動量測：包括自然的靜態震動狀況和動態震動狀況分析。

⑥ 建廠相關須用法規、章則或準則、制度等資料調查收集。調查企劃是建廠工程第一步執行計劃，其資料收集的多寡和完整性與否，直接或間接影響了以後的設計工作，故不可等閒視之。

⑵ 基本計劃：項目內容有：

① 總體廠務設施需求規模。

② 生產能。

③ 未來擴充之考慮對應。

④ 物料、設備、人員出入等之動線。

⑤ 施工計劃擬訂與檢討。

⑥ 建造基礎與結構之檢討。

⑦ 省能系統及節能減碳與綠建築各回收系統之檢討。

⑧ 工安防災計劃。

⑨ 環保措施計劃。

⑩ 完成基本計劃書。

⑪ 主要設施及生產區需求條件。

⑫ 環境管理政策方針等。

⑶ 基本設計：此部份所必須執行的事項爲：

① 基本設計圖之完成。

② 廠房建築物規模、形狀及外觀決定。

③ 建築構造、結構之決定。

④ 微震動值之預測及防制方針檢討。

⑤ 生產區潔淨室面積確定及支援區需求空間確認。

⑥ 自動化計劃之確定(方式、數量、類別)。

⑦ 人員配置計劃。

⑧ 材料之選定及靜電對策探討。

⑨ 建築面積之概算、含建蔽率、容積率、停車位數量、綠地面積等之檢討。

⑩ 施工計劃之檢討和建築施工法規對照。

⑪ 生產設備表數量、種類確定。

⑫ 製程設備廠務需求整合完成。

⑬ 廠房生產空間之佈置最後定案。

⑭ 建築外觀與景觀功能之確定。

(4) 實施設計：含蓋：

① 確認請領建照申請書之完成和提出。

② 進行各項系統之設計規範討論。

③ 完成設計圖等資料。

④ PERT Chart(Program Evaluation & Review Technique計畫評核圖)製作與CPM(Critical Path Method要徑分析)探討。

⑤ 各里程碑擬訂提出。

⑥ 建築詳細設計初步完成。

⑦ 微震動及防制方針之決定。

⑧ 建築容積精算及調整。

⑨ 完成合約書範例版本。

⑩ 詳細工程內容之檢討。

⑪ 施工工程計劃書初步完成。

⑫ 初步工程預算提報。

⑬ 工程預算檢討和確認。

(5) 細部設計：

① 完成建築及各系統工程之細部設計圖。

② 材料表格、規範書等發包文件完成。

③ 工程計劃書最後完成。

④ 工程施工時程完成最後確認。

⑤ 工程費用現金流量表(Cash Flow)估算製作。

⑥ 邀標書及規範、工程圖文件標單等寄送廠商。

⑦ 廠商製作Proposal及報價。

完成了以上之各項設計及發包文件，緊接著即是工程施工計劃之擬訂執行和管理。

2. 工程計劃之推進執行：工程計劃是設計完成後，進行工程發包，開始工程施工之計劃，亦即建廠計劃於此時已進入實質的施工階段。計有：⑴發包執行；⑵施工監造管理；⑶工程驗收；⑷製程設備搬遷計劃；⑸二次配工程(Hook up)；⑹試機運轉及試產等階段性工作任務。

⑴ 發包執行：工程發包執行是爲選取優良的工程施工廠商和系統設備供應商，並爭取良好的價格，以控制建廠成本，此部份之執行是由廠務部門和資材部門相互配合，各掌專精，通力合作。主要內容有：

① 規範及報價資料廠商領取。
② 廠商送交工程施工計劃書和報價。
③ 廠商進行工程施工計劃簡報。
④ 議價、比價進行。
⑤ 篩選最後廠商。
⑥ 合約文件準備及簽約。
⑦ 細部規範內容及相關問題最後檢討確認。
⑧ 廠商進行備料動作。
⑨ 廠商材料及設備交貨文件送審、入廠日期規劃確定。
⑩ 工程施工時程完成最後規劃底定。

⑵ 施工監造管理：此階段爲工程進行時，專案建廠人員及規劃設計工程師進行對工程施工安全、品質、時程、原材物料設備等之監督管理，以使建廠工程能順利完成。分別有：

① 完成廠商施工圖之確認。
② 施工工程進度管制。
③ 施工品質管制。
④ 施工安全規劃執行。
⑤ 施工廢棄物堆置計劃。

⑥ 人員、車輛和貨櫃車道路動線與卸料空間規劃。

⑦ 原材、物料暫置區規劃。

⑧ 施工區門禁管制之執行計劃。

⑨ 潔淨區及施工區環境管理之清潔、清掃、灑水計劃。

⑩ 建物完成時微震動測定。

⑪ 生產設備搬遷計劃擬訂和檢討。

⑫ 施工廠商管理。

⑬ 工程協調會議。

⑭ 趕工計劃等。

一般施工工程監造管理，除了人治外，尚有多項之軟體如表格、工程管理圖等做爲輔助工具，常見的管理工具有工程進度雙週表；工程細項進度表；甘特圖、PERT Chart圖、CPM法、工程進度查核日會議；工程進度追蹤週會議；工程、日、週、月、季報表；查核表(Checking List)；工程進度總表等。有時尚加配看板管理——記錄每天人力出勤狀況、工安狀況、和氣候狀況以及宣達事項等；肥皀箱會議：每日開工前之集合宣達工安注意事項，也同時檢查工安配備器具之完整性和當日工程內容等；工程協調會：協調各施工廠商間之工程界面、施工問題，規範釐清和各施工商之請求協助事項等。

(3) 工程驗收：是指工程施工完成，對工程之驗收工作。驗收重點著重在廠牌、性能、品質、缺失和運轉數據與規範之內容比較等。其程序內容爲：

① 品質及外觀查核。

② 系統試車運轉及數據記錄。

③ 系統性能測試。

④ 竣工圖等相關資料收集裝訂。

⑤ 系統說明書、操作手冊收集裝訂。

⑥ 測試驗收報告收集裝訂。

⑦ 缺失表(Punch List)製作。

⑧ 缺失表內容缺點執行改善狀況查核。

⑨ 執行驗收手續。

⑩ 運轉訓練規劃。

⑪ 保固執行。

(4) 製程設備搬遷：建廠完成，潔淨室亦經性能和品質驗收完成，接著便是進行製程設備之搬運。搬遷計劃及注意事項如下：

① 設備定位標示及設備搬運商之選定。

② 設備搬遷時程計劃，此一般是以訂貨時之交期、製造商之產期、船期或班機航期而擬訂。

③ 搬遷人力配置，包括搬運廠商、製程、設備、工業工程和廠務工程人員之團隊。

④ 空間淨空。

⑤ 吊裝口規劃和電梯管制。

⑥ 搬遷動線及不銹鋼板舖設。

⑦ 動線加強支撐評估設置。

⑧ 照明器具和防水用品準備。

⑨ 搬運工具查核。

⑩ 廢棄包裝材臨時堆置和移載計劃。

⑪ 貨櫃車暫停區。

⑫ 搬遷狀況日檢討。

⑬ 設備定位。

⑭ 準備進行二次配工作，圖 10-1 所示爲機台遷入流程。

⑸ 二次配工程(Hook up)：二次配工程乃是建廠工程所有項目系統中的壓軸重點，其工程定義是爲主廠務系統工程之連接於製程設備機台上之相關水、電、氣、化等之配線、配管工程，其工程範圍除了工程施工外，尚包括了現場環境之勘查和現場施工圖之繪製。二次配工程其設計可分概念設計及細部設計、概念設計之規劃程序爲；①製程設備資料管理；②二次配系統整合；③製程設備動力分配表；④製程設備配管流程圖；⑤空間規劃。

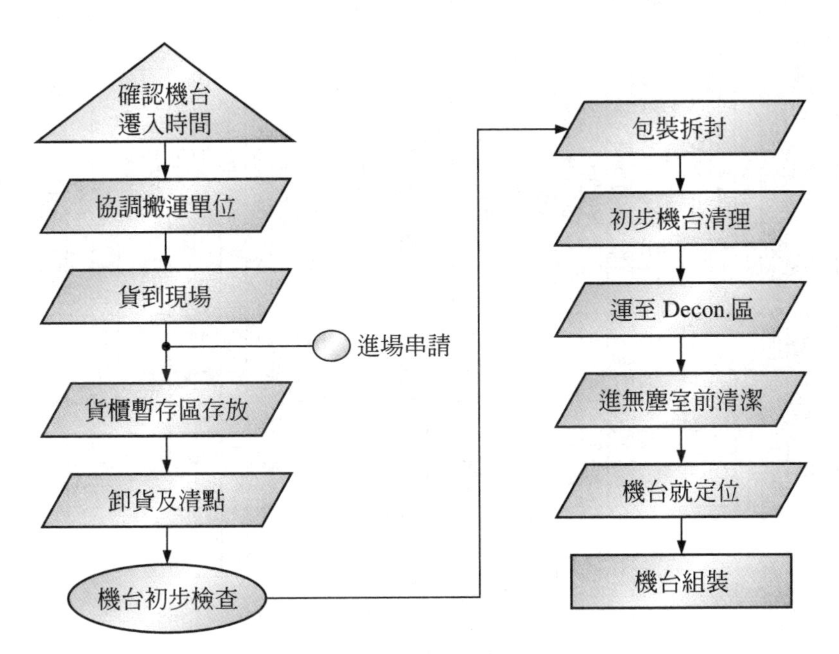

圖 10-1 機台搬遷流程

表 10-1　製程設備資料範例

	Tool No.		Tool No. per Area														
Index	3F	4F	Area(3F)				Area(4F)								Process Type	Tool Vendor	Tool Model
	Total	Total	PS	FCL	Mac	Cut	ICL	BM	R	G	B	MVA	Pol	ITO			
C001	—	1					1								Unpacker	Mishimakosa(三島)	—
C002	2	—				2									Packer	Mishimakosa(三島)	—
C003	—	1					1								Excimer UV(ICL)	Clean Technology	—
C004	—	1					1								Inital Cleaner	敘豐(Micro Engineering)	
C005	2	10	2					2	2	2	2	2			Dehydration-Bake(1)(BM,RGB,MVA,	Clean Technology	HP2-CP1-CV
C006	—	10						2	2	2	2	2			Die Coater	TOK	TR45300S-CLT
C007	2	10	2					2	2	2	2	2			Pre-Bake	Clean Technology	HP3-CP1-CV
C008	1	5	1					1	1	1	1	1			Inline Thickness	K-mac	S
C009-1	1	8	1					2	1	1	2	1		1	Robot	盟立	—
C009-2	—	1										1			Robot	盟立	—
C010	1	5	1					1	1	1	1	1			Exposure	Topcon	Aligner
C011	—	1						1							Titler	Y-E Data	Laser Codling
C012	—	1							1						Cleaner (Red)	KAIJO	YCA-730R
C013	—	1								1					Cleaner (Green)	KAIJO	YCA-730G
C014	—	1									1				Cleaner (Blue)	KAIJO	YCA-730B
C015	—	1												1	Cleaner (pre-ITO)	KAIJO	YCA-730lb
C016	—	1												1	Cleaner (post-ITO)	KAIJO	YCA-730la
C017	—	1										1			Cleaner (MVA)	KAIJO	YCA-730M
C018	1	—	1												Cleaner (PS)	KAIJO	YCA-730P
C019	—	1						1							Developer (BM)	KAIJO	YCD-730HP
C020	—	1							1						Developer (Red)	KAIJO	YCD-730MP-3
C021	—	1								1					Developer (Green)	KAIJO	YCD-730MP-1
C022	—	1									1				Developer (Blue)	KAIJO	YCD-730MP-4
C023	—	1										1			Developer (MVA)	KAIJO	YCD-730MP-5
C024	1	—	1												Developer (PS)	KAIJO	YCD-730MP-2
C025	1	6	1					1	1	1	1	1		1	AOI	V-Tech	—
C026	—	2						1			1				Review	V-Tech	—
C027	—	5						1	1	1	1	1			Post Banke (BM,RGB,MVA)	IMAI	Bake oven 3206
C028	1	—	1												Post Bake (PS)	IMAI	Bake Oven 3207
C029	—	1						1							Conveyor-BM	高橋	—
C030	—	1							1						Conveyor-R	高橋	—

① 製程設備資料管理(Tool Data Management)：內含機台種類、數量、形式和製造廠商以及設備置放位置等，如表 10-1 所示。

② 二次配(Hook up)系統整合：有關製程機台及附屬設備、廠務系統、各系統界面以及安全系統之搭配等均屬之，如圖 10-2 所示。

機台及附屬設備	廠務系統	各系統界面	安全系統
Main Tools	Power	VMB's	Sprinkler
Pumps	Exhausts	CMB's	Fire fighting
Scrubbers	PCW	MCC panels	Gas detection
Laser units	Domestic water	Power panels	Breathing air
Chillers	Plant vacuum	Architectural layouts	
Transformers	UPW	Cleanroom layouts	
RF-Generators	Bulk gases	Other facilities	
	Speclaity gases		
	Chemicals		
	Process drains		
⇩	⇩	⇩	⇩
整合 Fab/Sub-Fab，Support Layouts 及動線	廠務配管分佈及空間規劃	訂定各系統之界面	界定其他相關系統

圖 10-2　二次配系統整合圖

③ 製程設備動力分配表(Tool Utilities Distribution Matrix)：此分配表內容分類收集了各製程設備的各項廠務系統用量，如表 10-2 所示範例。

表 10-2　製程設備動力需求表範例

Utility Tpye	Unit	PS	FCL	Macro	Cut	ICL	BM	R	G	B	MVA	Pol	ITO	Sum
Electrical 110V	kVA	6.0	–	–	–	–	–	–	–	–	–	–	3.0	9.0
Electrical 220V	kVA	947.9	–	92.4	191.0	97.6	569.5	561.0	562.1	579.0	589.6	493.8	616.6	5,300.3
Electrical 400V	kVA	–	–	–	–	–	–	–	–	–	–	–	913.9	913.9
Electrical Total	kVA	953.9	–	92.4	191.0	97.6	569.5	561.0	562.1	579.0	589.6	493.8	1,533.5	6,223.2
GEX	cumh	18,331.9	–	3,456.0	5,040.0	2,748.0	10,929.6	11,048.6	11,048.9	11,649.5	11,050.4	1,183.6	14,228.9	100,715.4
AAEX	cumh	1,200.0	–	–	–	600.0	360.0	1,080.0	1,080.0	1,080.0	1,080.0	–	–	6,480.0
VEX	cumh	15,120.0	–	–	–	–	2,520.0	2,520.0	2,520.0	2,520.0	2,520.0	–	–	27,720.0
CREX	cumh	–	–	–	–	–	870.0	–	–	–	–	–	0.6	870.6
Exhaust Total	cumh	34,651.9	–	3,456.0	5,040.0	3,348.0	14,679.6	14,648.6	14,648.9	15,249.5	14,650.4	1,183.6	14,229.5	135,786.0
PCW Total	cumh	39.2	–	–	–	0.9	11.3	12.2	12.2	12.2	12.2	–	28.1	128.6
UPW	cumh	8.8	–	–	5.4	6.6	3.0	6.0	6.0	6.0	6.0	37.5	6.0	91.3
RO	cumh	–	–	–	7.8	–	–	–	–	–	–	–	–	7.8
Pure Water Total	cumh	8.8	–	–	13.2	6.6	3.0	6.0	6.0	6.0	6.0	37.5	6.0	99.1
Drain WR1	cumh	9.1	–	–	4.2	5.8	4.9	7.9	7.9	7.9	7.9	4.8	6.3	66.5
Drain WW1	cumh	6.5	–	–	4.2	1.2	5.3	5.3	5.3	5.3	5.3	15.0	0.2	53.6
Drain WW2	cumh	1.9	–	–	–	4.6	0.7	0.7	0.7	0.7	0.7	16.8	3.0	29.9
Drain WR2	cumh	–	–	–	14.4	–	–	–	–	–	–	31.8	–	46.2
Drain Total	cumh	17.5	–	–	22.8	11.6	10.9	13.9	13.9	13.9	13.9	68.4	9.5	196.2
PV Total	cumh	244.0	–	4.6	150.0	7.4	209.4	195.0	195.0	199.2	209.4	–	42.3	1,456.4
CDA	cumh	2,038.3	–	44.4	703.2	564.3	1,351.8	1,666.4	1,666.7	1,673.3	1,697.0	926.6	948.8	13,280.9
gN2	cumh	66.4	–	–	–	31.8	42.6	36.6	36.6	36.6	48.6	–	158.1	459.3
Bulk Gas Total	cumh	2,106.7	–	44.4	703.2	596.1	1,394.4	1,703.0	1,703.3	1,709.9	1,745.6	926.6	1,106.9	13,740.2

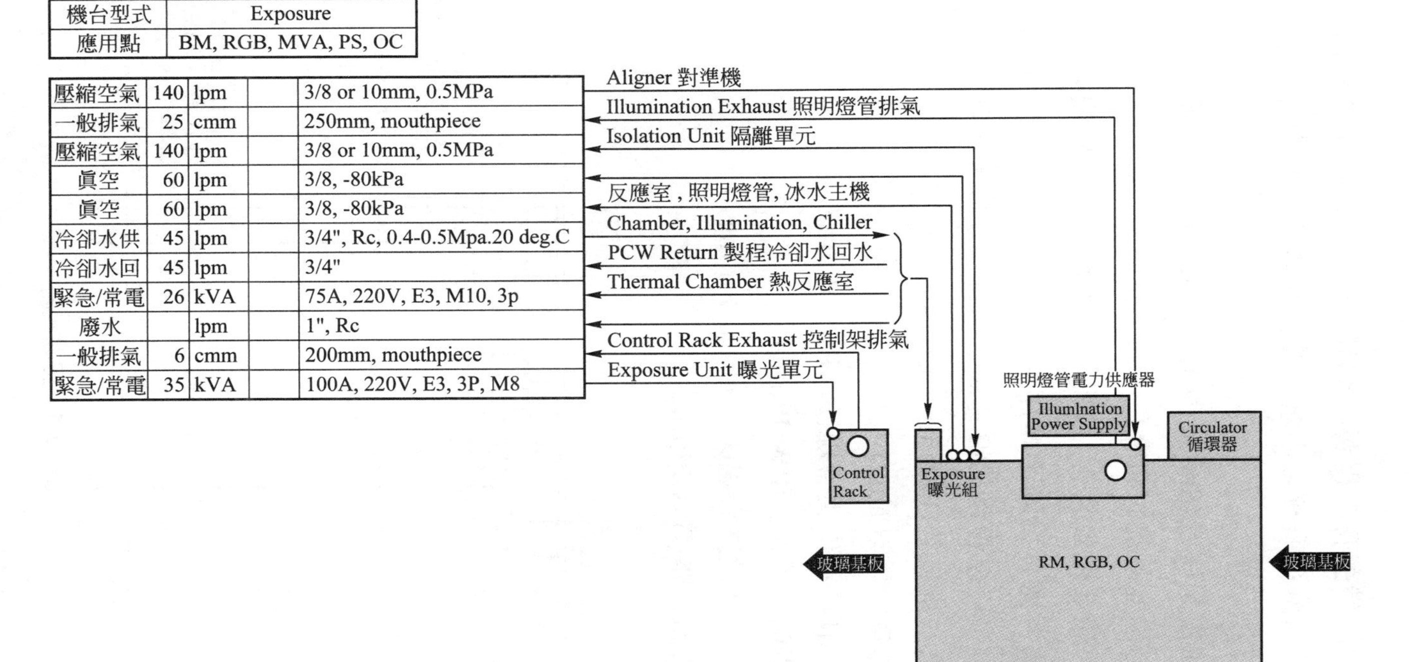

廠商	Topcon
型號	TME-950PCP-12
機台型式	Exposure
應用點	BM, RGB, MVA, PS, OC

壓縮空氣	140	lpm		3/8 or 10mm, 0.5MPa
一般排氣	25	cmm		250mm, mouthpiece
壓縮空氣	140	lpm		3/8 or 10mm, 0.5MPa
眞空	60	lpm		3/8, -80kPa
眞空	60	lpm		3/8, -80kPa
冷卻水供	45	lpm		3/4", Rc, 0.4-0.5Mpa.20 deg.C
冷卻水回	45	lpm		3/4"
緊急/常電	26	kVA		75A, 220V, E3, M10, 3p
廢水		lpm		1", Rc
一般排氣	6	cmm		200mm, mouthpiece
緊急/常電	35	kVA		100A, 220V, E3, 3P, M8

圖 10-3　製程設備二次配管流程圖

④ 製程設備配管流程圖(P&ID Flow Sheet)：此平面圖中列出設備各廠務系統之用量、管徑和規格如壓力、溫度等，如圖 10-3 所示。

⑤ 空間規劃概念(Space Management)：空間規劃管理作用是爲定位各系統的高層和走向，以避免工程施工時有衝突或互相干涉之現象發生，如圖 10-4 所示。空間規劃確定後，接續須考慮者爲施工順序原則，即大口徑及不易更改者爲優先；小口徑管路及怕受踩易損者留後施工，其施工順序爲：

❶ 眞空排氣管(Pumping Line)。
❷ 排氣管(Exhaust)。
❸ 一般廠務供應管線(Facility Piping)。
❹ 超純水管路(UPW Piping)。
❺ 化學品供應管線(Chemical Piping)。
❻ 氣體管路(Gas Piping)。

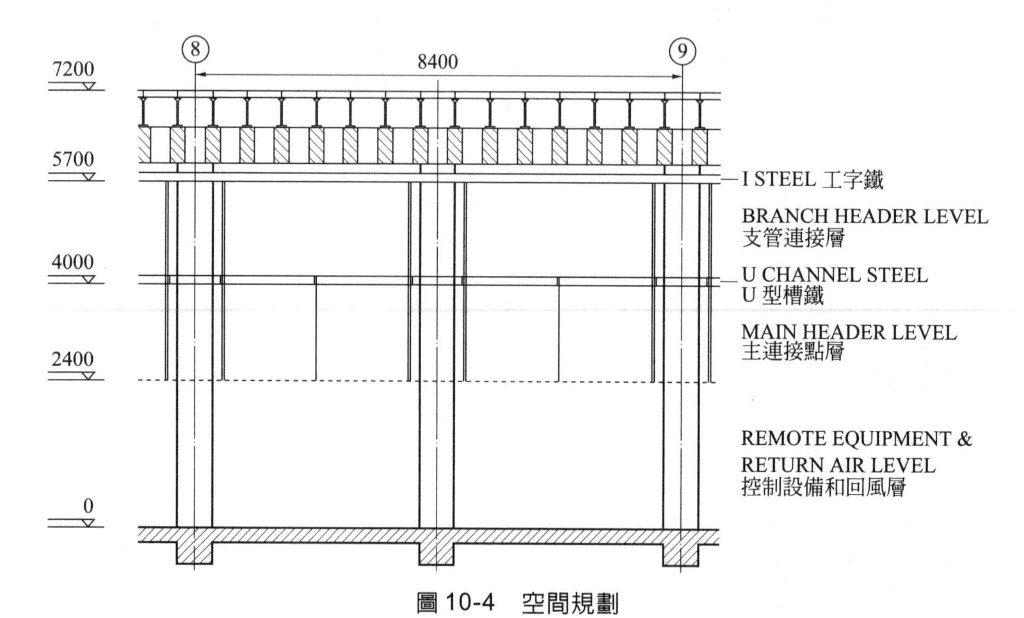

圖 10-4 空間規劃

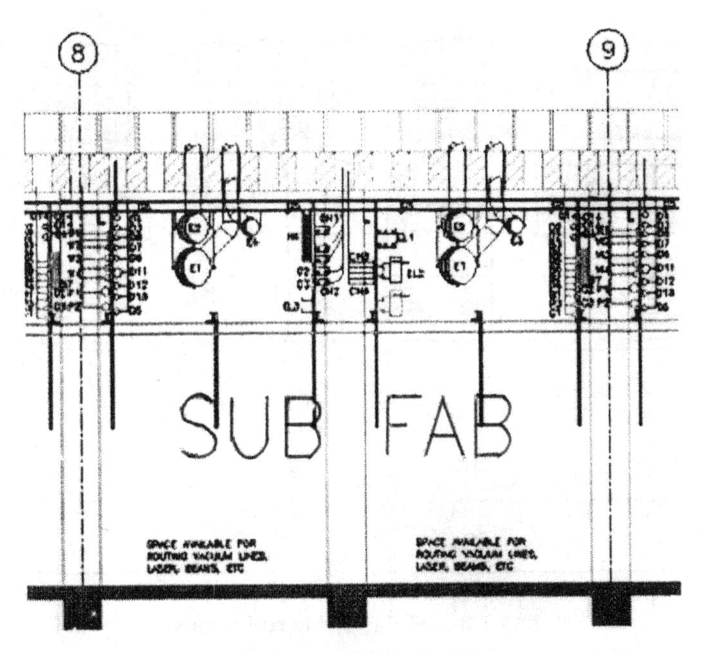

圖 10-4　空間規劃(續)

而細部設計內容則含蓋：①製程設備二次配管安裝詳圖，②二次配各系統連接點數清單，③配管接點配置，④ QA/QC 標準，⑤測試驗收程序。

① 製程設備二次配管安裝詳圖(Micro Layout)：此安裝詳圖是以設備之三視圖為基準標示出系統連接之大概位置，如圖 10-5 所示。

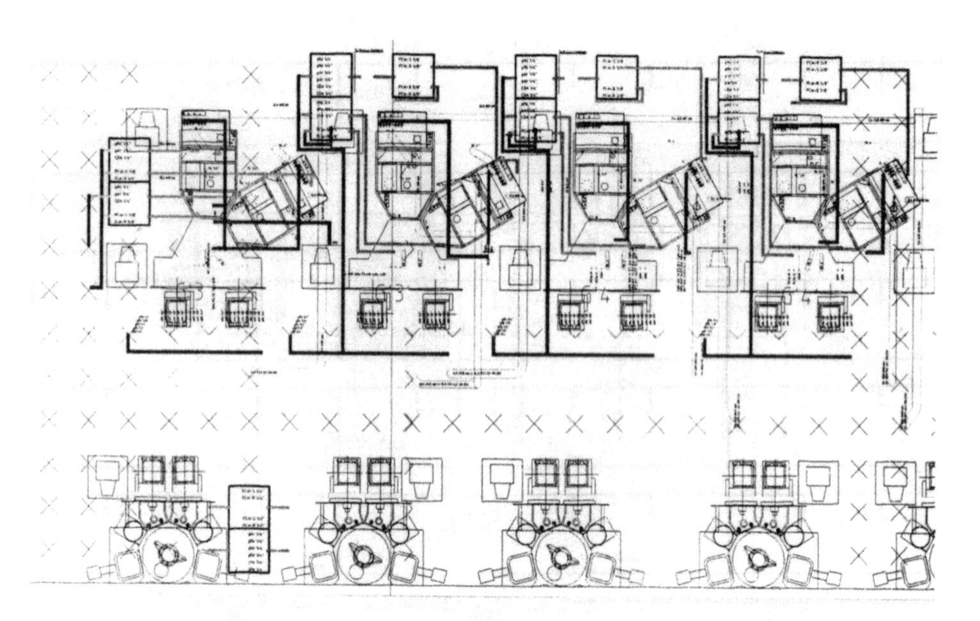

圖 10-5　安裝詳圖(Micro Layout)

② 二次配各系統連接點數清單：記錄了所有各系統二次配的連接點數量，此數量是作爲預算編列和下包廠商報價之參考。

③ 配管接點配置(Hook up legend)：接點配置之形式如圖 10-6 所示。

④ QA/QC 標準。

⑤ 測試、驗收程序：包含了各Hook up系統之測試、驗收方法及程序等。

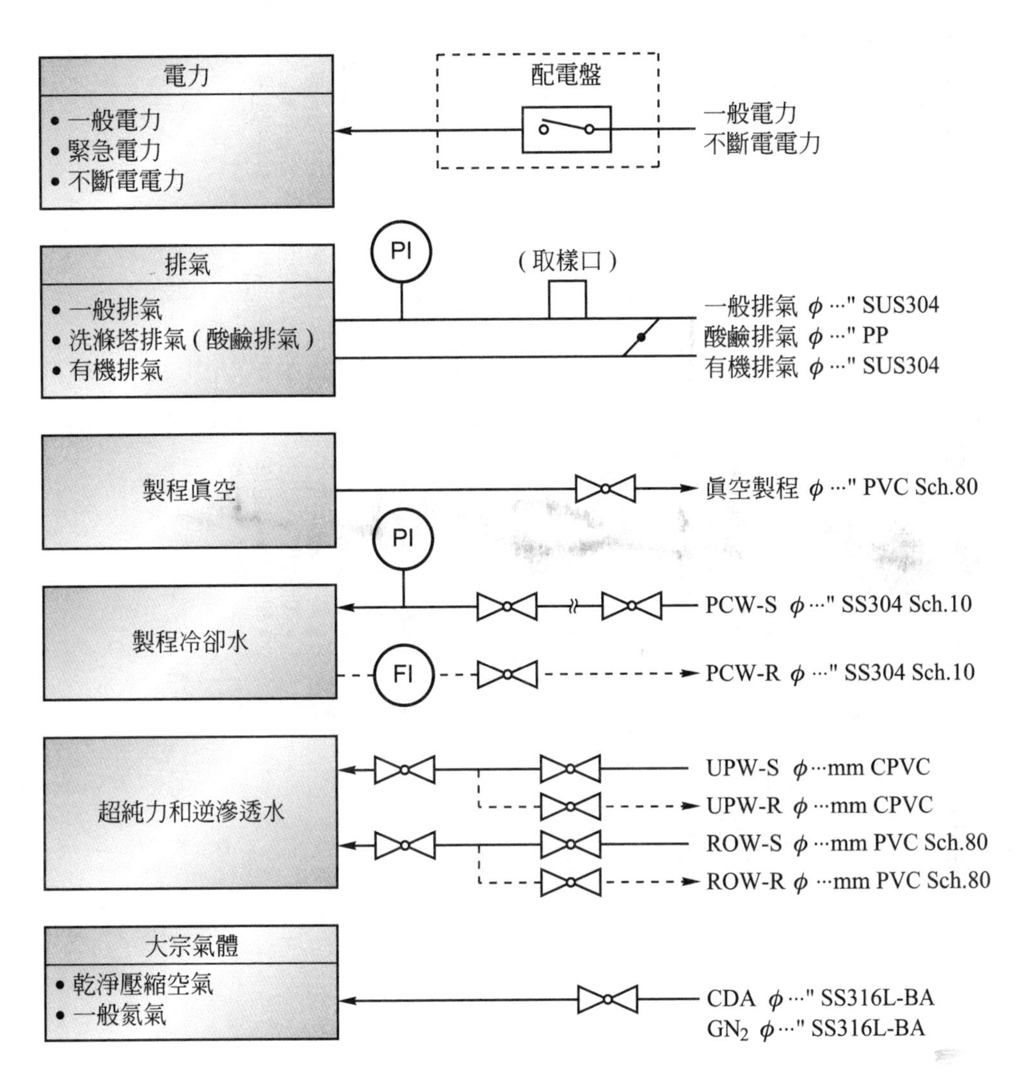

圖 10-6　配管接點配置樣本圖

由以上可知，二次配工程本即是一複雜但又相當重要之工程，其一般之作業流程，可由圖 10-7 來加以說明。圖 10-8 及 10-9 則分別爲二次配之流程和所需時程。

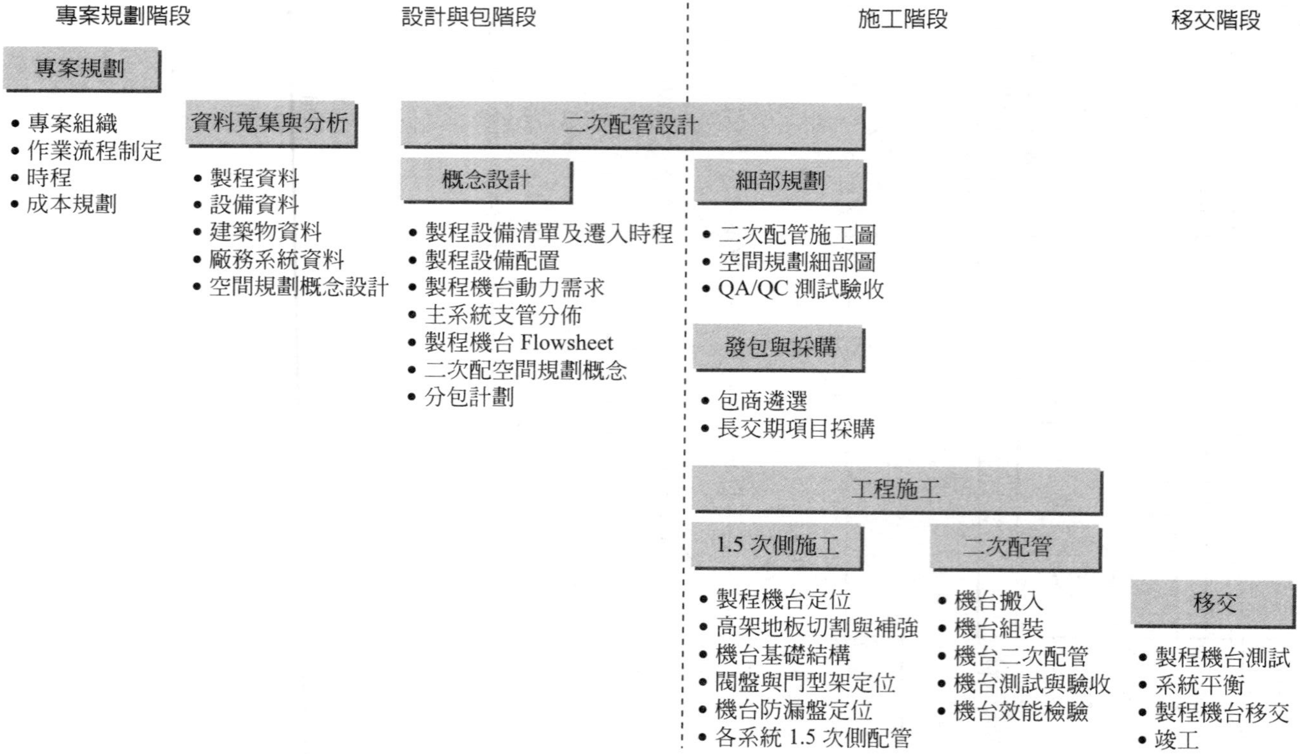

專案規劃階段

專案規劃

- 專案組織
- 作業流程制定
- 時程
- 成本規劃

資料蒐集與分析

- 製程資料
- 設備資料
- 建築物資料
- 廠務系統資料
- 空間規劃概念設計

設計與包階段

二次配管設計

概念設計

- 製程設備清單及遷入時程
- 製程設備配置
- 製程機台動力需求
- 主系統支管分佈
- 製程機台 Flowsheet
- 二次配空間規劃概念
- 分包計劃

施工階段

細部規劃

- 二次配管施工圖
- 空間規劃細部圖
- QA/QC 測試驗收

發包與採購

- 包商遴選
- 長交期項目採購

工程施工

1.5 次側施工

- 製程機台定位
- 高架地板切割與補強
- 機台基礎結構
- 閥盤與門型架定位
- 機台防漏盤定位
- 各系統 1.5 次側配管

二次配管

- 機台搬入
- 機台組裝
- 機台二次配管
- 機台測試與驗收
- 機台效能檢驗

移交階段

移交

- 製程機台測試
- 系統平衡
- 製程機台移交
- 竣工

圖 10-7　二次配管作業流程

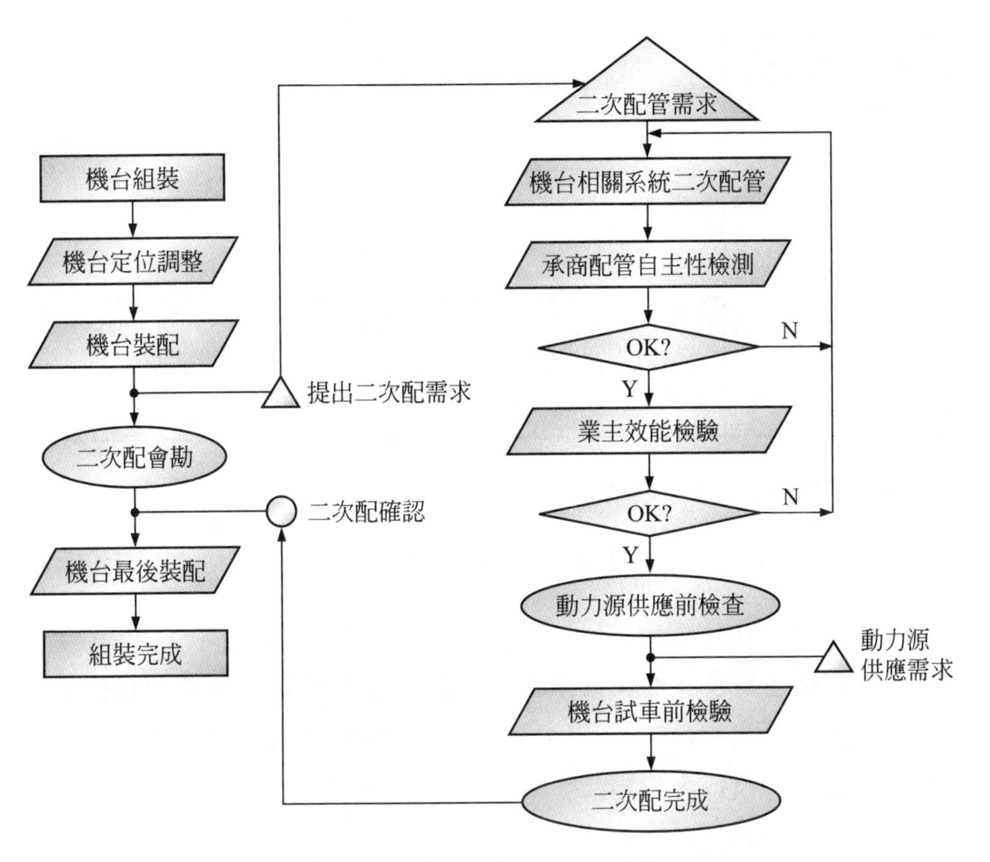

圖 10-8　機台裝配及二次配管流程

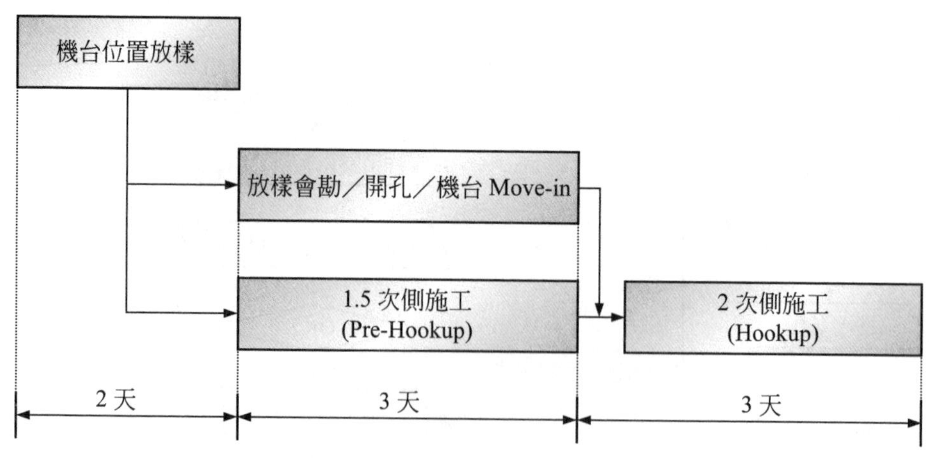

圖 10-9　二次配管基本時程

(6) 試機運轉及試產：此階段可說已是屬於建廠工程的即將結束階段，而開始各項系統的試車供應，製程設備也開始進行性能試機。其執行內容有：

① 工程測試及驗收時程確定。

② 二次配工程之完成。

③ 工程測試檢查。

④ 各系統之運轉性能測試檢查及部份廠務系統之開始供應。

⑤ 各項工安及監視系統正式全面進入警戒狀態。

⑥ 施工圖說完成及收集整理。

⑦ 操作說明書完成收集整理。

⑧ 製程設備開始性能試車運轉。

⑨ 微震動最後測定。

⑩ 製程開始下晶片或素玻璃。

⑪ 竣工後之定期檢查。

圖 10-10 爲機台測試及調整流程。

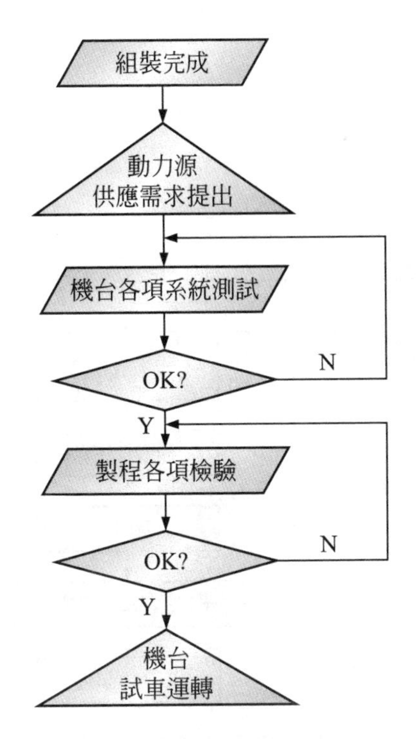

圖 10-10　機台測試及調整流程

綜括言之，整個半導體及液晶顯示器等高科技建廠工程可以圖 10-11 來表示，由圖中可看出從產品與製程之策略目標訂定開始進入廠房佈置和設備相關規範之選擇，以迄進行各項建廠設計，施工到試車運轉及產品下線試生產，一序列每項步驟均疏忽不得，否則將會造成重大衝擊損失。

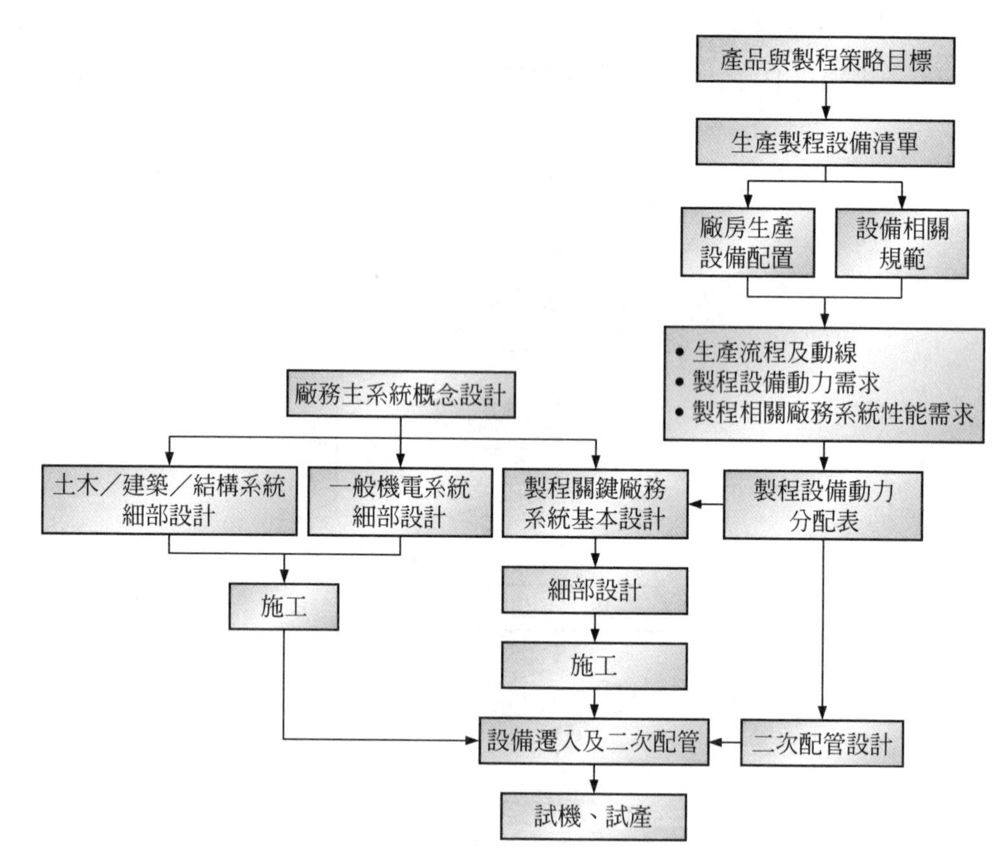

圖 10-11　建廠工業工程作業流程

Chapter 11

風險評估管理計劃

11-1 前 言

高產值的半導體及液晶面板、電漿面板業，所面對的是生產週期短，產品不斷升級及高度的競爭力。雖然在以上各產業於建廠設計或生產運轉過程時均有不斷的致力於加強事先的預防措施，但無法預測的天災如地震以及人爲疏忽或意外所引起的火災、爆炸、氣體洩漏、化學品滲漏、管路扭斷、製程機台移位、製程用水漏洩等重大危害，將隨時影響公司競爭力及產值和人員設備之安全，因此如何在事先做有效的風險評估、預防管理以及災害後的復原計劃擬定，不但可將災害損失降至最小，也可使工廠的生產運作迅速恢復。

此管理的理念乃是透過事前的風險評估計劃及分析可能之重大危害，而建立相關之緊急應變措施來有效降低危害，確保工廠生產運作能迅速及有次序的復原，而繼續維持市場佔有率，並因應員工、股東及客戶之關切，以及注意公司信用度、股東抱怨和財務風險，儘可能降低公司之財務損失，並確保對客戶之承諾。故杜絕任何可能導致公司財產損失與個人生命安全、傷害與疾病等之可預見危險以及防範災害發生與損失乃是公司各級主管人員與現場同仁的直接責任，此即是爲風險管理之政策。

整體而言，風險管理評估不只在製程設備及施工工程上，於公司的財務、行政、人事組織、行銷業務以及外在重大災害衝擊等均爲風險管理預先評估建立緊急處理機制的對象。

11-2 風險管理四要素

風險管理系統包含了人員、設備、系統、稽核、財產損失控制計劃、自護制度、災害復原計劃等。但可歸納爲四大要素所組成，其任一要素缺一不可，否則將造成評估上的漏洞。

四大要素爲：人員因素、設備因素、系統因素與稽核因素。

1. 人員因素：此部份需要俱備有高度安全意識之工作人員，擬訂相關工作計劃，加強工作人員之安全意識及對安全的自我要求。一般其工作計劃項目述說如下：

(1) 舉辦經常性之訓練計劃以加強員工、承攬商，設備商以及物料供應商之風險管理專業知識與理念。

(2) 將工業安全衛生及環境保護之工作表現納入員工之績效評估考核項目。

(3) 成立專業性的工業安全衛生及環保委員會以便上下階層共同參與解決潛在性的危險因子。

(4) 規劃反應信箱制度，以鼓勵員工就本身週遭所發現認爲俱有潛在性的安全問題，提出建言，以利進行持續性的改善。

2. 設備因素

依 SEMI(半導體設備材料協會)標準，NFPA(國際消防保護協會)標準，FM(Factory Mutual)標準，製程安全規範等建立高風險的防護規則。

(1) SEMI 標準：

① 新設備之採購規範需符合 SEMI S2 及 S8。

② 濕式蝕刻設備或清洗槽控制需符合 SEMI S3-91 規定。

(2) NFPA 標準：

① 潔淨室內所裝設之自動灑水頭須符合 NFPA 318 或 FM 之認證標準；排氣風管須使用 FM 認證之 SUS(不銹鋼)材質內壁塗佈耐酸鹼之鐵氟龍(Teflon)做爲管材，若非使用以上之材質則內部須加裝灑水頭系統，此系統須符合NFPA 318 之規範。

② 潔淨室區(尤其是在回風區)須裝設極早期火警偵測警報設備。

③ 灑水頭管線等地震防震須符合 NFPA13 規定。

④ 電氣及控制系統回路、零件組成須符合 NFPA30 規範。

⑤ 易燃性、爆炸性之化學物品輸送及排放須符合NFPA30 之規範。

(3) FM 標準：

① SiH_4(矽甲烷)及易燃性氣體鋼瓶櫃之防護須符合FM7-7 規章。

② 使用 FM 核可之易燃性化學物質儲存櫃須符合 NFPA30。

③ 易燃性及爆炸性之化學物品儲存室或供應室之防火牆與洩壓裝置須符合 FM7-7。

④ 消防泵浦設施系統及備用消防水箱須符合 FM7-7 之規定。

(4) 製程安全規範：高溫氧化爐管系統與所用之矽甲烷(SiH_4)氣體二者之間的系統整合性安全配置須依製程安全管理規定執行操作。

3. 系統因素

系統因素是運用目前業界普遍所採用之安全管理制度或系統，以整合工作人員和設備之間的運作而加強風險管理，降低危害之發生。

⑴ 作業許可制度：內容包含動火許可；送／切電許可；送氣許可；消防中斷許可；管路切斷許可；密閉空間進入之許可；特殊室上鎖及各項標示；高空施工許可；輸送運搬設備操作許可等。工程或施工人員於施工工作前均必須事先申請並獲得許可證，將許可證置放工作地點之明顯處後方得以進行施工程序。

⑵ 危害性物質管制：工作人員須就物質安全資料表(MSDS：Material Safety Data Sheet)中詳加了解本身所可能接觸的化學品物性、化性、危險性及緊急處理方式進行深入了解。另外對個人隨身攜帶之防護器具如安全索、安全鈎、安全帽、安全鞋，高壓電防護手套、手電筒甚至氧氣罩等須備齊；另外對下包承攬商亦須進行安全管理教育，擬訂管理辦法，要求確切依規執行。

⑶ 環境保護與工業安全：導循ISO 14000環境管理系統及OSHAS 18000工安管理系統之程序進行各項管理。

⑷ 風險分析模式：依失敗模式分析和變更管理程序之方法進行運作。

4. 稽核因素

依如下之各項稽核制度，不斷進行定時與不定期之內外部稽核，以確保任何運作均是有在依規定之程序下進行。

⑴ 外部稽核：此部份是由公司外之保險公司或再保公司以及風險管理顧問公司專業人員進行之稽核。

⑵ 公司內部之稽核：公司內部相關人員依自護制度(VPP：Voluntary Protection Program)中工業安全衛生稽核制度進行自行稽核。

⑶ 各工作單位：因公司自訂之自動檢查系統，進行各自的稽核。

其中自護制度(亦稱安全稽核制度)，乃是執行整體性的稽核，包含了安全管理系統與組織，自動檢查和健康保護管理。進行的步驟程序是首先設定改善的優先順序並擬定改善計劃，計劃內容含蓋安全衛生之宣導與激勵，個人之防護器具管理、事故調查與處理和緊急應變等，而後依擬定之計劃執行改善，並進行定期之審查。

財產損失控制計劃目的在於協助企業組織針對如下的消防安全品質控制與消防安全性能做重點評量，以作爲改善依據。其內容：消防安全規範及程序文件化，內務管理及系統維修規範，電力設備之檢查，切割與焊接之動火管制、禁煙管制、消防訓練及中斷程序、警勤系統、消防系統設備、防火區劃，特殊性物質之危害管理與保護等。

11-3 風險評估程序

風險管理能否有效確實和完整執行，其評估程序是否落實佔有舉足輕重地位，其執行程序如下表 11-1 所示：

表 11-1 風險評估執行程序

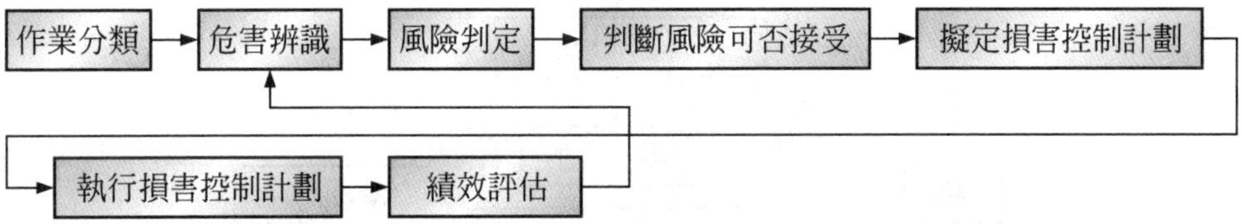

作業分類 → 危害辨識 → 風險判定 → 判斷風險可否接受 → 擬定損害控制計劃 → 執行損害控制計劃 → 績效評估 →（回到）危害辨識

在作業分類方面，是針對生產製程過程中所有與安全或可能危害、有害的作業做分類，以期依各種作業之不同而採取各自適當的安全操作模式。一般可分爲：⑴特殊氣體作業，⑵化學品作業，⑶可燃性物質作業，⑷電氣作業，⑸一般性作業：如防漏、噪音、防震等。

表中之危害辨識是指尋找出廠內可能或潛在性危害做初步分析。一般高科技產業危害辨識可分為火災或爆炸、氣體洩漏、化學品和液體洩漏及感電等。

11-4 損害防阻執行

損害防阻之執行，應依事先所擬訂之執行架構，依次執行，其一般之架構如表 11-2 所示：

在表中之工程控制方面，須要執行之內容有：

1. 自動滅火系統。
2. 排煙系統。
3. 極早期火警偵測警報系統(VESDA：Very Early Smoke Detector Apparatus System)。
4. 室內防火區隔。
5. 毒氣氣體偵測系統。
6. 廢氣排氣濃度監測系統。
7. 廢水、廢氣處理系統。

表 11-2 損害防阻執行架構

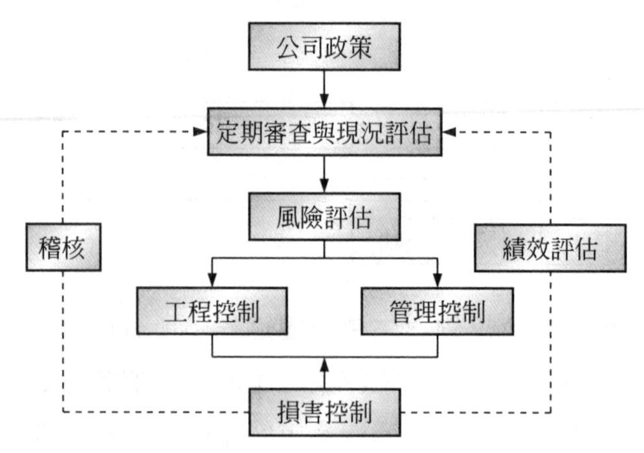

至於在管理控制方面，須實行之內容為：

1. 員工及配合承商之教育訓練。
2. 工作安全作業標準。
3. 系統自動檢查計劃。
4. 原物料及工程與設備採購管理。
5. 下包承攬商之管理。
6. 緊急應變程序與組織。

教育訓練是依公司之任務與目標，對同仁施以有計畫的培育，以發揮其工作潛能及拓展工作領域，並藉由個人的持續成長來促進組織任務及目標的達成，另一方面亦經由特定的教育訓練、教導正確之安全作業方式與應變能力。教育訓練之執行內容可分為：

1. 各階主管人員教育訓練，含企業經營與風險管理、作業安全評估與稽核、作業安全分析。
2. 特殊作業人員教育訓練：含危害通識、特定化學物質、有機溶劑操作與急救等。
3. 一般作業人員教育訓練：含簡易急救，消防與疏散訓練。
4. 運轉執照需求人員教育訓練：含危險性工作場所、有機溶劑作業管理、特定化學物質、壓力容器操作、鍋爐操作與合格急救人員等。

安全作業標準是經由作業前充分的準備與防範，確保作業安全，防止意外事故的發生。安全作業標準的執行內容包含如下：

1. 一般性安全衛生作業標準
2. 工廠區安全衛生作業標準
3. 手工具使用安全衛生作業標準
4. 電氣／電焊作業安全衛生作業標準
5. 高空作業安全衛生作業標準

6. 吊掛作業安全衛生作業標準
7. 密閉空間安全衛生作業標準
8. 物料儲運安全衛生作業標準
9. 有機溶劑安全衛生作業標準
10. 高壓氣體作業安全衛生作業標準
11. 特定化學物質作業安全衛生作業標準
12. 危險性機械或設備作業安全衛生作業標準
13. 地板開孔作業安全標準
14. 自走車作業安全標準

自動檢查是經由事前之例行檢查，及早發現問題，防止意外事故發生，保障公司及全體員工安全與健康，自動檢查之執行內容如下：

1. 危險性機械或設備如升降機、鍋爐、壓力容器、高壓氣體設備等。
2. 特殊作業含有機溶劑作業、特定化學物質作業。
3. 一般機械設備如高低壓電氣，乾燥設備。
4. 其他設備如消防設施、防護器具、堆高機等。

承攬商管理是釐訂公司與承攬商間有關安全環保之權利與義務及施工管理規範，確保工程施工之安全。承攬商包含了承攬商安全衛生及環保管理辦法及承諾書、協議組織之成立與管理、施工人員安全觀念訓練、臨時人員進廠前訓練、施工人員與施工廠商考評、動火作業之監督與管制、協助承攬商解決停車空間、衛生間、抽煙等工地面臨之問題。歸納言之，承攬商管理可分為五部曲：(1)進廠管制，(2)動火作業管制，(3) 6S 巡檢，(4)監工及工安管理之考核，(5)違反管理規定之廠商由資材單位通知負責人，並進行罰款作業。

緊急應變計劃是訂定各緊急狀況之應變處理程序，加強對突發緊急狀況之應變能力和釐訂各部門及相關人員應變時之職責，並經有效之處理程序，以期將意外事故所引發之傷害減至最低程度。緊急應變之執行內容可分為：

1. 緊急應變組織架構，包含應變組織與職掌，各組織之功能編組與任務說明，代理人聯絡資料和廠外緊急通報及支援單位。
2. 緊急通報程序及聯絡系統包含指揮中心，通報程序與廣播詞內容。
3. 疏散：狀況確認、疏散路線及集合地點、人事清查及回報和疏散前生產緊急處置。
4. 緊急應變程序含處理程序及流程，如化學品漏洩、氣體外洩及火災爆炸緊急處理程序及流程。
5. 緊急應變器材之準備包括消防、化學災害防護與通訊器材和醫護急救藥品與器材。
6. 災害復原。
7. 教育訓練及演練，含各編組人員教育訓練、事故模擬訓練和訓練教材之準備與演練記錄建檔等。

11-5 災害復原計畫

在風險管理評估計劃執行過程中，重要也是對災害損失降至最低的執行規畫即是災害復原計畫，此計畫之程序分別包含了事前、事中、事後三個階段，分述如下：

1. 災害前：事先計畫危害控制，內容包括了全面性的危害分析，工程施工控制，規範條例的建立，書面計畫之擬訂，定期稽核與持續改進，和模擬災害劇本之演練。
2. 災害發生：發生重大災害，如火災爆炸、地震或其他天然災害、流行疾病、智慧財產破壞及偷竊、戰爭威脅、國內混亂、高階主管被綁架及勒索等，針對以上之重大災害擬訂不同之相對應變措施。

3. 事後之緊急應變：災害後 0～1 小時內；執行內容爲發佈緊急應變程序，發揮緊急應變能力，人員撤離，大眾媒體協調，確定電源關閉，緊急供給儲備。

4. 事後之危機管理：災害發生後 1 小時～3 天內，執行內容爲建立明確的領導制度，策略決定的責任分工，建立與大眾、員工、廠商、傳播媒體、客戶和投資公司的溝通管道以及擬定善後處理小組的成員。

5. 事後之災害復原：災害後 3 天→恢復原狀。執行內容爲準備善後清除計畫，確定重要員工、設備和業務的支援方案，擬訂替代設備和可能替代的供應廠商與建立員工互助管道。

Chapter 12

高科技廠建廠及運轉成本分析

12-1 前　言

半導體產品設計線徑愈來愈小，相對地其記憶體容量卻愈來愈大，製造過程之複雜度也隨著增加；而液晶顯示廠的玻璃基板尺寸也隨著產品之應用於不同需求尺寸之商品上，加上考量經濟切割數量上，基板世代也由早期的三世代逐次發展到目前的第七代和七點五代和未來之八代及九代。製程精密度的增加，對整體生產環境如潔淨室、純水、氣體、化學品……等之要求也相對嚴格許多，規範的升級自不在話下；而玻璃基板尺寸加大，製程設備體積變大，所需求之生產空間也隨而增加不少，如此種種因素，所反應出來的不只是建廠時間的延長，建廠成本大爲升高更是一大隱憂。

12-2 建廠時程

早期的半導體建廠，由於經驗上不足，相關資訊不齊全，因此在建廠時程上往往在初期規劃討論時耗掉了不少時間，而不只是土木建築，廠務系統亦同，因此從開始概念設計到設備可以搬遷入廠，往往需時近21 個月～22 個月；然而現在因建廠人員經驗之累積，以及部份建廠觀念可以重複應用加上施工協力商施工工具及技術成熟，和工程施工技術人員，也因多次的施工經驗，大大縮短了早期所需的學習曲線，故目前建廠時程已縮短爲約 14～16 個即可進行設備之搬遷，現一般之建廠時程如表 12-1 所示，部份工程內容可爲重複時程進行，故時間是爲累計時程。時程的縮短，也直接抵消了因物價波動因素所帶來的部份上漲成本。至於液晶顯示器廠，其需求廠房空間往往幾乎是半導體廠的 2 倍，故建廠時程也因而較半導體廠長，約須 16～19 個月，方能讓製程設備進行搬遷動作。

表 12-1 8"/12"晶圓廠建廠時程

項次	工程內容	累計時程(月)
1	開始概念設計	0
2	建物及配置概念設計完成	1
3	概念設計文件完成	1
4	建築及位置初期設計開始	1
5	建照申請核准	2
6	初期設計文件完成	2
7	相關土木工程發包完成	3
8	破土	3
9	土木建築施工開始，機電工程等發包	4
10	潔淨室和廠務系統發包	5

表 12-1　8"/12"晶圓廠建廠時程(續)

項次	工程內容	累計時程(月)
11	電力系統發包	5
12	一般機械、管路系統發包	5
13	建築外殼完成	9
14	潔淨室廠務系統開始施工	9
15	潔淨室廠務系統施工完成	14
16	製程設備開始搬遷，二次配管開始	14
17	廠務系統性能及規範測試完成	15
18	製程設備搬遷完畢	15
19	二次配管完成(依搬遷機台數量而定)	17
20	功能測試完成	17
21	開始試機運轉	17

12-3　建廠成本分析

對半導體廠建廠費用而言，6"、8"、12"廠之費用是不相同的，其間差距在於因產品等級如設計線徑大小而所需求之廠務系統規格不同且有極大之差異，例如 6"廠設計線徑在 0.5μm 左右，潔淨室等級只須 class10 或 100，但 8"廠則在 0.25μm 左右，潔淨室需求在 class1～10，12"則在 0.18μm 以下，和銅製程潔淨室需求在 class 1 和特殊之隔離架構，廠務供應系統亦同，同樣地建築結構亦因防震需求之不同而須不同的設計考慮，以上這些因素均影響了建廠之費用，依一般經驗，6"廠之建廠費用約為 8"廠之 60～70 %，而 12"廠則為 8"廠之 1.2～1.3 倍，表 12-2 為 12"×25K/M廠各項系統之建廠費用分析表(2010 年依據)，可作為參考之數據，唯這些數據，會因年度物價波動、經濟情勢之變化原因及原材料、設備系統漲跌等時空因素而有所變化與差距，尤其是近幾年來因物價漲幅，金屬原物料價格波動激烈，以及部份工程材料因產能增大，技術成熟，故價格上有所變動，此部份請讀者諸君注意及之。至於在大陸蓋廠，成本約可降 10～20％左右，圖 12-1 爲其比例圖。

表 12-2　半導體 12"廠建廠成本分析(2010 年為準，費用不含土地成本、製程設備、辦公室裝璜、傢俱等)

項目	費用(百萬台幣)	單價：千元台幣／M²．C/R	比重 %	所含內容	備註
土木建築	718	72	12.10	土木建築、鋼構部份、景觀園藝、道路、帷幕牆等	1. 電氣含 GIS 2. UPS 爲靜態式 3. 單價是潔淨室面積做基準 4. 鋼構爲部份鋼構 5. 潔淨室等級以 class 1 @0.1μm 爲主，class 1000 爲輔 6. C/R 面積：10000M²(7500+2500)
潔淨室系統	1126	112	18.98	空調箱、乾盤管、FFU、排氣系統、牆板、高架地板、天花板、照明、水管路等	
電力／儀控系統	585	59	9.86	變電站設備、電纜線槽、配電盤、Buss Way、變壓器……等	
氣體系統	410	41	6.91	Special gas 和所有 Bulk gas 及管線和 Purifier	
純水系統	460	46	7.75	純水系統及管線	
化學品供應系統	358	36	6.04	含供應設備及管路	
廢水處理系統	250	25	4.21	供應設備、槽(含土木)及回收系統(85%回收率)	
廠務設備	325	32	5.48	冰水主機、鍋爐、各類空壓機、乾燥機、眞空泵、發電機、UPS……等	
一般管線	187	18	3.15	製程冷卻水、眞空管路、清潔用眞空管路	

表 12-2　半導體 12"廠建廠成本分析(2010 年為準，費用不含土地成本、製程設備、辦公室裝璜、傢俱等)(續)

項目	費用(百萬台幣)	單價：千元台幣／M²．C/R	比重%	所含內容	備註
工安／環保設施	360	36	6.07	消防、洗滌塔、有機廢氣處理器	1. 電氣含 GIS 2. UPS 爲靜態式 3. 單價是潔淨室面積做基準 4. 鋼構爲部份鋼構 5. 潔淨室等級以 class 1 @0.1μm 爲主，class 1000 爲輔 6. C/R 面積：10000M²(7500+2500)
二次配(Hook up)	980	98	16.51	排氣系統、氣體系統、純水系統、冷卻水系統、廢水排放管、電力系統、監控系統等各系統之二次配連接	
其他雜項	180	18	3.03	設計、監造、假設工程、清安費……等雜項費用	
總計	5939	594	100 %		

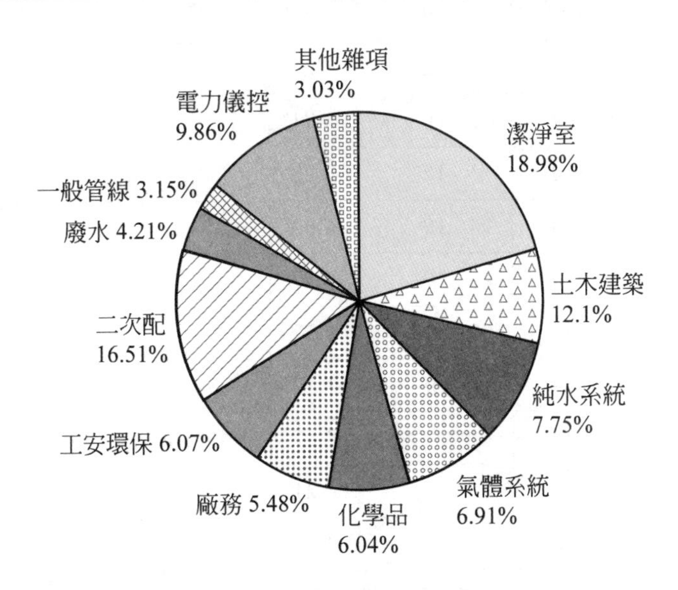

圖 12-1　廠務相關系統所佔費用比例

至於TFT-LCD(液晶顯示器廠)而言，因其玻璃尺寸因素，所需建築空間和潔淨室面積相對比半導體廠來得大，各項廠務供應之需求亦同，加上因製程產品所使用的有機物質和揮發性物質遠比半導體廠來得多，故在化學品和純水、廢水等系統方面之設計要比半導體廠來得大和複雜，因此其建廠成本要比半導體廠之費用貴，雖然其要求之規範某些系統較半導體廠來得鬆，但此部份並不足以抵消前述和其他因素所多出來之費用，依一般經驗而言，以第五世代玻璃，45K／月素玻璃規模其建廠費用約爲 8"25K/M 廠之 1.6～1.8 倍之間。同樣地在大陸建廠之費用約爲台灣之 80～90％之間，表 12-3 爲 TFT-LCD 建廠費用分析。

表 12-3　TFT-LCD G5 45K／月素玻璃建廠成本分析表

項目	費用 百萬台幣	單價：千元台幣／M^2 · C/R	比重 %	所含內容	備註
土木建築	1160	28	16.57	以下各項系統所含內容均與半導體廠相同	1. 採鋼骨結構系統 2. UPS 用動態 3. 廢水使用生物處理及回收 4. 潔淨室以 class 10 爲主 class 1000 爲輔 5. 價：以C/R爲基準 6. C/R 面積：42000M^2 (22000 + 20000) 7. 設有防震基座 8. 高架地板爲高荷重型
潔淨室系統	2051	49	29.30		
電力／儀器系統	525	12	7.5		
氣體系統	400	10	5.71		
純水系統	510	12	7.28		
化學品供應系統	420	10	6.00		
廢水處理系統	410	10	5.87		
廠務設備	460	11	6.57		
一般管線	124	3	1.77		
工安／環保設施	320	7	4.57		
二次配(Hook-up)	435	10	6.21		
其他雜項	185	5	2.65		
總計	7000	167	100		

12-4 廠務系統用量分析

半導體廠每顆 IC 之生產成本，除了晶圓材料及原物料、人工、設備及廠房折舊、維修費等固定費用外，也包括了空調、水、電、氣、化學品等使用之變動成本，而此變動成本在單位成本上佔了相當大之比重，液晶顯示器廠亦同。因此有必要對廠務系統之用量作一分析，表 12-4 爲 8"及 12"廠每單位潔淨室面積之負荷和需求參考數據，12"廠則約爲 8"之 1.5～2.0 倍左右。

表 12-4 每單位潔淨室面積負荷及需求

項目	8"	12"	備註
排氣量	65CMH/M^2	110CMH/M^2	1. 面積爲潔淨室之面積
內部循環空氣	710CMH/M^2	1250CMH/M^2	
製程設備用電	520W/M^2	1250W/M^2	
製程冷水負荷	160W/M^2	280W/M^2	
熱負荷量	460W/M^2	800W/M^2	

至於運轉用量，依收集多家半導體之運轉數據，其各項廠務系統之用量，以晶圓起始量之單位片數爲計算基準(液晶顯示器亦同)，其用量如表 12-5 所示，此數據是以工廠設計全產能量測出之値，若工廠因某些因素而影響晶片或玻璃之生產，則其數據將會因產能量之多寡而衝擊單位用量，另外因各家公司之生產製程不同，(如光罩層數之數量)也會影響單位用量，故此方面希讀者注意。唯正常誤差率約在 10 %上下，這些數據可提供廠務工程、設備工程及製造工程人員之運轉成本參考，藉以了解本身之生產過程是否有過度浪費之現象發生，以達節約之目的。

表 12-5　每單位晶片或素玻璃基板廠務系統用量分析

晶片尺寸／液晶世代	電力 (kWH)	冷凍噸 (RT)	氮氣 (M^3)	氬氣 (M^3)	氧氣 (M^3)	自來水 (M^3)	超純水 (M^3)	壓縮空氣 (M^3)	每單位潔淨室面積耗電量 ($kW/M^2 \cdot CR$)
6"	182	0.17	54	0.15	0.28	3.6	2.06	92	1.4
8"	324	0.28	88	0.19	0.48	6.2	3.3	140	2.17
12"	730	0.45	142	0.3	0.74	9.5	5.4	216	2.88
6 代	835	4.53	89	0.08	0.005	8.8	7.67	554	2.0
8 代	1230	7.97	133	0.12	0.015	15.2	11.15	808	2.41
10 代	1820	10.23	190	0.22	0.017	25	17.0	1394	3.71

對於半導體和液晶顯示器廠，電費無疑是重大成本因素之一，因此了解用電量分佈，從其中著手控制用電量，以期節約能源，而達省成本之目標，表 12-6 爲廠內各系統用電量分佈比率，由表中可看出製程設備和潔淨室空調之總用電量佔全部八成以上之量，因此節約能源措施由此二項目進行檢討規劃，絕對是正確之選擇。

表 12-6　用電量分佈

系統名稱	製程設備	潔淨室及空調	水處理	設施機械及排氣	氣化	照明／雜項	合計
所佔百分比	44.8 %	42.1 %	1.7 %	4.1 %	3.7 %	3.6 %	100 %

Chapter 13

結　語

半導體產業和光電產業是政府正推行的兩兆雙星產業，近幾年來不論是在國外或大陸以及台灣地區，投資狀況是風起雲湧，投入此相關產業之生產，也造就了不少建廠等相關工程之商機，而廠務系統工程和潔淨室工程則擔當了此建廠工程系統重要供應角色，重要性不言可喻。嚴格而論，廠務系統在工廠中之角色，有如人體之五臟神經中樞，它掌握了工廠生產動力命脈，例如供應管路和電力供應線路有如血管之功能，潔淨室則如同人體之肺臟，環保系統則有如人體之肝臟，電力系統則像心臟等，可見廠務任一系統在所扮演自己的角色中缺一不可。

潔淨室和廠務系統建置和運轉之順利與否，則有賴建廠工程人員和廠務工程人員是否有盡足夠的心力和努力而定，廠務工程人員在給外界的觀感是有如工廠中的黑手，其工作環境與在潔淨室現場工作的生產工程師是有如二個不同世界，而上級關照則又欠缺了一些，小螺絲釘和默默耕耘付出的一群是他們最佳的寫照，上級關懷和廠務工程人員自己專業涉獵和對各系統的改良、改進是大家共同的責任。

至於建廠工程人員，尤其是在重點的潔淨室工程，工程專業人員要不斷的自我要求，提昇自己的技術和整合能力，同時降低業主投資風險；加強及重視務實觀念和知識的專業性，建立正確的工作態度。要知潔淨室和廠務糸統的啓造工程，本身就是一基礎建設及應用之科學，所有的工程在每一個環節上其重要性均不應被忽視。平心而論，每一項被建造出之工程作品均是代表當時期的人文生態，也是工程人員在施工建造之歷史構流上所扮演之重要角色。由現今各半導體和光電廠之建廠工程來看，潔淨室工程之未來發展趨勢將是：

1. 自動化的製程技術及量產技術成熟，生產設備及廠房面積跟著產品產量和品質良率之考量下，經濟規模之規劃與投資相對增加，是必然之因素。
2. 生產廠房加大，投注資金相較亦龐大，投資風險考量必須更加甚重，並列入評估。
3. 在國際能源日漸短缺，各項能源費用日趨高漲的情勢下，節能減碳綠建築規劃是一不可或缺之項目。
4. 在地球環境日漸被人類破壞，氣候異常之出現已是常態，社會環保意識之抬頭和自己亦是地球村的一份子下，環境保護計劃亦是另一重點項目。

因此為因應未來趨勢之發展，在工程設計上如何符合生產需求，同時降低系統工程造價和日後運轉成本之降低，是設計工程師的責任；而在工程管理上，如何在安全因素考量下縮短工期，保持品質，克服生產環境空間影響之變數而打造至最小生產空間則是施工工程師的職責。

總而言之，在高科技廠房之建廠工程中，工程人員及我廠務工程人員所扮演之角色均是相當重要，望大家不要看輕自己所扮演的角色，全力以赴，以達自己公司的目標爲己志，望你、我廠務及工程人員共勉之。

附錄　簡稱字彙彙總

A

AC：Active Carbon 活性碳

AGV：Auto Guided Vehicle 自動搬運車

A.H.U：Air Handling Unit 空調箱

AMC：Airborne Molecular Contaminants 空氣分子污染物

AMHS：Auto Material Handling System 自動物料搬運系統

A/S：Air Shower 空氣洗滌室

ATS：Auto Transfer Switchgear 自動切換開關

B

BCF：Biological Contact Filter 生物膜處理槽

BCR：Biological Clean Room 生化、醫、食用潔淨室

BOD：Biological-Chemical Oxygen Demand 生化需氧量

C

CA：Cellulose Acetate 醋酸纖維膜

CB：Circuit Breaker 斷路器

CDI：Continuous Electrodeionization 電解式連續去離子法

CIM：Computer Integrated Manufacture 電腦輔助整合製造系統

CMB：Chemical Manifold Box 化學品供應分佈箱

CMP：Chemical Mechanical Polish 化學機械研磨設備

CNC：Condensation Nuclear Counter 凝縮核測定器

COD：Chemical Oxygen Demand 化學需氧量

CPM：Critical Path Method 要徑分析

CQC：Continues Quality Control 連續性線上品質監控

C.R：Clean Room 潔淨室

CT：Current Transformer 比流器

CUB：Central Utility Building 廠務供應棟

D

D.C.C：Dry Cooling Coil 冷乾盤管

DMSO：Dimethylsulfoxide 二甲基颯$(CH_3)_2SO$

DO：Dissolved Oxygen 溶氧量(溶存氧)

D.O.P：Dioctyphthalate 鄰苯二甲酸二辛酯

DP：Drop Panel 氣體控制盤

DRAM：Dynamic Random Access Memory 動態隨機存取記憶體

DS：Disconnect Switch 隔離開關

E

EMS：Environmental Management System 國際環境管理系統

ERT：Emergency Response Team 緊急應變小組

ESA：Electro Static Attrattion 靜電吸引

ESD：Electro Static Discharge 靜電放電

F

FDA：Food & Drug Administration 美國藥物食品管理局

FFU：Fan Filter Unit 風扇過濾網組

FM：Factory Mutual 工廠聯盟認證

FMCS：Facility Monitoring Control System 廠務中央監控系統

FS：Federal Standard 美國聯邦標準

G

GIS：Gas Insulated Switchgear 氣體絕緣開關

GMP：Good Manufacturing Practice 優良產品製造規範

H

HEPA：High Efficiency Particulater Air Filter 高性能過濾網

I

IC：Integrated Circuits 積體電路(集成電路)

ICR：Industrial Clean Room 工業用潔淨室

IES：Institute of Environmental Science 美國環境科學組織

ISO-TC：International Standardization Organization Technical Committee 國際標準化技術委員會

M

MCC：Motor Control Center 馬達控制中心

MFC：Mass Flow Controller 質流控制器

MIS：Management Information System 資訊管理系統

MSDS：Material Safety Data Sheet 物質安全資料表

MWCO：Molecular Weight Cut Off 分子量截斷量

N

NASA：National Aeronautics and Space Administration(美國)國家航空暨太空總署

NBS：National Bureau Standard 美國國家標準局

NFPA：National Fire Protect Association 國際防火協會

NTU：Nephelometric Turbidity Unit 濁度

O

OHV：Overhead Hoist Vehicle 捲升式台車

P

PDP：Plasma Display Panel 電漿顯示面板

PERT：Program Evaluation & Review Technique 計劃評核圖

POU：Point Of Use 使用點

PT：Potential Transformer 比壓器

R

RO：Reverse Osmosis 逆滲透

S

SCADA：System Control And Data Acquistion 系統控制資料存取系統

SDI：Slit Density Index 污泥密度指數

SMC：Surface Molecular Contamination 表面分子污染

SMIF：Standard Mechanical Interface 標準機械介面

SS：Suspemded Solid 懸浮固體

T

TDS：Total Dissolved Solid 總溶解固體總數

TFC-PA：Thin Film Composite-Polyvinyl Alcoholic 聚醯胺薄層複合材質

TFT-LCD：Thin Film Transtior-Liquid Crystal Display 薄膜液晶顯示器

TGMS：Toxic Gas Monitoring System 毒性氣體監視系統

TGSS：Total Gas Supply System 中央式氣體供應系統

THC：Total Hydrogen Carbon 總碳氫量

TLV：Threshold Limit Value 恕限值

TLV-STEL：Threshold Limit Value-Short Term Exposure Limit 瞬間容許濃度(連續15分鐘曝露之容許濃度)

TLV-TWA：Threshold Limit Value-Time Week Allowance曝露極限值(時間量平均濃度，8hr/日或40hr/週容許濃度值)

TOC：Total Organic Carbon總有機碳量

TS：Total Solid總固體數

TSS：Total Suspended Solid總懸浮固體總數

U

UF：Ultra Filtration超過濾

ULPA：Ultra Low Penetration Air Filter超高效率過濾網

UPS：Uninterrupted Power System不斷電系統

USP：United States Pharmaceutical Standard美國醫藥標準

V

VAV：Variable Air Volume可變風量

VCB：Vacuum Circuit Breaker眞空斷路器

VESDA：Very Early Smoke Detector Apparatus System極早期偵煙警報系統

VMB：Valve Manifold Box氣體供應閥箱

VOC：Volatile Organic Compounds揮發性有機溶劑化合物

VPP：Voluntary Protection Program自護制度

VWV：Variable Water Volume可變水量

W

WHO：World Health Organization聯合國世界衛生組織

WIP：Work In Process在製品

國家圖書館出版品預行編目資料

高科技廠務 / 顏登通編著. -- 五版. -- 新北市：
全華圖書股份有限公司, 2021.07
面；公分
ISBN 978-986-503-805-2(平裝)

1.CST: 科技管理 2.CST: 工廠管理 3.CST: 工廠設備

484.5 110010772

高科技廠務(第五版)

作者 / 顏登通
發行人 / 陳本源
執行編輯 / 李孟霞
封面設計 / 楊昭琅
出版者 / 全華圖書股份有限公司
郵政帳號 / 0100836-1 號
印刷者 / 宏懋打字印刷股份有限公司
圖書編號 / 0572904
五版二刷 / 2022 年 06 月
定價 / 新台幣 520 元
ISBN / 978-986-503-805-2
全華圖書 / www.chwa.com.tw
全華網路書店 Open Tech / www.opentech.com.tw
若您對本書有任何問題，歡迎來信指導 book@chwa.com.tw

臺北總公司(北區營業處)
地址：23671 新北市土城區忠義路 21 號
電話：(02) 2262-5666
傳真：(02) 6637-3695、6637-3696

南區營業處
地址：80769 高雄市三民區應安街 12 號
電話：(07) 381-1377
傳真：(07) 862-5562

中區營業處
地址：40256 臺中市南區樹義一巷 26 號
電話：(04) 2261-8485
傳真：(04) 3600-9806(高中職)
(04) 3601-8600(大專)

讀者回函卡

掃 QRcode 線上填寫 ▶▶▶

姓名：________ 生日：西元____年____月____日 性別：□男 □女

電話：( )________ 手機：________

e-mail：(必填)________

註：數字零，請用 Φ 表示，數字 1 與英文 L 請另註明並書寫端正，謝謝。

通訊處：□□□□□________

學歷：□高中．職 □專科 □大學 □碩士 □博士

職業：□工程師 □教師 □學生 □軍．公 □其他

學校／公司：________ 科系／部門：________

· 需求書類：

□A. 電子 □B. 電機 □C. 資訊 □D. 機械 □E. 汽車 □F. 工管 □G. 土木 □H. 化工

□I. 設計 □J. 商管 □K. 日文 □L. 美容 □M. 休閒 □N. 餐飲 □O. 其他

· 本次購買圖書為：________ 書號：________

· 您對本書的評價：

封面設計：□非常滿意 □滿意 □尚可 □需改善，請說明________

內容表達：□非常滿意 □滿意 □尚可 □需改善，請說明________

版面編排：□非常滿意 □滿意 □尚可 □需改善，請說明________

印刷品質：□非常滿意 □滿意 □尚可 □需改善，請說明________

書籍定價：□非常滿意 □滿意 □尚可 □需改善，請說明________

整體評價：請說明________

· 您在何處購買本書？

□書局 □網路書店 □書展 □團購 □其他________

· 您購買本書的原因？（可複選）

□個人需要 □公司採購 □親友推薦 □老師指定用書 □其他________

· 您希望全華以何種方式提供出版訊息及特惠活動？

□電子報 □DM □廣告（媒體名稱________）

· 您是否上過全華網路書店？（www.opentech.com.tw）

□是 □否 您的建議________

· 您希望全華出版哪方面書籍？________

· 您希望全華加強哪些服務？________

感謝您提供寶貴意見，全華將秉持服務的熱忱，出版更多好書，以饗讀者。

填寫日期： / /

2020.09 修訂

親愛的讀者：

感謝您對全華圖書的支持與愛護，雖然我們很慎重的處理每一本書，但恐仍有疏漏之處，若您發現本書有任何錯誤，請填寫於勘誤表內寄回，我們將於再版時修正，您的批評與指教是我們進步的原動力，謝謝！

全華圖書 敬上

勘誤表

書號		書名		作者	
頁數	行數	錯誤或不當之詞句		建議修改之詞句	

我有話要說：（其它之批評與建議，如封面、編排、內容、印刷品質等．．．）